科学出版社"十三五"普通高等教育 教材

园林树木识 用

刘振林 汪 洋 主编

科学出版社

北京

内 容 简 介

本书以园林树木的应用为主线组织内容，共包括以下6个项目：项目一学习园林树木的识别，介绍树木的识别特征、拉丁名知识、检索表知识、植物分类系统的基本知识等；项目二学习园林树木的生态习性，主要阐述园林树木与生态环境的关系；项目三学习园林树木的生物学特性，介绍与园林树木应用关系较密切的树木生长发育规律；项目四学习园林树木的观赏特性，介绍园林树木的树形和各器官的观赏特性，以及园林树木的文化意蕴；项目五学习园林树木的应用方法，介绍园林树木的配植原则、配植方式、配植手法、配植效果，以及不同用途园林树木的选择要求、应用方式；项目六认知园林树木资源，介绍常用的园林树木种类。

本书在介绍理论知识的同时，紧跟实训内容，实现了理实一体化。本书适合园林专业、风景园林专业的教师及本科学生使用，尤其适用于应用型高等院校的相关专业，也可作为园林行业从业人员的参考用书。

图书在版编目（CIP）数据

园林树木认知与应用 / 刘振林，汪洋主编. —北京：科学出版社，2016
科学出版社"十三五"普通高等教育本科规划教材
ISBN 978-7-03-048959-3

Ⅰ. ①园… Ⅱ. ①刘… ②汪… Ⅲ. ①园林树木 - 高等学校 - 教材
Ⅳ. ① S68

中国版本图书馆 CIP 数据核字（2016）第139160号

责任编辑：王玉时 / 责任校对：郭瑞芝
责任印制：张 伟 / 封面设计：黄华斌

科学出版社 出版
北京东黄城根北街 16 号
邮政编码：100717
http://www.sciencep.com

北京凌奇印刷有限责任公司 印刷
科学出版社发行 各地新华书店经销

*

2016年6月第 一 版 开本：787×1092 1/16
2023年1月第六次印刷 印张：22 3/4
字数：540 000
定价：79.00元
（如有印装质量问题，我社负责调换）

《园林树木认知与应用》编写人员名单

主　　编　刘振林　汪　洋

副 主 编　郭明春　高东菊

编写人员（按姓氏笔画排序）

于帅昌　（河北省唐山市园林绿化管理局）

刘振林　（河北科技师范学院）

汪　洋　（河北科技师范学院）

高东菊　（上海农林职业技术学院）

郭明春　（河北科技师范学院）

曹　霞　（河北科技师范学院）

梁安金　（河北省唐山市园林绿化管理局）

前　言

本教材为教育部、财政部职业院校教师素质提高计划培养资源开发"职教师资本科专业培养标准、培养方案、核心课程和特色教材开发"项目中园林专业的特色教材之一。园林树木是园林专业的核心课程，以前采用的教材名称多为《园林树木学》，相关教材多按学科模式编写。本教材则根据高等职业技术师范院校（简称职技高师）本科特点和园林专业实践特点，以园林专业实践为导向编写，力求体现以下特色。

（1）以园林专业实践为导向，避免学科模式　首先，教材名称没有冠以"学"字，而是直接以学习园林树木的目的——认知与应用命名；教材内容按学习项目编排，项目之下按学习任务编排。其次，教材内容围绕"应用"进行组织，逻辑关系严谨。项目一学习园林树木的识别，是园林树木应用的前提；项目二学习园林树木的生态习性，是园林树木应用的科学性基础之一；项目三学习园林树木的生物学特性，是园林树木应用的科学性基础之二；项目四学习园林树木的观赏特性，是园林树木应用的艺术性基础；项目五学习园林树木应用的方法，是学习园林树木的目标；项目六认知园林树木资源，提供可应用的园林树木材料。再次，项目六中树种的编排没有按自然分类系统排序，而是按照重要树种的生长类型排序。这样处理主要是考虑到在应用园林树木时，首要考虑的是树木的生长类型，而非自然系统关系。

（2）突出认知与应用能力，兼顾本科理论水平　教材内容的选择以需求为导向，以能力为本位，强调知识的有用性、可用性、管用性。但由于教材的应用对象为本科学生，需具备一定的理论水平，因而作为树木识别工具，保留了检索表知识、拉丁名知识、植物分类系统知识等。

（3）以点带面，压缩瘦身，篇幅适当　近年来，随着园林事业的大发展，园林树木资源的开发和引种取得了巨大的成果，可应用的园林树木资源越来越丰富，但如果将大量园林树木逐种做具体介绍，势必造成篇幅过长，适读性差，因此本教材采用以点带面的方法压缩瘦身，以求篇幅适当。每个属中仅较详细介绍一两个最为重要的树种，但在其前面对该属的特征进行了描述，也保留了属下的分种检索表，避免学生只知一二，而忽略其他，造成一叶障目。也有利于学生对其他工具书或参考书的利用。

（4）以园林树木的自然属性为主，兼顾人文属性　园林建设是科学性和艺术性的结合，艺术性的表达既需要园林树木自然属性之美，也需要人文属性之美。一些被人类应用历史较长的树种，已积淀了深厚的人文属性。本教材在介绍园林树木的观赏特性时，分感官之美（自然属性之美）和文化意蕴（人文属性之美）两部分介绍，以期提高学生的综合素质。

（5）树种分条介绍，条理清晰，简单明了　本教材项目六在介绍园林树种时进行逐条介绍，如将识别要点分为树形、枝干、叶、花、果实等条目，生态习性分为光照、温湿、水土、空气等条目进行介绍，以期条理清楚，一目了然。

（6）理论与实践教学相融合，强化职业实践能力　　本教材在介绍相关理论知识之后，紧跟实训内容。实训根据所应用的理论知识分为不同层次：以任务内理论知识为基础的实训为任务实训，安排在任务内；以不同任务间理论知识为基础的实训为项目实训，安排在项目内；以不同项目间理论知识为基础的实训为综合实训，安排在各项目之后。以求理实一体，强化职业实践能力。

本教材编写分工如下：刘振林负责前言、课程导入、项目一、项目六中的常绿阔叶乔木和落叶乔木部分、树种名称索引及全书插图；汪洋负责项目五及项目六中的落叶灌木部分；郭明春负责项目二；高东菊负责项目四、项目六中的常绿灌木及园林藤木部分；曹霞负责项目三；于帅昌负责项目六中的常绿针叶乔木部分；梁安金负责项目六中的园林竹类部分。

本教材中的自然分类系统，裸子植物采用郑万钧系统，被子植物按克朗奎斯特（A. Cronquist）系统。插图引自中国科学院植物研究所编写的《中国高等植物图鉴》、华北树木志编写组编写的《华北树木志》、郑万钧主编的《中国树木志》，以及陈有民主编的《园林树木学》（第2版）、张志翔主编的《树木学（北方本）》（第2版）、张天麟编著的《园林树木1600种》、臧德奎主编的《园林树木学》（第二版）等图书的附图，在此一并致谢。

由于编者水平有限，谬误之处在所难免，欢迎批评指正！

编　者

2016年2月5日

目　录

课 程 导 入

【教学目标】使学生明确园林树木的概念及范围，了解课程内容、课程目标、课程意义及可行的学习方法。

1　什么是园林树木

树木是所有木本植物的总称，包括乔木、灌木、藤木和竹类。树木的种类很多，仅中国原产的树木就达 8000 余种。但并不是所有的树木都适合用于园林建设，园林树木是指适于在城市园林绿地和风景区栽植应用的木本植物。在园林树木中，很多种类是花、果、叶、枝干或树形美丽的树种，这些树种也被称为观赏树木。有些种类虽不以美观见长，但在城市与工矿区绿化及风景区建设中能起到卫生防护和改善环境的作用。因此，园林树木所包含的范围要比观赏树木宽广。

2　学习本课程的意义

2.1　园林树木的重要功能　　园林树木是城市园林绿地和风景区绿化美化的重要材料，在园林中发挥着重要的功能。总体来说，主要体现在以下几个方面。

2.1.1　生态功能　　通过对园林生态的学习，我们知道，植物能够通过光合作用平衡大气中二氧化碳和氧气的含量，吸收毒气、分泌杀菌素、阻滞粉尘，以此来改善空气的质量，还能有效地起到调节温湿度、防风、减弱噪声、保持水土等作用。这对改善和保护生态环境具有不可低估的价值。而在园林植物中，园林树木不但数量众多，而且大多体形高大，枝叶茂密，根系深广，所起的作用也最大。随着城镇的日益扩大、人口密度的不断增长、工业污染日趋严重、森林面积急剧下降及人类生存环境的日益恶化，园林树木在改善城镇生态环境中所起的作用越来越重要。生态园林是园林建设的大趋势。

2.1.2　美化功能　　很多园林树木具有很高的观赏价值，在观花、观果、观叶，或赏其姿态等方面各有所长。只要精心选择和配植，通过展现其个体美、群体美，以及它们与建筑、雕塑、地形、山石等的巧妙配合，都能在美化环境、衬托建筑，以及园林风景构图等方面起到突出的作用。此外，树木还可通过树冠遮阴和花果招引动物，创造出鸟语花香、生机勃勃的动态景观。因此，合理应用园林树木，也是创造更加优美、舒适、和谐的生活空间的前提。

2.1.3　经济功能　　园林树木的经济功能是指大多数的园林树木均具有生产物质财富、创造经济价值的作用。园林树木的经济价值可分为两个大的方面，一方面是其直接的经济效益，诸如药用、菜用、果用、材用等，也包括园林绿化过程中由于园林树木的施工、养护、管理等而带动的相关产业的发展；另一方面，是间接的经济效益，由于绿化改善了环境，人们在自然的绿化环境中休闲，大大缓解了心理压力，提高了免疫力和健康水平，生病少了。用空调的时间少了，可节约用电。好的绿化也直接影响到周边房产的销售情况。另外，园林树木的生态效益也是一笔巨大的无形资产。据美国科研部门研究资料记载，绿化的间接经济价值是其直接经济价值的 18～20 倍。从园林建设的目的和实质来看，其间接的经济价值比起直接的经济价值更为重要。

2.1.4　科普功能　　园林树木给人以美的感受，能陶冶人们的性情，提高人们的审美与爱美意识，培养人们爱护清洁、保护环境的美德。同时，在城市中栽植我国特有树种、珍稀保护树种，或在园林中适当引种有特色的外来树种，不仅可美化环境，也是生动的科普教育和爱国主义教育素材。此外，许多树木被人格化而赋予不同的品格，培养欣赏园林树木的情趣也可熏陶良好的品格。

2.2　学习园林树木的必要性　　学习园林树木认知与应用的目的就是为将来的园林规划设计、施工及园林养护管理等实践工作奠定基础。实践中，不少园林设计人员具有良好的园林设计基础知识和经验，在实际工作中却苦于找不到最合适的园林树种去实现其设计意图，问题的关键是他们掌握的园林树种太少，或者不了解它们的特性。然而，由于园林树木种类繁多，地域性差异很大，形态、习性各不相同，而且园林树木是活的有机体，不但有一年四季的季相变化，又有由小到大的生命周期的变化，园林树木的应用实际上是预见了十几年甚至几十年以后各种树木将表现的效果，而这些年中尚需按照一定的意图进行精心的栽培与管理，最后才能实现其理想效果，所以掌握园林树木的认知与应用并非易事。只有通过系统地学习，首先将各种园林树木"种"到脑海中，将来才能将其应用到实践中，为园林建设服务。

3　本课程的内容

本课程采用理论和实训一体化的教学模式，共分成 6 个项目，分别讲授并实训园林树木的识别、生态习性、生物学特性、观赏特性、园林应用和园林树木资源。项目下分任务，进行驱动性教学。实训分成 3 种类型：任务实训、项目实训和综合实训。任务内的实训为任务实训，在任务内完成；跨任务的实训为项目实训，在项目范围内完成；跨项目的实训为综合实训，在课程内完成。

4　本课程的学习目标

总体目标：以识别为前提，以特性（生态习性、生物学特性、观赏特性）为基础，以应用为目的，在能够认知不同园林树木的基础上，掌握不同园林树木在园林中应用的方法，为以后的园林实践奠定基础。

知识目标：掌握园林树木识别的基本方法；理解园林树木应用的科学性基础——园林树木的生态习性、生物学特性和园林树木应用的艺术性基础——园林树木的观赏特性；掌握园林树木配植的基本原则和方法，以及不同用途园林树木的选择方法；了解丰富多彩的园林树木资源。

技能目标：要求能够在冬态条件下熟练识别常用的园林树种；能够在树木的生长发育期熟练识别 200 种以上的园林树木；熟练掌握园林树木物候期观察的基本方法和标准；能够根据实际情况选择和配植不同用途的园林树木。

社会能力与情感目标：通过在授课过程中渗透园林树木方面的学科发展史，培育学生学科发展的责任感；通过园林树木人文内涵的渗入，熏陶学生的人格修养；通过对园林树木多样性的认识，增强学生对自然与环境的热爱；通过各种层次的实训，锻炼学生之间、师生之间、学生与园林管理人员等的社会交往、交流表达和团结协作能力。

5　学习方法建议

从掌握全部课程知识的角度出发，要注意各项目知识之间的内在逻辑关系。建议采用以下学习方针：前提是识别，基础是特性（包括生态习性、生物学特性和观赏特性）；资源在积累，目的是应用。园林树木的识别任务很大，但这是达到应用园林树木目的的前提条件；生态习性和生物学特性是园林树木应用的科学性基础，而观赏特性是园林树木应用的艺术性基础，这个基础不打好，园林树木的合理应用就无从谈起。随着园林事业健康持续地发展，园林树木资源越来越丰富，面对如此众多的园林树木种类，掌握起来只能是循序渐进，日积月累，"一口吃个胖子"是不可能的。

至于具体的学习方法，建议记住下面这首歌诀：园林树木种类多，分门别类最适合；勤于观察多比较，积累才有大收获。从中可以看出，具体的学习方法也要从园林树木种类繁多，掌握起来不容易这个事实出发，在学习过程中要善于应用分类的手段。比如，在学习园林树木的形态特征时，可以利用自然分类的知识，充分利用科、属特征和检索表知识；在学习园林树木的生态习性时，要充分利用生态习性分类；在学习观赏特性时，充分利用观赏特性分类；在学习园林用途时，充分利用园林用途分类等。所以，学习本课程要从始至终贯彻分类的思想，注意系统掌握知识，避免零打碎敲，手忙脚乱。理论上要善于分类，实践上要注意勤于观察和比较。园林树木在我们的生活环境中无处不在，日常要注意多观察、多比较，实现理论与实物的对接，效果才会明显，要避免死记硬背。无论是理论知识，还是实践技能的掌握，都要借助于"积累"这一法宝，这个法宝不但适用于目前的学习，也适用于今后的工作，请注意体会。

【学习建议】通过课程导入的学习，请在课下访问一下高年级的同学和园林从业人员，听听他们对园林树木的认知和应用有什么看法，有什么经验，这些都有利于你快速找到适合自己的学习方法。

项目一　　**学习园林树木的识别**

【教学目标】准确掌握园林树木的识别特征，并充分利用好园林树木识别的工具（植物分类系统知识、分类检索表、拉丁学名及工具书等）。能够熟练进行落叶园林树木的冬态识别。通过实训锻炼人际交往能力。

任务一　掌握园林树木的识别特征

【知识要求】掌握园林树木整体（生长类型、树形）和各种器官（树皮、枝条、芽、叶、花、果实、孢子叶球）的识别特征。

【技能要求】能够鉴别园林树木的不同识别特征；能够正确使用专业术语描述识别特征。

【任务理论】树木形态是进行树种描述、比较和鉴定的重要基础知识。熟知树木形态、正确使用树木形态术语是识别园林树木的基础。

1　树木生长类型

根据生长类型可将园林树木分为乔木、灌木、藤木和竹木 4 类。

1.1　乔木　　树体高大（通常 6m 至数十米），具有明显直立的主干，如油松 *Pinus tabulaeformis*、槐 *Sophora japonica* 等。

1.2　灌木　　主干低矮或无明显的主干、分枝点低的树木，通常高 6m 以下。灌木还可分为以下几类。

一般灌木：树体矮小（6m 以下），主干低矮，如紫丁香 *Syringa oblata*、白鹃梅 *Exochorda racemosa* 等。

丛生灌木：树体矮小而干茎自地面呈多数生出，无明显主干，如棣棠花 *Kerria japonica*、玫瑰 *Rosa rugosa* 等。

匍匐灌木：干枝等均匍地生长，与地面接触部分可生出不定根扩大占地范围，如匍匐枸子 *Cotoneaster adpressus*、铺地柏 *Sabina procumbens* 等。

攀缘灌木：枝条具有直立生长特性，但长枝具有一定的攀缘性，如木香花 *Rosa banksiae*、光叶子花 *Bougainvillea glabra* 等。

半灌木（亚灌木）：介于草本和木本之间的一种植物，茎枝上部越冬时枯死，仅基部为多年生而木质化，如黑沙蒿 *Artemisia ordosica*、白莲蒿 *A. sacrorum* 等。

1.3　藤木　　自身不能直立生长，必须依附他物而向上攀缘的树种。按攀缘习性的不同，可分为如下两类。

缠绕类：借助主枝缠绕他物而向上生长，如紫藤 *Wisteria sinensis*、葛 *Pueraria lobata* 等。

攀缘类：以卷须、不定根、吸盘等攀附器官攀缘他物而上，如葡萄 *Vitis vinifera*、凌霄 *Campsis grandiflora*、地锦 *Parthenocissus tricuspidata* 等。其中以卷须攀缘的也称为卷须类，如葡萄等；以不定根或吸盘攀缘的称为吸附类，如凌霄、地锦等。

1.4 竹木　指禾本科竹亚科的竹类植物，如早园竹 *Phyllostachys propinqua*、阔叶箬竹 *Indocalamus latifolius* 等。

2　树皮

树皮是树木识别和鉴定，尤其是对高大树木识别和鉴定的重要特征之一。但对于初学者来讲，树皮特征的掌握十分困难。一旦有了实践经验和对树木有了更多的认知和了解，树皮特征会成为识别树种的重要辅助手段。应注意的是，树皮形态常受树龄、树木生长速度、生境等的影响。树皮特征包括质地、开裂和剥落方式、颜色、开裂深度、附属物等，其中开裂和剥落的方式是常用的特征，而对于部分树种而言，树皮的颜色和附属物则是识别的重要依据。

2.1 树皮开裂方式　常见的树皮开裂方式有：平滑，如梧桐 *Firmiana simplex*；细纹状开裂，如水曲柳 *Fraxinus mandshurica*；方块状开裂，如柿 *Diospyros kaki*、君迁子 *D. lotus*；鳞块状开裂，如白皮松 *Pinus bungeana*、赤松 *P. densiflora*；纵裂，如细纵裂的臭椿 *Ailanthus altissima*，浅纵裂的麻栎 *Quercus acutissima*，深纵裂的刺槐 *Robinia pseudoacacia*，不规则纵裂的栓皮栎 *Quercus variabilis*、黄檗 *Phellodendron amurense*；横裂，如山桃 *Amygdalus davidiana*。

2.2 树皮剥落方式　常见的树皮剥落方式有：片状剥落，如二球悬铃木 *Platanus acerifolia*、木瓜 *Chaenomeles sinensis*、白皮松、榔榆 *Ulmus parvifolia*；长条状剥落，如水杉 *Metasequoia glyptostroboides*、侧柏 *Platycladus orientalis*；纸状剥落，如白桦 *Betula platyphylla*、红桦 *B. albosinensis*。

2.3 树皮颜色　树皮的颜色，除了普通的黑色、褐色外，红桦为红色，梧桐为绿色，白桦为白色。

此外，树皮内部特征可用利刀削平观察，如柿具有火焰状花纹，苦树 *Picrasma quassioides* 具有兰花状花纹，黄檗、日本小檗 *Berberis thunbergii* 为黄色等。

3　枝条

枝条是位于顶端，着生芽、叶、花或果实的木质茎。着生叶的部位称为节，两节之间的部分称为节间。

3.1 长枝和短枝　根据节间发育与否，枝条可分为长枝和短枝两种类型（图1-1）。长枝是生长旺盛、节间较长的枝条，具有延伸生长和分枝的习性；短枝是生长极度缓慢、节间极短的枝条，由长枝的腋芽发育而成。大多数树种仅具有长枝，一些树种则同时具有长枝和短枝，如银杏 *Ginkgo biloba*、落叶松 *Larix gmelinii*、枣 *Ziziphus jujuba*。有些树种如苹果属 *Malus*、梨属 *Pyrus*、毛白杨 *Populus tomentosa* 等的生殖枝（花枝）具有短枝的特点。根据短枝顶芽发育与否，短枝分为无限短枝和有限短枝。无限短枝每年形成顶芽，具有伸长生长的功能，如银杏、金钱松 *Pseudolarix amabilis*，有时由于节间的伸长，短枝顶端可发育出长枝。有限短枝不形成顶芽，顶端常着生几枚叶片，并和叶片形成一个整体，这种短枝仅在松属

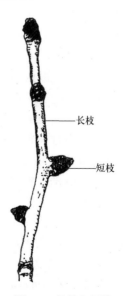

长枝

短枝

图1-1　长枝和短枝

Pinus 中出现，是松属植物针叶着生的基础。

此外，有些树种还具有一种特殊的营养枝，俗称脱落性小枝。此种枝条为一年生，叶腋内无芽，秋季与叶片一起脱落，如水杉、落羽杉 *Taxodium distichum*、枣。由于叶腋内无芽，常被初学者误认为复叶。

3.2 叶痕、叶迹、托叶痕和芽鳞痕

叶痕：叶片脱落后在枝条上留有叶痕，叶痕的形状有马蹄形、圆形、半圆形、新月形等（图 1-2）。

叶迹：叶柄内的维管束在叶片脱落后留下的痕迹，称为叶迹。叶迹的数目和排列的形状在不同的树种中具有一定的差别，如臭椿为 5～9，排成 V 形；加杨 *Populus* × *canadensis* 为 3～4，点状排列；梓树属 *Catalpa* 叶迹数目为多数，排成圆形；水曲柳为单迹（图 1-3）。

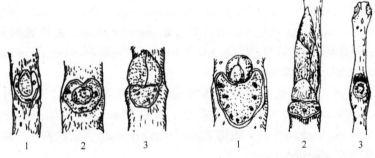

图 1-2　叶痕的类型
1. 马蹄形；2. 圆形；3. 半圆形

图 1-3　叶迹的类型
1. 9 组排成 V 形；2. 3 组点状排列；
3. 多组排成圆形

托叶痕：托叶脱落后在枝条上留下的痕迹，常位于叶痕的两侧。有点状、眉状、线状、环状等，如环状的托叶痕是木兰科 Magnoliaceae、榕属 *Ficus* 等植物的重要识别特征之一。

芽鳞痕：鳞芽开放、芽鳞脱落后枝条的基部留下的痕迹即芽鳞痕，是判断枝条年龄的重要依据。有些树种的芽开放后芽鳞并不立即脱落，而宿存于枝条基部，其形态也成为树种识别的依据，如红皮云杉 *Picea koraiensis* 宿存芽鳞反曲，而同属的青杆 *P. wilsonii* 宿存芽鳞则不反曲。

3.3 髓　髓是枝条中部的组织，质地和颜色可用于识别树种。

大多数树种为实心髓，包括海绵质髓和均质髓。海绵质髓由松软的薄壁组织组成，如臭椿、楝 *Melia azedarach*、接骨木 *Sambucus williamsii*；均质髓由厚壁细胞或石细胞组成，如麻栎、栓皮栎。有些树种为空心髓，如齿叶溲疏 *Deutzia crenata*、连翘 *Forsythia suspensa*，另有一些树种为片状髓，如枫杨 *Pterocarya stenoptera*、杜仲 *Eucommia ulmoides*、胡桃 *Juglans regia*。

髓的断面形状也有不同，主要有：圆形，如榆树 *Ulmus pumila*、白蜡树 *Fraxinus chinensis*；多边形，如槲树 *Quercus dentata*；五角形，如杨树 *Populus* 的萌生枝；三角形，如日本桤木 *Alnus japonica*；方形，如荆条 *Vitex negundo* var. *heterophylla*（图 1-4）。

此外，髓的颜色也是识别树种的依据之一。例如，葡萄属 *Vitis* 的髓部为褐色，而相

近的蛇葡萄属 *Ampelopsis* 则为白色。

3.4 枝条的变态和附属物   枝条的变态及枝条上的各
种附属物也是树木分类和识别的依据，主要有以下几类。

枝刺：为枝条的变态，生于叶腋内，或枝条的先端
硬化成刺，基部可有叶痕。其上常可着生叶、芽等，分
枝或否，如圆叶鼠李 *Rhamnus globosa*、刺榆 *Hemiptelea
davidii*、中国沙棘 *Hippophae rhamnoides* ssp. *sinensis*、皂
荚 *Gleditsia sinensis*、枳 *Poncirus trifoliata*。

叶刺和托叶刺：是叶和托叶的变态，发生于叶和托
叶生长的部位。叶刺可分为由单叶形成的叶刺，如小檗
属 *Berberis*，和由复叶的叶轴变成的叶轴刺，如锦鸡儿属
Caragana。托叶刺常成对出现，位于叶片或叶痕的两侧，
如枣、酸枣 *Ziziphus jujuba* var. *spinosa* 和刺槐。

皮刺：为表皮和树皮的突起，位置不固定，除了枝
条外，其他器官如叶、花、果实、树皮等处均可出现皮
刺，如五加 *Eleutherococcus nodiflorus*、刺楸 *Kalopanax
septemlobus*、玫瑰、花椒 *Zanthoxylum bungeanum*（图 1-5）。

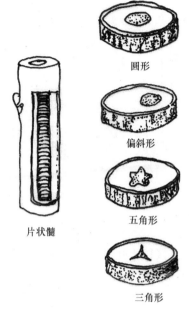

圆形

偏斜形

五角形

片状髓

三角形

图 1-4 髓的类型

茎卷须：为枝条的变态，如葡萄、扁担藤 *Tetrastigma planicaule*、葎叶蛇葡萄
Ampelopsis humulifolia（图 1-6）。

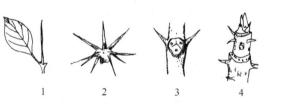

图 1-5 刺的类型
1. 枝刺；2. 叶刺；3. 托叶刺；4. 皮刺

茎卷须

图 1-6 茎卷须

木栓翅：木栓质突起呈翅状，见于大果榆 *Ulmus macrocarpa*、黑榆 *Ulmus davidiana*、
卫矛 *Euonymus alatus*、栓翅卫矛 *Euonymus phellomanus* 等。

皮孔：是枝条上的通气结构，也可在树皮上留存。其形状、大小、分布密度、颜色
因树种而异，如山樱花 *Cerasus serrulata* 的皮孔横裂，白桦、红桦的皮孔线形横生，毛白
杨的皮孔菱形等。

此外，枝条的颜色、蜡被及毛被（星状毛、丁字毛、分枝毛、单毛）、腺鳞均为树种
识别的重要特征，如枝条绿色的棣棠花、迎春花 *Jasminum nudiflorum*、青榨槭 *Acer davidii*、
红色的红瑞木 *Cornus alba*、云实 *Caesalpinia decapetala*、白色的银白杨 *Populus alba* 等。

4 芽

芽是未伸展的枝、叶、花或花序的幼态。根据生长位置、排列方式、有无芽鳞包被、
发育形成的器官等，可以将芽分为不同的类别，这些特征及芽的形状、芽鳞特征等，都

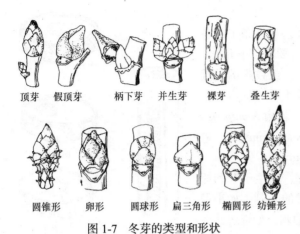

顶芽　假顶芽　柄下芽　并生芽　裸芽　叠生芽

圆锥形　卵形　圆球形　扁三角形　椭圆形　纺锤形

图 1-7　冬芽的类型和形状

是树木分类和识别的依据（图 1-7）。

4.1　顶芽和侧芽　生长于枝顶的芽称顶芽，生长于叶腋的芽称侧芽或腋芽。有些树种的顶芽败育，而位于枝顶的芽由最近的侧芽发育形成，即假顶芽，因此并无真正的顶芽，应根据假顶芽基部的叶痕进行判断，如榆属 *Ulmus*、椴属 *Tilia*、栗 *Castanea mollissima* 等。

4.2　单芽、叠生芽、并生芽　一般树种的叶腋内只有一个芽，即单芽。有些树种则具有两个或两个以上的芽，直接位于叶痕上方的侧芽称为主芽，其他的芽称为副芽。当副芽位于主芽两侧时，这些芽称为并生芽，如桃 *Amygdalus persica*、山桃、牛鼻栓 *Fortunearia sinensis*、郁李 *Cerasus japonicus*；当副芽位于主芽上方时，这些芽称为叠生芽，如木犀 *Osmanthus fragrans*、皂荚、胡桃、野茉莉 *Styrax japonicus*、流苏树 *Chionanthus retusus*。

4.3　鳞芽、裸芽　芽根据有无芽鳞可分为鳞芽和裸芽。芽鳞是叶或托叶的变态，保护幼态的枝、叶、花或花序。大多数树木是鳞芽，裸芽相对较少，常见的有枫杨、绣球荚蒾 *Viburnum macrocephalum*、苦树、山核桃 *Carya cathayensis*、白棠子树 *Callicarpa dichotoma*、皱叶荚蒾 *Viburnum rhytidophyllum* 等。

对于鳞芽而言，芽鳞可少至 1 枚，如柳属 *Salix*。而当芽鳞多于 1 枚时，其排列方式有：覆瓦状排列，如杨属 *Populus*、蔷薇亚科 Rosoideae、壳斗科 Fagaceae；镊合状排列，如漆 *Toxicodendron vernicifluum*、楝、日本桤木。此外，木兰科、无花果 *Ficus carica*、油桐 *Vernicia fordii* 等的芽为芽鳞状托叶所包被。

4.4　叶柄下芽　简称柄下芽，指有些树种的芽包被于叶柄内，有些部分包被可称为半柄下芽，如悬铃木属 *Platanus*、槐、刺槐、黄檗。

4.5　叶芽、花芽和混合芽　叶芽开放后形成枝和叶，花芽开放后形成花或花序，混合芽开放后形成枝叶和花或花序。

5　叶

叶是鉴定、比较和识别树种常用的形态，在鉴定和识别树种时，叶具有明显和独特的容易观察和比较的形态特征。叶在树种形态特征中是变异比较明显的一部分。但是每个树种叶的变异仅发生在一定的范围内。

树木的叶，一般由叶片、叶柄和托叶三部分组成（图 1-8），不同树木的叶片、叶柄和托叶的形状是多种多样的。具叶片、叶柄和托叶三部分的叶，称为完全叶，如白梨 *Pyrus bretschneideri*、月季花 *Rosa chinensis*；有些叶只具其中一或两个部分，称为不完全叶，其中无托叶的最为普遍，如紫丁香。有些树木的叶具托

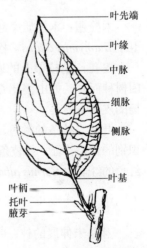

叶先端
叶缘
中脉
细脉
侧脉
叶基
叶柄
托叶
腋芽

图 1-8　完全叶组成示意图

叶，但早落，应加以注意。

叶片是叶的主要组成部分，在树种鉴定和识别中，常用的形态主要有叶序、叶形、叶脉、叶先端、叶基、叶缘及叶表毛被和毛的类型。

5.1 叶序 叶序即叶的排列方式，包括互生、对生、轮生和簇生（图1-9）。

图1-9 叶序

互生：每节着生一叶，节间明显，如桃、垂柳 *Salix babylonica*。又可分为：二列状互生，如榆科 Ulmaceae 树木、板栗；螺旋状互生，如红皮云杉、麻栎、石楠 *Photinia serratifolia*。

对生：每节相对着生两叶，如小蜡 *Ligustrum sinense*、蜡梅 *Chimonanthus praecox*、元宝枫 *Acer truncatum*。

轮生：每节有规则地着生 3 个或 3 个以上的叶片，如楸 *Catalpa bungei*、梓 *Catalpa ovata*、夹竹桃 *Nerium indicum*、黄蝉 *Allemanda neriifolia* 等。

此外，有些树种由于短枝上的节间极度缩短，叶片排列呈簇生状，如金钱松、雪松 *Cedrus deodara*。阔叶树中存在叶片集生枝顶的现象，如厚朴 *Magnolia officinalis*、杜鹃 *Rhododendron simsii*、海桐 *Pittosporum tobira*、结香 *Edgeworthia chrysantha* 等，也是由于节间缩短引起的，其本质的排列方式仍是属于互生。

5.2 叶的类型 叶的类型包括单叶和复叶。叶柄上着生 1 枚叶片，叶片与叶柄之间不具关节，称为单叶；叶柄上具有 2 片以上叶片的称为复叶。复叶有以下几类（图1-10）。

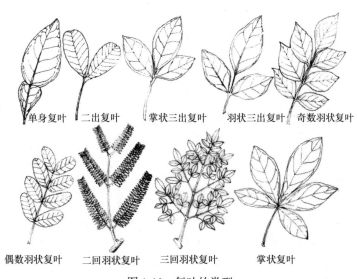

单身复叶　二出复叶　掌状三出复叶　羽状三出复叶　奇数羽状复叶

偶数羽状复叶　二回羽状复叶　三回羽状复叶　掌状复叶

图1-10 复叶的类型

单身复叶：外形似单叶，但小叶片和叶柄间具有关节，如柑橘 *Citrus reticulata*、柚 *Citrus maxima*。

三出复叶：叶柄上具有 3 枚小叶。可分为：掌状三出复叶，如枳；羽状三出复叶，如胡枝子 *Lespedeza bicolor*。

羽状复叶：复叶的小叶排列成羽状。生于叶轴的两侧，形成一回羽状复叶，分为奇数羽状复叶，如化香树 *Platycarya strobilacea*、野蔷薇 *Rosa multiflora*、槐、盐肤木 *Rhus chinensis*；偶数羽状复叶，如黄连木 *Pistacia chinensis*、锦鸡儿 *Caragana sinica*。若一回羽状复叶再排成羽状，则可形成二回至三回羽状复叶，如合欢 *Albizzia julibrissin*、棟。复叶中的小叶大多数对生，少数为互生，如黄檀 *Dalbergia hupeana*、美国肥皂荚 *Gymnocladus dioicus*。

掌状复叶：多数小叶着生于总叶柄的顶端，如七叶树 *Aesculus chinensis*、木通 *Akebia quinata*、五叶地锦 *Parthenocissus quinquefolia*。

复叶和单叶有时易混淆，这是由于对叶轴和小枝未加仔细区分。实际上叶轴和小枝有着显著的差异，即：①叶轴上没有顶芽，而小枝具芽；②复叶脱落时，先是小叶脱落，最后叶轴脱落，小枝上只有叶脱落；③叶轴上的小叶与叶轴一般成一平面，小枝上的叶与小枝成一定角度。

5.3 叶形　　叶形即叶片或复叶的小叶片的轮廓。

树木常见的叶形有以下几种（图 1-11）。

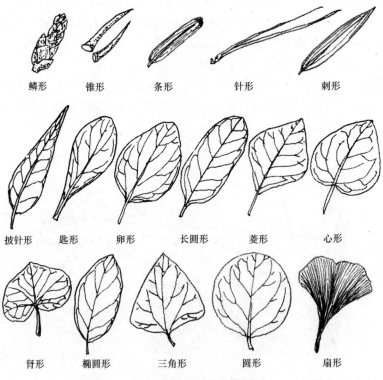

图 1-11　叶的形状示意图

鳞形：如侧柏、日本扁柏 *Chamaecyparis obtusa*、'龙柏' *Sabina chinensis* 'Kaizuca'、怪柳 *Tamarix chinensis*。

钻形或锥形：如红皮云杉、柳杉 *Cryptomeria fortunoi*。

条形：如日本冷杉 *Abies firma*、水杉。

针形：如白皮松、雪松。

刺形：如杜松 *Juniperus rigida*、铺地柏。

披针形：如山桃、蒲桃 *Syzygium jambos*。

匙形：如海桐。

卵形：如女贞 *Ligustrum lucidum*、日本女贞 *Ligustrum japonicum*。

椭圆形：如柿、白鹃梅、君迁子。

圆形：如中华猕猴桃 *Actinidia chinensis*。

菱形：如小叶杨 *Populus simonii*、乌桕 *Sapium sebiferum*。

三角形：如加杨 *Populus×canadensis*、白桦。

倒卵形：如玉兰 *Magnolia denudata*、蒙古栎 *Quercus mongolica*。

倒披针形：如木莲 *Manglietia fordiana*、雀舌黄杨 *Buxus bodinieri*、照山白 *Rhododendron micranthum*。

很多树种的叶形可能介于两种形状间，如三角状卵形、椭圆状披针形、卵状椭圆形、广卵形或阔卵形、长椭圆形等。

5.4 叶脉　　叶脉是贯穿于叶肉内的维管组织及外围的机械组织。

树木常见的叶脉类型有以下几种类型。（图1-12）。

羽状脉　　三出脉　　离基三出脉　　平行脉　　掌状脉

图1-12　叶脉类型

羽状脉：主脉明显，侧脉自主脉两侧发出，排成羽状，如榆树、麻栎。

三出脉：三条近等粗的主脉由叶柄顶端或稍离开叶柄顶端同时发出，如鸡树条 *Viburnum opulus* var. *calvescens*、三桠乌药 *Lindera obtusiloba*、枣。如果主脉离开叶柄顶端（叶片基部）发出，则称为离基三出脉，如樟 *Cinnamomum camphora*。

平行脉：叶脉平行排列。侧脉和主脉彼此平行直达叶尖的称为直出平行脉，如竹类植物；侧脉与主脉互相垂直，而侧脉彼此互相平行的称为侧出平行脉。

掌状脉：三条以上近等粗的主脉由叶柄顶端同时发出，在主脉上再发出二级侧脉，如元宝槭、水青树 *Tetracentron sinense*、洋紫荆 *Bauhinia variegata*。掌状脉常见的有五出、七出，有些树种可为九至十一出脉。

5.5 叶端、叶基和叶缘

叶端：指叶片先端的形状。主要有：渐尖，如麻栎、鹅耳枥 *Carpinus turczaninowii*；突尖，如大果榆、红丁香 *Syringa villosa*；锐尖，如金钱槭 *Dipteronia sinensis*、鸡麻 *Rhodotypos scandens*；尾尖，如郁李 *Cerasus japonica*、乌桕、省沽油 *Staphylea bumalda*；钝，如荷花玉兰 *Magnolia grandiflora*、菝葜 *Smilax china*；平截，如鹅掌楸 *Liriodendron chinense*；凹缺以至二裂，如凹叶厚朴 *Magnolia officinalis* ssp. *biloba*、中华猕猴桃（图1-13）。

叶基：指叶片基部的形状。主要有：下延，如圆柏 *Sabina chinensis*、宁夏枸杞 *Lycium barbarum*；楔形（包括狭楔形至宽楔形），如木槿 *Hibiscus syriacus*、李 *Prunus*

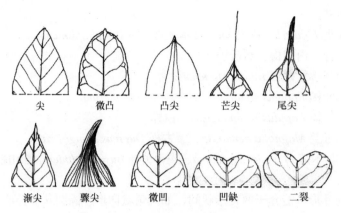

图 1-13　叶端示意图

salicina、蚊母树 *Distylium racemosum*、连翘；圆形，如胡枝子、'紫叶'李 *Prunus cerasifera* 'Pissardii'；截形或平截，如元宝槭；心形，如紫荆 *Cercis chinensis*；耳形，如辽东栎 *Quercus wutaishanica*；偏斜，如欧洲白榆 *Ulmus laevis* 等（图 1-14）。

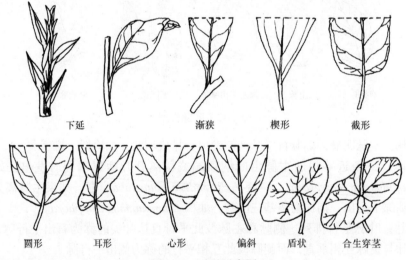

图 1-14　叶基示意图

叶缘：即叶片边缘的变化，包括全缘、波状、有锯齿和分裂等（图 1-15）。

全缘叶的叶缘不具任何锯齿和缺裂，如女贞、玉兰。

波状的叶缘呈波浪状起伏，如樟、胡枝子。

锯齿的类型众多，主要有：单锯齿，如榉树 *Zelkova serrata*；重锯齿，如大果榆；钝锯齿，如豆梨 *Pyrus calleryana*；尖锯齿，如青檀 *Pteroceltis tatarinowii*。有的锯齿先端有刺芒，如麻栎、槲皮栎、山樱花，有的锯齿先端有腺点，如臭椿。

分裂的情况有羽状分裂（裂片排列成羽状，并具有羽状脉）和掌状分裂（裂片排列成掌状，并具有掌状脉），并有浅裂（裂至中脉约 1/3）、深裂（裂至中脉约 1/2）和全裂（裂至中脉）之分。

5.6　叶片附属物　毛被是指一切出表皮细胞形成的毛茸。叶片的毛被是树木识别的重要特征之一。叶片被有的毛被主要有柔毛、绒毛、星状毛、腺毛等类别，这些术语同样

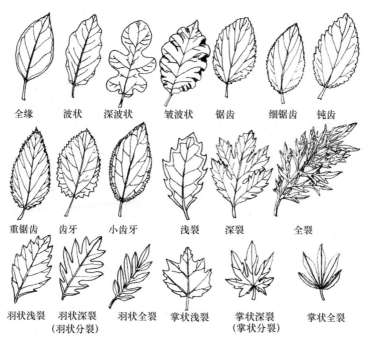

图 1-15　叶缘及叶片开裂方式示意图

可以用于描述枝条、花、果实等的毛被。

柔毛：毛被柔软，不贴附表面，如柿、小蜡。

绢毛：毛被较长，柔软而贴附，有丝绸光泽，如三桠乌药、芫花 Daphne genkwa。

绒毛：毛被柔软绵状，常缠结或呈垫状，如银白杨。

硬毛：毛被短粗而硬直，如蜡梅、葛。

睫毛：毛被成行生于叶缘，如黄檗、探春花 Jasminum floridum。

星状毛：毛从中央向四周分枝，形如星状，如齿叶溲疏、辽椴 Tilia mandshurica。

腺毛：毛被顶端具有膨大的腺体，如胡桃楸 Juglans mandshurica、大字杜鹃 Rhododendron schlippenbachii。

丁字毛：毛从中央向两侧各分一枝，外观形如一根毛，如花木蓝 Indigofera kirilowii、毛梾 Cornus walteri。

分枝毛：毛被呈树枝状分枝，如毛泡桐 Paulownia tomentosa。

盾状毛（腺鳞）：毛被呈圆片状，具短柄或无，如牛奶子 Elaeagnus umbellata、迎红杜鹃 Rhododendron mucronulatum。

此外，裸子植物的叶，下面或上面常有由气孔整齐排列形成的气孔带。气孔带的宽窄、排列等特征，是分类和识别的依据。

6　花

花从外向里是由萼片、花瓣、雄蕊群和雌蕊群组成的，下面还有花托和花梗（图 1-16）。在花的组成中，会出现部分

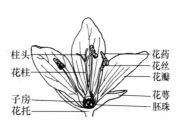

图 1-16　完全花的组成示意图

缺失的现象，这样的花称为不完全花，反之为完全花。

6.1 花梗与花托

花梗：花梗是着生花的小枝，也是花朵和茎相连的短柄。不同树木花梗长度变异很大。也有的不具花梗。

花托：花托是花梗的顶端部分。花部按一定方式排列其上。形态各异，一般略呈膨大状，还有圆柱状（如玉兰）、凹陷呈碗状（如桃）、壶状（如野蔷薇）等，有时花托在雌蕊基部形成膨大的盘状，称为花盘，如葡萄、枣、鼠李 *Rhamnus davurica* 等均具花盘。

6.2 花被

花被是花萼和花瓣的总称。当花萼和花瓣的形状、颜色相似时，称为同被花，每一片称为花被片，如玉兰；当花萼、花瓣不相同时，为异被花，如山桃；当花萼、花瓣同时存在时，为双被花，如槐、东京樱花 *Cerasus yedoensis*；当花萼存在、花瓣缺失时，为单被花，如榆树；当花萼、花瓣同时缺失时，为无被花，又称裸花，如杨柳科 Salicaceae 树木。

花萼由萼片组成，花冠由花瓣组成，花萼和花瓣的数目、形状、颜色等特征，是分类的重要依据。花萼通常绿色，有些树种的花萼大而颜色类似花瓣。萼片彼此完全分离的，称为离生萼；萼片多少连合的，称为合生萼。在花萼的下面，有的植物还有一轮花萼状物，称为副萼，如木槿、木芙蓉 *Hibiscus mutabilis*。花萼不脱落，与果实一起发育的，称为宿萼，如枸杞 *Lycium chinense*。

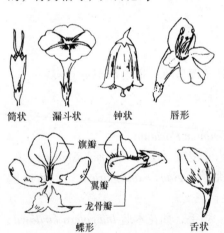

筒状　　漏斗状　　钟状　　唇形

旗瓣
翼瓣
龙骨瓣
蝶形　　　　　　舌状

图 1-17　被子植物花冠类型

当花瓣离生时，为离瓣花，如紫薇 *Lagerstroemia indica*；当花瓣合生时，为合瓣花，如柿，联合部分称为花冠筒，分离部分称为花冠裂片。花冠的对称性是系统分类的重要依据，包括辐射对称，如海棠花 *Malus spectabilis*、连翘，以及两侧对称，如刺槐、毛泡桐等。花冠的形状一般有蝶形、漏斗形、唇形、钟形、高脚碟状、坛状、辐状、舌状等（图1-17）。

6.3 雄蕊群

雄蕊群是一朵花内全部雄蕊的总称，在完全花中，位于花被和雌蕊群之间。雄蕊由花丝和花药组成。有的树种无花丝，花药的开裂方式有纵裂、横裂、孔裂、瓣裂等。

雄蕊的数目和合生程度不同，是树木识别的基础和科、属分类的重要特征。除了普通的离生雄蕊外，常见的有二强雄蕊（如荆条）、四强雄蕊、单体雄蕊（如木槿和楝）、二体雄蕊（如刺槐）、多体雄蕊（如金丝桃 *Hypericum monogynum*）、聚药雄蕊和冠生雄蕊等（图1-18）。

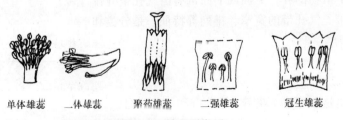

单体雄蕊　　二体雄蕊　　聚药雄蕊　　二强雄蕊　　冠生雄蕊

图 1-18　雄蕊群类型

6.4 雌蕊群 雌蕊群是一朵花内全部雌蕊的总称。一朵花中可以有 1 至多枚雌蕊。在完全花中，雌蕊位于花的中央，由子房、花柱、柱头组成。

心皮是构成雌蕊的基本单位，是具有生殖作用的变态叶。心皮的数目、合生情况和位置也是树木识别的基础，是科、属分类的重要特征。

一朵花中的雌蕊由一个心皮组成的为单雌蕊，如含羞草科 Mimosaceae、苏木科 Caesalpiniaceae、蝶形花科 Fabaceae 树木；由多数心皮组成，但心皮之间相互分离的为离生雌蕊，如木兰科树木；由多数心皮合生组成的为合生雌蕊，如多数树木的雌蕊（图 1-19）。

子房是雌蕊基部的膨大部分，有或无柄，着生在花托上，其位置有以下几种类型（图 1-20）。

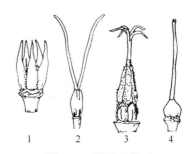

图 1-19 雌蕊的类型

1. 离生雌蕊；2～4. 合生雌蕊（2. 子房联合，柱头和花柱分离；3. 子房和花柱联合，柱头分离；4. 子房、花柱和柱头全部联合）

子房上位下位花　子房上位周位花　子房半下位周位花　子房下位周位花

图 1-20 子房位置示意图

上位子房：花托多少凸起，子房只在基底与花托中央最高处相接，或花托多少凹陷，与在它中部着生的子房不相愈合。前者由于其他花部位于子房下侧，称为下位花，如牡丹 Paeonia suffruticosa、山茶 Camellia japonica；后者由于其他花部着生在花托上端边缘，围绕子房，故称周位花，如蔷薇属 Rosa。

半下位子房：花托或萼片一部分与子房下部愈合，其他花部着生在花托上端内侧边缘，与子房分离，这种花也为周位花，如圆锥绣球 Hydrangea paniculata。

下位子房：子房位于凹陷的花托之中，与花托全部愈合，或者与外围花部的下部也愈合。其他花部位于子房之上，这种花则为上位花，如白梨。

6.5 花序 当枝顶或叶腋内只生长一朵花时，称为单生花，如玉兰。当许多花按一定规律排列在分枝或不分枝的总花柄上时，形成了各式花序，总花柄称为花序轴。花序着生的位置有顶生和腋生。

花序的类型复杂多样，表现为主轴的长短、分枝与否、花柄有无及各花的开放顺序等的差异。根据各花的开放顺序，可分为两大类。

6.5.1 无限花序 无限花序的主轴在开花时可以继续生长，不断产生花芽，各花的开放顺序由花序轴的基部向顶部依次开放或由花序周边向中央依次开放。它可分为以下几种常见的类型（图 1-21）。

总状花序：花序轴单一，较长，上面着生花柄长短近于相等的花，开花顺序自下而上，如刺槐、稠李 Padus avium、文冠果 Xanthoceras sorbifolia。总状花序再排成总状则为圆锥花序或复总状花序，如槐、栾树 Koelreuteria paniculata、华北珍珠梅 Sorbaria kirilowii。

图 1-21　花序类型示意图

穗状花序　柔荑花序　头状花序　肉穗花序　隐头花序　总状花序

伞房花序　伞形花序　圆锥花序　聚伞花序

伞房花序： 同总状花序，但上面着生花柄长短不等的花。越下方的花其花梗越长，使花几乎排列于一个平面上，如山楂 *Crataegus pinnatifida*。花序轴上的分枝成伞房状排列，每一分枝又自成一伞房花序即为复伞房花序，如花楸树 *Sorbus pohuashanensis*、粉花绣线菊 *Spiraea japonica*。

伞形花序： 花自花序轴顶端生出，各花的花柄近于等长，如李叶绣线菊 *Spiraea prunifolia*、珍珠绣线菊 *Spiraea thunbergii*。若花序轴顶端丛生若干长短相等的分枝，每分枝各自成一伞形花序则为聚伞形花序，如刺楸。

穗状花序： 花序轴直立、较长，上面着生许多无柄的花，如胡桃楸、山麻杆 *Alchornea davidii* 的雌花序。

柔荑花序： 花轴上着生许多无柄或短柄的单性花，常下垂，一般整个花序一起脱落，如杨属、柳属等。

头状花序： 花轴短缩而膨大。花无梗，各花密集于花轴膨大的顶端，呈头状或扁平状，如构树 *Broussonetia papyrifera* 的雌花序、柘树 *Cudrania tricuspidata*、四照花 *Dendrobenthamia japonica* var. *chinensis* 的花序。

隐头花序： 花轴特别膨大，中央部分向下凹陷，其内着生许多无柄的花，如无花果等榕属的种类。

6.5.2　有限花序　有限花序也称聚伞类花序，开花顺序为花序轴顶部或中间的花先开放，再向下或向外侧依次开花，有单歧聚伞花序、二歧聚伞花序（冬青卫矛 *Euonymus japonicus*）、多歧聚伞花序（如西洋接骨木 *Sambucus nigra*）。聚伞花序可再排成伞房状、圆锥状等，如柚木 *Tectona grandis* 的圆锥花序由二歧聚伞花序组成。

7　果实

果实的类型较多，是识别树木的重要特征。

7.1　真果和假果　在一些树木中果实仅由子房发育形成，称为真果，如桃；另一些树木中，花的其他部分（花托、花被等）也参与果实的形成，这种果实称为假果，如梨 *Pyrus*。

7.2　单果、聚合果和聚花果　一朵花中如果只有一枚雌蕊、只形成一个果实的，称为单果。一朵花中有许多离生雌蕊，每一雌蕊形成一个小果，相聚在同一花托之上的，称为聚合果，如望春玉兰 *Magnolia biondii* 为聚合蓇葖果、领春木 *Euptelea pleiospermum* 为聚合翅果。如果果实是由整个花序发育而来，则称为聚花果，如桑 *Morus alba*、无花果。

7.3　肉果和干果　如果按果皮的性质来划分，有肥厚肉质的肉果，也有果实成熟后果皮干燥无汁的干果，肉果和干果又各区分若干类型，在树木识别中，常见的果实类型有以下几种（图 1-22）。

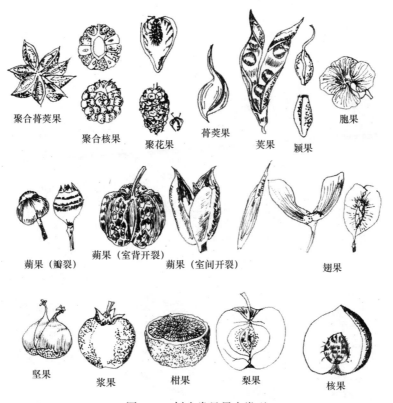

聚合蓇葖果　聚合核果　聚花果　蓇葖果　荚果　颖果　胞果

蒴果（瓣裂）　蒴果（室背开裂）　蒴果（室间开裂）　翅果

坚果　浆果　柑果　梨果　核果

图 1-22　树木常见果实类型

浆果：肉果中最为习见的一类，由一个或几个心皮形成。一般柔嫩、肉质而多汁，内含多数种子，如葡萄、柿子。枳的果实也是一种浆果，特称为柑果，由多心皮具中轴胎座的子房发育而成，外果皮坚韧革质，有很多油囊分布。

核果：通常由单雌蕊发育而成，内含一枚种子，如桃、李、杏 *Armeniaca vulgaris*。

梨果：多为下位子房的花发育而来，果实由花托和心皮愈合后共同形成，属于假果，如梨、苹果 *Malus pumila*。

荚果：单心皮发育而成的果实，成熟后沿背缝和腹缝两面开裂，如刺槐。有的虽具荚果形式但并不开裂，如合欢、皂荚等。

蓇葖果：由单心皮发育而成，成熟后只沿一面开裂，如沿心皮腹缝开裂的牡丹、梧桐，沿背缝开裂的望春玉兰。

蒴果：由合生心皮的复雌蕊发育而成的果实，子房一室至多室，每室种子多粒，成熟时开裂，如金丝桃、紫薇。

瘦果：由 1 至几个心皮发育而成，果皮硬，不开裂，果内含 1 枚种子，成熟时果皮与种皮易于分离，如蜡梅为聚合瘦果。

颖果：果皮薄，革质，只含一粒种子，果皮与种皮愈合、不易分离，如竹类的果实。

翅果：果皮延展成翅状，如榆属、槭属 *Acer*。

坚果：外果皮坚硬木质，含一粒种子的果实，如栗、麻栎、榛 *Corylus heterophylla*。

8　裸子植物的孢子叶球

裸子植物没有真正的花，在开花期间形成的繁殖器官称为球花（图 1-23），即孢子叶球。

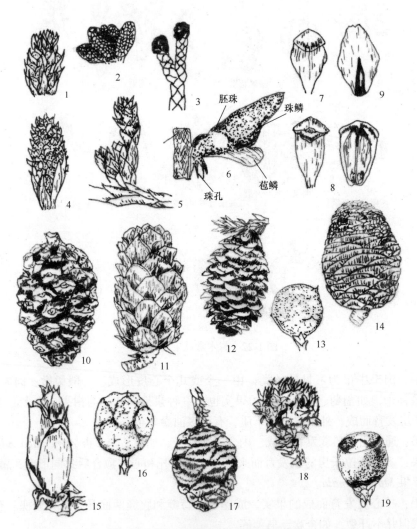

图 1-23　裸子植物的球花和球果示意图

1. 松属雄球花（冬态）；2. 松属雄球花（春天萌动时）；3. 扁柏属雄球花（开花时）；4. 松属雌球花；
5. 扁柏属雌球花；6. 松属的一枚珠鳞（示倒生胚珠、珠鳞和苞鳞）；7. 松属的种鳞（示鳞脐顶生）；
8. 松属的种鳞背面（示鳞脐背生）和腹面（示种子）；9. 落叶松属种鳞背面和苞鳞；10. 松属球果；
11. 落叶松属球果；12. 云杉属球果；13. 刺柏属球果；14. 雪松属球果；15. 扁柏属球果；
16. 柏木属球果；17. 巨杉属球果；18. 柳杉属球果；19. 红豆杉属球果

典型的球花仅在南洋杉科 Araucariaceae、松科 Pinaceae、杉科 Taxodiaceae 和柏科 Cupressaceae 中出现，其他科不明显。根据性别，球花分为雄球花和雌球花，雌球花发育为球果。

雄球花简单，由小孢子叶和中轴组成。小孢子叶相当于被子植物的雄蕊，具有 1 至多数花粉囊（也称为花药）。花粉囊数目在裸子植物的不同类群中存在差异，如松科为 2，杉科常为 3～5，柏科为 2～6，三尖杉科 Cephalotaxaceae 常为 3，红豆杉科 Taxaceae 为 13～9。

雌球花由珠鳞、苞鳞和胚珠着生在中轴上形成，胚珠在授粉期间完全裸露。南洋杉科、松科、杉科和柏科的珠鳞呈鳞片状，着生在由叶变态形成的苞鳞腋内，胚珠着生在珠鳞的腹面。

不具典型球花的苏铁科 Cycadaceae 的珠鳞为变态的叶片，胚珠着生在中下部两侧；银杏科 Ginkgoaceae 的胚珠着生在顶生珠座上，珠座具长柄；罗汉松科 Podocarpaceae 的胚珠生于套被中；红豆杉科的胚珠则生于珠托上，套被和珠托均具柄。

【任务实训】

园林树木识别特征的描述

目的要求：巩固所学园林树木形态术语，学会用形态术语描述园林树木的形态特征，提高专业表达能力。

实训条件：校园或附近绿地上的园林树木。

方法步骤：①组织学生到实训现场；②回顾所学相关理论知识；③举例示范描述方法；④指定描述对象；⑤由学生按表 1-1 项目自行描述，完成表格。教师根据现场情况做必要的指导。

表 1-1 园林树木形态描述 *

描述项目	树种 1	树种 2	树种 3	树种 4
生长类型				
树皮特征				
枝部特征				
芽部特征				
叶部特征				
花部特征				
果部特征				

注：观察季节不具有的特征可不填

技术成果：提交实训报告。

任务二 了解系统识别园林树木的"法宝"——树木自然分类的方法与系统

【知识要求】了解园林树木自然分类的等级和常用的园林树木自然分类系统。

【技能要求】能够区分树木的种及品种；能够查阅或辨别常用园林树木相关书籍所采用的自然分类系统。

1 园林树木自然分类的等级

1.1 等级的划分　　树木种类繁多，仅我国就有 8000 余种树木，识别起来难度很大。植物的自然分类方法是在植物形态特征的基础上，按照植物进化的系统关系对植物进行分类的，了解了自然分类的方法，有助于系统识别园林树木，可以得到事半功倍之效。

《国际植物命名法规》（International Code of Botanical Nomenclature，ICBN）规定的植物分类等级有界、门、纲、目、科、属、种等 12 个主要等级，各主要等级之下根据需要还可设"亚门""亚纲"等次要等级，从而形成金字塔式的阶层系统。这些等级必须按照法规所规定的顺序在严格意义上使用。现以凹叶厚朴 *Magnolia officinalis* ssp. *biloba* 为例，说明树木分类的等级（表 1-2）。

表 1-2　植物分类的各级单位

分类等级			举例	
中名	拉丁名	英名	中名	拉丁名
界	Regnum	Kingdom	植物界	Plantae
亚界	Subregnum	Subkingdom	有胚植物亚界	Embryobionta
门	Divisio	Division	木兰植物门（被子植物门）	Magnoliophyta
亚门	Subdivisio	Subdivision		
纲	Class	Class	木兰植物纲（双子叶植物纲）	Magnoliopsida
亚纲	Subclass	Subclass	木兰亚纲	Magnolidae
目	Ordo	Order	木兰目	Magnoliales
亚目	Subordo	Suborder		
科	Families	Family	木兰科	Magnoliaceae
亚科	Subfamilies	Subfamily		
族	Tribus	Tribe		
亚族	Subtribus	Subtribe		
属	Genus	Genus	木兰属	*Magnolia*
亚属	Subgenus	Subgenus		
组	Sectio	Section		
亚组	Subsectio	Subsection		
系	Series	Series		
亚系	Subseries	Subseries		
种	Species	Species	厚朴	*Magnolia officinalis*
亚种	Subspecies	Subspecies	凹叶厚朴	*Magnolia officinalis* ssp. *biloba*
变种	Varietas	Variety		
亚变种	Subvarietas	Subvariety		
变型	Forma	Form		
亚变型	Subforma	Subform		

当然，如表 1-2 所示，当不需要某些等级时，也可以完全省略。在植物分类等级中，最常用的是科、属、种及一些种下等级。

1.2　种及常用的种下等级　　"种"是物种的简称，是植物分类的基本单位。但是，如何给种一个确切的定义仍然是没有解决的问题。一般而言有两种观点，即形态学种和生物学种。

形态学种的划分主要根据植物的形态差别和地理分布，指具有一定形态特征并占据一定自然分布区的植物类群。同一个物种的个体间具有形态学上的一致性，与近缘种之间存在着地理隔离。

生物学种是指出自同一祖先、遗传物质相同的一群个体。同一个物种可以进行基因交流，产生能育后代，而不同物种（包括近缘种）之间存在生殖隔离。

要全面地认识种的概念，既要考虑形态学上的标准，也要考虑遗传学和生态地理学上的标准。种是变化发展的，现在认识的种都是物种发展中的一个阶段，它有发生、发展及灭亡的过程。

种往往具有较大的分布区域，由于分布区气候和生境条件的差异会导致种群分化为不同的生态型、生物型和地理宗，这是植物本身适应环境的结果。根据种内变异的大小，可以划分出不同的种下等级。

"亚种"是指形态上有比较大的差异，并具有较大范围地带性分布区域的变异类型。例如，沙棘 *Hippophae rhamnoides* 在我国有 5 个亚种，它们不但在叶片着生方式、腺鳞颜色、果实形状、枝刺等形态方面不同，而且各自具有较大的分布区，中国沙棘 ssp. *sinensis* 产于西北、华北至四川西部；云南沙棘 ssp. *yunnanensis* 产于云南西北部、西藏拉萨以东及四川宝兴、康定以南。中亚沙棘 ssp. *turkestanica* 产于我国新疆及塔吉克斯坦、吉尔吉斯斯坦、乌兹别克斯坦、阿富汗等地，蒙古沙棘 ssp. *mongolica* 产于新疆伊犁等地及蒙古西部，江孜沙棘 ssp. *gyantsensis* 产于西藏拉萨、江孜和亚东一带。

"变种"为使用最广泛的种下等级，一般是指具有不同形态特征的变异居群，但没有大的地带性分布区域，如圆柏的变种偃柏 *Sabina chinensis* var. *sargentii*、珙桐的变种光叶珙桐 *Davidia involucrata* var. *vilmoriniana*。

"变型"是指形态上变异比较小的类型，如花色、叶色的变化等，而且没有一定的分布区，往往只有零星的个体存在。例如，圆柏的变型垂枝圆柏 *Sabina chinensis* f. *pendula* 与圆柏的不同之处在于，枝条细长、小枝下垂、全为鳞叶，产于甘肃东南部等地。不过，很多植物的栽培类型被早期的分类学家作为变型命名，如国槐的变型龙爪槐 *Sophora japonica* f. *pendula*，桃 *Amygdalus persica* 的变型白碧桃 f. *albo-plena*、碧桃 f. *duplex*、紫叶桃 f. *atropurpurea* 等。

此外，在生产实践中，还存在着一类由人工培育的栽培植物，它们在形态、生理、生化等方面具有特异的性状，当达到一定数量、成为生产资料并产生经济效益时可称为该种植物的栽培品种或品种。因此，品种是栽培学上常用的名词，不是植物分类的等级，但在园林、园艺、农业等领域广泛应用，如圆柏的品种'龙柏'*Sabina chinensis* 'Kaizuca'、'匍地'龙柏 'Kaizuca Procumbens'、'塔柏''Pyramidalis'、'球柏''Globosa'等。

1.3　属　　属是形态特征相似、亲缘关系密切的种的集合。例如，毛白杨 *Populus*

tomentosa、山杨 *P. davidiana*、银白杨 *P. alba*、小叶杨 *P. simonii* 等，都具有"顶芽发达，芽鳞多数，花序下垂，花具有杯状花盘，苞片不规则分裂"等特点，而集合成杨属 *Populus*；旱柳 *Salix matsudana*、垂柳 *S. babylonica*、白柳 *S. alba* 等同样具有"无顶芽，侧芽芽鳞 1 枚，花序直立，花有腺体，无花盘，苞片全缘"等特点，集合成柳属 *Salix*。

1.4 科 科是形态特征相似、亲缘关系相近的属的集合。例如，杨属和柳属具有"花单性异株，柔荑花序，无花被，侧膜胎座，蒴果，种子基部有白色丝状长毛，无胚乳"等共同特点而组成杨柳科 Salicaceae。其他如桑科 Moraceae、蔷薇科 Rosaceae、木兰科 Magnoliaceae、木犀科 Oleaceae 等，均由亲缘关系相近的属集合而成。科的大小差别很大，最小的科只有 1 属 1 种，如银杏科 Ginkgoaceae、杜仲科 Eucommiaceae，而蔷薇科则有 120 余属 3400 余种。

2 常用的园林树木自然分类系统

由于植物界在长期的历史发展过程中，许多植物种群已经灭绝，而已发现的化石材料又残缺不全，因此在建立完整的自然分类系统时存在很多困难。但是各国分类学者根据现有材料及各自的观点创立了一些不同的系统。

关于种子植物的自然分类系统，各学者的意见尚未统一。现在将最常用的几个系统的特点简单地介绍如下。

2.1 恩格勒（Engler）系统 德国的恩格勒主编了两部巨著，即《植物自然分科志》（1887～1899）和《植物分科志要》（1924）。这两部书由目、科、属至种，采用他自己的系统描述了全世界的植物，内容非常丰富并有插图。目前很多国家都采用了这个系统。它的特点是：

（1）认为单性而又无花被（柔荑花序）是较原始的特征，所以将木麻黄科 Casuarinaceae、胡椒科 Piperaceae、杨柳科、桦木科 Betulaceae、壳斗科 Fagaceae、荨麻科 Urticaceae 等放在木兰科和毛茛科 Ranunculaceae 之前。

（2）认为单子叶植物较双子叶植物为原始。

（3）目与科的范围较大。

在 1964 年，该系统根据多数植物学家的研究，将错误的部分加以更正，即认为单子叶植物是较高级植物，因而放在双子叶植物之后，对目、科的范围亦有些调整。

由于恩格勒等的著作极为丰富，其系统较为稳定而实用，因此在世界各国及中国北方多采用此系统，如《中国树木分类学》和《中国高等植物图鉴》等书均采用此系统。

2.2 哈钦松（J. Hutchinson）系统 英国的哈钦松在其著作《有花植物志科》（1926，1934）中公布了这个系统。它的特点是：

（1）认为单子叶植物比较进化，故排在双子叶植物之后。

（2）在双子叶植物中，将木本与草本分开，并认为乔木为原始性状，草本为进化性状。

（3）认为花的各部分呈离生状态、花部呈螺旋状排列、具有多数离生雄蕊、两性花等性状均较原始；而花的各部分呈合生或附生、花部呈轮状排列、具有少数合生雄蕊、单性花等性状属于较进化的性状。

（4）认为在具有萼片和花瓣的植物中，如果它的雄蕊和雌蕊在解剖上属于原始性状时，则比无萼片与花瓣的植物较为原始，如木麻黄科、杨柳科等的无花被特征是属于废退的特化现象。

（5）单叶或叶呈互生排列现象属于原始性状，复叶或叶呈对生或轮生排列现象属于较进化的现象。

（6）目和科的范围较小。

很多人认为哈钦松系统较为合理，但是原书中未包括裸子植物。中国南方学者采用哈钦松系统者较多，如《广州植物志》及《海南植物志》。哈钦松系统的分目分科虽比前人细致，并有许多重要的改革，但是后来的研究亦发现该系统有些重要的缺点，所以哈钦松在1948年又将其原书的分类系统略有改动，而重新公布了一个系统表。

2.3 克朗奎斯特（Arthur Cronquist）系统 美籍瑞士人克朗奎斯特于1981年出版了《有花植物的一个整合的分类系统》，于1988年又出版了《有花植物的进化和分类》。他的系统将被子植物（有花植物）分为2纲11亚纲，即双子叶植物纲 Dicotyledons（木兰纲 Magnoliopsida）下设6亚纲，分别为木兰亚纲 Magnoliidae、金缕梅亚纲 Hamamelidae、石竹亚纲 Caryophyllidae、五桠果亚纲 Dilleniidae、蔷薇亚纲 Rosidae、菊亚纲 Asteridae，以及单子叶植物纲 Monocotyledons（百合纲 Liliopsida）下设5亚纲，分别为泽泻亚纲 Alismatidae、棕榈亚纲 Arecidae、鸭跖草亚纲 Commelinidae、姜亚纲 Zingiberidae 和百合亚纲 Liliidae。克氏系统中科的范畴与哈钦松系统相似但比哈氏的科为大。目前认为克氏的系统更为先进，因而北京植物园、上海植物园、深圳仙湖植物园均采用了此系统；近年新出版的《中国高等植物》14卷巨著中被子植物各科亦采用了此系统。

【任务实训】

查阅园林树木相关书籍采用的自然分类系统

目的要求：了解园林树木相关书籍采用的自然分类系统情况，加深对树木自然分类知识的理解，提高学生运用专业书籍的能力。

实训条件：图书馆或资料室。

方法步骤：①到图书馆或资料室查找5本园林树木相关书籍；②查阅各书籍前言部分，了解该书籍采用了哪种自然分类系统；③在各本书籍中查阅牡丹 *Paeonia suffruticosa*、槐 *Sophora japonica*、杠柳 *Periploca sepium*、北五味子 *Schisandra chinensis*、白蜡树 *Fraxinus chinensis* 各属于哪个科；④完成表1-3；⑤与其他同学比较并讨论你们的查阅结果。

表 1-3 园林树木形态描述

书籍名称	分类系统	树种名称	科别
		牡丹	
		槐	
		杠柳	
		北五味子	
		白蜡树	

续表

书籍名称	分类系统	树种名称	科别
		牡丹	
		槐	
		杠柳	
		北五味子	
		白蜡树	
		牡丹	
		槐	
		杠柳	
		北五味子	
		白蜡树	
		牡丹	
		槐	
		杠柳	
		北五味子	
		白蜡树	
		牡丹	
		槐	
		杠柳	
		北五味子	
		白蜡树	

技术成果：提交实训报告。

任务三 用好树木识别的"钥匙"——检索表

【知识要求】了解检索表编制的基本原理和常用园林树木检索表的类型。

【技能要求】能够使用检索表进行树种检索；能为一组园林树木编制检索表。

【任务理论】植物分类检索表是鉴别植物种类的重要工具之一，各类植物志、树木志在科、属、种的描述前常编写有相应的分类检索表。当需要鉴定一种不知名的树木时，可以利用相关工具书内的分科、分属和分种检索表，查出树木所属的科、属及种的名称，从而鉴定树种。

1 检索表的编制原理

检索表是根据二歧分类的原理，以对比的方式编制的。就是把各种树木的关键特征进行综合比较，找出区别点和相同点，然后 分为二，相同的归在一项下，不同的归在另一项下。在相同的一项下，又以另外的不同点分开，依此类推，最终将所有不同的种类分开。编制检索表时，应选择那些最容易观察到、区别显著的特征，不要选择那些模棱两可的特征。区别时先从大的方面区别，再从小的方面区别。

2 常用检索表的种类

2.1 根据编制形式划分的检索表类型 根据编制形式的不同，常用的检索表有定距式和平行式两种。定距式检索表也称为阶梯式检索表，即每一序号排列在一定的阶层上，下一序号向右错后一位；平行式检索表也称为齐头式检索表，检索表各阶层序号都居于每行左侧首位。例如，对木犀科常见的几个属编制的两种检索表如下。

定距式检索表

A_1 翅果或蒴果。

  B_1 翅果。

    C_1 果体圆形，周围有翅；单叶，全缘 ·················· 雪柳属 *Fontanesia*

    C_2 果体倒披针形，顶端有长翅；复叶，小叶具齿 ·················· 梣属 *Fraxinus*

  B_2 蒴果。

    C_1 枝中空或片隔状髓；花黄色，先叶开放 ·················· 连翘属 *Forsythia*

    C_2 枝实心；花紫色、红色、白色 ·················· 丁香属 *Syringa*

A_2 核果或浆果。

  B_1 核果；单叶，对生。

    C_1 花冠裂片 4～6，线形，仅在基部合生 ·················· 流苏树属 *Chionanthus*

    C_2 花冠裂片 4，短，有长短不等的花冠筒。

      D_1 圆锥或总状花序，顶生 ·················· 女贞属 *Ligustrum*

      D_2 圆锥花序腋生，或花簇生叶腋 ·················· 木犀属 *Osmanthus*

  B_2 浆果；复叶，稀单叶；对生或互生 ·················· 素馨属 *Jasminum*

平行式检索表

1 翅果或蒴果 ·················· 2

1 核果或浆果 ·················· 5

2 翅果 ·················· 3

2 蒴果 ·················· 4

3 果体圆形，周围有翅；单叶，全缘 ·················· 雪柳属 *Fontanesia*

3 果体倒披针形，顶端有长翅；复叶，小叶具齿 ·················· 梣属 *Fraxinus*

4 枝中空或片隔状髓；花黄色，先叶开放 ·················· 连翘属 *Forsythia*

4 枝实心；花紫色、红色、白色 ·················· 丁香属 *Syringa*

5 核果；单叶，对生 ·················· 6

5 浆果；复叶，稀单叶；对生或互生 ·················· 素馨属 *Jasminum*

6 花冠裂片 4～6，线形，仅在基部合生 ·················· 流苏树属 *Chionanthus*

6 花冠裂片 4，短，有长短不等的花冠筒 ·················· 7

7 圆锥或总状花序，顶生 ·················· 女贞属 *Ligustrum*

7 圆锥花序腋生，或花簇生叶腋 ·················· 木犀属 *Osmanthus*

2.2 根据树木的生长状态划分的检索表类型 在植物（树木）分类学书籍中，通常主要根据花、果的构造形态进行编制检索表。但是为了实际上使用的方便，尤其是在不开花的季节使用方便起见，亦有仅用枝、叶、芽等形态编制检索表的，如枝叶（营养器官）检索表或树木冬态检索表等。以下检索表即根据部分桑科树木的营养器官特征编写的。

营养器官检索表

A₁ 小枝无环状托叶痕。

  B₁ 无枝刺，叶缘有锯齿。

    C₁ 芽鳞 3～6 枚，托叶披针形。

      D₁ 叶缘有刺芒状锯齿，叶两面无毛或下面微被细毛 ·················· 蒙桑 *Morus mongolica*

      D₂ 叶缘锯齿无刺芒 ······························· 桑 *Morus alba*

    C₂ 芽鳞 2～3 枚，托叶卵状披针形；小枝密生蛛丝状毛，叶两面有毛 ··· 构树 *Broussonetia papyrifera*

  B₂ 有枝刺，叶卵圆形或卵状披针形，全缘或 3 裂，无锯齿 ·········· 柘树 *Cudrania tricuspidata*

A₂ 小枝有环状托叶痕；叶广卵或近圆形，3～5 掌状裂，表面粗糙 ············· 无花果 *Ficus carica*

3 检索表的使用方法

在使用检索表时，必须对所要鉴定树种的形态特征进行全面细致的观察，这是鉴定工作能否成功的关键所在。然后，根据检索表的编排顺序逐条由上向下查找，直到检索到需要的结果为止。在具体检索时，应注意以下几点。

（1）为了确保鉴定结果正确，一定要防止先入为主、主观臆测和倒查的倾向。

（2）检索表的结构都是以两个相对的特征编写的，而两个对应项号码是相同的，排列的位置也是相对称的。鉴定时，要根据观察到的特征，应用检索表从头按次序逐项往下查，绝不允许随意跳过一项或多项而去查另一项，因为这样特别容易导致错误。

（3）要全面核对两项相对性状，即在看相对的两项特征时，每查一项，必须对另一项也要查看，然后再根据树木的特征确定到底哪一项符合要鉴定的树木特征，要顺着符合的一项查下去，直到查出为止。假如只看一项就加以肯定，极易发生错误。在整个检索过程中，只要查错一项，将会导致整个鉴定工作的失败。因此，在检索过程中，一定要克服急躁情绪，按照检索步骤小心细致地进行。

（4）在核对了两项性状后仍不能作出选择时，或树木缺少检索表中的要求特征时，可分别从两个对立项下同时检索，然后从所获得的两个结果中，通过核对两个种的描述作出判断。如果全部符合，证明鉴定的结论是正确的，否则还需进一步加以研究，直至完全正确为止。

【任务实训】

编制检索表

目的要求：通过实训，深入理解树木检索表编制的基本原理和基本方法，比较定距检索表和平行检索表的不同之处。

实训条件：10 种自己熟悉的树木。

方法步骤：①选择 10 种自己熟悉的树木；②编制定距检索表；③编制平行检索表；④比较两种检索表形式上的差异。

技术成果：提交实训报告。

任务四 读懂园林树木的"名片"——拉丁学名

【知识要求】了解园林树木使用拉丁学名的意义；了解使用拉丁语命名树木的意义；了解树木命名的双名法；了解树木栽培品种的命名法；掌握树木拉丁学名的基本读法。

【技能要求】能够流利读出园林树木的拉丁学名；掌握100个以上园林树木拉丁学名。

1 使用拉丁学名的意义

树木的名称应用拉丁学名表达的目的是为了最大范围地、迅速地统一它们的世界名称，以便于国际间的文化交流。

1.1 避免"同树异名"的混乱   由于树木种类繁多，要想认识它们，了解它们，区别它们绝非易事。不同国家、不同民族，甚至在一个省区之内也可能出现"同树异名"的现象。例如，北京的玉兰，在湖北称为应春花，在河南称为白玉兰，浙江称为迎春花，江西称为望春花，四川峨嵋称为木花树，这就为不同省份之间的交流带来了不便；不同国家、不同民族之间的差异就更大了。但只要统一用它的学名 *Magnolia denudata*，这个问题便迎刃而解了。

1.2 避免"异树同名"的混乱   也常出现"异树同名"的现象，如酸枣这个名称，在中国北方日常所说的酸枣，别名称为"棘"，是鼠李科 Rhamnaceae 枣属 *Ziziphus* 的一种灌木，常见于干旱瘠薄的山地。而长江以南的低山丘陵或平原上也常见一种称为"酸枣"的大乔木，却是漆树科 Anacardiaceae 的树木。人们为了加以区别，称北方的酸枣为酸枣，南方的酸枣为南酸枣。尽管这样，也往往混淆不清。但如果从学名上区别就很清楚了。酸枣 *Ziziphus jujuba* var. *spinosa* 为鼠李科的酸枣，而 *Choerospondias axillaris* 为漆树科的酸枣，即南酸枣。再如，在中国的北方，由于冬季寒冷，绝大部分的阔叶树在露天条件下是落叶的，但也有极少数的树种却冬夏常青，如冬青卫矛、女贞等，这些树常被称为"冬青"，但真正的冬青却应是冬青科的一种树木。因而在名称和实物上弄得十分混乱，但只要看一下其学名，就完全清楚了：*Ilex purpurea* 为冬青（冬青科 Aquifoliaceae 冬青属 *Ilex*）、*Euonymus japonicus* 为冬青卫矛（卫矛科 Celastraceae 卫矛属 *Euonymus*）、*Ligustrum lucidum* 为女贞（木犀科 Oleaceae 女贞属 *Ligustrum*）。

2 使用拉丁语命名的意义

植物的学名用拉丁文表达主要是因为它具有其他语言文字所不能代替的优越性。主要有以下几个方面。

（1）拉丁语是近代欧洲罗曼语系的鼻祖，当前的法语、西班牙语、葡萄牙语、罗马尼亚语等都是从拉丁语演变而来。英语虽属日耳曼语系，但在英语中也含有大量的拉丁语词汇。至于其他的欧洲语言，包括俄语在内，也有许多词汇来源于拉丁语。因此，西欧的大多数国家学习和掌握拉丁文都十分方便。

（2）目前除罗马天主教会仍然以拉丁语作为社会语言外，其他各国无人用拉丁语交流。拉丁语已成死语，只用于书写。因而在语法上不再发展，比较固定，且容易被各国人民所接受，不显示任何国家的地位和力量。

（3）拉丁文的词汇十分丰富，词义固定，寓意精确，语法结构比较严谨。

（4）就植物学方面来说，由于林奈的努力，把植物学拉丁文从经典的和中古时期的拉丁文中分立出来，并修改和补充了许多科学上的名词和术语，语法上进行了简化，因而能够更加精炼地、简洁地表达新的发现和成果。

基于以上4点，用拉丁词汇和拉丁文来打破植物界在地理上和语言上的隔离状态，必然为大多数人所乐于接受。

3 树木命名的双名法

学名的书写形式，是根据瑞典植物学家林奈（Carl von Linnaeus，1707~1778）的倡导，并通过国际植物学专门会议讨论通过而固定下来的。每种植物的学名均采用双名法命名，就是一种植物的学名必须用"属名"加"种名（种加词）"来构成。在比较正规的材料或文献资料上，还应加缀命名人的姓名，如银杏的学名 *Ginkgo biloba* L.。

3.1 属名及其来源 拉丁属名有名词，而大量的是形容词当名词使用，第一字母必须大写，大体有以下几个方面的来源。

3.1.1 形态特征 如 *Sophora* 槐属（蝶形花科 Fabaceae），意为"蝴蝶花"，来自阿拉伯语，表示其花的形状；*Corylus* 榛属（桦木科 Betulaceae），意为"头巾"，来自希腊语，表示其花苞似头巾状包围着坚果。

3.1.2 生态特性 如 *Pinus* 松属（松科 Pinaceae），意为"山"，来自凯尔特语，表示其常见于山地；*Salix* 柳属（杨柳科 Salicaceae），意为"水"，来自古梵文，表示其喜生于水边。

3.1.3 用途 如 *Thuja* 崖柏属（柏科 Cupressaceae），意为"线香"，来自古希腊语，表示其可为线香原料；*Ormosia* 红豆树属（蝶形花科），意为"项链"，来自希腊语，表示其可用作装饰品项链。

3.1.4 产地 如 *Taiwania* 台湾杉属（杉科 Taxodiaceae），系我国台湾省的拉丁文译音；*Fukiennia* 建柏属（杉科），系我国福建省的拉丁文译音。

3.1.5 当地土名 如 *Litchi* 荔枝属（无患子科 Sapindaceae），系我国广东省"荔枝"的土名译音。

3.1.6 纪念性人名 如 *Magnolia* 木兰属（木兰科 Magnoliaceae），系纪念法国一位植物园主任 Pierre Magnol（1638~1715）；*Camellia* 山茶属（山茶科 Theaceae），系纪念捷克一位传教士 G. J. Camellus（1661~1706）。

3.1.7 神话和想象 如 *Juglans* 胡桃属（胡桃科 Juglandaceae），系古罗马主神 Jupiter（丘比特）和橡实形果实 glans 的合成字，意为丘比特神所吃的果子；*Quercus* 栎属（壳斗科 Fagaceae），为凯尔特语 quer（美好）和 cuez（树）的合成字，意为优良的树木。

3.1.8 颠倒字母创立属名 如 *Cydonia* 榅桲属（蔷薇科 Rosoideae）颠倒变为 *Docynia* 移核属（蔷薇科）；*Tapiscia* 银鹊树属（省沽油科 Staphyleaceae）颠倒变为 *Pistacia* 黄连木属（漆树科）。

3.1.9 添加前缀 如 *Larix* 落叶松属（松科）加前缀变为 *Pseudolarix* 金钱松属（松科）（假的 - 落叶松）；*Litsea* 木姜子属（樟科 Lauraceae）加前缀变为 *Neolitsea* 新木姜子属

（樟科）（新的 - 木姜子）。

3.1.10　添加后缀　如 *Castanea* 栗属（壳斗科 Fagaceae）加后缀变为 *Castanopsis* 锥属（壳斗科）（拟似 - 栗）；*Taxus* 红豆杉属（红豆杉科 Taxaceae）加后缀变为 *Taxodium* 落羽杉属（杉科）（像是 - 红豆杉）。

3.1.11　混合语种　如 *Liquidambar* 枫香树属（金缕梅科 Hamamelidaceae）是由拉丁字 liquidus（流体）和英语 ambar（琥珀）相合而成；*Mangifera* 杧果属（漆树科）是由马来亚土名 mango 和拉丁字 fero（具有）相合而成。

3.1.12　地理与人名相混合　如 *Sinowilsonia* 山白树属（金缕梅科）由 Sino（中国）和 Wilsonia（威尔逊）混合而成；*Sinojackia* 秤锤树属（野茉莉科 Styracaceae）由 Sino（中国）和 jackia（杰克）混合而成。

3.2　种名（种加词）及其来源　种名（种加词）一般有 3 类，即同位名词、名词的所有格和形容词，其中形容词最为多用。

3.2.1　同位名词　即用同格的名词作种名，种名的性可以不与属名相一致。例如，欧洲云杉拉丁学名的构成为：*Picea*（云杉）（阴性）＋*abies*（冷杉）（阴性）。茶条槭拉丁学名的构成为：*Acer*（槭树）（中性）＋ *ginnala*（西伯利亚的茶条土名）（阴性）。

3.2.2　名词所有格

1）普通名词的所有格　普通名词的所有格作种名，在性别上可以一致，也可以不一致。例如，厚朴（木兰科）的拉丁学名构成为：*Magnolia*（阴性）*officinalis*（制药的）（阴性）。酸橙（芸香科 Rutaceae）的拉丁学名构成为：*Citrus*（阴性）*aurantium*（橘子的）（中性）。

2）纪念性人名的所有格　纪念性人名及可以以形容词的方式作为种名，也可以用所有格的形式作为种名。用人名所有格的形式作种名时，人名所有格的词尾要根据原来人名的末尾字母加以确定，确定的方法如下。

（1）人名末尾字母如为元音"a"以外的元音（o、u、e、i、y），采用所有格形式作种名时，原人名之后应再加字母"i"。例如，锥栗 *Castanea henryi*（壳斗科）种名为英国人 A. Henry；雪柳 *Fontanesia fortunei*（木犀科）种名为英国人 R. Fortune。

（2）人名末尾字母如为元音"a"，原人名之后应再加字母"e"。例如，小叶蔷薇 *Rosa willmottiae*（蔷薇科）种名为英国人 Willmottia；木香花 *Rosa banksiae*（蔷薇科）种名为英国人 Banksia。

（3）人名末尾字母如为辅音，原人名之后应再加字母"ii"。例如，黑松 *Pinus thunbergii*（松科）的种名为瑞典植物学家 Thunberg；白豆杉 *Pseudotaxus chienii*（红豆杉科）的种名为中国植物学家钱崇澍，钱 Chien 的译音。

（4）人名末尾字母如为"er"，原人名之后应再加字母"i"。例如，毛梾 *Cornus walteri*（山茱萸科 Cornaceae）的种名为美国的 Th. Walter。

3.2.3　形容词　凡用形容词作为种名时，种加词的性、数、格应与属名相一致。可分为以下几种情况。

1）纪念性人名　纪念性人名如以形容词形式作为种名时，一般可在原人名之后加缀"ana"（anus、anum）词尾或 iana（ianus、ianum）词尾。例如，旱柳 *Salix matsudana*（杨柳科）的种名为日本人松田定久；宜山石楠 *Photinia chingiana*（蔷薇科）的种名 Chingi

为中国植物学家秦仁昌。

2）形态特征　　如银杏 *Ginkgo biloba*（银杏科 Ginkgoaceae）的种名 biloba 意为二裂的，指银杏叶片先端二裂；毛白杨 *Populus tomentosa*（杨柳科）的种名 tomentosa 意为具毛的，指毛白杨的新生叶片被毛。

3）生态特性　　如木油桐 *Vernicia montana*（大戟科 Euphorbiaceae）的种名意为山的，指本种喜生于山地；大王松 *Pinus palustris*（松科）的种名意为低湿地的，指本种喜生于低湿地。

4）利用价值　　如漆树 *Rhus verniciflua*（漆树科）的种名意为产漆的；南天竹 *Nandina domestica*（小檗科 Berberidaceae）的种名意为栽培的。

5）土名译音　　如龙眼 *Euphoria longan*（无患子科）的种名为龙眼的译音；檫木 *Sassafras tzumu*（樟科）的种名为其土名译音。

6）产地　　如槐 *Sophora japonica*（蝶形花科）的种名意为日本的；皂荚 *Gleditsia sinensis*（苏木科 Caesalpiniaceae）的种名意为中国的。

3.3　种下等级的命名

3.3.1　亚种　　在种名之后加 subsp. 或 ssp.（正体，subspecies 的缩写）、亚种及亚种命名人（在非正规文献中可以省略）。例如，厚朴的亚种凹叶厚朴为：*Magnolia officinalis* ssp. *biloba*。

3.3.2　变种　　在种名之后加 var.（正体，varietas 的缩写）、变种名及变种命名人（在非正规文献中可以省略）。例如，黄荆的变种荆条为：*Vitex negundo* var. *heterophylla*。

3.3.3　变型　　在种名之后加 f.（正体，forma 的缩写）、变型名及变型命名人（在非正规文献中可以省略）。例如，刺槐的变型球槐为 *Robinia pseudoacacia* f. *umbraculifera*。

3.3.4　栽培品种　　在种名之后加栽培品种名，不写命名人。栽培品种名第一字母大写，外面加‘’符号，品种名用正体书写，如圆柏的栽培品种龙柏为 *Sabina chinensis* ‘Kaizuca’。

3.4　命名人的表示方法　　各级分类单位之后均有命名人，命名人通常以缩写形式出现。如两人合作命名，则在两个命名人之间加 et（"和"的意思），如水杉 *Metasequoia glyptostroboides* Hu et Cheng（由胡先骕与郑万钧二人合作研究发表）。

如命名人并未公开发表而由别人代为发表，则在命名人后加"ex"或"apud"（"由"的意思），再加上代为发表人的名字，如榛 *Corylus heterophylla* Fisch. ex Bess. 表示由 Bess. 代替 Fisch. 发表。

如命名人建立的名称，其属名错误而为别人改正时，则原定名人加括号附于种名之后。例如，杉木，Lambert 命名时放在松属中定名为 *Pinus cunninghamia* Lamb.，而 Hooker 改正了 Lambert 的错误，把它移到杉木属中，故杉木的学名为 *Cunninghamia lanceolata*（Lamb.）Hook.。

4　树木拉丁学名的读音

4.1　拉丁文字母及其发音　　拉丁字母及其发音参见表 1-4。

表 1-4　拉丁字母的读音

字母	名称音	发音	字母	名称音	发音
a	［ɑ:］	［ɑ］	n	［en］	［n］
b	［be］	［b］	o	［ɔ:］	［ɔ］
c	［tes］	［k］或［ts］	p	［pe］	［p］
d	［de］	［d］	q	［ku:］	［k］
e	［e］	［e］	r	［er］	［r］
f	［ef］	［f］	s	［es］	［s］
g	［ge］	［g］或［dʒ］	t	［te］	［t］
h	［hɑ:］	［h］	u	［u:］	［u］
i	［i:］	［i］	v	［ve］	［v］
j	［jɔt］	［j］	w	［'dupleksve］	［w］
k	［kɑ:］	［k］	x	［iks］	［ks］
l	［el］	［l］	y	［'ipsilɔn］	［i］
m	［em］	［m］	z	［'zeta］	［z］

4.2　拉丁字母的分类　　拉丁文的语音，按其发音时气流是否受到发音器官的阻碍，可分为元音和辅音两大类。

元音字母又分为单元音和双元音两种：单元音有 6 个为 a、e、i、o、u、y；双元音有 4 个为 ae、oe、au、eu。

辅音字母有单辅音和双辅音之分，单辅音字母共有 20 个，按其发音时声带振动与否，又可分为清辅音和浊辅音，即清辅音为 p、t、c、k、q、f、s、h、x；浊辅音为 b、d、g、v、z、j、l、m、n、r、w。双辅音字母 4 个为 ch、ph、rh、th。

4.3　拉丁文的拼读　　拉丁文的拼读按以下规则：①辅音在前，元音在后，可拼读成一个音；②元音在前，辅音在后，各发原音；③双元音当作一个元音对待，双辅音当作一个辅音对待，均不应分开发音；④两个单元音或两个单辅音并列，各发原音，不得相拼。

4.4　字母发音规则例释　　拉丁学名的准确读音，取决于单词的每个字母发音、音节划分和重音位置的正确性。

4.4.1　单元音的发音　　单元音 a、e、i、o、u、y 在发音上有长短之分。长元音读得慢而长，短元音读得快而短促。前者发音大约比后者延长一倍。长元音可在元音字母上标注长音符号"‾"，写成 ā、ē、ī、ō、ū、ȳ。短元音可标短音符号"˘"，写成 ă、ĕ、ĭ、ŏ、ŭ、ў。元音的长短概念，在古代诗歌和韵文中是很讲究的，但在植物拉丁学名上，只是为了确定单词的重音位置，需要识别其倒数第二音节元音的长短，其余音节的元音并不分长短音。

元音字母 a、e、o、u 的发音见表 1-4，i 和 y 的发音均有两种情况。

i 这个字母具有双重作用，既可以作为元音，又可作为辅音。①表示元音时，读［i］，如 *Carpinus*［Kar'pinus］鹅耳枥属、*Celtis*［'tseltis］朴树属。②当 i 在两个元音字母之间或在一个音节中位于另一个元音之前，则应作为辅音，读［j］。例如，*Aglaia*［a'glaja］米仔兰属，*Iodes*［'jɔdes］微花藤属。

y 由希腊文字母 υ 转变而来：①用于拼写来自希腊文及其他外来语词汇，它的发音同 i，即一般读 [i]，如 *Caryota* [kari'ɔta] 鱼尾葵属、*Corylus* ['kɔrilus] 榛属。②当 y 在两个元音字母之间，或在词的开头而后随另一个元音字母时，则起辅音作用，读 [j]，如 *Cathaya* [ka'taja] 银杉属、*Yucca* ['juka] 丝兰属。

4.4.2　双元音的发音　ae 读 [e]，如 *Aesculus* ['eskulus] 七叶树属、*Crataegus* [kra'tegus] 山楂属。

oe 读 [e]，如 *Choerospondias* [kerɔ'spɔndias] 南酸枣属、*Phoenix* ['feniks] 刺葵属。

au 读 [au]，其前面元音 a [a] 要读得重而长，后面元音 u [u] 要读得轻而短，并且两个元音要迅速连成一个音，如 *Araucaria* [arau'karia] 南洋杉属、*Laurus* ['laurus] 月桂属。

eu 读 [eu]，其中元音 e [e] 读得重而长，元音 u [u] 读得轻而短，并且两个元音要迅速连成一个音，如 *Eucommia* [eu'kɔmia] 杜仲属、*Euonymus* [eu'ɔnimus] 卫矛属。

这里需要特别注意的是，ae、oe 在有些词中并非双元音，而是两个单元音。这时应在 e 的上方标出分音符号"··"，以表示它们需要分开发音，如 *Chroësthes* [krɔ'estes] 色萼木属、沙棘属 *Hippoephaë* [hi'pɔfae]。

此外，以 -e-us 结尾的拉丁文或希腊文形容词中，因 e 是词干部分，-us 是词尾，故 -e-u 也要分开发音，不能当作双元音看待，如 giganteus [gigan'teus] 高大的、purpureus [pur'pureus] 紫色的。

4.4.3　双辅音的发音　ch 发音相当于单辅音 k，读 [k]，亦有读 [h] 的，但如今在植物拉丁名中多习惯读 [k] 音，如 *Chaenomeles* [kenɔ'meles] 木瓜属、*Chamaecyparis* [kametsi'paris] 扁柏属。

ph 相当于单辅音 f，读 [f]，如 *Philadelphus* [fila'delfus] 山梅花属、*Photinia* [fɔ'tinia] 石楠属。

rh 发音相当于单辅音 r，读 [r]，如 *Rhamus* ['ramunus] 鼠李属、*Rhododendron* [rɔdo'dendrɔn] 杜鹃属。

th 相当于单辅音 t，读 [t]。如 *Agathis* [a'gathis] 贝壳杉属、*Tymus* ['tymus] 百里香属。

4.4.4　单辅音的发音　单辅音 b、d、f、l、m、n、p、v、h、j、k、q、r、s、w、x、z 的发音见表 1-4。

c 在古拉丁文中一律读 [k] 音，后来受外来语的影响，可发两个音。c 在元音 a、o、u，双元音 au 和一切辅音之前，以及在词的末尾，相当于英文中 k 的发音，读 [k]，如 *Carya* ['karia] 山核桃属、*Cladrastis* [kla'drastis] 香槐属、*Cotinus* [kɔ'tinus] 黄栌属。c 在元音 e、i、y 和双元音 ae、oe、eu 之前时，则产生音变而读成 [ts]，如 *Cedrus* ['tsedrus] 雪松属、*Cycas* ['tsikas] 苏铁属、*Lycium* ['litsium] 枸杞属。

g 在古拉丁文中和现在欧洲大陆各国均读作 [g]，但英国与美国一般读两个音。g 在元音 a、o、u，双元音 au 和一切辅音之前，以及在词的末尾，读 [g]，如 *Glyptostrobus* [gliptɔ'strɔbus] 水松属、*Ligustrum* [li'gustrum] 女贞属。g 在元音 e、i、y 和双元音 ae、oe、eu 之前时，则发生音变而读成 [dʒ]，如 *Ginkgo* ['dʒinkgɔ] 银杏属、*Gymnocladus* [dʒim'nɔladus] 肥皂荚属。

t 一般读 [t]。字母组合 ti 一般读 [ti]，如 *Actinidia* [atkti'nidia] 猕猴桃属、*Tilia*

［'tilia］椴树属。但 ti 在元音 a、e、i、o、u 及双元音 ae 之前，则产生音变读成［tsi］，如 *Antiaris*［antsi'aris］见血封喉属、aurantium［au'rantsium］酸橙。

4.5　音节　　拉丁文中的读音单位，称为音节。一般来说，每个单词都可以分成几个音节。一个音节通常由一个元音（或双元音）与一个或几个辅音组成，也可以由一个元音或双元音单独构成。

拉丁词按照其音节数目多少，可分为下列 3 类：单音节词、双音节词和多音节词。树木拉丁属名或种名，除极少数为单音节词以外，绝大多数是双音节词和多音节词。为掌握拉丁词的正确拼读，确定重音位置，必须学会音节的划分。

划分音节的规则如下（以"-"表示音节的划分符号）。

（1）在两个元音之间只有一个辅音时，该辅音应与它后面的一个元音划在一起，如 *Bi-xa* 红木属、*Lo-ro-pe-ta-lum* 檵木属。

（2）在两个元音之间，如有两个辅音时，则须分别划归前后音节，如 *Cer-cis* 紫荆属、*Cas-ta-nop-sis* 锥属。

（3）在两个元音之间，如有 3 个或 3 个以上辅音时，一般只把最后一个辅音与后面的元音划为一个音节，而其余辅音划归前一音节，如 *Camp-sis* 凌霄属、*Cun-ning-ha-mia* 杉木属。

（4）在两个元音之间，如有双辅音、字母组合 qu，或者是辅音 b、p、d、t、c、g、ch、f、ph 等后面跟随 l 或 r 时，则不可把它们拆开，应一起划归后面的元音，组成一个音节，如 *A-brus* 相思子属、*So-pho-ra* 槐属、*Gi-gan-to-chlo-a* 巨竹属。

（5）双元音不可分开，但非双元音的两个元音在一起时，则应分开。如元音之前或之后没有辅音，单独一个元音亦可构成一个音节，如 *E-ri-o-bo-try-a* 枇杷属、*O-le-a* 木犀榄属。

（6）在第一音节的元音之前或最后一音节的元音之后，不管有几个辅音，都应分别划归首、尾音节内，如 *Ju-glans* 胡桃属、*Ce-ri-ops* 角果木属。

（7）在复合词或派生词中，须按构词成分划分音节，如 *Phyl-lo-sta-chys* 刚竹属、*Schis-an-dra* 五味子属。

4.6　音量　　音量是指发音的长短或快慢。因为拉丁文多音节的重音，取决于倒数第二音节的音量长短，故对该音节音量长短的确定，就显得特别重要。其确定的方法，除了查阅拉丁文词典外，仍有下列若干规则可循。

4.6.1　长音规则

（1）含有双元音的音节都读长音，称为自然长音，如 *Phōēnix* 刺葵属、*Streptocāūlon* 马莲鞍属。

（2）元音在两个或两个以上辅音（双辅音和字母组合 qu 都作为一个辅音看待）之前，或者在双声辅音 x、z 之前的音节，通常读长音。这种长音，称为位置长音，如 *Celāstrus* 南蛇藤属、*Podocārpus* 罗汉松属。

（3）以 -ālis、-āle、-āmus、-ānus、-āna、-ānum、-āris、-āre、-ārum、-ātis、-ātus、-āta、-ātum、-ēbus、-ēmus、-ēma、-ētis、-īnus（名词有例外）、-īna、-īnum、-īvus、-īva、-īvum、-ōnis、-ōnum、-ōrum、-ōsus、-ōsa、-ōsum、-ūrus、-ūra、-ūrum 等结尾的词，其倒数第二音节的元音为长音，如 *Casuarīna* 木麻黄属、*Jasmīnum* 素馨属。

4.6.2　短音规则

（1）元音位于另一个元音或辅音 h 之前，读短音，如 *Abĭes* 冷杉属、*Picĕa* 云杉属。

（2）元音在双辅音、字母组合 qu 之前，或者在辅音 b、p、d、t、c、g 中的一个，连着 l 或 r 这一组合形式之前，都是短音，如 *Calocĕdrus* 翠柏属、*Strĕblus* 鹊肾树属。

（3）以 -ĭbus、-ĭcus、-ĭca、-ĭcum、-ĭdus、-ĭda、-ĭdum、-ĭlis、-ĭle、-ĭmus、-ĭma、-ĭmum、-ĭnis、-ĭne、-ŏlus、-ŏla、-ŏlum、-ŭlus、-ŭla、-ŭlum 等结尾的词，其倒数第二音节的元音为短音，如 *Cordylĭne* 朱蕉属、*Hyperĭcum* 金丝桃属。

4.7　重音　　拉丁词的重音总是在倒数第二或第三音节上，绝对不会在最后一个音节上，也不会在倒数第四、第五等音节上。在拉丁词典或教科书中，词的重音位置常用重音符号"′"标在重读音节的元音字母上方，或者在其倒数第二音节的元音上标记长短音符号加以判断。

确定拉丁词重音位置的主要规则如下。

（1）单音节词无重音，如 *Rhus* 盐肤木属。

（2）双音节词的重音，总是在倒数第二音节上，如 *Bómbax* 木棉属、*Lárix* 落叶松属。

（3）多音节词的重音位置，取决于倒数第二音节的音量长短。①如果倒数第二音节为长音，重音即在该音节上，如 *Cephalotáxus* 三尖杉属、*Osmánthus* 木犀属。②如果倒数第二音节是短音，则重音就落在第三音节上，不论该音节是长音还是短音，如 *Fráxinus* 梣属、*Plátanus* 悬铃木属。

这里顺便提及一下，上述确定音量和重音的规则，对某些拉丁化的希腊词，尚有不适应的情况，如 *Arctóus* 北极果属、gigantéus 巨大的。对于来自人名属格的种名，其结尾为 -ii、-iae 的，重音即落在前面一个音节上，这对大多数外国人姓氏来说，不是通常的重音位置，最好根据"音从主人"原则，依照原人名的重音来读。

【任务实训】

园林树木拉丁学名记忆

目的要求：通过实训，记忆 100 个以上的园林树木拉丁学名，并能够应用拉丁学名查阅文献和进行树种鉴别。

实训条件：教师为学生指定 100 个园林树木拉丁学名。

方法步骤：①熟悉拉丁学名的拼读方法；②制订拉丁名的记忆计划；③按计划记忆拉丁学名；④同学间结组检验发音正误和记忆效率；⑤同学间结组练习用拉丁学名查阅文献和进行树种鉴别。

技术成果：记忆 100 个以上的园林树木拉丁学名，并学会用拉丁学名查阅文献和鉴别树种。

任务五　了解园林树木识别的工具书

【知识要求】　了解常用的园林树木识别工具书。

【技能要求】　能够使用园林树木识别工具书鉴别园林树木。

【任务理论】　识别园林树木除了到园林中多接触树木、观察它们的特征外，准备一些工具书也是非常必要的。我国已出版的这方面工具书很多，重要的有下列几种。

1 《中国高等植物图鉴》

中国科学院植物研究所主编的《中国高等植物图鉴》，共 5 册，补编 2 册。全套书共收录经济价值和常见的种类近万种（中国高等植物约 30 000 种），包括苔藓植物、蕨类植物和种子植物。每种植物都有简要的文字描述，包括中文普通名、拉丁学名、形态特征、分布和生态环境，有些还简要介绍了用途。更重要的是，每种植物都配有插图，插图比较准确。

每册书后面的附录中有分门检索表及分科检索表、分属检索表和分种检索表。第一册书后还附有植物分类学上常用的术语解释及插图。这些插图和检索表大大方便了读者查对植物，识别种类。

2 《中国植物志》

中国科学院植物研究所主编的《中国植物志》，该套书从 1959 年起陆续出版，到 2004 年出齐，共 80 卷 126 册。书中收录了我国绝大多数的植物种类，包括野生的和习见栽培的，是我国植物分类的重要工具书。每科植物都有分属检索表、分种检索表及插图。尤其是编写中通过实地考察、查阅标本和文献考证，对每种植物做了一次全面的审查与辨别，纠正了前人的错误命名和重复命名。对于查证植物种类，做出正确鉴定极有帮助。可以说，植物志的研究与编写是几代中国植物分类学家辛苦努力的结晶。

目前，网络上也提供了《中国植物志》全文电子版网站，使其应用起来更加便捷。

3 《中国树木志》

这是新中国成立以来出版的第一部树木分类方面的巨著，该书全面系统地研究总结了我国树木资源、分类、栽培及利用的成果，是我国树木学研究的重要基础性著作，具有科学性、实用性、创新性的显著特点。它的编辑出版，标志着我国树木学研究进入该领域的世界先进行列，是我国树木学研究的重要里程碑。该书记载了中国原产的和引种栽培的树种 179 科近 8000 种（含亚种、变种、变型、栽培品种）。全书分 4 卷出版，第一卷于 1983 年出版，第二卷于 1985 年出版，第三卷于 1997 年出版，第四卷于 2004 年出版。

《中国树木志》主要记载了树种的中文名称（包括俗名）、拉丁学名（包括异名）、形态特征、产地及生境、林学特性、用途，以及中国主要树种区划。

4 《中国高等植物》

青岛出版社出版的《中国高等植物》，共 14 册。每种植物除图文以外，还有一个分布图，方便读者了解该植物在我国的分布。此外，还附了一些种类的彩色照片。该套书收录了约 2 万种植物。

5 地区植物志和树木志

指我国各省市出版的植物志和树木志，如《海南植物志》、《广东植物志》、《云南植物志》、《四川植物志》、《秦岭植物志》、《贵州植物志》、《辽宁植物志》、《山东植物志》、

《河北植物志》、《浙江植物志》、《江苏植物志》、《东北草本植物志》、《东北木本植物志》、《北京植物志》、《上海植物志》、《天津植物志》等，以及《河北树木志》、《广西树木志》、《湖南树木志》、《云南树木图志》等。这些植物志或树木志的范围比较小，容易查认。在某地区考察树木，如果遇上问题，可以查阅当地的植物志或树木志。

6 《园林树木1600种》

本书由北京林业大学张天麟教授编著，前身是《园林树木900种》，曾于1983年内部铅印过，是编者在多年的园林树木教学实践和广泛树种调查的基础上编写而成的。随着资料的积累，后来又在原有的基础上进行全面的修订和补充，于1990年以《园林树木1000种》的书名正式出版。十多年后，编者再次对原书中的内容，尤其是树种和品种进行全面修订，并增加了树种和插图，于2005年以《园林树木1200种》的书名由中国建筑工业出版社出版。该书对我国园林、风景园林、观赏园艺和风景旅游等专业的学生及园林绿化工作者学习园林树木，尤其是识别树种方面发挥了积极的作用，曾被印刷9次。编者退休后又花大量时间来参阅大量国内外的最新文献资料，并到广州、深圳等地进行园林树木的实地考察。在积累了较丰富的资料后，又进一步把树种增加到1600种，插图也增加到1014幅。尤其值得一提的是增加了较多栽培品种。

全书共编集我国各主要城市及风景区的栽培和习见野生木本植物1600种，加上亚种、变种、变型、栽培品种和附加的种，总数在2600种以上，隶属于133科，629属。各树种按科属系统排列，各属均有树种数和分布的说明，重要的属有简要的形态说明。各树种的形态特征描述简明、准确，注重其识别要点；对产地、分布、习性、观赏特性、园林用途及重要的经济价值也有所说明。所有树种均有拉丁学名，大部分树种还附有英文名（置于 [ ] 内，以别于拉丁学名）。书末附有拉丁文科属名索引、中文名索引和主要木本植物分科检索表。

本书各科的排列，裸子植物按国内通用的郑万钧系统；被子植物采用克朗奎斯特分类系统。

对于园林专业的师生来讲，本书具有针对性强、信息量大、便于携带的特点，是进行课外树木识别实训的优秀工具书。

【任务实训】

利用工具书鉴别园林树种

目的要求：通过实训，使学生了解常用的园林树木识别的工具书，锻炼学生利用工具书和自主学习的能力。

实训条件：①教师为学生提供3种园林树木的实物标本；②网络或图书馆树木识别的工具书。

方法步骤：①熟悉树木标本，用形态术语对树木标本进行描述；②依据树木标本的形态特征逐级查阅检索表，初步确定树种名称；③将树木标本的形态特征与工具书中描述的形态特征进行核对，看其是否完全相符；④与同学交流你的查阅结果。

技术成果：提交实训报告（包括鉴别过程和鉴别结果）。

【项目实训】

<h3 style="text-align:center">落叶园林树木的冬态识别</h3>

树木的冬态是指树木入冬落叶后所保留的可以反映和鉴定某种树种的形态特征。在树种的识别和鉴定中，叶、花和果实是重要的形态。但是，由于我国北方地区气候严寒，冬季漫长，除常绿树种外，绝大部分树木均失去夏季叶、花、果实的特征，只有光秃的树干、枝条及冬芽（某些树种可能残存一些果实及枯叶），而树木的种植工程又常在树木的落叶期进行，因而，根据树木的冬态特征进行树种的鉴定是一项非常重要的工作。

目的要求：①学会从树木的生长习性、树皮、枝条、叶痕、冬芽、附属物等方面进行树木冬态的观察和树种鉴定；②通过对一些树种的冬态观察，掌握树木的冬态特征和主要的冬态形态术语；③学会根据树木的冬态特征编制检索表。

实训条件：①校园或附近落叶树种较丰富的绿地；②枝剪、放大镜、工具书（如《园林树木 1600 种》）。

方法步骤：

（1）组织学生到现场。

（2）选择典型树种，现场讲解树木冬态识别的内容与方法，观察内容包括：①树木的生长类型；②树皮的开裂方式、剥落方式和颜色特征；③枝条的类型，叶痕、托叶痕、芽鳞痕的形状，叶迹的数目、形状及排列方式，髓的类型、形状及颜色，枝条的变态类型及附属物；④芽的着生位置、排列方式、形状及芽鳞特征；⑤树上残留的叶片及果实等。

（3）根据教师的讲解，学生自行观察巩固，教师做现场指导。

（4）教师指定 10 种已观察过的树木，要求学生根据冬态特征编写冬态检索表。

技术成果：提交实训报告，包括冬态检索表。

【学习建议】园林树木的识别是园林专业最重要的基本功之一，必须在本项目打下坚实的基础。除了规范地掌握识别特征和形态术语外，还要充分利用植物分类学的知识，它可以帮助在科属等范围内系统识别树木。此外也要利用好检索表、拉丁学名和工具书等工具，它们可以在没有教师的情况下帮助识别树种，是提高学生自学能力的重要手段。

【教学目标】使学生掌握不同生态因子对园林树木的影响，以及园林树木对各种生态因子的适应；能够判断生态因子的变化引起的园林树木的变化。

任务一　认识什么是园林树木的生态习性

【知识要求】了解生态因子及其对园林树木的基本作用规律；掌握园林树木生态习性和生态类型的基本概念。

1　生态因子及其相关概念

树木所生活的空间称为环境，任何物质都不能脱离环境而单独存在。树木的环境主要包括气候因子（温度、水分、光照、空气）、土壤因子、地形地势因子、生物因子及人类的活动等方面。通常将树木具体生存的小环境，简称生境。环境中所包含的各种因子中，有少数因子对树木没有影响或者在一定阶段中没有影响，而大多数的因子均对树木有影响，这些对树木有直接或间接影响的因子称为生态因子（因素）。生态因子中，对树木的生活属于必需的，即没有它们树木就不能生存的因素称为生存条件。例如，对树木来讲，氧、二氧化碳、光、热、水及无机盐类这 6 个因素都是其生存条件。

2　生态因子作用的基本规律

在研究树木与环境的关系中，必须了解以下几条基本规律。

2.1　综合作用　　环境中各生态因子间是互相影响、紧密联系的，它们组合成综合的整体，对树木的生长、生存起着综合的生态、生理作用。例如，温度的高低和地面相对湿度的高低受光照强度的影响，而光照强度又受大气湿度、云雾所左右。

2.2　主导因子作用　　在生态因子对树木的生态、生理综合影响中，有的因子处于主导地位或在某个阶段中起主导作用，同时，对树木的一生来讲主导因子不是固定不变的。例如，橡胶树 *Hevea brasiliensis* 是热带雨林的树木，其主导因子是高温高湿；仙人掌 *Opuntia stricta* var. *dillenii* 是热带干旱地区植物，其主导因子是高温干燥。

2.3　不可代替性和补偿作用　　环境中各种生态因子对树木的作用虽然不尽相同，但都各具有重要性，是不可代替的。但在由多个生态因子综合作用的过程中，由于某因子在量上的不足，可以由其他因子来补偿，以获得相似的生态效应。但生态因子的补偿作用只能在一定范围内作部分补偿，而不能以一个因子代替另一个因子，且因子之间的补偿作用也不是经常存在的。

2.4　阶段性作用　　由于树木生长发育不同阶段对生态因子的需求不同，因此，生态因子对树木的作用也具阶段性，这种阶段性是由生态环境的规律性变化所造成的。

2.5　直接作用和间接作用　　在生态因子中，有的并不直接影响树木而是以间接的关系来起作用的，如光照、温度、水分因子直接影响树木的生理过程，是直接因子；地形地势因子是通过其变化影响光照、温度、水分等产生变化从而再影响树木的，这些因子称为间接因子。所谓间接因子是指其对树木生活的影响关系是属于间接关系，但并非意味着其重要性降低，事实上在园林绿化建设中，许多具体措施都必须充分考虑这些所谓的间接因子。

2.6 生态幅 各种树木对生存条件及生态因子变化强度的适应范围是有一定限度的，超过这个限度就会引起死亡，这种适应的范围，称为生态幅。不同的树木及同一树木不同的生长发育阶段的生态幅，常有很大差异。

3 树木的生态习性和生态类型

树木离不开环境，环境对树木起综合的生态效应。某种树木长期生长在某种环境里，受到该环境条件的特定影响，通过新陈代谢，在树木的生活过程中就形成了对某些生态因子的特定需要，这就是其生态习性。而具有相同或相似生态习性的一类（群）树木，就称为生态类型，如耐水湿树木、耐阴树木等。

在园林树木的应用中，应掌握各种树木的生态习性，并加以创造性的应用。

任务二 认识温度对园林树木的影响及园林树木的适应

【知识要求】了解树木的温度三基点；理解温度与树木分布的关系；理解季节性变温、昼夜变温和突变温度对园林树木的影响。

1 树木的温度三基点

温度对园林树木生长发育的影响主要是通过对树木体内各种生理活动的影响而实现的。参与树木体内生命活动的各种酶都有其最低、最高和最适温度，因而，树木的各种生理活动都有最低、最高和最适温度，称为温度三基点。树木生长的温度范围一般为4~36℃，但不同树木种类的温度三基点不同，树木的不同发育阶段其温度三基点也不同。在一定温度范围内，树木生长的速率与温度成正比。

热带树木，如椰子 *Cocos nucifera*、橡胶树 *Hevea brasiliensis*，要求日均气温18℃以上才开始生长；亚热带树木，如柑橘 *Citrus reticulata*、樟 *Cinnamomum camphora*，一般在15℃开始生长；温带树木，如桃 *Amygdalus persica*、槐 *Sophora japonica*，在10℃开始生长，而寒温带树木，如白桦 *Betula platyphylla*、云杉 *Picea asperata*，在5℃甚至更低就开始生长。树木生长活动的最高极限温度大抵不超过50~60℃，其中原产于热带干燥地区和沙漠地区的种类较耐高温，如中国沙棘 *Hippophae rhamnoides* ssp. *sinensis*、沙枣 *Elaeagnus angustifolia* 等；而原产于寒温带和高山的树木则常在35℃左右的气温下即发生生命活动受阻现象，而在50℃左右常常死亡，如花楸树 *Sorbus pohuashanensis*、白桦、红松 *Pinus koraiensis* 等。树木对低温的忍耐力差别更大，如红松可耐 −50℃低温，紫竹 *Phyllostachys nigra* 可耐 −20℃低温，而不少热带树木在0℃以上时即受害，如轻木 *Ochroma lagopus*，在5℃死亡，椰子、橡胶树在0℃前叶片变黄而脱落。

2　温度与树木的地带性分布

2.1　树木的地带性分布　　地球表面树种的分布与温度条件有密切的关系，温度是限制树木分布的主导因子。地球上气候带的划分就是按照温度因子进行的。以日温≥10℃的积温和低温为主要指标，可以把我国分为6个热量带，自南向北分别是：赤道带、热带、亚热带、暖温带、温带、寒温带。与之相应的地带性植被分别为热带雨林和季雨林（云南、广西、台湾、海南等省区的南部）、亚热带常绿阔叶林（长江流域大部分地区至华南、西南）、暖温带落叶阔叶林（即夏绿林，东北南部、黄河流域至秦岭）及寒温带针阔混交林和针叶林（东北地区）。

2.2　广温树种与狭温树种　　温度因子影响树木的生长发育从而限制了树木的分布范围。各种树木的遗传性不同，对温度的适应能力有很大差异。据此可将树木分成两类。

广温树种：这些树木种类对温度变化幅度的适应能力特别强，因而能在广阔的地域生长、分布，又称广布种。

狭温树种：这类树木对温度的适应能力小，只能生活在很小的温度变化范围内。

当判别一种树木能否在某一地区生长时，从温度因子出发来讲，比较可靠的办法是查看当地无霜期的长短、生长期中日平均温度的高低、某些日平均温度范围时期的长短、当地变温出现的时期及幅度的大小、当地积温量、当地最热月和最冷月的月平均温度值、极端温度值及此期持续期的长短，这种极值对树木的自然分布有着极大的影响。

3　季节性变温对树木的影响

地球上除了南北回归线之间及极圈地区外，根据一年中温度因子的变化，可分为四季。四季的划分是根据每5d为一"候"的平均温度为标准。凡是每候的平均温度为10～22℃的属于春季、秋季，在22℃以上的属夏季，在10℃以下的属于冬季。不同地区的四季长短是有差异的，其差异的大小受其他因子（如地形、海拔、纬度、季风、降水量等）的综合影响。某地区的树木，由于长期适应于当地温度季节性的变化，就形成一定的生长发育节奏，即物候期。

树木物候期的早晚，主要与树种本身的生物学特性有关，还受纬度、经度和海拔的影响。在我国，树木的物候表现为：南方物候现象在春夏季出现得比北方早（萌芽、开花早），在秋季出现得比北方迟（落叶晚）；同一纬度，东部沿海地区物候现象出现得比西部内陆地区迟。不同的树种具有不同的物候期，如垂柳 *Salix babylonica* 在早春气温0～5℃即开始发芽，而黄檀 *Dalbergia hupeana* 要到气温15℃左右才发芽。同一树种在不同地区的物候期也不同，如桃 *Amygdalus persica* 在杭州3月下旬就开花，而在北京要在4月底至5月初开花。

4　昼夜变温对园林树木的影响

气温的日变化中，在4：00～5：00时接近日出时有最低值，在13：00～14：00时有最高值，一日中的最高值与最低值之差称为日较差或气温昼夜变幅。树木生长对昼夜温度变化的适应性称为温周期。

总体上，昼夜变温对树木生长发育是有利的。多数种子在变温条件下可发芽良好，而在恒温条件下反而发芽略差。大多数树木均表现为在昼夜变温条件下比恒温条件下生长良好。其原因可能是适应性及昼夜温差大有利于营养积累。在变温和一定程度的较大温差下，开花较多且较大，果实也较大，品质也较好。树木的某些观赏特性也与昼夜变温有密切关系。例如，黄栌 *Cotinus coggygria* var. *cinerea* 秋季叶色变红需昼夜温差大于10℃，低海拔或平原上栽培难于达到，故多不变红。

树木的温周期特性与其遗传性和原产地日温变化有关。原产于大陆性气候地区的树木适于较大的日较差，在日变幅为10～15℃条件下生长发育最好，原产于海洋性气候区的树木在日变幅为5～10℃条件下生长发育最好，而一些热带树木则要求较小的日较差。

5　突变温度对园林树木的伤害

树木能够适应温度在一定程度内的变化，但树木在生长期中如遇到温度的突然变化，便会打乱生理进程的程序而造成伤害，严重的会造成死亡。温度的突变可分为突然低温和突然高温两种情况。

5.1　突然低温对园林树木的伤害　　突然低温是指由于强大寒潮的南下，引起突然的降温而使树木受到伤害，一般可分为以下几种。

5.1.1　寒害　　寒害是指气温在物理0℃以上时使树木受害甚至死亡的情况。受害树木均为热带喜温树木，如轻木 *Ochroma lagopus* 在5℃时就会严重受害而死亡；热带的丁子香 *Syzygium aromaticum* 在气温为6.1℃时叶片严重受害，3.4℃时树梢即干枯；橡胶树、椰子等在气温降至0℃以前，均叶色变黄而落叶。

5.1.2　霜害　　当气温降至0℃时，空气中过饱和的水汽在树木表面就凝结成霜，这时树木的受害称为霜害。如果霜害的时间短，而且气温缓慢回升时，许多种树木可以复原；如果霜害时间长而且气温回升迅速，则受害的叶子反而不易恢复。

5.1.3　冻害　　气温降至0℃以下时，树木体温亦降至0℃以下，细胞间隙出现结冰现象，严重时导致质壁分离，细胞膜或壁破裂就会死亡，这种伤害称为冻害。

树木抵抗突然低温伤害的能力，因种类和所处的生长状况而不同。例如，在同一个气候带内的树木间，就有很大不同，以柑橘类而论，柠檬 *Citrus limon* 在−3℃受害，甜橙 *Citrus sinensis* 在−6℃受害，但金柑 *Fortunella japonica* 在−11℃才受害。至于生长在不同气候带的不同树木间的抗低温能力就更不同了。例如，生长在寒温带的针叶树可耐−20℃以下的低温。应注意的是同一树木的不同生长发育状况，对抵抗突然低温的能力有很大不同，以休眠期最强，营养生长期次之，生殖期抗性最弱。此外，应注意的是同一树木的不同器官或组织的抗低温能力亦不相同，以胚珠最弱，心皮次之，雌蕊以外的花器又次之，果及嫩叶又次之，叶片再次之，而以茎干的抗性最强。但是以具体的茎干部位而言，以根颈，即茎与根交接处的抗寒能力最弱。这些知识，对园林工作者在树木的应用及防寒养护管理措施方面都是很重要的。

5.1.4　冻拔　　在纬度高的寒冷地区，当土壤含水量过高时，由于土壤结冻膨胀而升起，连带将草本植物或树木小苗抬起，至春季解冻时土壤下沉而植物留在原位造成根部裸露死亡。

5.1.5　冻裂　　在寒冷地区的阳坡或树干的阳面由于阳光照晒，使树干内部的温度与干皮表面温度相差数十摄氏度，对某些树种而言，就会形成裂缝。当树液活动后，会有大量伤流出现，久之很易感染病菌，严重影响树势。树干易冻裂的树种有毛白杨 *Populus tomentosa*、山杨 *Populus davidiana*、青杨 *Populus cathayana* 等。

5.2 突然高温对园林树木的伤害　突然高温主要是指短期的高温而言，当温度高于最高点就会对树木造成伤害直至死亡。其原因主要是破坏了新陈代谢作用，温度过高时可使蛋白质凝固及造成物理伤害，如皮烧等。

一般言之，热带的树木有些能忍受 50～60℃ 的高温，但大多数树木的最高点是 50℃ 左右，其中被子植物较裸子植物略高，前者近 50℃，后者约 46℃。

任务三　认识水分对园林树木的影响及园林树木的适应

【知识要求】掌握以水分因子为主导的树木生态类型；了解树木耐旱性、耐湿性在园林中的应用情况。

1　以水分因子为主导的树木生态类型

水是园林树木及一切生命生存和繁衍的必要条件。对于园林树木而言，由于不同的种类长期生活在不同的水分条件环境中，形成了对水分需求关系上不同的生态习性和适应性。根据树木对水分需求的不同，可以将树木分为以下 3 种类型。

1.1 旱生树种　旱生树种是指在干旱的环境中能长期忍受干旱而正常生长发育的类型。这类树种具有极强的耐旱能力，在生理和形态方面形成了适应大气和土壤干旱的特性。例如，柽柳 *Tamarix chinensis* 的叶片退化为鳞片状，而沙漠玫瑰 *Adenium obesum* 的枝干为肉质等。

1.2 中生树种　大多数树木均属于中生树木，不能忍受过干和过湿的条件，但是由于种类众多，因而对干与湿的忍耐程度方面具有很大差异。耐旱力极强的种类具有旱生性状的倾向，耐湿力极强的种类则具有湿生性状的倾向。其中，油松 *Pinus tabuliformis*、侧柏 *Platycladus orientalis*、牡荆 *Vitex negundo* var. *cannabifolia*、酸枣 *Ziziphus jujuba* var. *spinosa* 等有很强的耐旱性，但仍然以在干湿适度的条件下生长最佳；而如桑 *Morus alba*、旱柳 *Salix matsudana*、乌桕 *Sapium sebiferum*、紫穗槐 *Amorpha fruticosa* 等，则有很高的耐水湿能力，但仍然以在中生环境下生长最佳。

1.3 湿生树种　湿生树种需生长在潮湿的环境中，若在干燥的中生环境下则常致死亡或生长不良。湿生树种生长在土壤水分经常饱和或仅有较短的较干期地区，故根系多较浅，无根毛，根部有通气组织，多有板根或膝根，如落羽杉 *Taxodium distichum*、池杉 *Taxodium ascendens*、水松 *Glyptostrobus pensilis* 等。

2　园林树木的耐旱性和耐湿性在园林中的应用

树木造景中，掌握树木的耐旱和耐湿能力是十分重要的。常见园林树种中，耐旱力强的树种有白皮松、油松、黑松 *Pinus thunbergii*、赤松 *P. densiflora*、马尾松 *P. massoniana*、侧柏、圆柏 *Sabina chinensis*、木麻黄 *Casuarina equisetifolia*、沙枣 *Elaeagnus angustifolia*、火炬树 *Rhus typhina*、火棘 *Pyracantha fortuneana*、青冈 *Cyclobalanopsis glauca*、旱柳、响叶杨 *Populus adenopoda*、化香树 *Platycarya strobilacea*、榔榆 *Ulmus parvifolia*、构树 *Broussonetia papyrifera*、合欢 *Albizzia julibrissin*、黄连木 *Pistacia chinensis*、臭椿 *Ailanthus altissima*、麻栎 *Quercus acutissima*、枫香树 *Liquidambar formosana*、楝 *Melia azedarach*、梧桐 *Firmiana simplex*、君迁子 *Diospyros lotus*、紫丁香 *Syringa oblata*、紫穗槐、齿叶溲疏 *Deutzia crenata*、木槿 *Hibiscus syriacus*、夹竹桃 *Nerium indicum*、枸骨 *Ilex cornuta*、芫花 *Daphne genkwa*、石榴 *Punica granatum*、花椒 *Zanthoxylum bungeanum*、葛 *Pueraria lobata*、云实 *Caesalpinia decapetala* 等。耐旱力中等的有紫玉兰 *Magnolia liliflora*、绣球 *Hydrangea macrophylla*、山梅花 *Philadelphus incanus*、海桐 *Pittosporum tobira*、山樱花 *Cerasus serrulata*、杜仲 *Eucommia ulmoides*、金丝桃 *Hypericum monogynum*、女贞 *Ligustrum lucidum*、接骨木 *Sambucus williamsii*、锦带花 *Weigela florida*、鸡爪槭 *Acer palmatum*、灯台树 *Cornus controversa*、紫荆 *Cercis chinensis* 等。耐旱力较弱的有四照花 *Dendrobenthamia japonica* var. *chinensis*、华山松 *Pinus armandii*、水杉 *Metasequoia glyptostroboides*、杉木 *Cunninghamia lanceolata*、水松、白兰 *Michelia alba*、檫木 *Sassafras tzumu* 等。

耐湿力强的有落羽杉、池杉、水松、棕榈 *Trachycarpus fortunei*、垂柳 *Salix babylonica*、旱柳、枫杨 *Pterocarya stenoptera*、桑 *Morus alba*、日本桤木 *Alnus japonica*、楝、乌桕、白蜡树 *Fraxinus chinensis*、柽柳、紫穗槐等。耐湿力中等的有水杉、槐 *Sophora japonica*、臭椿、紫薇 *Lagerstroemia indica*、白杜 *Euonymus maackii*、迎春花 *Jasminum nudiflorum*、枸杞 *Lycium chinense* 等。耐湿力较弱的有马尾松、柏木 *Cupressus funebris*、枇杷 *Eriobotrya japonica*、木犀 *Osmanthus fragrans*、海桐、女贞、玉兰 *Magnolia denudata*、紫玉兰、无花果 *Ficus carica*、蜡梅 *Chimonanthus praecox*、刺槐 *Robinia pseudoacacia*、毛泡桐 *Paulownia tomentosa*、楸 *Catalpa bungei*、花椒、胡桃 *Juglans regia*、合欢、梅 *Armeniaca mume*、桃 *Amygdalus persica*、紫荆等。

有的树种既耐旱又耐湿，如垂柳、旱柳、桑、榔榆、紫穗槐、紫藤 *Wisteria sinensis*、乌桕、白蜡树、雪柳 *Fontanesia fortunei*、柽柳等；而有的树种既不耐旱又不耐湿，如玉兰、冬青卫矛 *Euonymus japonicus* 等，在园林应用和栽培管理中应分别对待。

任务四 认识光照对园林树木的影响及园林树木的适应

【知识要求】掌握以光照因子为主导的树木生态类型；了解树木耐阴性在园林中的应用情况。

【技能要求】能够根据树木的生长情况判断树木对光照强度的需求。

1 以光照因子为主导的树木生态类型

光是绿色植物光合作用不可缺少的能量来源，也正是绿色植物通过光合作用将光能转化为化学能，贮存在有机物中，才为地球上的生物提供了生命活动的能源。影响树木应用的光照因子主要是光照强度，而光质和光照时间对树木应用的影响相对较小。按照对光强的适应，园林树木可分为 3 类。

1.1 阳性树种 在全日照条件下生长最好而不能忍受庇荫的树种，一般光补偿点较高，若光照不足，往往生长不良，枝条纤细，叶片黄瘦，不能正常开花，如落叶松 *Larix gmelinii*、油松 *Pinus tabulaeformis*、赤松 *P. densiflora*、马尾松 *P. massoniana*、落羽杉

Taxodium distichum、池杉 *T. ascendens*、水松 *Glyptostrobus pensilis*、枣 *Ziziphus jujuba*、白桦 *Betua platyphylla*、杜仲 *Eucommia ulmoides*、檫木 *Sassafras tzumu*、楝 *Melia azedarach*、刺槐 *Robinia pseudoacacia*、白刺花 *Sophora davidii*、旱柳 *Salix matsudana*、臭椿 *Ailanthus altissima*、白花泡桐 *Paulownia fortunei*、胡桃 *Juglans regia*、黄连木 *Pistacia chinensis*、麻栎 *Quercus acutissima*、桃 *Amygdalus persica*、柽柳 *Tamarix chinensis*、柠檬桉 *Eucalyptus citriodora*、火炬树 *Rhus typhina*、合欢 *Albizzia julibrissin*、椰子 *Cocos nucifera*、木麻黄 *Casuarina equisetifolia*、木棉 *Bombax malabaricum* 等。

1.2　中性树种　　又称耐阴树种。对光的要求介于阳性树种和阴性树种之间，有些种类耐阴性很强。大多数树种属于中性树种，其中中性偏阳的有榆树 *Ulmus pumila*、朴树 *Celtis sinensis*、大叶榉树 *Zelkova schneideriana*、山樱花 *Cerasus serrulata* 等；中性稍耐阴的有华山松 *Pinus armandii*、槐 *Sophora japonica*、枫杨 *Pterocarya stenoptera*、圆柏 *Sabina chinensis*、'龙柏' *Sabina chinensis* 'Kaizuca'、七叶树 *Aesculus chinensis*、元宝槭 *Acer truncatum*、鸡爪槭 *A. palmatum*、四照花 *Dendrobenthamia japonica* var. *chinensis*、木槿 *Hibiscus syriacus*、枇杷 *Eriobotrya japonica*、黄檗 *Phellodendron amurense*、女贞 *Ligustrum lucidum*、金丝桃 *Hypericum monogynum*、迎春花 *Jasminum nudiflorum*、紫丁香 *Syringa oblata*、齿叶溲疏 *Deutzia crenata* 等；耐阴性强的有东北红豆杉 *Taxus cuspidata*、罗汉柏 *Thujopsis dolabrata*、棣棠花 *Kerria japonica*、青木 *Aucuba japonica*、八角金盘 *Fatsia japonica*、紫金牛 *Ardisia japonica*、含笑花 *Michelia figo*、棕竹 *Rhapis excelsa*、野扇花 *Sarcococca ruscifolia*、顶花板凳果 *Pachysandra terminalis*、红背桂花 *Excoecaria cochinchinensis*、洋常春藤 *Hedera helix*、薜荔 *Ficus pumila* 等，这些树种常可应用于建筑物的背面或疏林下。

1.3　阴性树种　　在弱光下生长最好，一般要求为全日照的 1/5 以下，不能忍受全光，否则叶片焦黄枯萎，甚至死亡，如生于常绿阔叶林中的扁枝越橘 *Vaccinium japonicum* var. *sinicum*。常见的园林树木中没有真正的阴性树种。

2　园林树木的耐阴性在园林中的应用

在园林建设中了解树木的耐阴力是很重要的。例如，阳性树种的寿命一般较耐阴树种为短，但生长速度较快，所以在进行树木配植时必须搭配得当。又如，树木在幼苗、幼树阶段的耐阴性高于成年阶段，即耐阴性常随年龄的增长而降低，在同样的庇荫条件下，幼苗可以生存，但幼树即感光照不足。此外，对同一树种而言，生长在其分布区的南界就比生长在分布区中心的耐阴，而生长在分布区北界的个体较喜光。同样的树种，海拔越高，树木的喜光性越增强。掌握这些知识，对引种驯化、苗木培育、植物的配植和养护管理等各方面均有所助益。

【任务实训】

观察树木在不同光照条件下的生长发育状况

目的要求：为学生指定 3 种园林树木，要求其观察在不同光照条件下（建筑周围的不同方位、草坪上、树荫下等）的生长发育状况，以理解光照强度对园林树木生长发育的重要性。

实训条件：要有能找到在不同光照条件下生长的同种树木的场所。

方法步骤：①选定观察对象；②观察对象光照条件的观察；③不同观察对象生长发育情况的观察；④同种树木在不同光照条件下生长发育情况的比较；⑤不同树种需光要求的比较。

技术成果：提交调查报告。

任务五　认识空气对园林树木的影响及园林树木的适应

【知识要求】了解空气中的有用成分对园林树木的作用及影响；了解空气中的污染物质对园林树木的危害；了解风对园林树木的作用及危害。

1　空气中的有用成分对园林树木的作用及影响

在标准状态下，空气成分按体积计算为：氮气占 78.08%，氧气占 20.95%，二氧化碳占 0.035%，其他为氩、氢、氖、氦、臭氧及尘埃等。空气中还含有水汽，其含量因时间与地点而发生变化，按体积计，常为 0～4%。

在空气组成成分中，氧气、氮气和二氧化碳等与园林树木的生长关系密切。

1.1　氧气　氧是呼吸作用必不可少的，树木进行呼吸作用离不开氧气。大气中氧气的来源包括植物的光合作用和大气层中的光解作用；氧气的消耗包括植物的呼吸作用和有机物的分解、燃料的燃烧等氧化过程，大气层中的氧气含量保持不变。

氧气对树木的地上部分而言不形成特殊的作用，但是树木根部的呼吸则靠土壤和水中的氧气含量。如果土壤中的空气不足，会抑制根的伸长以致影响到全株的生长发育。因此，在栽培上经常要松耕土壤避免土壤板结；在黏质土地上，有的需多施有机质或换土以改善土壤物理性质；在盆栽中经常要配合更换具有优良理化性质的培养土。

1.2　氮气　氮在树木生命活动中有极重要的作用，它是构成生命物质（如蛋白质）的最基本成分。空气中的氮约占 4/5，但是高等植物却不能直接利用它，只能与固氮微生物共生后才能利用。很多植物的根与微生物共生形成根瘤，这些根瘤具有固氮作用。含羞草科 Mimosaceae 合欢属 *Albizzia*、金合欢属 *Acacia* 的树木，云实科 Caesalpiniaceae 皂荚属 *Gleditsia* 的树木和蝶形花科 Fabaceae 槐属 *Sophora*、刺槐属 *Robinia*、紫藤属 *Wisteria*、锦鸡儿属 *Caragana*、胡枝子属 *Lespedeza* 的树木可以和根瘤菌共生形成根瘤，具有固氮作用。而木麻黄科 Casuarinaceae 木麻黄属 *Casuarina*、桦木科 Betulaceae 桤木属 *Alnus*、胡颓子科 Elaeagnaceae 的胡颓子属 *Elaeagnus* 和沙棘属 *Hippophae*、杨梅科 Myricaceae 的杨梅属 *Myrica* 树木可以和放线菌共生形成根瘤固氮；苏铁科 Cycadaceae 苏铁属 *Cycas* 树木可以和蓝藻共生形成根瘤固氮；罗汉松科 Podocarpaceae 罗汉松属 *Podocarpus* 和松科 Pinaceae 金钱松属 *Pseudolarix* 树木则可与细菌共生形成根瘤固氮。

1.3　二氧化碳　二氧化碳是植物光合作用必需的原料，以空气中二氧化碳的平均浓度 320mg/kg 计，从植物的光合作用角度看，还远没有达到饱和程度，提高二氧化碳的浓度，可以使光合作用加强。因此，在月季等的切花栽培中，可在温室中施用二氧化碳以提高切花的品质和产量。

2 空气中的污染物质对园林树木的危害

由于工业的迅速发展和防护措施的缺乏或不完善，造成空气污染，目前引起注意的污染大气的有毒物质已达 400 余种，通常危害较大的有 20 余种，按其毒害机制可分为 6 种类型。

氧化性类型：如臭氧、过氧乙酰硝酸酯类、二氧化氮、氯气等。

还原性类型：如二氧化硫、硫化氢、一氧化碳、甲醛等。

酸性类型：如氟化氢、氯化氢、氰化氢、三氧化硫、四氟化硅、硫酸烟雾等。

碱性类型：如氨等。

有机毒害型：如乙烯等。

粉尘类型：按其粒径大小又可分为落尘（粒径在 10μm 以上）及飘尘（粒径在 10μm 以下），如各种重金属无机毒物及氧化物粉尘等。

在城市中汽车过多的地方，由汽车排出的尾气经太阳光紫外线的照射会发生反应变成浅蓝色的光化学烟雾，其中 90% 为臭氧，其他为醛类、烷基硝酸盐、过氧乙酰基硝酸酯，有的还含有为防爆消声而加的铅，这是大城市中常见的次生污染物质。

这些空气中的污染物质均对树木有一定的毒害作用，甚至会造成树木死亡。在污染区绿化应注意选用抗污染树种。

3 风对园林树木的作用及危害

空气流动形成风。风依其速度通常分为 12 级，低速的风对树木有利，高速的风则会使树木受到危害。

对树木有利方面是有助于风媒花的传粉。例如，银杏 *Ginkgo biloba* 雄株的花粉可顺风传播到 5km 以外；云杉 *Picea asperata* 等生长在下部枝条上的雄花花粉，可借助于林内的上升气流传至上部枝条的雌花上。风又可传布果实和种子，带翼和带毛的种子可随风传到很远的地方。

强劲的大风常在高山、海边、草原上遇到。由于大风经常性的吹袭，使直立乔木的迎风面的芽和枝条干枯、侵蚀、折断，只保留背风面的树冠，形成旗形树冠的景观，在高山风景点上，犹如迎送宾客。有些吹不死的迎风面枝条，常被吹弯曲到背风面生长，有时主干也常年被吹成沿风向平行生长，形成扁化现象。为了适应多风、大风的高山生态环境，很多树木生长低矮、贴地，株形变成与风摩擦力最小的流线型，成为垫状。这些现象会形成一定的观赏情趣。

风对树木不利的方面为生理和机械伤害，风可加速蒸腾作用，尤其是在春夏生长期的旱风、焚风可给农林生产上带来严重损失，而风速较大的飓风、台风等则可吹折树木枝干或使树木倒伏。在海边地区又常有夹杂大量盐分的潮风，使树枝被覆一层盐霜，使树叶及嫩枝枯萎甚至全株死亡。

各种树木的抗风力差别很大。

抗风力强的有：马尾松 *Pinus massoniana*、黑松 *P. thunbergii*、圆柏 *Sabina chinensis*、胡桃 *Juglans regia*、榆树 *Ulmus pumila*、臭椿 *Ailanthus altissima*、槐 *Sophora japonica*、麻栎 *Quercus acutissima* 等。

抗性中等的有：侧柏 *Platycladus orientalis*、杉木 *Cunninghamia lanceolata*、柳杉 *Cryptomeria fortunei*、枫杨 *Pterocarya stenoptera*、银杏、桑 *Morus alba*、柿 *Diospyros kaki*、桃 *Amygdalus persica*、合欢 *Albizzia julibrissin*、紫薇 *Lagerstroemia indica*、旱柳 *Salix matsudana* 等。

抗风力弱受害大的有：雪松 *Cedrus deodara*、二球悬铃木 *Platanus acerifolia*、梧桐 *Firmiana simplex*、加杨 *Populus×canadensis*、银白杨 *Populus alba*、白花泡桐 *Paulownia fortunei*、垂柳 *Salix babylonica*、刺槐 *Robinia pseudoacacia* 等。

一般言之，凡树冠紧密，材质坚韧，根系强大深广的树种，抗风力就强；而树冠庞大，材质柔软或硬脆，根系浅的树种，抗风力就弱。但是同一树种又因繁殖方法、立地条件和配植方式的不同而有差异。用扦插繁殖的树木，其根系比用播种繁殖的浅，故易倒；在土壤松软而地下水位较高处亦易倒；孤立树和稀植的树比密植者易受风害，而以密植的抗风力最强。

不同类型的台风对树木的危害程度会不一致，先风后雨的要比先雨后风的台风危害为小，持续时间短的比时间长的危害小。

此外，在北方较寒冷地带，于冬末春初经常刮风，加强了枝条的蒸腾作用，但此时地温很低，有的地区土壤仍未解冻，根系活动微弱，因此造成细枝顶梢干枯死亡现象，习称为干梢或抽条。此种现象对由南方引入的树种及易发生副梢的树种均影响较严重。

任务六　认识土壤对园林树木的影响及园林树木的适应

【知识要求】掌握土壤的物理性质和化学性质对园林树木的影响；掌握以土壤的不同性质为主导的园林树木生态类型；了解树木的耐盐碱性在园林中的应用情况。

【技能要求】能够判断土壤的不同性质对园林树木生长发育的影响。

1　土壤的物理性质对树木的影响

土壤的物理性质主要是指土壤的机械组成。理想的土壤是疏松的，有机质丰富，保水、保肥力强，具有团粒结构。团粒结构内的毛细管孔隙小于 0.1mm，有利于贮存大量水、肥；而团粒结构间非毛细管孔隙大于 0.1mm，有利于通气、排水。

城市土壤的物理性质具有极大的特殊性。很多为建筑土壤，含有大量砖瓦与渣土，如其含量少于 30% 时，有利于在城市践踏剧烈的条件下通气，使根系生长良好；如高于 30%，则保水不好，不利于根系生长。城市内由于人流量大，人踩车压，增加土壤的密度，降低土壤透水和保水能力，使自然降水大部分变成地面径流损失或被蒸发掉，使它不能渗透到土壤中去，造成缺水。土壤被踩踏紧密后，造成土壤内孔隙度降低，土壤通气不良，抑制树木根系的生长，使根系上移（一般地说，土壤中空气含量要占土壤总容积 10% 以上，才能使根系生长良好，可是被踩踏紧密的土壤中，空气含量仅占土壤总容积的 2%～4.8%）。人踩车压还增加了土壤硬度。一般人流影响土壤深度为 3～10cm，土壤硬度为 14～18kg/cm²；车辆影响到深度 30～35cm，土壤硬度为 10～70kg/cm²；机械反复碾压的建筑区，深度可达 1m 以上。经调查，油松 *Pinus tabulaeformis*、白皮松 *P. bungeana*、银杏 *Ginkgo biloba*、元宝槭 *Acer truncatum* 在土壤硬度 1~5kg/cm^2 时，根系多；5~8kg/cm^2 时较多；15kg/cm^2 时，根系少量；大于 15kg/cm^2 时，没根系。栾树 *Koelreuteria paniculata*、臭椿 *Ailanthus altissima*、刺槐 *Robinia pseudoacacia*、槐 *Sophora japonica* 在 0.9~8kg/cm^2 时，根系多；8~12kg/cm^2，根系较多；12~22kg/cm^2 时，根系少量；大于 22kg/cm^2 时，没根系，因为根系无法穿透，毛根死亡，菌根减少。

城内一些地面用水泥、沥青铺装，封闭性大，留出的树池很小，也造成土壤透气性差、硬度大。大部分裸露地面由于过度踩踏，地被植物长不起来，提高了土壤温度。例如，天坛公园夏季裸地土表温度最高可达 58℃；地下 5cm 处高达 39.5℃；地下 30cm 处 27℃以上，影响根系生长。

2 土壤的化学性质对树木的影响

2.1 以土壤的酸碱度为主导的树木生态类型

依照中国科学院南京土壤研究所 1978 年的标准，中国土壤酸碱度可分为 5 级，即强酸性为 pH<5.0，酸性为 pH 5.0~6.5，中性为 pH 6.5~7.5，碱性为 pH 7.5~8.5，强碱性为 pH>8.5。

依树木对土壤酸度的要求，可以分为 3 类。

2.1.1 酸性土树木 在呈或轻或重的酸性土壤上生长最好、最多的种类。土壤 pH 在 6.5 以下，如杜鹃 *Rhododendron simsii*、南烛 *Vaccinium bracteatum*、山茶 *Camellia japonica*、油茶 *Camellia oleifera*、马尾松 *Pinus massoniana*、石楠 *Photinia serratifolia*、油桐 *Vernicia fordii*、吊钟花 *Enkianthus quinqueflorus*、马醉木 *Pieris japonica*、栀子 *Gardenia jasminoides*、大多数棕榈科 Arecaceae 植物、红松 *Pinus koraiensis*、印度榕 *Ficus elastica* 等，种类极多。

2.1.2 中性土树木 在中性土壤上生长最佳的种类。土壤 pH 为 6.5~7.5。大多数树木均属此类。

2.1.3 碱性土树木 在呈或轻或重的碱性土上生长最好的种类。土壤 pH 在 7.5 以上，如柽柳 *Tamarix chinensis*、紫穗槐 *Amorpha fruticosa*、沙棘 *Hippophae rhamnoides*、沙枣 *Elaeagnus angustifolia*、杠柳 *Periploca sepium* 等。

2.2 以土壤中所含盐分为主导的树木生态类型

2.2.1 盐土树木 土壤中所含盐类为氯化钠、硫酸钠，则 pH 为中性，这类土壤称为盐土。

2.2.2 碱土树木 土壤中含有碳酸钠、碳酸氢钠时，pH 可达 8.5 以上，这种土壤称为碱性土。

2.2.3 钙质土树木 土壤中含有游离的碳酸钙，称为钙质土。在钙质土上生长良好的树木有：柏木 *Cupressus funebris*、臭椿、南天竹 *Nandina domestica*、青檀 *Pteroceltis tatarinowii*、侧柏 *Platycladus orientalis* 等。

从园林绿化建设来讲，较习用的耐盐碱树种有柽柳、榆树 *Ulmus pumila*、加杨 *Populus×canadensis*、桑 *Morus alba*、旱柳 *Salix matsudana*、枸杞 *Lycium chinense*、楝 *Melia azedarach*、臭椿、刺槐、紫穗槐、黑松 *Pinus thunbergii*、皂荚 *Gleditsia sinensis*、槐、白蜡树 *Fraxinus chinensis*、杜梨 *Pyrus betulifolia*、沙枣、合欢 *Albizzia julibrissin*、枣 *Ziziphus jujuba*、梣叶槭 *Acer negundo*、杏 *Armeniaca vulgaris*、君迁子 *Diospyros lotus*、侧柏等。

3　土壤肥力对树木的影响

　　绝大多数树木均喜生于深厚肥沃而适当湿润的土壤。但从绿化角度来考虑，需选择出耐瘠薄土地的树种，特称为瘠土树种，如马尾松、油松、构树 *Broussonetia papyrifera*、牡荆 *Vitex negundo* var. *cannabifolia*、酸枣 *Ziziphus jujuba* var. *spinosa*、日本小檗 *Berberis thunbergii*、金露梅 *Potentilla fruticosa*、锦鸡儿 *Caragana sinica* 等。与此相对的有喜肥树种，如梧桐 *Firmiana simplex*、胡桃 *Juglans regia*、牡丹 *Paeonia suffruticosa* 等树种。

【任务实训】

　　调查当地引进的园林树木对土壤酸碱度的适应情况及相应的栽培措施

　　目的要求：调查几种当地园林中引进的园林树木（可以是温室栽培的）对当地土壤酸碱度的适应情况，以及根据其适应性采取的相应栽培措施。

　　实训条件：校园或附近的绿地及温室。

　　方法步骤：①确定调查对象；②访问绿地或温室管理人员，了解相关情况；③实地观测相关树木的生长发育状况；④讨论调查结果。

　　技术成果：提交调查报告。

　　【学习建议】充分理解课本知识，但更要到实际的园林绿地现场，切身体验园林树木对各种生态因子的适应性，增加感性认识。

【教学目标】使学生掌握与园林树木应用密切相关的树木生长发育规律，包括树木生长发育的生命周期、年周期及不同器官的生物学特性，为园林树木的选择和应用奠定基础。

树木的生物学特性是指树木生长发育的规律。它是指树木由种子萌发经幼苗、幼树发育到开花结实，最后衰老死亡的整个生命过程的发生发展规律。

树木的生长是指树木在各种物质代谢的基础上，通过细胞分裂和伸长，使树木的体积和重量产生不可逆的增加。树木的发育是指在整个生活史中，树木个体构造和机能通过细胞、组织和器官的分化，从简单到复杂的变化过程。生长和发育关系密切，生长是发育的基础。

园林树木的生长发育会导致其形态发生阶段性的变化，掌握每种园林树木的生长发育规律，有利于在园林中合理应用不同类型的园林树木，增加对园林树木景观效果发展变化的预见性，提高树木景观设计的质量。

任务一 认识园林树木的生命周期

【知识要求】了解有性繁殖和无性繁殖树木生命周期的阶段性特点及树木的寿命情况，为创造稳定的园林树木景观奠定基础。

【任务理论】树木的生命周期是指从繁殖开始，直至个体生命结束为止的全部生活史。

1 树木生命周期的阶段性

树木作为多年生植物，其生长是无限的，但寿命是有限的，可以生活几十年至几千年不等。在树木生长发育过程中，营养生长贯穿整个生命周期。根系的发育、地上部分的生长、树冠的形成与增长都是通过营养生长实现的。繁殖过程则是树木性成熟的具体表现。

根据树木的生长发育规律可将园林树木的生命周期人为地分为 4 个阶段，即种子期、幼年期、成年期和老年期。各个时期在形态上和生理上均有不同的表现。

1.1 种子期 种子是种子植物有性生殖过程中胚胎发育的结果。种子中的胚是新一代植物的幼体。种子成熟后进入休眠，这是高等植物重要的进化适应现象。在休眠期间，树木可通过种子散布，直到环境适宜时开始萌发，形成新的植株。

1.2 幼年期 从种子萌发起至性成熟为幼年期。一般以第一次开花为性成熟的标志。北方流行的谚语："桃三、杏四、梨五年"，指的就是这几种树木幼年期的长短。一般来说，绝大多数的实生树木不到一定的年龄是不开花的，不同树种或品种幼年期差别很大。灌木中少数幼年期短的，播种当年就能开花，如矮石榴 *Punica granatum*、紫薇 *Lagerstroemia indica* 等；但一般均需经较长的年限才能开花，如梅 *Armeniaca mume* 需经 4～5 年，油松 *Pinus tabulaeformis* 需 6～7 年，侧柏 *Platycladus orientalis* 需 6～10 年，银

杏 *Ginkgo biloba* 需 15～20 年；水青冈 *Fagus longipetiolata* 需经 30～40 年，甚至长达半个世纪。在幼年阶段未结束时，不能接受成花诱导而开花。但树木幼年期的长短也受气候、土壤及栽培管理的影响，如红松 *Pinus koraiensis* 天然林幼年期长达 80～140 年，而某些人工栽培红松幼年期只 20 年左右。

树木幼年期的形态和成年期常有明显区别。例如，圆柏 *Sabina chinensis* 幼年期全为刺形叶，成年期才有鳞形叶。在生理上一般幼年期较成年期耐阴。

1.3　成年期　以进入性成熟为起点至开花结实衰退为止。此时期根系与树冠生长都已达到高峰，形态特征和生物学特性均较稳定。

1.4　老年期　从结实衰退开始到自然死亡前为止。这个时期生理机能明显衰退，新生枝数量明显减少，主干顶端和侧枝开始枯死，抗性下降，容易发生病虫害。

对于无性繁殖的树木，从发育阶段上讲，无种子期，一般也没有幼年期，只要生长正常，有成花诱导条件就可以开花结实。

2　树木的寿命

世界上寿命最长的生物是树木。树木中寿命最长的是乔木，其次是灌木和藤木。乔木中因种类不同，寿命长短差异很大。一般针叶树的寿命比阔叶树长。松属 *Pinus*、云杉属 *Picea*、落叶松属 *Larix* 树种寿命长达 250～400 年，红松达 3000 年，巨杉 *Sequoiadendron giganteum* 达 4000 年以上；栎属 *Quercus* 树种达 400～500 年，桦木属 *Betula* 通常为 80～100 年。了解树木的寿命，有助于配植出稳定的园林树木景观。

任务二　认识园林树木的年周期

【知识要求】了解树木年周期的阶段性特点，掌握与园林树木应用相关的各物候期的观测标准。

【技能要求】能够熟练进行与园林树木应用相关的各物候期的观测。

【任务理论】在一年中，树木的生命活动会随着季节变化而发生有规律的变化，出现萌芽、抽枝、展叶、开花、果实成熟、落叶等物候现象。树木这种每年随环境周期性变化而出现的形态和生理机能的规律性变化，称为树木的年生长周期。

1　树木年周期的阶段性

由于温带地区的气候在一年中有明显的四季，因此温带落叶树木的物候季相变化最为明显。落叶树的年周期可以明显地分为生长期和休眠期，在二者之间又各有一个过渡时期。从春季开始萌芽生长，至秋季落叶前为生长期；落叶后至翌年萌芽前，为适应冬季低温等不良环境条件，处于休眠状态，为休眠期。

1.1　休眠期转入生长期　这一时期处于树木将要萌芽前到芽膨大待萌止。树木休眠的解除，通常以芽的萌发作为形态指标，而生理活动则更早。例如，在温带地区，当日平均温度稳定在 3℃（有些树木是 0℃）时，树木的生命活动加速，树液流动，芽逐渐膨大直至萌发，树木从休眠期转入生长期。

树木在此期抗寒能力降低，遇突然降温，萌动的芽和枝干西南面易受冻害；干旱地区还易出现枯梢现象。当园林中应用由较温暖地区引种的树木时更容易出现这些问题，在园林树木的配植工作中应引起注意。

1.2 生长期 从树木萌芽生长至落叶，即整个生长季节。这一时期在一年中所占的时间较长。在此期间，树木随季节变化，会发生极为明显的变化，出现各种物候现象，如萌芽、抽枝展叶或开花、结实，并形成新器官，如叶芽、花芽。生长期的长短因树种不同和树龄不同而异，同一树种生长期的长短因南北地域、海拔高低、小气候环境差异而有不同。北方树木生长期为4～7个月。叶芽萌发是茎生长开始的标志，但根系的生长比茎的萌芽要早。通常幼树比老树生长期长，雌雄异株的树木，通常雄株比雌株生长期长。在北京枣 *Ziziphus jujuba* 生长期约201d，榆树 *Ulmus pumila* 约257d。

树木萌芽后，抗寒力显著下降，对低温变得敏感。同种树木，由于幼树比老树生长期长，因而更易受到低温伤害。北方地区在温室越冬的园林树木，如果出室过早，或入室过晚，均易遭受低温伤害。

1.3 生长期转入休眠期 秋季叶片自然脱落是树木进入休眠期的重要标志。在正常落叶前，新梢必须经过组织成熟过程才能顺利越冬。树木的不同器官和组织进入休眠期的早晚不同。某些芽的休眠在落叶前较早就已发生，皮层和木质部进入休眠期也早，而形成层迟，故初冬遇寒流形成层易受冻。地上部分主枝、主干进入休眠期较晚，而以根颈最晚，故也易受冻害。

刚进入休眠期的树木，处在初休眠（浅休眠）状态，耐寒力还不强，如遇间断回暖会使休眠逆转，突然降温常遭冻害。从温暖地区引种的树种尤其容易受到伤害。

1.4 休眠期 秋季正常落叶到次春树木开始生长为止是落叶树木的休眠期。在树木的休眠期，短期内虽然看不出有生长现象，但体内仍进行着各种生命活动，如呼吸、蒸腾、芽的分化、根的吸收、养分的合成和转化等，因而一般又称为相对休眠期。

落叶休眠是温带树木在进化过程中对冬季低温环境形成的一种适应性。另外，有些树木必须通过一定的低温阶段才能萌发生长。一般原产温带的落叶树木，休眠期要求一定的0～10℃的累计时数，原产暖温带的树木要求一定的5～15℃的累计时数，冬季低温不足会引起次年萌芽和开花参差不齐。北方树种南移，常因冬季低温不足而表现出花芽少、新梢节间短、叶呈莲座状等现象，在配植园林树木时应引起注意。

常绿树并非周年不落叶，而是叶的寿命较长，多在一年以上，如松属 *Pinus* 为2～5年，冷杉属 *Abies* 为3～10年，红豆杉属 *Taxus* 可达6～10年。每年仅仅脱落部分老叶（一般在春季与新叶展开同时），又能增生新叶，因此全树终年连续有绿叶存在。其物候动态比较复杂，尤其是热带地区的常绿阔叶树。有些树木在一年内能多次抽梢、多次开花结实，甚至在同一植株上可以看到抽梢、开花、结实等多个物候现象重叠交错的情况。

2 园林树木物候期的观测

对树木的物候期进行观测和记录，称为物候观测。园林树木的物候观测可为园林树木区域区划提供重要依据，同时，掌握园林树木的季相变化，可为园林树木的具体种植设计，选配树种，形成四季景观提供依据。在园林建设中，必须对当地的气候变化及树木的物候期有充分的了解，才能在园林设计中做好绿化配植树种的选择，进而使其在园林中充分发挥其功能。

从园林树木应用的角度出发，园林树木物候期观测的项目如表3-1所示。物候期观测的标准如下。

表3-1　园林树木物候观测记录表

树种	萌芽期				展叶期				开花期				果实发育期					秋叶变色及脱落期						备注
	花芽膨大始期	花芽开放期	叶芽膨大始期	叶芽开放期	展叶始期	展叶盛期	春色叶呈现始期	春色叶变绿期	开花始期	开花盛期	开花末期	二次开花起止日	幼果出现期	生理落果期	果实成熟期	果实脱落期	可供观果起止日	秋叶开始变色期	秋叶全部变色期	落叶始期	落叶盛期	落叶末期	可供观秋叶期	

1）萌芽期　　包括芽膨大始期、芽开放期。对于较大的鳞芽而言，芽鳞间出现浅色条纹时为芽膨大期，对于较小的芽体或裸芽，可借助放大镜凭经验观察。

2）展叶期　　包括展叶始期、展叶盛期、春色叶呈现始期、春色叶变绿期等。幼叶在芽中呈各种卷叠式，芽开放后叶片逐渐平展；阔叶树的叶片有50%以上展开，针叶树的针叶长度已长达正常叶长度的1/2以上为展叶盛期；全树有90%以上的叶展开为展叶末期或称叶全展。从园林树木景观设计的角度考虑，春色叶树种的色叶呈现期较为重要。

3）开花期　　包括开花始期、开花盛期（盛花期）、开花末期、二次开花期等。树上有5%花朵的花瓣展开，或柔荑花序伸长到正常长度的1/2，能见到雄蕊或子房，或裸子植物能看到花药或胚珠为开花始期（初花期）；全树50%以上的花朵开放，或柔荑花序或裸子植物雄球花开始散出花粉，或裸子植物的胚珠或被子植物的柱头顶端出现水珠为开花盛期；全树残留5%以下的花朵，或柔荑花序或裸子植物的雄球花散粉完毕为开花末期。对于二次开花的植物，应分别观测记载。

4）果实发育期　　包括幼果出现期、生理落果期、果实或种子成熟期、脱落期等。一般性物候观测主要观测果实（和种子）成熟的始期、盛期和末期。果实（和种子）成熟的标志以其生长到正常的形状、大小、颜色、气味为特征。有些树种的果实是第二年成熟，如麻栎 *Quercus acutissima*、栓皮栎 *Q. variabilis*，有些树种的果实成熟后很快脱落，如榆树，也有一些树种的果实成熟后在树上留存时间很长，如柿 *Diospyros kaki*、观赏海棠 *Malus* 品种及观赏山楂 *Crataegus* 品种等，此类树种可作为优良的观果树种。

5）秋叶变色及脱落期　　秋色叶树种的叶色可由绿色变为红色、黄色、橙色等，记录变色的始期、全部变色期，对秋色叶树种的配植具有重要价值。落叶期包括落叶始期、落叶盛期、落叶末期等。全树有5%～10%的叶子正常脱落为落叶始期，全树有50%以上的叶落下为落叶盛期，全树仅留存5%以下的叶片为落叶末期。部分落叶树如麻栎、栓皮栎等，叶片变色枯萎后并不脱落或部分脱落，第二年春季才落净。

【任务实训】

园林树木物候期的观测

目的要求：选择 10 种以上的园林树木，要求学生按照物候观测的方法观测一定时间段内的物候变化情况，为园林树木种植设计时选配树种和形成四季景观提供依据。

实训条件：要求有一定种类，生长良好的园林树木的绿地或植物园。

方法步骤：

（1）观测点的选定：观测点要考虑地形、土壤、植被的代表性，不宜选在房前屋后，避免小气候的影响。

（2）观测目标的选定：选生长发育正常并已开花结实 3 年以上的树木。在同地同种有许多株时，宜选 3～5 株作为观测对象。

（3）观测时间：可根据观测目的要求和项目特点，在保证不失时机的前提下，来决定间隔时间的长短。那些变化快、要求细的项目宜每天观测或隔日观测。冬季深休眠期可停止观测。一天中一般宜在气温高的下午观测，但也应随季节、观测对象的物候表现情况灵活掌握。

（4）观测记录：应选向阳面的枝条或上部枝（因物候表现较早）。高树顶部不易看清，宜用望远镜或用高枝剪剪下小枝观察；无条件时可观察下部的外围枝。应靠近植株观察各发育期，不可远站粗略估计进行判断。

（5）填写观测记录表。

技术成果：提交实训报告。

任务三　认识基于园林应用的树木器官的生物学特性

【知识要求】认识与园林树木应用相关的树木各器官的生物学特性，为园林树木的选择和配植奠定基础。

1　根的生物学特性

1.1　树木根的类型

1.1.1　树木一般根的类型

1）主根和侧根　树木的种子萌发时，胚根首先突破种皮向下生长形成的根，称为主根。主根上产生的各级大小分支，称为侧根。

2）定根和不定根　由胚根衍生形成的主根与侧根，称为定根。有些树木可以从茎、叶、老根或胚轴等部位产生根，这些不是由根部发生，而且发生位置不一定的根称为不定根，如单子叶植物竹的根，以及某些树木茎段扦插后其基部长出的根。不定根也产生侧根。

1.1.2　树木变态根的类型

（1）肉质根　一些园林树木的根粗大呈肉质，称为肉质根，如牡丹 *Paeonia suffruticosa*、玉兰 *Magnolia denudata* 等，此类根系积水时易腐烂，因而在园林中配植时，这些树木不宜配植在低洼积水处。

（2）支柱根　　一些树木由茎基部或侧枝上产生不定根伸入土壤中，帮助主根起支撑作用，将这种变态根称为支柱根。例如，红树 Rhizophora apiculata 近茎基部的节常发生不定根深入土中以加固植株。生长在南方的榕树 Ficus microcarpa 常在侧枝上产生下垂并扎入地面的不定根，形成"独木成林"的特有景观，这种不定根也属支柱根。支柱根的作用除了起支持作用外，也具有吸收水分和营养的功能。

（3）呼吸根　　生活在沼泽、多水环境中的湿生树木，由于根系在土壤中处于缺氧状态，因此常有根的一部分拱出土面或水面，裸露于空气中吸收氧气，将这种变态根称为呼吸根，如池杉 Taxodium ascendens、落羽杉 T. distichum、水松 Glyptostrobus pensilis 等。

（4）气生根　　茎上产生的不定根悬垂在空气中的称为气生根，如榕树等。这些树木的气生根具有从空气中吸收水分和养分、呼吸氧气的功能。当气生根生长到地面并扎入土中就转变为支柱根。

（5）攀缘根　　一些藤本树木的茎上生有许多不定根，以便将植株固着在其他树木的茎干上或岩石、墙壁上并向上生长，将这种变态根称为攀缘根，如洋常春藤 Hedera helix、络石 Trachelospermum jasminoides、凌霄 Campsis grandiflora 等。

1.2　树木根系的类型　　根系是一株树木地下部分所有根的总称。根系有直根系和须根系两类。

1.2.1　直根系　　由胚根发育产生的主根和各级侧根组成。构成直根系的主根发达，较粗长。该根系具有分枝的特点，其各级侧根下一级分枝明显比上一级分枝长得细。大多数双子叶树木和裸子树木的根系都属此种类型，如麻栎 Quercus acutissima、枫香树 Liquidambar formosana、山茶 Camellia japonica、黑松 Pinus thunbergii、圆柏 Sabina chinensis 等的根系。

1.2.2　须根系　　胚根衍生的主根不发达或早期停止生长，由胚轴及茎基部产生许多粗细相近的不定根，组成丛生状的根系，这种根系称为须根系，如竹类及棕榈科 Arecaceae 树木等大部分单子叶树木的根系。

1.3　树木根系在土壤中的分布　　树木的根在土壤中不断分支、延伸，其数量之多，表面积之大，分布范围之广令人惊奇。树木根的水平扩展范围通常超过其树冠范围的数倍。如此庞大的根系能吸收足够的水分和无机盐，供树木生长发育的需要。根据根在土壤中的分布状况，又可将根系分为两类。

1.3.1　深根系　　主根发达，垂直向下生长，深入土层可达 3~5m，甚至 10m 以上，如马尾松 Pinus massoniana、苹果 Malus pumila、栗 Castanea mollissima、银杏 Ginkgo biloba、柽柳 Tamarix chinensis 等。

1.3.2　浅根系　　主根不发达，侧根或不定根向四面扩展，并占有较大面积，根系主要分布在土壤的表层，如刺槐 Robinia pseudoacacia、臭冷杉 Abies nephrolepis、云杉 Picea asperata、雪松 Cedrus deodara 等。

园林规划设计时，除了要考虑树木地上部分的相互关系外，还应充分考虑不同树木根系的生长特性。保水护坡林应选择侧根发达、固土能力强的树种；营造防风林带应选择深根性树种。深根与浅根树木相互搭配种植，可充分利用土壤中的水分和养料，使树木生长健壮，并发挥良好的观赏效果。

2 枝茎的生物学特性

2.1 枝的生长类型 茎的生长方向与根相反，是背地性的，多数是垂直向上生长，也有呈水平或下垂生长的。茎枝除由顶端的加长和形成层活动的加粗生长外，禾本科的竹类，还具有居间生长。竹笋在春夏就是以这种方式生长的，所以生长特别快。树木依枝茎生长习性可分以下 3 类。

2.1.1 直立生长 茎干以明显的背地性垂直地面，枝直立或斜生于空间，多数树木都是如此。在直立茎的树木中，也有些变异类型，依枝的伸展方向可分为：①紧抱型，如'新疆'杨 *Populus alba* 'Pyramidalis'；②开张型，如槐 *Sophora japonica*；③下垂型，如垂柳 *Salix babylonica*；④龙游（扭旋或曲折）型，如'龙枣' *Ziziphus jujuba* 'Tortuosa' 等。

2.1.2 攀缘生长 茎长得细长柔软，自身不能直立，但能缠绕或具有适应攀附他物的器官（卷须、吸盘、吸附气根、钩刺等），借他物向上生长。在园林上，把具缠绕茎和攀缘茎的木本植物，统称为木质藤本，简称藤木，如凌霄、络石等。

2.1.3 匍匐生长 茎蔓细长，自身不能直立，又无攀附器官的藤木或无直立主干的灌木，常匍匐于地面生长。在热带雨林中，有些藤木如绳索状，爬伏或呈不规则的小球状铺于地面。匍匐灌木，如偃柏 *Sabina chinensis* var. *sargentii*、铺地柏 *Sabina procumbens* 等。攀缘藤木，在无物可攀时，也只能匍匐于地面生长。这种生长类型的树木，在园林中常用作地被植物。

2.2 分枝方式 树木除少数种不分枝（如棕榈科树种）外，有三大分枝式。

2.2.1 总状分枝（单轴分枝）式 枝的顶芽具有生长优势，能形成通直的主干或主蔓，同时依次发生侧枝；侧枝又以同样方式形成次级侧枝。这种有明显主轴的分枝方式称为总状分枝式或单轴分枝式，如银杏、水杉 *Metasequoia glyptostroboides*、云杉、冷杉 *Abies fabri*、雪松、银桦 *Grevillea robusta*、水青冈 *Fagus longipetiolata* 等。这种分枝式以裸子树木为最多。

2.2.2 合轴分枝式 枝的顶芽经一段时期生长以后，先端分化花芽或自枯，而由邻近的侧芽代替延长生长；以后又按上述方式分枝生长。这样就形成了曲折的主轴，这种分枝方式称为合轴分枝式，如成年的桃 *Amygdalus persica*、杏 *Armeniaca vulgaris*、榆树 *Ulmus pumila*、旱柳 *Salix matsudana*、槐、栾树 *Koelreuteria paniculata* 等。合轴分枝式以被子树木为最多。

2.2.3 假二叉分枝式 具对生芽的树木，顶芽自枯或分化为花芽，由其下对生芽同时萌枝生长所接替，形成叉状侧枝，以后如此继续。其外形上似二叉分枝，因此称为假二叉分枝。这种分枝方式实际上是合轴分枝的另一种形式，如紫丁香 *Syringa oblata*、梓 *Catalpa ovata*、白花泡桐 *Paulownia fortunei* 等。

　　树木的分枝方式不是一成不变的。许多树木年幼时呈总状分枝，生长到一定树龄后，就逐渐变为合轴或假二叉分枝。因而在进入开花结果不久的青年树上，可见到两种不同的分枝方式，如玉兰等（可见到总状分枝式与合轴分枝式及其转变痕迹）。

　　了解树木的分枝习性，对研究观赏树形有重要意义。

2.3 干性 树木中心干的强弱和维持年限的长短，简称为"干性"。顶端优势明显的树种，中心干强而持久。凡中心干坚硬，能长期处于优势生长者，称为干性强。这是乔木的共性，即枝干的中轴部分比侧生部分具有明显的相对优势。

2.4　树木生长大周期　　树木各器官（或一部分）的生长规律都是起初生长缓慢，随后逐渐加速，继而达到最高速度，随后又减慢，直到最后完全停止。总之都以慢—快—慢这种"S"曲线规律生长。树木一生按这种规律的生长过程，称为"生长大周期"。

不同树木在一生中生长高峰出现的早晚及延续期限不同。一般阳性树，如油松 *Pinus tabulaeformis*、马尾松、落叶松 *Larix gmelinii*、杉木 *Cunninghamia lanceolata*、毛白杨 *Populus tomentosa*、旱柳、垂柳等，其生长最快的时期多在15年前后出现，以后则逐渐减慢；而耐阴树种，如红松 *Pinus koraiensis*、华山松 *Pinus armandii*、云杉、东北红豆杉 *Taxus cuspidata* 等，其生长高峰出现较晚，多在50年以后，且延续期较长。

在园林绿化中，常根据早期高生长速度的差异，把园林树木划分为快长树（速生树）、中速树、慢长树（缓生树）3类。新建城市的绿地，自然应选快长树为主，但也应搭配些慢长树，以便更替。不了解树木生长速度，往往当时搭配种植尚好，但预想效果不佳；不用几年，快长树就把设计意图打乱了。

3　叶幕的生物学特性

3.1　叶幕的形状　　叶幕是指叶在树冠内的集中分布区。它是树冠叶面积总量的反映。园林树木的叶幕，随树龄、整形、栽培的目的与方式不同，其叶幕形成和体积也不相同。幼年树，由于分枝尚少，内膛小枝存在，内外见光，叶片充满树冠；其树冠的形状和体积也就是叶幕的形状和体积。自然生长无中干的成年树，叶幕与树冠体积并不一致，其枝叶一般集中在树冠表面，叶幕往往仅限冠表较薄的一层，多呈弯月形叶幕。具中干的成年树，多呈圆头形；老年多呈钟形叶幕。具体依树种而异。成林栽植树的叶幕，顶部成平面形或立体波浪形。藤木的叶幕随攀附的构筑物体形而异。整形式树木的叶幕形状随整形方式而变，如整形式绿篱的叶幕多集中于绿篱的表层。

3.2　叶幕维持的时间　　落叶树木的叶幕，从春天发叶到秋季落叶，大致能保持5～10个月的生活期；而常绿树木，由于叶片的生存期长，多半可达一年以上，而且老叶多在新叶形成之后逐渐脱落，故其叶幕比较稳定。

3.3　叶幕与园林树木的配植　　园林树木的配植，以往主要是从景观和艺术造型上考虑，而对如何提高和发挥叶幕（光合大于呼吸）有效叶面积的生理功能认识不足。例如，近年为追求城市绿地鸟瞰效果，立交桥和高楼下多用宽的绿篱带或花带或绿、花结合的团块，取得了较好的观赏效果。然而绿篱或团块的宽度应有一定的限度，过宽会造成通风透光不良，加速树木的衰败，维持年限会缩短。适宜的宽度，应根据所用树苗的生长习性和当地的自然和养护条件，经调查来确定。主要应确定适合的株行距和总宽度。对必须用超宽的种植带（或团块），可用多带组合式设计。

4　花的生物学特性

4.1　树木开花的顺序性

4.1.1　树种间开花先后　　不同树种开花早晚不同。长期生长在温带、亚热带的树木，除在特殊小气候环境外，同一地区，各树木每年开花期相互有一定顺序性。例如，北京地区的树木，一般每年均按以下顺序开放：棉花柳 *Salix* × *leucopithecia*、毛白杨、榆树、山桃

Amygdalus davidiana、侧柏 *Platycladus orientalis*、圆柏、玉兰、加杨 *Populus*×*canadensis*、小叶杨 *Populus simonii*、杏、桃、'绦柳' *Salix matsudana* 'Pendula'、紫丁香、紫荆 *Cercis chinensis*、胡桃 *Juglans regia*、牡丹、白蜡树 *Fraxinus chinensis*、苹果、桑 *Morus alba*、紫藤 *Wisteria sinensis*、构树 *Broussonetia papyrifera*、栓皮栎 *Quercus variabilis*、刺槐、楝 *Melia azedarach*、枣 *Ziziphus jujuba*、栗、合欢 *Albizzia julibrissin*、梧桐 *Firmiana simplex*、木槿 *Hibiscus syriacus*、槐等。

4.1.2 不同品种开花早晚不同 在同一地点，同种不同品种间开花也有一定的顺序性。例如，碧桃在北京地区，'早花白碧'桃于3月下旬开花，'亮碧'桃于4月中下旬开花。凡品种较多的花木，按花期都可分为早花、中花、晚花3类品种。

4.2 树木开花的类别

4.2.1 先花后叶类 此类树木在春季萌动前已完成花器分化。花芽萌动所需的温度比叶芽低，萌后不久即开花，先开花后长叶，如棉花柳、迎春花 *Jasminum nudiflorum*、连翘 *Forsythia suspensa*、山桃、梅 *Armeniaca mume*、杏、李 *Prunus salicina*、紫荆等。有些常能形成一树繁花的景观，如玉兰、山桃等。

4.2.2 花、叶同放类 此类树木花器也是在萌芽前完成分化。其花芽萌动需温稍高，故萌芽开花和展叶几乎同时，如先花后叶类中的榆叶梅 *Amygdalus triloba*、桃中某些开花较晚的品种与类型。此外多数能在短枝上形成混合芽的树种也属此类，如苹果、胡桃等。混合芽虽先抽枝展叶而后开花，但多数短枝抽生时间短，很快见花。此类开花较前类稍晚。

4.2.3 先叶后花类 此类多数树木花器是在当年生长的新梢上形成并完成分化。一般于夏秋开花，在树木中属开花最迟的一类，如木槿、紫薇 *Lagerstroemia indica*、凌霄、槐、木犀 *Osmanthus fragrans*、华北珍珠梅 *Sorbaria kirilowii*、荆条 *Vitex negundo* var. *heterophylla* 等。有些能延迟到初冬，如枇杷 *Eriobotrya japonica* 等。

4.3 树木开花延续的时间 花期延续时间长短受树种和品种、外界环境及树体营养状况的影响而有差异。

4.3.1 因树种与类别不同而不同 由于园林树木种类繁多，几乎包括各种花器分化类型的树木，加上同种花木品种多样，在同一地区，树木花期延续时间差别很大。花期短的仅有几天时间，如玉兰、连翘、榆叶梅、山桃等；长的则多达100～200d，如木槿、紫薇、华北珍珠梅、月季花 *Rosa chinensis* 等。不同开花类别树木的开花还有季节特点。春季和初夏开花的树木多在去年夏季花芽开始分化，于秋冬季或早春完成，到春天一旦温度适合就陆续开花，一般花期相对短而整齐；而夏、秋开花者，多为当年生枝上分化花芽，分化有早有晚，开花也就不一致，加上个体间差异大，因而花期较长。

4.3.2 同种树因树体营养、环境而异 青壮年树比衰老树的开花期长而整齐。树体营养状况好，开花延续时间长。园林树木配植得当，有利于树体形成良好的营养状况，有利于花期延长。

在不同小气候条件下，开花期长短不同。树荫下、大树北面、墙北花期长。园林树木配植时应充分利用好各种小气候条件，以达到延长花期的目的。

4.4 每年开花的次数 多数树种每年只开一次花，但也有些树种或栽培品种一年内有多次开花的习性。多次开花的树种，如茉莉花 *Jasminum sambac*、月季花、柽柳、佛手 *Citrus medica* var. *sarcodactylis*、柠檬 *Citrus limon* 等。而二乔木兰 *Magnolia soulangeana*、木犀、

忍冬 *Lonicera japonica*、黄栌 *Cotinus coggygria* var. *cinerea* 等树种中也有多次开花的变异类型。

5　果的生物学特性

园林中有时为了结合生产，需要配植一定数量的果树，而有时则是为了纯观赏目的而配植一些虽没有经济价值，但观赏性很好的观果树种。为了收到好的经济效益或观果效果，需适当了解一些果实生长发育的特性。

5.1　授粉和受精　　绝大多数树木，开花要经过授粉和受精才能结实。少数树木可不经授粉受精，果实和种子都能正常发育，如湖北海棠 *Malus hupehensis* 中的某些类型，这种现象称为"孤雌生殖"。另一些树木，也不需授粉受精，子房即可发育成果实，但无种子，如无核葡萄 *Vitis vinifera*、无核柿 *Diospyros kaki* 等。这种现象称为"单性结实"。

在以结合生产或观果为目的进行园林树木配植时，应注意，有些树木"自交不孕"（又称为"自花不实"），其最主要的原因是自交不亲和。某些树木其花粉不能使同品种的卵子受精，如欧洲李 *Prunus domestica*、欧洲甜樱桃 *Cerasus avium* 等，栽培时应配植花粉多，花期一致，亲和力强的其他品种作为授粉树。有些长期实生繁殖的树木，如胡桃等，雌雄异花虽同株，但常能分化出雌、雄开花期不一致的类型；除部分雌雄同熟者外；有的雄花先熟，有的雌花先熟。因此，应注意不同类型的混栽。除少数能在花蕾中闭花受精的树木（如葡萄）外，许多树木有异花授粉的习性，即除雌雄蕊异熟外，还有雌雄异株（如银杏等）、雌雄蕊虽同花而不等长（如李、杏的某些品种）及柱头泌液对不同花粉刺激萌发有选择性等。在配植时应考虑雌雄株和不同品种的搭配。

5.2　坐果与落花落果　　经授粉受精后，子房膨大发育成果实，称为坐果。事实上，坐果数比开放的花朵数少得多，能真正成熟的果则更少。其原因是开花后，一部分未能授粉、受精的花脱落了，另一部分虽已授粉、受精，因营养不良或其他原因产生脱落，这种现象称为"落花落果"。

在园林树木设计时，应注意按照树木的生态习性进行合理配植，再结合适当的栽培手段，才能使树木具备良好的营养条件，减少落花落果，达到结合生产和观果的目的。

5.3　果色的呈现　　果实的着色是由于叶绿素的分解，细胞内已有的类胡萝卜素、黄酮等，显出黄、橙等色。由叶中运来的色素原，在受光照、较高温度和有充足氧气的条件下，经氧化酶而产生花青素苷，而显出红色、紫色。花青素苷是碳水化合物在阳光（特别是短波光）的照射下形成的。因此，凡有利于提高叶片光合能力，有利于碳水化合物积累的因素，都有利果实的着色。为了取得好的观果效果，配植观果树种时应注意通风透光。

【学习建议】园林树木的生物学特性与应用关系密切，除了掌握上述理论知识，应重在切身体验，要养成经常到现场观察树木生长发育特性的习惯，长期进行物候期的观测，为园林树木的选择和配植积累一手资料。

项目四 学习园林树木的观赏特性

【教学目标】使学生掌握园林树木的树形及不同器官的观赏特性，理解园林树木的意境美，提高学生的审美能力和对观赏特性的应用能力。

任务一 认识园林树木树形的观赏特性

【知识要求】理解树形在园林景观中的作用及树形的影响因素；掌握主要的园林树形及其在园林中的应用。

【技能要求】能够依据树形类型选择园林树木。

1 树形在园林景观中的作用

树形由树冠及树干组成，树冠由一部分主干、主枝、侧枝及叶幕组成。树形是园林树木重要的观赏要素之一，对园林景观的构成起着至关重要的作用，尤其是对乔木树种而言更是如此。不同的树形可以引起观赏者不同的视觉感受，因而具有不同的景观效果。若经合理配植，树形可产生韵律感、层次感等不同的艺术效果。

2 树形的影响因素

2.1 树种特性 不同的树种各有其独特的树形，主要由树种的遗传性决定。不同树形的形成，由树木的分枝方式决定，也与萌芽力和成枝力有关。总状分枝，也称单轴分枝，往往可形成柱状、塔形或圆锥形的树冠，如多数裸子树木；合轴分枝的树种大多形成球形、卵形等较为开阔的树冠，如槐 *Sophora japonica*、栾树 *Koelreuteria paniculata* 等。

一个树种的树形并非永远不变，它随着生长发育过程而呈现出规律性的变化。例如，银杏 *Ginkgo biloba* 的树形从幼年到老年呈现尖塔形、圆锥形、圆球形的变化。一般所说的树形是指生长在正常环境中成年树的外貌。

2.2 环境影响 树形也受外界环境因子的影响。例如，强劲的大风常在高山、海边、草原上遇到，大风经常性的吹袭，常使直立乔木迎风面的芽和枝条干枯、折断，只保留背风面的树冠，形成旗形树冠，在高山风景点上，犹如迎送游客。

2.3 人工影响 一个树种在园林中人工养护的管理因素更能起决定作用。例如，同是圆柏 *Sabina chinensis*，在园林中分别作园景树和绿篱，就要采用截然不同的树形，园景树一般采用自然形，而绿篱则采用规则式整形。

3 主要的树形

3.1 圆柱形 顶端优势明显，主干生长旺盛，但树冠基部与顶部均不舒展，树冠上、下部直径相差不大，树冠紧抱，冠长远超过冠径，整体形态细窄而长。圆柱状的狭窄树冠多有高耸、静谧的效果，尤以列植时最为明显。常见的有杜松 *Juniperus rigida*、圆柏 *Sabina chinensis*、钻天杨 *Populus nigra* var. *italica*、'新疆'杨 *Populus alba* 'Pyramidalis' 等。另外，国外培育了大量的柱状树木品种，如'柱状'欧洲紫杉 *Taxus baccata* 'Fastigiata'、'柱形'美国扁柏 *Chamaecyparis lawsoniana* 'Columnaris' 等，部分品种在国内有栽培。

圆柱形树冠构成以垂直线为主，给人以雄健、庄严与安稳的感觉。运用这类树木能起到突出空间立面效果的作用，适宜与高耸的建筑物、纪念碑、塔相配。

3.2　尖塔形　　这类树形的顶端优势明显，主干生长势旺盛，树冠剖面基本以树干为中心，左右对称，整个形体从底部向上逐渐收缩，整体树形呈金字塔形，如雪松 *Cedrus deodara*、金松 *Sciadopitys verticillata*、日本扁柏 *Chamaecyparis obtusa* 等。

尖塔形主要由斜线和垂线构成，具有由静而趋于动的意向，整体造型静中有动、动中有静、轮廓分明、形象生动，有将人的视线或情感从地面导向高处或天空的作用。在园林中，尖塔形树冠不但端庄，而且给人一种刺破青天的动势，常可作为视线的焦点，充当主景；也可与形状有对比的植物（如球形树木）搭配，相得益彰；还能与相似形状的景物（如亭、塔等）形成相互呼应的效果。

3.3　圆锥形　　树冠较丰满，呈或狭或阔的圆锥体状。圆锥形树冠有严肃、端庄的效果，若植于小山丘的上方，还可加强小地形的高耸感。圆锥形的常绿树有圆柏、侧柏 *Platycladus orientalis*、柳杉 *Cryptomeria fortunei*、云杉 *Picea asperata*、马尾松 *Pinus massoniana*、华山松 *P. armandii*、荷花玉兰 *Magnolia grandiflora*、厚皮香 *Ternstroemia gymnanthera* 等；落叶树有落叶松 *Larix gmelinii*、金钱松 *Pseudolarix amabilis*、水杉 *Metasequoia glyptostroboides*、落羽杉 *Taxodium distichum*、鹅掌楸 *Liriodendron chinense*、灯台树 *Cornus controversa* 等。

3.4　圆球形　　主干不明显或至有限的高度即分枝，整体树形呈现球形、卵球形、扁球形、圆头形等，圆球形树种众多，应用广泛。这类树木的树形构成以弧线为主，给人以优美、圆润、柔和、生动的感受，多有朴实、浑厚的效果。圆球形的乔木树种有樟 *Cinnamomum camphora*、重阳木 *Bischofia polycarpa*、梧桐 *Firmiana simplex*、榆树 *Ulmus pumila*、白杜 *Euonymus maackii*、杜仲 *Eucommia ulmoides*、梅 *Armeniaca mume*、乌桕 *Sapium sebiferum*、枫香树 *Liquidambar formosana* 等；灌木一般受人为干扰较大，但大多数的树冠团簇丛生，如海桐 *Pittosporum tobira*、冬青卫矛 *Euonymus japonicus*、棣棠花 *Kerria japonica*、榆叶梅 *Amygdalus triloba* 等。

3.5　垂枝形　　垂枝形的基本特征为有明显悬垂或下弯的枝条。常见的有垂柳 *Salix babylonica*、龙爪槐 *Sophora japonica* f. *pendula*、'垂枝'桑 *Mors alba* 'Pendula'、垂枝桦 *Betula pendula* 等。其中枝条细长下垂的树种，随风拂动，常形成柔和、飘逸、优雅的观赏特色，给人以轻松、宁静之感，适植于水边、草地等处。

3.6　偃卧及匍匐形　　灌木的树形。主枝匍匐地面生长，上部分枝直立或否，如偃柏 *Sabina chinensis* var. *sargentii*、'鹿角'桧 *Sabina chinensis* 'Pfitzeriana'、'匍地'龙柏 *Sabina chinensis* 'Kaizuca Procumbens'、铺地柏 *Sabina procumbens*、叉子圆柏 *Sabina vulgris*、偃松 *Pinus pumila*、平枝栒子 *Cotoneaster horizontalis*、匍匐栒子 *Cotoneaster adpressus* 等，适于用作木本地被或植于岩石园。

3.7　拱垂形　　灌木的树形。枝条细长而拱垂，株形自然优美，多有潇洒之姿，宜供景点用，或在坡地、水边及自然山石边适当配植，如连翘 *Forsythia suspensa*、野迎春 *Jasminum mesnyi*、迎春花 *J. nudiflorum*、李叶绣线菊 *Spiraea prunifolia*、枸杞 *Lycium chinense*、胡枝子 *Lespedeza bicolor*、柽柳 *Tamarix chinensis* 等。

3.8 棕榈形　　主干不分枝，叶片大型，集生于主干顶端。这类树形除具有南国热带风光情调外，还能给人以挺拔、秀丽、活泼的感受，既可孤植观赏，也宜在草坪、林中空地散植，创造疏林草地景色，如棕榈 *Trachycarpus fortunei*、蒲葵 *Livistona chinensis*、椰子 *Cocos nucifera*、槟榔 *Areca catechu* 等棕榈科 Arecaceae 树木，苏铁科 Cycadaceae 和番木瓜科 Caricaceae 的树木及桫椤 *Alsophila spinulosa* 等木本蕨类。

3.9 风致形　　由于自然环境因子的影响而形成的各种富于艺术风格的体形。该类树木形状奇特，姿态百千，如黄山松 *Pinus taiwanensis* 长年累月受风吹雨打的锤炼，形成特殊的扯旗形，还有一些在特殊环境中生存多年的老树、古树，具有或歪或扭或旋等不规则姿态。这类树木通常用于视线焦点，孤植独赏。

4　不同树形在园林中的应用

各类树形的美化效果并非机械不变，常依配植的方式及周围景物的影响而有不同程度的变化。不同的树冠类型所产生的园林效果不同。但总的来说，在乔木方面，凡具有尖塔状及圆锥状树形者，多有严肃端庄的效果；具有柱状狭窄树冠者，多有高耸静谧的效果；具有圆钝树冠者，多有雄伟浑厚的效果；而一些垂枝类型者，常形成优雅、和平的气氛。

在灌木方面，呈团簇丛生的，多有朴素、浑实之感，最宜用在树木群丛的外缘，或装点草坪、路缘或屋基。呈拱形及悬垂状的，多有潇洒的姿态，宜供点景用，或在自然山石旁适当配植。一些匍匐生长的，常形成平面或坡面的绿色被覆物，宜作地被植物用；此外，其中许多种类又可供作岩石园配植用。至于各式各样的风致形，因其别具风格，常有特定的情趣，故需认真对待，用在恰当的地点，使之充分发挥其特殊的美化作用。除了自然树形外，园林造景中常对一些萌芽力强、耐修剪的树种进行整形，将树冠修剪成人们所需要的各种人工造型。例如，作行道树应用的二球悬铃木 *Platanus acerifolia* 常修剪成杯状；梅和桃 *Amygdalus persica* 多修剪成自然开心形；枝叶密集的黄杨 *Buxus sinica*、雀舌黄杨 *B. bodinieri*、小叶女贞 *Ligustrum quihoui*、冬青卫矛、枸骨 *Ilex cornuta*、海桐 *Pittosporum tobira* 等常修剪成球形、柱状、立方体等各种几何形体或动物形状，用于园林点缀。

【任务实训】

园林树木的树形调查

目的要求：要求学生对本地常见园林树木的树形进行调查并归类。

实训条件：校园或附近公园绿地上的园林树木。

方法步骤：①教师指定调查范围；②课下学生根据所学理论知识自行调查，填写表4-1。

表 4-1　园林树木树形调查表

序号	树种名称	拉丁名	科别	树形类型	具体地点

技术成果：提交树形调查报告。

任务二　认识园林树木叶的观赏特性

【知识要求】认识园林树木叶器官的形态美、色彩美及其分类和在园林中的应用。

【技能要求】能够根据园林树木的叶形和叶色类别选择园林树木。

1　叶的形态美

1.1　叶片的大小及其观赏特性　以叶片大小而言，小者如侧柏 *Platycladus orientalis*、柽柳 *Tamarix chinensis* 的鳞形叶长仅 2～3mm，大者如巴西棕 *Orbignya martiana*，其叶长达 20m 以上。一般而言，原产热带湿润气候的植物，大抵叶较大，叶片大者粗犷，如芭蕉 *Musa basjoo*、椰子 *Cocos nucifera*、棕榈 *Trachycarpus fortunei* 等；而产于寒冷干燥地区的树木，叶多较小，小者清秀，如榆树 *Ulmus pumila*、黄杨 *Buxus sinica*、槐 *Sophora japonica* 等。

1.2　叶片的形状及其观赏特性　树木的叶形，变化万千，各有不同，从观赏特性的角度来看是与植物分类学的角度不同的，一般将各种叶形归纳为以下几种基本形态。

1.2.1　单叶方面

针形类：包括针形叶及凿形叶，如油松 *Pinus tabulaeformis*、雪松 *Cedrus deodara*、柳杉 *Cryptomeria fortunei* 等。

条形类（线形类）：如冷杉 *Abies fabri*、东北红豆杉 *Taxus cuspidata* 等。

披针形类：包括披针形，如垂柳 *Salix babylonica*、杉木 *Cunninghamia lanceolata*、夹竹桃 *Nerium indicum* 等及倒披针形如结香 *Edgeworthia chrysantha* 等。

椭圆形类：如金丝桃 *Hypericum monogynum*、天竺桂 *Cinnamomum japonicum*、柿 *Diospyros kaki* 等。

卵形类：包括卵形及倒卵形叶，如女贞 *Ligustrum lucidum*、玉兰 *Magnolia denudata*、紫楠 *Phoebe sheareri* 等。

圆形类：包括圆形及心形叶，如山麻杆 *Alchornea davidii*、紫荆 *Cercis chinensis*、白花泡桐 *Paulownia fortunei* 等。

掌状类：如色木槭 *Acer mono*、刺楸 *Kalopanax septemlobus*、梧桐 *Firmiana simplex* 等。

三角形类：包括三角形及菱形，如钻天杨 *Populus nigra* var. *italica*、乌桕 *Sapium sebiferum* 等。

奇异形：包括各种引人注目的形状，如鹅掌楸 *Liriodendron chinense* 的鹅掌形叶，羊蹄甲 *Bauhinia purpurea* 的羊蹄形叶，变叶木 *Codiaeum variegatum* 的戟形叶及银杏 *Ginkgo biloba* 的扇形叶等。

1.2.2　复叶方面

羽状复叶：包括奇数羽状复叶及偶数羽状复叶，以及 2 回或 3 回羽状复叶，如刺槐 *Robinia pseudoacacia*、锦鸡儿 *Caragana sinica*、合欢 *Albizzia julibrissin*、南天竹 *Nandina domestica* 等。

掌状复叶：小叶排列成指掌形，如七叶树 *Aesculus chinensis* 等。也有呈 2 回掌状复

叶者如铁线莲 *Clematis florida* 等。

此外，叶缘锯齿、缺刻及叶片上的绒刺等附属物的特征，有时也起丰富观赏内容的作用。

不同的形状和大小，具有不同的观赏特性。例如，棕榈、蒲葵 *Livistona chinensis*、椰子等均具有热带情调，但是大型的掌状叶给人以朴素的感觉，大型的羽状叶却给人以轻快、洒脱的感觉。产于温带的鸡爪槭 *Acer palmatum* 的叶形会形成轻快的气氛，但产于温带的合欢与产于热带及亚热带的凤凰木 *Delonix regia*，却因叶形相似而产生轻盈秀丽的效果。

2　叶的色彩美

2.1　叶色在园林景观中的作用　　在叶的观赏特性中，叶色的观赏价值最高，因其呈现的时间长，能起到突出树形的作用。叶色与花色、果色相比，群体观赏效果显著，叶色被认为是园林色彩的主要创造者。除了常见的绿色以外，许多树种的叶片在春季、秋季，或在整个生长季内，甚至常年呈现异样的色彩，像花朵一样绚丽多彩。利用园林树木的不同叶色可以表现各种艺术效果，尤其是运用秋色叶树种和春色叶树种可以充分表现园林的季相美。

叶色变化丰富，难以用笔墨形容，即使高超的画家亦难调配出其所具有的色调，园林工作者若能充分掌握并加以精巧的安排，必能形成神奇之笔。

2.2　叶色的影响因素　　叶片内含有叶绿素、叶黄素、类胡萝卜素、花青素等色素，因受外界环境条件的影响和树种遗传特性的制约，相对含量处于动态平衡之中，因此导致叶色变化多端、五彩缤纷。气候因素如温度因子，环境条件如光强、光质，栽培措施如肥水管理等，均可引起叶内各种色素，尤其是胡萝卜素和花青素比例的变化，从而影响树叶的色彩。同时，叶色在很大程度上还受树木叶片对光线的吸收与反射差异的影响。

2.3　不同叶色的树种

2.3.1　绿色叶树种　　树木的基本叶色为绿色，由于受树种及受光度的影响，叶的绿色有墨绿、深绿、浅绿、黄绿、亮绿等差异，且随季节变化而变化。将不同绿色的树木搭配在一起，能形成美妙的色感。例如，在暗绿色针叶树丛前，配植黄绿色树冠，会形成满树黄花的效果。

叶色呈深浓绿色者，如油松、圆柏 *Sabina chinensis*、雪松、云杉 *Picea asperata*、侧柏、山茶 *Camellia japonica*、女贞、木犀 *Osmanthus fragrans*、槐、榕树 *Ficus microcarpa*、毛白杨 *Populus tomentosa*、构树 *Broussonetia papyrifera* 等。

叶色呈浅淡绿色者，如水杉 *Metasequoia glyptostroboides*、落羽杉 *Taxodium distichum*、落叶松 *Larix gmelinii*、金钱松 *Pseudolarix amabilis*、七叶树、鹅掌楸、玉兰等。

2.3.2　春色叶树种　　春色叶树种是指春季新发生的嫩叶呈现显著不同叶色的树种。有些常绿树的新叶不限于春季发生，一般称为"新叶有色类"，但为方便起见，这里也统称为春色叶树种。

春色叶树种的新叶一般呈现红色、紫红色或黄色，如石楠、臭椿 *Ailanthus altissima* 春叶为紫红色，山麻杆的春叶为胭脂红色，垂柳、朴树 *Celtis sinensis* 的新叶为黄色，而樟 *Cinnamomum camphora* 的春叶或紫红或金黄。早春的低温有利于花青素的合成，因而大多数春色叶树种的叶色，尤其是红色和紫红色的种类是由花青素的含量决定的。对许多常绿的春色叶树种而言，新叶初展时，如美丽的花朵一样艳丽，因而产生类似开花的观赏效果。

2.3.3 秋色叶树种 秋色叶树种是指那些秋季树叶变色比较均匀一致，持续时间长、观赏价值高的树种。秋色叶树种以落叶阔叶树居多，颜色以黄褐色较普遍，其次为红色与金黄色，它们对园林景观的季相变化起着重要作用，受到各地园林工作者的高度重视。

秋叶呈红色或紫红色类者，如鸡爪槭、色木槭、茶条槭 *Acer ginnala*、枫香树 *Liquidambar formosana*、地锦 *Parthenocissus tricuspidata*、五叶地锦 *Parthenocissus quinquefolia*、日本小檗 *Berberis thunbergii*、山樱花 *Cerasus serrula*、漆、盐肤木 *Rhus chinensis*、黄连木 *Pistacia chinensis*、柿、黄栌 *Cotinus coggygria* var. *cinerea*、南天竹、花楸树 *Sorbus pohuashanensis*、乌桕、红槲栎 *Quercus rubra*、石楠、卫矛 *Euonymus alatus*、山楂 *Crataegus pinnatifida* 等。

秋叶呈黄或黄褐色者，如银杏、白蜡树 *Fraxinus chinensis*、鹅掌楸、加杨 *Populus × canadensis*、垂柳、梧桐、榆树、槐、白桦 *Betula platyphylla*、无患子 *Sapindus mukorossi*、梣叶槭 *Acer negundo*、紫荆、栾树 *Koelreuteria paniculata*、麻栎 *Quercus acutissima*、栓皮栎 *Quercus variabilis*、二球悬铃木 *Platanus acerifolia*、胡桃 *Juglans regia*、水杉、落叶松、金钱松等。

树木的季节叶色除红、黄外，还存在许多过渡色。季节叶色开始的时间及持续期长短既因树种而异，又与气候条件，尤其是温度、光照和湿度变化有关。在园林实践中，由于秋色期较长，故早为各国人民所重视。例如，在中国北方每于深秋观赏黄栌的红叶，而南方则以枫香树、乌桕的红叶著称。在欧美的秋色叶中，红槲栎、桦类 *Betula* 等最为夺目。而在日本则以槭树 *Acer* 最为普遍。

2.3.4 常色叶树种 常色叶树种大多数是由芽变或杂交产生，并经人工选育的观赏品种，其叶片在整个生长期内或常年呈现异色，而不必待秋季来临。全年树冠呈紫色的有'紫叶'小檗 *Berberis thunbergii* 'Atropurpurea'、紫叶李 *Prunus cerasifera* f. *atropurpurea*、紫叶桃花 *Amygdalus persica* f. *atropurpurea* 等；全年叶均为金黄色的有'金叶'鸡爪槭 *Acer palmatum* 'Aureum'、金叶女贞 *Ligustrum × vicaryi*、'金叶'假连翘 *Duranta erecta* 'Golden Leaves'、'金叶'北美风箱果 *Physocarpus opulifolius* 'Luteus'、'金叶'雪松 *Cedrus deodara* 'Aurea'、'金叶'圆柏 *Sabina chinensis* 'Aurea' 等。

2.3.5 斑色叶树种 斑色叶树种是指绿色叶片上具有其他颜色的斑点或条纹，或叶缘呈现异色镶边的树种。其斑纹类型包括覆轮斑（彩斑分布于叶片周围）、条带斑（带状条斑均匀分布于叶片基部与叶尖间的组织）、虎皮斑（彩斑以块状随机地分布于叶片上）、扫迹斑（彩斑沿叶脉向外分布，直至叶缘）、切块斑（彩斑分布于叶片中脉的一侧，另一侧为正常色）等。彩色斑纹可由叶绿体缺失、染色体畸变、嵌合体等方式形成，也可因病毒侵入而形成，如槭树染色病毒、桃叶珊瑚斑驳病毒均可引起叶部彩斑。

斑色叶树种资源极为丰富，许多常见树种都有具有彩斑的观赏品种。常见栽培的有花叶青木 *Aucuba japonica* var. *variegata*、'金心'冬青卫矛 *Euonymus japonicus* 'Aureo-pictus'、'银边'冬青卫矛 *Euonymus japonicus* 'Albo-marginatus'、'金边'瑞香 *Daphne odora* 'Aureo-marginata'、'金边'六月雪 *Serissa japonica* 'Aureo-marginata'、'金边'胡

颓子 *Elaeagnus pungens* 'Aureo-marginata' 等。

2.3.6 双色叶树种　有些树种，其叶背与叶表的颜色显著不同，在微风吹拂下色彩变幻，形成特殊的闪烁变化的效果，亦颇美观，这类树种特称为"双色叶树种"，如红背桂花 *Excoecaria cochinchinensis* 叶片表面绿色、背面紫红色，胡颓子 *Elaeagnus pungens*、木半夏 *Elaeagnus multiflora* 和银白杨 *Populus alba* 叶片背面银白色等。

　　除了上述关于叶的各种观赏特性外，还应注意叶在树冠上的排列，在上部枝条的叶与下部枝条的叶之间，常呈各式的镶嵌状，因而组成各种美丽的图案，尤其当阳光将这些美丽图案投影在铺装平整的地面上时，会产生很好的艺术效果。

　　有些树木的叶会挥发出香气，如松 *Pinus*、樟科 Lauraceae 树种及柠檬桉 *Eucalyptus citriodora* 等，均能使人感到精神舒畅。

　　此外，叶还可以有音响的效果。针状叶树种最易发音，所以古来即有"松涛"、"万壑松风"的匾额来赞颂园景之美，至于响叶杨 *Populus adenopoda*，则是坦率地以其能产生音响而命名。

【任务实训】

园林树木的叶形和叶色调查

　　目的要求：要求学生对本地园林树木的叶形和叶色进行调查和归类。
　　实训条件：校园或附近公园绿地上的园林树木。
　　方法步骤：①教师指定调查范围；②课下学生根据所学理论知识自行调查，填写表 4-2。

表 4-2　园林树木叶形和叶色调查表

序号	树种名称	拉丁名	科别	叶形	叶色	具体地点

　　技术成果：提交园林树木的叶形和叶色调查报告及分类表。

任务三　认识园林树木花的观赏特性

　　【知识要求】认识园林树木花器官的形态美、色彩美及其分类和在园林中的应用。
　　【技能要求】能够根据园林树木的花相和花色类别选择园林树木。
　　【任务理论】园林树木的花朵，有各式各样的形状和大小，在色彩上更是千变万化，层出不穷。在以观花为主的园林树木中，单朵花的观赏性以花瓣数目多、重瓣性强、花径大、形体奇特为突出特点，如牡丹 *Paeonia suffruticosa*、鸡蛋花 *Plumeria rubra* 'Acutifolia'、珙桐 *Davidia involucrata* 等。有些园林树木，单朵花小，形态平庸，但形成样式各异的花序，使形体增大，盛开期形成美丽的大花团，观赏效果倍增，如华北珍珠梅 *Sorbaria kirilowii*、

接骨木 *Sambucus williamsii*、绣球 *Hydrangea macrophylla* 等。

园林树木的花是最引人注目的特征之一，其观赏效果体现在两个方面：一是由本身的遗传特性决定的形态（包括花色、花形、花序类型、花香等）特征，二是花或花序着生在树冠上表现出的整体状貌，叶簇的陪衬关系及着花枝条的生长习性。

1　花相

花或花序在树冠、枝条上的排列方式及其所表现的整体状貌称为花相，有纯式和衬式两大类。纯式花相开花时叶片尚未展开，衬式花相在展叶后开花或为常绿树。就花朵在树冠上的排列而言，花相主要有以下几种类型。

1.1　独生花相　　本类较少，形较奇特。花生于干顶，如苏铁 *Cycas revoluta*。

1.2　线条花相　　花排列于小枝上，形成长形的花枝。由于枝条的生长习性不同，花枝表现的形式各异，有的呈拱状，有的呈直立剑状，或略短曲如尾状等。本类花相大抵枝条较稀，枝条个性较突出，枝上的花朵呈花序的排列也较稀。纯式线条花相的有连翘 *Forsythia suspensa*、金钟花 *F. viridissima*，衬式线条花相的有绣球绣线菊 *Spiraea blumei*、三裂绣线菊 *S. trilobata* 等。

1.3　星散花相　　花朵或花序数量较少，且散布于全树冠各部。衬式星散花相的外貌是在绿色树冠的底色上，零星散布着一些花朵，有丽而不艳、秀而不媚的效果，如鹅掌楸 *Liriodendron chinense*、白兰花 *Michelia alba* 等。纯式星散花相种类较多，花数少而分布稀疏，花感不强烈，但亦疏落有致。若于其后能植有绿树背景，则可形成与衬式花相相似的观赏效果。

1.4　团簇花相　　花朵或花序形大而多，花感较强烈，每朵花或花序的花簇仍能充分表现其特色。纯式团簇花相的有玉兰 *Magnolia denudata*、紫玉兰 *Magnolia liliflora*，衬式团簇花相的有绣球荚蒾 *Viburnum macrocephalum*。

1.5　覆被花相　　花或花序着生于树冠表层，形成覆伞状。纯式的有毛泡桐 *Paulownia tomentosa*，衬式的有荷花玉兰 *Magnolia grandiflora*、七叶树 *Aesculus chinensis*、合欢 *Albizzia julibrissin*、华北珍珠梅、接骨木等。

1.6　密满花相　　花或花序密生全树各小枝上，使树冠形成一个整体大花团，花感最为强烈，如毛樱桃 *Cerasus tomentosa*、山樱花 *Cerasus serrulata*、榆叶梅 *Amygdalus triloba* 等。

1.7　干生花相　　花生于茎干之上，也有的称为"老茎生花"。种类不多，主产于热带湿润地区，如槟榔 *Areca catechu*、菠萝蜜 *Artocarpus heterophyllus*、鱼尾葵 *Caryota ochlandra* 等。在华中、华北地区的紫荆 *Cercis chinensis*，亦能于较粗老的茎干上开花，但难与典型的干生花相相比拟。

2　花形

园林树木的花朵，有各式各样的形状和大小，单朵的花又常排聚成大小不同、式样各异的花序。有关单花和花序的基本类型，在项目一中已做过介绍，这里不再重复。值得指出的是，由于花器及其附属物的变化，形成了许多欣赏上的奇趣。例如，金丝桃 *Hypericum monogynum* 花朵上的金黄色小蕊，长长地伸出花冠之外；吊灯扶桑 *Hibiscus schizopetalus* 朵朵红花垂于枝叶间，好似古典的宫灯；带有白色巨苞的珙桐花，宛若群鸽栖止枝梢。

　　另外，通过人们的长期劳动，创造出园林树木的许多珍贵品种，这就更丰富了自然界的各种花型，有的甚至变化得令人无法辨认，如牡丹、现代月季 *Rosa hybrida*、山茶 *Camellia japonica*、梅 *Armeniaca mume* 等，都有着大异于原始花型的各种变异。这些将在项目六中分别介绍。

3　花色

　　花色是花的主要观赏要素，园林树木的花色也极为多样。

3.1　基本色系　　在众多的花色中，白、黄、红为花色的三大主色，具这三种颜色的树木种类最多。

3.1.1　红色系　　如海棠花 *Malus spectabilis*、桃 *Amygdalus persica*、杏 *Armeniaca vulgaris*、梅、山樱花、玫瑰 *Rosa rugosa*、月季花 *Rosa chinensis*、皱皮木瓜 *Chaenomeles speciosa*、石榴 *Punica granatum*、牡丹、山茶、杜鹃 *Rhododendron simsii*、锦带花 *Weigela florida*、夹竹桃 *Nerium indicum*、毛槐 *Robinia hispida*、合欢、粉花绣线菊 *Spiraea japonica*、紫薇 *Lagerstroemia indica*、榆叶梅、紫荆、木棉 *Bombax malabaricum*、凤凰木 *Delonix regia*、刺桐 *Erythrina variegata*、朱槿 *Hibiscus rosa-sinensis* 等。

3.1.2　白色系　　如茉莉花 *Jasminum sambac*、'白丁香' *Syringa oblata* 'Alba'、齿叶溲疏 *Deutzia crenata*、山梅花 *Philadelphus incanus*、野蔷薇 *Rosa multiflora*、女贞 *Ligustrum lucidum*、荚蒾 *Viburnum dilatatum*、枳 *Poncirus trifoliata*、甜橙 *Citrus sinensis*、玉兰、华北珍珠梅、荷花玉兰、白兰、栀子 *Gardenia jasminoides*、'白碧' 桃 *Amygdalus persica* 'Albo-plena'、刺槐 *Robinia pseudoacacia*、'白花' 夹竹桃 *Nerium indicum* 'Album'、络石 *Trachelospermum jasminoides* 等。

3.1.3　黄色系　　如迎春花 *Jasminum nudiflorum*、探春花 *Jasminum floridum*、连翘、金钟花、木犀 *Osmanthus fragrans*、黄刺玫 *Rosa xanthina*、黄蔷薇 *Rosa hugonis*、棣棠花 *Kerria japonica*、羊踯躅 *Rhododendron molle*、金丝桃、金丝梅 *Hypericum patulum*、蜡梅 *Chimonanthus praecox*、金露梅 *Potentilla fruticosa*、黄蝉、金雀儿 *Cytisus scoparius*、黄花夹竹桃 *Thevetia peruviana*、日本小檗 *Berberis thunbergii*、金花茶 *Camellia nitidissima* 等。

3.1.4　蓝紫色系　　如紫藤 *Wisteria sinensis*、紫丁香 *Syringa oblata*、紫玉兰、白花泡桐 *Paulownia fortunei*、绣球、牡荆 *Vitex negundo* var. *cannabifolia*、醉鱼草 *Buddleja lindleyana*、假连翘 *Duranta erecta*、薄皮木 *Leptodermis oblonga* 等。

3.2　花色的变化　　除了在种间花色有较大的变化外，在种内花色的变化也非常丰富，表现在以下几个方面。

　　（1）同一种树木，其不同品种，花色往往不同。牡丹、杜鹃、山茶、梅等久经栽培的名花表现尤为突出。

　　（2）同一品种同一植株的不同枝条、同一枝条的不同花朵，乃至同一朵花的不同部位，也可具有不同的颜色，如牡丹中的'二乔'、杜鹃中的'王冠'、月季中的'金背大红'、桃中的'洒金'桃等。

　　（3）同一朵花的颜色随时间而变化，如忍冬 *Lonicera japonica* 初开为白色，后变黄色；海棠花蕾时呈现红色，开后则呈淡粉色，故古人诗中说："著雨胭脂点点消，半开时节最妖娆"；海仙花 *Weigela coraeensis* 初开时为白色、黄白色或淡玫瑰红色，后变为深红色；木芙蓉 *Hibiscus mutabilis* 中的'醉芙蓉'品种，清晨开白花，中午转桃红，傍晚则变深红。

【任务实训】

园林树木的花相、花形和花色调查

目的要求：要求学生对本地园林树木的花相、花形和花色进行调查和归类。

实训条件：校园或附近公园绿地上的园林树木。

方法步骤：①教师指定调查范围；②课下学生根据所学理论知识自行调查，填写表4-3。

表 4-3   园林树木花相、花形和花色调查表

序号	树种名称	拉丁名	科别	花相	花形	花色	具体地点

技术成果：提交园林树木的花相、花形和花色的调查报告。

任务四 认识园林树木果实的观赏特性

【知识要求】认识园林树木果实的形态美、色彩美及其分类和在园林中的应用。

【技能要求】能够根据园林树木果实的鉴赏标准和果色类别选择园林树木。

【任务理论】自然界许多树木的果实是在景色单调的秋季成熟，此时累累硕果挂满枝头，给人以美满丰盛的感觉。许多树木的果实既有很高的经济价值，又有突出的美化作用，为园林景观增色添彩。果实的观赏特性主要表现在形态和色彩两个方面。

1 果实的形态

果实的形态美一般以"奇"、"巨"、"丰"为鉴赏标准。

1.1 奇   "奇"是指果形奇特，如铜钱树 *Paliurus hemsleyanus* 的果实似铜币；腊肠树 *Cassia fistula* 的果实形似香肠；秤锤树 *Sinojackia xylocarpa* 的果实形似秤锤；日本紫珠 *Callicarpa japonica* 的果实宛若晶莹透亮的珍珠；其他各种像气球的、像元宝的、像串铃的，其大如斗的，其小如豆的等，不一而足。

1.2 巨   "巨"是指单果或果穗巨大，如柚单果径达 15～20cm，其他如石榴 *Punica granatum*、柿 *Diospyros kaki*、苹果 *Malus pumila*、木瓜 *Chaenomeles sinensis* 等果实较大，而如火炬树 *Rhus typhina*、葡萄 *Vitis vinifera*、南天竹 *Nandina domestica* 的果实不大，但集生成大果穗，均可起到引人注目之效。

1.3 丰   "丰"乃就全树而言，无论单果或果穗，均应有一定的丰盛数量，果虽小，但数量多或果序大，以量取胜，可收到引人注目的效果，发挥较高的观赏性，如花楸树 *Sorbus pohuashanensis*、接骨木、火棘 *Pyracantha fortuneana*、白棠子树 *Callicarpa dichotoma*、金橘 *Fortunella margarita* 等。

2 果实的色彩

果实的颜色有着更大的观赏意义，"一年好景君须记，正是橙黄橘绿时"描绘的美妙景色正是果实的色彩效果。果实的颜色丰富多彩、变化多端，有的艳丽夺目，有的玲珑剔透，有的平淡清秀。一般而言，果实的色彩以红紫为贵，以黄次之。

2.1 基本色系

2.1.1 红色系 桃叶珊瑚 *Aucuba chinensis*、日本小檗 *Berberis thunbergii*、平枝枸子 *Cotoneaster horizontalis*、水枸子 *C. multiflorus*、山楂 *Crataegus pinnatifida*、冬青 *Ilex chinensis*、南天竹、柿、石榴、樱桃 *Cerasus pseudocerasus*、越桔 *Vaccinium vitis-idaea*、金银忍冬 *Lonicera maackii*、荚蒾 *Viburnum dilatatum*、日本珊瑚树 *V. odoratissimum* var. *awabuki*、接骨木、紫金牛 *Ardisia japonica*、花楸树、毛樱桃 *Cerasus tomentosa*、郁李 *C. japonica*、欧李 *C. humilis*、麦李 *C. glandulosa*、枸骨 *Ilex cornuta* 等的果实呈红色。

2.1.2 黄色系 柚、佛手 *Citrus medica* var. *sarcodactylis*、木瓜、梅 *Armeniaca mume*、杏 *A. vulgaris*、瓶兰花 *Diospyros armata*、沙枣 *Elaeagnus angustifolia*、枇杷 *Eriobotrya japonica*、杧果 *Mangifera indica*、金橘、南蛇藤 *Clastrus orbiculatus*、甜橙 *Citrus sinensis*、金柑 *Fortunella japonica*、枳 *Poncirus trifoliata*、皱皮楸 *Chaenomeles speciosa* 等的果实呈黄色。

2.1.3 白色系 红瑞木 *Cornus alba*、湖北花楸 *Sorbus hupehensis*、雪果 *Symphoricarpus albus*、荛花 *Daphne genkwa*、乌桕 *Sapium sebiferum*（果实外具白色的蜡质）等的果实呈白色。

2.1.4 蓝紫色系 白棠子树、葡萄、葎叶蛇葡萄 *Ampelopsis humulifolia*、十大功劳 *Mahonia fortunei*、李 *Prunus salicina*、蓝果忍冬 *Lonicera caerulea*、白檀 *Symplocos paniculata* 等的果实呈蓝紫色。

2.1.5 黑色系 女贞 *Ligustrum lucidum*、小叶女贞 *L. quihoui*、小蜡 *L. sinense*、木犀榄 *Olea europaea*、刺楸 *Kalopanax septemlobus*、五加、皱叶荚蒾 *Viburnum rhytidophyllum*、毛梾 *Cornus walteri*、圆叶鼠李 *Rhamnus globosa*、洋常春藤 *Hedera helix*、君迁子 *Diospyros lotus*、忍冬 *Lonicera japonica* 等的果实呈黑色。

2.2 果色的变化
果色除红、黄、白、蓝紫、黑等基本色系外，有的果实尚有具花纹的。此外，由于光泽、透明度的不同，又有许多细微上的变化。在成熟的过程中，不同时期也表现出不同的色泽。

【任务实训】

园林树木的果形和果色调查

目的要求：要求学生对本地园林树木的果形和果色进行调查和归类。

实训条件：校园或附近公园绿地上的园林树木。

方法步骤：①教师指定调查范围；②课下学生根据所学理论知识自行调查，填写表4-4。

表 4-4　园林树木果形和果色调查表

序号	树种名称	拉丁名	科别	果形	果色	具体地点

技术成果：提交园林树木的果形和果色的调查报告。

任务五　认识园林树木枝干和根的观赏特性

【知识要求】认识园林树木枝干的形态美、色彩美；认识园林观赏根的类型。
【技能要求】能够根据园林实际需要选择观枝干树种。

1　枝干

树木的树干、树皮、枝条也具有一定的观赏意义，主要表现在形态和色彩两个方面。

1.1　枝干的形态　树木的主干、枝条的形态千差万别，各具特色，或直立、或弯曲、或刚劲、或细柔。

常见的枝干具有特色的树种有：树皮不开裂、干枝光滑的柠檬桉 *Eucalyptus citriodora*、槟榔 *Areca catechu*、紫薇 *Lagerstroemia indica* 等；树皮呈片状剥落、斑驳的番石榴 *Psidium guajava*、白皮松 *Pinus bungeana*、木瓜 *Chaenomeles sinensis*、二球悬铃木 *Platanus acerifolia*、榔榆 *Ulmus parvifolia*、光皮梾木 *Cornus wilsoniana* 等；树皮呈纸质剥落的白桦 *Betula platyphylla*、红桦 *B. albosinensis* 等；小枝下垂的垂柳 *Salix babylonica*、垂枝桦 *Betula pendula*、龙爪槐 *Sophora japonica* f. *Pendula*、'垂枝'榆 *Ulmus pumila* 'Tenue' 等；小枝蟠曲的龙爪柳 *Salix matsudana* f. *tortuosa*、'龙桑' *Morus alba* 'Tortuosa'、'龙爪'枣 *Ziziphus jujuba* 'Tortuosa' 等；枝干具有刺毛的楤木 *Aralia chinensis*、峨眉蔷薇 *Rosa omeiensis* 等。

1.2　枝干的色彩　树木的枝条，除因其生长习性而直接影响树形外，它的颜色亦具有一定的观赏意义。尤其是当深秋叶落后，枝干的颜色更为显目。就色彩而言，枝干绿色的有棣棠花 *Kerria japonica*、迎春花 *Jasminum nudiflorum*、梧桐 *Firmiana simplex*、青榨槭 *Acer davidii*、野扇花 *Sarcococca ruscifolia*、槐 *Sophora japonica*、木香花 *Rosa banksiae*、竹类树木等；枝干黄色的有'金枝'槐 *Sophora japonica* 'Chrysoclada'、长白松 *Pinus sylvestris* var. *sylvestriformis*、'黄秆京'竹 *Phyllostachys aureosulcata* 'Aureocaulis' 等；枝干白色的有白桦、垂枝桦、粉单竹 *Bambusa chungii*、银白杨 *Populus alba*、银杏 *Ginkgo biloba*、胡桃 *Juglans regia*、柠檬桉等；枝干红色和紫红色的有红桦、山桃 *Amygdalus davidiana*、红瑞木 *Cornus alba*、野蔷薇 *Rosa multiflora*、赤松 *Pinus densiflora*、云实 *Caesalpinia decapetala* 等。

2 根

2.1 一般树木的根 树木裸露的根部也具有一定的观赏价值，中国人民自古以来便对此有很高的鉴赏水平，因此已运用此观赏特点用于园林美化及桩景盆景的培养。一般言之，树木达老年期后，均可或多或少地表现出露根美。在这方面效果突出的树种有：松 *Pinus*、榆 *Ulmus*、朴 *Celtis*、梅 *Armeniaca mume*、楸 *Catalpa bungei*、榕树 *Ficus microcarpa*、蜡梅 *Chimonanthus praecox*、山茶 *Camellia japonica*、银杏、鼠李 *Rhamnus davurica*、荷花玉兰 *Magnolia grandiflora*、落叶松 *Larix gmelinii* 等。

2.2 气生根和支柱根 桑科 Moraceae 榕属 *Ficus* 树木具有独特的气生根，气生根落地后扎入土中就形成支柱根，起支撑作用，因而此类树种可以形成密生如林、绵延如索的景象，颇为壮观。

2.3 呼吸根 分布于沼泽地带或海岸低处的一些树木，如水松 *Glyptostrobus pensilis*、落羽杉 *Taxodium distichum* 等，它们的根系中，有一部分根向上长，露出地面，成为呼吸根。呼吸根一般具有较发达的通气组织，有利于树木呼吸，如池杉 *Taxodium ascendens*、落羽杉等。这些呼吸根也具有一定的观赏价值。

2.4 板根 在亚热带、热带地区有些树种，如木棉 *Bombax malabaricum*、高山榕 *Ficus altissima* 等，有巨大的板根，很有气魄。

【任务实训】

当地观枝干园林树种的调查

目的要求：要求学生对本地具有观枝干特性的园林树种进行调查和归类。

实训条件：校园或附近公园绿地上的园林树木。

方法步骤：①教师指定调查范围；②课下学生根据所学理论知识自行调查，填写表4-5。

表4-5　园林树木枝干形态和色彩调查表

序号	树种名称	拉丁名	科别	枝干形态	枝干色彩	具体地点

技术成果：提交观枝干树种的调查报告。

任务六　认识园林树木的意境美

【知识要求】认识园林树木意境美的产生及其在园林中的应用。

【技能要求】能够根据园林意境要求选择适宜的园林树种。

【任务理论】园林树木的观赏特性，除了表现在本身的形态和色彩外，还包括意境美，或曰风韵美，是人们赋予树木的一种感情色彩，是自然美的升华，往往与不同国家、地区的风俗和文化有关。

1 意境美的产生

树木意境美的形成是比较复杂的，它与民族的文化传统、各地的风俗习惯、文化教育水平、社会的历史发展等有关。在我国悠久的历史中，许多花木被人格化，赋予了特殊的含义，如梅花清标韵高、竹子节格刚直。松、竹、梅被誉为"岁寒三友"，象征着坚贞、气节和理想，代表高尚的品质；迎春花、梅、山茶、水仙被誉为"雪中四友"；梅、兰、竹、菊被称为"四君子"；而庭前植玉兰、海棠、迎春花、牡丹和木樨（桂花）则称为"玉堂春富贵"。

树木的意境美，多是由文化传统逐渐形成的，但是它并不是一成不变的，随着时代的发展是会转变的。

2 意境美在园林中的应用

一个较著名的例子：在第二次世界大战结束后不久，苏联在德国柏林建立了一座苏军纪念碑；在长轴线的焦点，巍然矗立着抗击法西斯、保卫祖国、保卫和平的威武战士抱着儿童的雕像；军旗倾斜表示庄严的哀悼，母亲雕像垂着头沉浸于深深的悲痛之中，在母亲雕像旁配植着垂枝桦 *Betula pendula*，该树种是俄罗斯的乡土树种，其枝条下垂，垂枝表示哀思。这组配植使人们想象到来自远方祖国家乡的母亲，不远万里来到异国想探视久久思念的儿子，但当她得知爱子已牺牲而来到墓地时的心情。这组配植是非常成功的，当人们细细品味时总能感人泪下，从而唤起反对法西斯、保卫世界和平的感情。中国首都天安门广场人民英雄纪念碑及毛主席纪念堂南面的松林配植也是较好的例子。白杨配植在公园的安静休息区中会产生"远方鼓瑟"、"万籁有声"的安静松弛感而得到充分休息的效果。

园林工作者应善于继承和发展树木的意境美，将其精巧地运用于树木的配植艺术中，充分发挥树木美对人们精神文明的培育作用。

3 不同园林树木意境美例释

松柏象征着长寿、永年和坚贞，《论语·子罕》云："岁寒而后知松柏之后凋也。"竹子表示虚心、有节和潇洒，它"未出土时便有节，及凌云处更虚心。"古人又常以"玉可碎而不改其白，竹可焚而不毁其节"来比喻人的气节。香椿 *Toona sinensis* 象征着长寿，《庄子·逍遥游》称"上古有大椿者，以八千岁为春，八千岁为秋。"垂柳枝条细柔、随风依依，象征着情意绵绵，且"柳"与"留"谐音，古人常以柳喻别离，《诗经·小雅》有"昔我往矣，杨柳依依"之句。桑梓代表故乡，《诗经·小雅》有"维桑与梓，必恭敬止"，因为家乡的桑与梓均常植于庭园。红豆表示相思、恋念，王维《红豆诗》云："红豆生南国，春来发几枝，愿君多采撷，此物最相思。"梅冰中孕蕾、雪里开花，象征高洁，杨维桢的"万花敢向雪中出，一树独先天下春"成为梅的传神之作。

【任务实训】

不同园林树种意境美及其在园林中应用的调查

目的要求：指定几个园林树种，要求学生通过图书资料或网络对其意境美及其在园林中的应用进行调查，了解园林树木意境美在景观塑造中的作用。

实训条件：图书馆或电子阅览室。

方法步骤：①教师指定调查范围；②课下学生根据所学理论知识自行调查，填写表4-6；③与同学讨论园林树木的意境美在景观塑造中的作用。

表 4-6　园林树木意境美调查表

序号	树种名称	拉丁名	科别	象征意义

技术成果：提交园林树种意境美在园林中的应用调查报告。

【学习建议】观赏特性是园林树木应用的艺术性基础，掌握好园林树木的观赏特性是创造优美园林景观和意境的前提。由于园林树木种类繁多，类似于对园林树木的生态习性的掌握，最好采用分门别类的记忆方法。由于树木是活的有机体，随着生长发育过程的推进，其观赏特性在不断变化，因此要注意观察的长期性和连续性。

学习园林树木的应用方法

【教学目标】掌握不同用途园林树木的应用方式和选择要求，理解园林树木配植的基本原则，掌握配植的基本方法，提高学生对园林树木的综合应用能力。

任务一 学习选择不同用途的园林树木

【知识要求】掌握不同用途园林树木的基本应用方式和选择要求，为园林树木的配植奠定基础。

【技能要求】能够合理选择不同用途的园林树木并进行合理的配植。

1 行道树的应用和选择

1.1 行道树的应用方式 行道树是指以美化、遮阴和防护为目的，在人行道、分车道、公园或广场、滨河道、城乡公路两侧成行栽植的树木。

在行道树的应用上，按照城市道路的不同划分成 "一板两带"、"两板三带"、"三板四带" 等形式，大多在道路的两侧以整齐的行列式进行种植。

1.2 行道树的选择要求 选择行道树种时，首先要考虑其对城市街道上的种种不良条件的抗性，在此基础上要求树冠大、荫浓；发芽早、落叶迟，而且落叶延续期短；花果不污染街道环境；干性强；耐修剪；干皮不怕强光暴晒；不易发生根蘖；病虫害少；寿命较长；根系较深等条件。由于要求的条件多，因此完全合乎理想、十全十美的行道树种并不多。此处以狭义的行道树（即仅指乔木）而言时，在美丽的巴黎只有 10 余种，著名的伦敦不足 10 种，北京不足 40 种。

1.3 常用的行道树 目前我国多数地区的行道树种比较单调，雷同现象严重，缺乏特色，应根据当地的实际情况，丰富其多样性。同时，随着各地城市道路的不断加宽，行道树与其他植物材料的搭配也应多样化。常用的行道树有二球悬铃木 *Platanus acerifolia*、银杏 *Ginkgo biloba*、槐 *Sophora japonica*、毛白杨 *Populus tomentosa*、白蜡树 *Fraxinus chinensis*、合欢 *Albizzia julibrissin*、梧桐 *Firmiana simplex*、银白杨 *Populus alba*、旱柳 *Salix matsudana*、柿 *Diospyros kaki*、樟 *Cinnamomum camphora*、荷花玉兰 *Magnolia grandiflora*、大叶榉树 *Zelkova schneideriana*、七叶树 *Aesculus chinensis*、重阳木 *Bischofia polycarpa*、榕树 *Ficus microcarpa*、银桦 *Grevillea robusta*、凤凰木 *Delonix regia*、台湾相思 *Acacia confusa*、洋紫荆 *Bauhinia variegata*、木棉 *Bombax malabaricum*、蒲葵 *Livistona chinensis*、王棕 *Roystonea regia* 等。

2 庭荫树的应用和选择

2.1 庭荫树的应用方式 庭荫树主要用于遮挡夏日骄阳，以取绿荫为主要目的，并装点空间、形成景观。由于最常用于建筑形式的庭院中，故习称庭荫树，也称为绿荫树、遮阴树。

在园林中，庭荫树可用于庭院和各类休闲绿地，多植于路旁、池边、亭廊附近、草地和建筑周围，可孤植，也可三五株丛植、散植，在规整的有轴线布局的地点也可列植，或在游人较多的地方成组散植。

2.2 庭荫树的选择要求　　庭荫树以遮阴为主，但树种选择时亦应注重其观赏特性。一般要求为大中型乔木，树冠宽大，枝叶浓密。庭院内应用的庭荫树一般选择落叶树种，而且不宜距建筑物窗前过近，以免终年阴暗抑郁。热带地区也常选用常绿树。同时应注意选择花果不易污染人的衣物及病虫害少的树木。

2.3 常用的庭荫树　　常用的庭荫树主要有梧桐、槐、毛白杨、元宝槭 *Acer truncatum*、柿、栾树 *Koelreuteria paniculata*、旱柳、枫杨 *Pterocarya stenoptera*、楝 *Melia azedarach*、梓树 *Catalpa ovata*、榆树 *Ulmus pumila*、朴树 *Celtis sinensis*、油松 *Pinus tabulaeformis*、白皮松 *P. bungeana*、樟、荷花玉兰、青冈 *Cyclobalanopsis glauca*、女贞 *Ligustrum lucidum*、红豆树 *Ormosia hosiei*、银杏、枫香树 *Liquidambar formosana*、大叶榉树、合欢、鹅掌楸 *Liriodendron chinense*、七叶树、南酸枣 *Choerospondias axillaris*、台湾相思、橄榄 *Canarium album*、蒲葵、榕树、龙眼 *Dimocarpus longan*、荔枝 *Litchi chinensis*、银桦、椰子 *Cocos nucifera* 等。许多观花和观果类乔木树种都是优良的庭荫树。

3　独赏树的应用和选择

3.1 独赏树的应用方式　　独赏树也称为孤植树、园景树、独植树或标本树等，指个性较强，观赏价值高，适于园林中孤植的树种，造景中突出体现树木单株的个体美。常用于庭院、广场、草坪、假山、水面附近、园路交叉处、建筑旁、桥头等各处。独赏树在古典庭院和自然式园林中均应用很多，我国苏州古典园林中常见应用，而英国草坪上孤植夏栎 *Quercus robur* 几乎成为英国自然式园林的特色之一。

3.2 独赏树的选择要求　　独赏树常植于庭园或公园中，应具有独特的观赏价值，如油松的枝叶繁茂、树姿苍古，鸡爪槭 *Acer palmatum* 的枝叶婆娑、秋叶红艳，玉兰 *Magnolia denudata* 的满树繁花、宛若琼岛。从功能上讲，独赏树可作为局部园林空间的主景，以展示树木独特的个体美，也可发挥遮阴功能。一般选择大中型乔木，要求树体高大、挺拔、端庄，树冠宽广，树姿优美，而且寿命较长，既可以是常绿树，也可以是落叶树。

3.3 常用的独赏树　　常用的独赏树有雪松 *Cedrus deodara*、油松、白皮松、南洋杉 *Araucaria cunninghamii*、杉松 *Abies holophylla*、红皮云杉 *Picea koraiensis*、樟、荷花玉兰、榕树、腊肠树 *Cassia fistula*、木犀 *Osmanthus fragrans* 等常绿树，鹅掌楸、银杏、玉兰、木棉、毛白杨、辽椴 *Tilia mandshurica*、重阳木、无患子 *Sapindus mukorossi*、凤凰木、美国红梣 *Fraxinus pennsylvanica*、水杉 *Metasequoia glyptostroboides*、金钱松 *Pseudolarix amabilis* 等落叶树都是优美的独赏树。其中秋色金黄的鹅掌楸、无患子、银杏等，若孤植于空旷的大草坪上，秋季金黄色的树冠在蓝天和绿草的映衬下显得极为壮观。事实上，许多古树名木从景观构成的角度而言，实质上起着独赏树的作用。此外，一些枝叶优雅、线条宜人或花果美丽的小乔木，如鸡爪槭、合欢、木瓜 *Chaenomeles sinensis*、垂丝海棠 *Malus halliana*、东京樱花 *Cerasus yedoensis* 等，也可在较小的空间作为独赏树。

4　花木的应用和选择

　　凡具有美丽的花朵或花序，其花形、花色或芳香有观赏价值的乔木、灌木及藤木均称为花木或观花树。

4.1　花木的应用方式　　本类在园林中具有巨大作用，应用极广，具有多种用途。有些可作独赏树兼庭荫树，有些可作行道树，有些可作花篱或地被植物用。在配植应用的方式上亦是多种多样的，可以独植、对植、丛植、列植或修剪整形成棚架用树种。本类在园林中不但能独立成景，而且可与各种地形及设施物相配合而产生烘托、对比、陪衬等作用，如植于路旁、坡面、道路转角、坐椅周旁、岩石旁，或与建筑相配作基础种植用，或配植湖边、岛边形成水中倒影。花木又可依其特色布置成各种专类花园，亦可依花色的不同配植成具有各种色调的景区，还可依开花季节的异同配植成各季花园，又可集各种香花于一堂布置成各种芳香园。

4.2　花木的选择要求　　花木种类繁多，选择时应根据树木的生态习性、设计意图及管理要求而定。

4.3　常用的花木　　北方地区常用的花木多为中小型乔木或灌木，比如，春季开花的玉兰、山桃 *Amygdalus davidiana*、桃 *Amygdalus persica*、海棠花 *Malus spectabilis*、榆叶梅 *Amygdalus triloba*、紫丁香 *Syringa oblata*、连翘 *Forsythia suspensa*、迎春花 *Jasminum nudiflorum*、华北珍珠梅 *Sorbaria kirilowii*、鸡树条、棣棠花 *Kerria japonica*，夏季开花的紫薇 *Lagerstroemia indica*、木槿 *Hibiscus syriacus*，能够三季陆续开花的现代月季 *Rosa hybrida* 等。南方常用花木选择更为丰富，比如常见的木犀、杜鹃 *Rhododendron simsii*、金丝桃 *Hypericum monogynum*、栀子 *Gardenia jasminoides*、荷花玉兰、含笑花 *Michelia figo*、山茶 *Camellia japonica*、茶梅 *Camellia sasanqua* 等。

5　藤木的应用和选择

5.1　藤木的应用方式　　本类树木在园林中有多方面的用途。可用于各种形式的棚架供休息或装饰用，用于建筑及设施的垂直绿化，攀附灯竿、廊柱，亦可攀缘于施行过防腐措施的高大枯树上形成独赏树的效果，又可悬垂于屋顶、阳台，还可覆盖地面作地被植物用。

5.2　藤木的选择要求　　在具体应用时，应根据绿化的要求，具体考虑植物的习性及种类来进行选择。墙面、断崖悬壁、挡土墙、大块裸岩、桥梁、桥墩等的绿化以吸附性攀缘植物为主，如五叶地锦 *Parthenocissus quinquefolia*、地锦 *P. tricuspidata*、薜荔 *Ficus pumila*、洋常春藤 *Hedera helix*、凌霄 *Campsis grandiflora*、络石 *Trachelospermum jasminoides* 等。篱架、栏杆、铁丝网、栅栏、矮墙、花格的绿化，可以选择多种藤本植物，如络石、铁线莲 *Clematis florida*、扶芳藤 *Euonymus fortunei*、凌霄、猕猴桃 *Actinidia deliciosa*、忍冬 *Lonicera japonica*、使君子 *Quisqualis indica*、炮仗花 *Pyrostegia venusta*。各种棚架的绿化，常用卷须类攀缘树木或缠绕性的藤木，如紫藤 *Wisteria sinensis*、葡萄 *Vitis vinifera*、木通 *Akebia quinata*、炮仗花等。

除了藤木，一些攀缘灌木，如野蔷薇 *Rosa multiflora*、木香花 *Rosa banksiae*、叶子花 *Bougainvillea spectabilis* 等，也可起到藤木的作用，用于篱架、栅栏、矮墙、棚架的绿化、美化。

5.3　常用的藤木　　北方地区常用的藤木有紫藤、忍冬、葡萄、五叶地锦、地锦、凌霄等。南方地区常用的藤木选择余地更大一些，如薜荔、洋常春藤、络石、扶芳藤、使君子、炮仗花、木通等。一些攀缘灌木也常作藤木应用，如野蔷薇、木香花、软枝黄蝉 *Allamanda cathartica*、云实 *Caesalpinia decapetala*、叶子花等。

6 绿篱树种的应用和选择

6.1 绿篱的应用方式　　绿篱树是指密植成行，用来分隔空间、屏障视线，作范围、防范或装饰美化之用的树种。关于绿篱（或称树篱、植篱）的应用，中国早在 3000 年前即有"折柳樊圃"的记载，北魏贾思勰的《齐民要术》则系统介绍了用酸枣 *Ziziphus jujuba* var. *spinosa*、榆 *Ulmus* 等制作绿篱的方法和步骤。但在中国古典园林中，绿篱应用并不多，而现代园林中一度广泛应用（但形式和种类过于单调）。

6.2 绿篱树种的选择要求　　绿篱多选用常绿树种，寒冷地区也采用落叶树种。绿篱树种应具有以下特点：树体低矮、紧凑，枝叶稠密；萌芽力强，耐修剪；生长较缓慢，枝叶细小。

6.3 常用的绿篱树种　　按照绿篱的高度，高篱高于 1.7m，常用的树种有：垂叶榕 *Ficus benjamina*、日本珊瑚树 *Viburnum odoratissimum* var. *awabuki*、罗汉松 *Podocarpus macrophyllus*、日本女贞 *Ligustrum japonicum* 等。中篱 0.5～1.7m，常用树种有：黄杨 *Buxus sinica*、小叶女贞 *Ligustrum quihoui*、海桐 *Pittosporum tobira*、东北红豆杉 *Taxus cuspidata* 等。矮篱 0.5m 以下，常用的树种有：六月雪 *Serissa japonica*、假连翘 *Duranta erecta*、菲白竹 *Pleioblastus fortunei* 等。

7 木本地被植物的应用和选择

凡能覆盖地面的植物均称地被植物，除草本植物外，木本植物中的矮小灌木、偃伏性或半蔓性的灌木及藤木均可用作园林地被植物用。地被植物对改善环境，防止尘土飞扬、保持水土、抑制杂草生长、增加空气湿度、减少地面辐射热、美化环境等方面有良好作用。

7.1 木本地被的选择要求　　选择不同环境地被植物的条件是很不相同的，主要应考虑植物生态习性需能适应环境条件，如全光、半阴、干旱、潮湿、土壤酸度、土层厚薄等条件。除生态习性外，在园林中尚应注意其耐踩性的强弱及观赏特性。在大面积应用时尚应注意其在生产上的作用和经济价值。

7.2 常用的木本地被植物　　常用的木本地被植物主要有三类：匍匐灌木类、低矮丛生灌木类和木质藤本类。匍匐灌木类是最理想的地被植物，如铺地柏 *Sabina procumbens*、叉子圆柏 *Sabina vulgris*、偃柏 *Sabina chinensis* var. *sargentii*、平枝枸子 *Cotoneaster horizontalis*、匍匐枸子 *Cotoneaster adpressus* 等；低矮丛生灌木类，如紫金牛 *Ardisia japonica*、越桔 *Vaccinium vitis-idaea*、金露梅 *Potentilla fruticosa*、日本木瓜 *Chaenomeles japonica*、细叶萼距花 *Cuphea hyssopifolia*、六月雪、八角金盘 *Fatsia japonica*、'矮紫'小檗 *Berberis thunbergii* 'Atropurpurea Nana'、鹅毛竹 *Shibataea chinensis*、菲白竹等。适宜作地被的木质藤木类，如洋常春藤、薜荔、络石、硬骨凌霄 *Tecomaria capensis* 等。

【任务实训】

当地不同用途的园林树木调查

　　目的要求：使学生在实训过程中加深理解不同用途树木的选择要求，从而达到按照用途合理选择园林树木的技能要求。

　　实训条件：当地便于观察、调查的不同用途的园林绿地一至两处。

　　方法步骤：①教师指定调查范围；②课下学生根据所学理论知识自行调查；③撰写调查名录。

　　技术成果：调查名录。

任务二　学习配植园林树木

　　【知识要求】理解园林树木配植的原则，掌握配植的基本手法和配植形式，理解园林树木配植能够达到的艺术效果。

　　【技能要求】能够根据实际要求合理配植园林树木。

1　园林树木配植的原则

　　园林树木在园林中的配植千变万化，在不同地区、不同场合、不同地点，由于不同的目的要求，可有多种多样的组合与种植方式；同时，由于树木是有生命的有机体，在不断地生长变化，因此能产生各种各样的效果。因而树木配植是个相当复杂的工作，也只有具有多方面广博而全面的学识，才能做好此项工作。配植工作虽然涉及面广、变化多样，但也有基本原则可寻。

1.1　适用原则

1.1.1　功能上的适用　　园林树木的功能表现在美化功能、生态功能、生产功能和科普功能4个方面。在进行树木配植时，必须首先确定以哪种功能为主，并最好能兼顾其他功能。例如，城市、工厂周围的防护林带以生态功能为主，在树种选择、配植上应主要考虑如何降低风速、污染、风沙；行道树以美化和遮阴为主要目的，配植上则应主要考虑其美观和遮阴效果；大型风景区内，若结合生产营造大面积桃园，则应选择果桃类品种，并适当配植花桃类品种。

1.1.2　习性上的适用　　因为树木是有生命的有机体，它有自己的生长发育特性，同时又与其所位于的生境间有着密切的生态关系，所以在配植时，应以其自身的特性及其生态关系作为基础来考虑。满足树种的生态要求，即树木配植必须符合"适地适树"的原则，各种园林树种在生长发育过程中，对温度、光照、水分、空气、土壤等环境因子都有不同的要求，只有各种要求得到满足，树木才能茁壮成长，达到应用的目的。

1.2　美观原则

1.2.1　注重意境创造　　树种的选择应配合整个园林的意境，或芬芳馥郁、或鸟语花香、或春华秋实。长期以来，有很多树种都被赋予了一定的象征意义，比如松、竹、梅，被称为"岁寒三友"，象征高洁的品格，又如，松、柏多用于纪念性园林，表达万古长青的意味。可见，园林树木是用来创造园林意境美的重要手段，在实际应用中，应注重园林树木对意境美的创造。

1.2.2 突出地方风格 借鉴当地植被类型，注重地方特色的表现。各地自然植被类型不同，借鉴当地植被类型的结构特点，并尽量选用乡土树种，不但可以形成稳定的人工植物群落，同时也能形成地方特色，防止各地园林景观千篇一律。

1.2.3 保持园林特色 虽然同一城市中各处园林的自然条件相似，可用的树木种类也相似，但是也应创造各自的特色，以增加其吸引力。如同在北京，柳荫公园突出柳 *Salix* 的特色，玉渊潭公园突出樱花 *Cerasus* 特色，紫竹院突出竹子特色，而香山公园则突出黄栌 *Cotinus coggygria* var. *cinerea* 的特色。

1.2.4 处理好整体和局部、近期和远期关系 在树木配植时首先要考虑整体美，要从大处着眼，从园地自然环境与客观要求等方面做出恰当的树种规划，最后再从细节上安排树木的搭配关系。一般选择一两种树木作为主体，抓住园林的主题。

苗圃中刚移来的小苗，近期效果差。可适当用填充树种（同种或不同种），加大栽植密度，以多取胜，从数量上增加近期景观。但设计图上应注明"减法造景"，待树木长到一定大小时，适时将其移走。

1.3 经济原则

1.3.1 降低成本 园林树木的选择要以最经济的手段，达到最理想的效果，因此，在树种的选择上、树种规格的选择上要从实际出发，尽量降低成本。可考虑从以下几方面降低成本：①首先要注意乡土树种的应用。各地乡土树种适应本地乡土的能力强，而且种苗易得，又可突出本地园林的地方色彩，因此需多加应用。②能用小苗可获得良好效果时，就不用或少用大苗。小苗成本低，种苗易得。对于栽培粗放、生长迅速而又大量栽植的树种，尤应较多选用。③切实贯彻适地适树的原则，审慎安排树木种间关系。应做到避免无计划地返工，也无需几年后进行计划之外的大调整。

1.3.2 结合生产 经济原则也可以从园林树种结合生产上来体现，比如选择一些观赏性好且有一定生产性的树种，如北方地区的柿 *Diospyros kaki*、梨树 *Pyrus*、苹果树 *Malus pumila* 等，南方地区的菠萝蜜 *Artocarpus heterophyllus*、番木瓜 *Carica papaya* 等。但要注意是在不妨碍园林树木主要功能的前提下。

1.4 灵活原则 在有特殊要求时，应有创造性，可不必拘泥于树木的自然习性，应综合地利用现代科学技术措施来保证树木配植的效果能符合主要功能的要求。例如，对于观赏性要求较高的场所，在选择园林树种时，就要偏重于其观赏性，在适用性、经济性等方面就可以适当放宽要求。

2 园林树木配植的手法

2.1 主次宜分明，疏密宜有致 一个空间、一个群落由多种植物组成，但它们在数量和体量上不能完全一致。园林树种在选择上，应有主要树种、次要树种，以某一树种为主搭配其他树种，而不宜杂乱无章。同时要疏朗有致，组团式栽植，创造有疏有密的空间。

2.2 季相求变化，一主兼三季 园林树木是随着一年四季不断变化的，根据所处的地理位置，选择适合的树种，可创造丰富的季相景观。在季相景观的创造中应以一个季节的景观为主，兼顾其他三个季节，以使景观富于特色和吸引力。例如，碧桃园的配植，应以春季景观为主，大量配植桃 *Amygdalus persica*，为了兼顾其他季节，可少量配植紫薇

Lagerstroemia indica、木槿 *Hibiscus syriacus* 等夏秋开花的树木和油松 *Pinus tabulaeformis* 等四季常青的树木。

2.3　空间变化多，关键要适宜　　园林树木的高低错落与围合，可以形成多种空间，如开放型空间、半开放型空间、封闭空间、冠下空间（覆盖空间）、竖向空间等，但要注意空间围合的适宜度，使其满足设计意图。

2.4　林缘林冠线，变化富韵律　　林缘线指的是树冠垂直投影在平面上的线。林缘线往往是闭合的，是植物配植在平面构图上的反映，是植物空间划分的重要手段。空间的大小、景深、透视线的开辟、气氛的形成等大都依靠林缘线设计。树冠与天空的交际线称为林冠线。两条线不宜平直，也不宜过于曲折。垂直的方向要参差不齐，水平方向要前后错落，形成一定的韵律感。

3　园林树木配植的形式

3.1　规则式配植　　规则式配植即按一定的几何图形栽植，具有一定的株行距或角度，这种配植形式整齐、庄严，常给人以雄伟的气魄感。适用于规则式园林和需要庄重的场合，如寺庙、陵墓、广场、道路、入口及大型建筑周围等，包括中心植、对植、列植、环植等。

3.1.1　中心植　　在布局的中心点独植一株或一丛，称为中心植。中心植常用于花坛中心、广场中心等处，要求树形整齐、美观，一般为常绿树，如雪松 *Cedrus deodara*、苏铁 *Cycas revoluta*、石楠、整形冬青卫矛 *Euonymus japonicus* 等。

3.1.2　对植　　树形美观、体量相近的同一树种，以呼应之势种植在构图中轴线的两侧称为对植。对植常用于房屋和建筑前、广场入口、大门两侧、桥头两旁、石阶两侧等，起衬托主景的作用，或形成配景、夹景，以增强透视的纵深感。多选用生长较慢的常绿树，适宜树种如松柏类、王棕 *Roystonea regia*、假槟榔 *Archonthophoenix alexandrae*、银杏 *Ginkgo biloba*、龙爪槐 *Sophora japonica* f. *pendula*、整形冬青卫矛、石楠等。

3.1.3　列植　　树木呈行列式种植称为列植，有单列、双列、多列等类型。列植主要用于道路两旁（行道树）、广场、建筑周围、防护林带、农田林网、水边种植等。园林中常见的灌木花径和绿篱从本质上讲，也是列植，只是株行距很小。

　　就行道树而言，既可单树种列植，也可两种或多种树种混用，但应注意节奏与韵律的变化。西湖苏堤中央大道两侧以无患子 *Sapindus mukorossi*、重阳木 *Bischofia polycarpa* 和三角槭 *Acer buergerianum* 等分段配植，效果很好。在形成片林时，列植常采用变体的三角形种植，如等边三角形、等腰三角形等，以利于树冠和根系对空间的利用。

3.1.4　环植　　有环形、半圆形、弧形等，可单环，也可多环重复，常用于花坛、雕塑和喷泉的周围。可衬托主景的雄伟，也可用于布置模纹图案。树种以低矮、耐修剪的整形灌木为主，尤其是常绿或具有彩色叶的种类最为常用，如'球柏'*Sabina chinensis* 'Globosa'、'金球'桧 *Sabina chinensis* 'Aureoglobosa'、黄杨 *Buxus sinica*、'紫叶'小檗 *Berberis thunbergii* 'Atropurpurea'、金叶女贞 *Ligustrum* × *vicaryi* 等。

3.2　自然式配植　　自然式配植并无一定的模式，即没有固定的株行距和排列方式。这种配植方式自然、灵活，富于变化，适于体现宁静、深邃的气氛。适用于自然式园林、风景区和一般的庭院绿化，中国式庭园、日本式茶庭及富有田园风趣的英国式庭园多采用自然式配植。常见的自然式配植有孤植、丛植、群植和林植等。

3.2.1　孤植　　在一个较为开旷的空间，远离其他景物种植一株乔木称为孤植。孤植树可作为景观中心视点或起引导视线的作用，并可烘托建筑、假山或水景。但应注意，不论在何处，孤植树都不是孤立存在的，它总和周围的各种景物配合，以形成一个统一的整体。孤植常用于庭院、草坪、假山、水面附近、桥头、园路尽头或转弯处等，广场和建筑旁也常配植孤植树。

孤植树主要表现单株树木的个体美，因而要求植株姿态优美，或树形挺拔、雄伟、端庄，如雪松、南洋杉 *Araucaria cunninghamii*、樟 *Cinnamomum camphora*、榕树 *Ficus microcarpa*、木棉 *Bombax malabaricum*、桉树 *Eucalyptus* 等；或树冠开展、枝叶优雅、线条宜人，如鸡爪槭 *Acer palmatum*、垂柳 *Salix babylonica* 等，或花果美丽、色彩斑斓，如山樱花 *Cerasus serrulata*、玉兰 *Magnolia denudata*、木瓜 *Chaenomeles sinensis* 等，如选择得当、配植得体，孤植树可起到画龙点睛的作用。

3.2.2　丛植　　由两三株至一二十株同种或异种的树木按照一定的构图组合在一起，使其林冠线彼此密接而形成一个整体的外轮廓线，这种配植方法称为丛植。在自然式园林中，丛植是最常用的配植方法之一。可用于桥、亭、台、榭的点缀和陪衬，也可专设于路旁、水边、庭院、草坪或广场一侧，以丰富景观色彩和景观层次，活跃园林气氛。运用写意手法，几株树木丛植，姿态各异、相互趋承，便可形成一个景点或构成一个特定空间。

与孤植相比，丛植除了考虑树木的个体美外，还要考虑树丛的群体美，并要很好地处理株间关系和种间关系。株间关系主要对疏密远近等因素而言，种间关系主要对不同乔木树种之间及乔木与灌木之间的搭配而言，组成一个树丛的树种不宜过多，否则既易引起杂乱、繁琐的感觉，又不易处理种间关系。选择主要树种时，最需注意适地适树，宜选用乡土树种，以反映地方特色。

以观赏为主要目的的树丛，为了延长观赏期一般选用几种主要树种，并注意树丛的季相变化。最好将春季观花、秋季观果的花灌木及常绿树种配合使用，并可于树丛下配植常绿地被，但应注意生态习性的互补。例如，在华北地区，"油松—元宝槭 *Acer truncatum*—连翘 *Forsythia suspensa*" 树丛或 "黄栌—紫丁香 *Syringa oblata*—华北珍珠梅 *Sorbaria kirilowii*" 树丛可布置于山坡，"垂柳—碧桃" 树丛则可布置于溪边池畔、水榭附近以形成桃红柳绿的景色；在江南，"松—竹—梅" 树丛布置于山坡、石间是我国传统的配植形式，谓之 "岁寒三友"。以遮阴为主要目的的树丛常全部选用乔木，并多用单一树种，如毛白杨 *Populus tomentosa*、朴树 *Celtis sinensis*，也可于树丛下适当配植耐阴的花灌木。

3.2.3　群植　　群植是指成片种植同种或多种树木，常由二三十株以至数百株的乔灌木组成。群植常用作背景，在大型公园中也可作为主景。群植是为了模拟自然界中的树群景观。根据环境和功能要求，可多达数百株，可由一种也可由多种乔、灌木组成，单纯树群和混交树群各有优点，要因地制宜地加以应用。对于混交树群而言，一般以一两种乔木树种为主体，与其他树种搭配。

群植主要表现树木的群体美，要求整个树群疏密自然，林冠线和林缘线变化多端，并适当留出林间小块隙地，配合林下灌木和地被植物的应用，以增添野趣。

大多数园林树种均适合群植，如以秋色叶树种而言，枫香树 *Liquidambar formosana*、元宝槭、黄连木 *Pistacia chinensis*、黄栌、鸡爪槭等群植均可形成优美的秋色，南京中山植物园的"红枫岗"，以黄檀 *Dalbergia hupeana*、榔榆 *Ulmus parvifolia*、三角槭为上层乔木，以鸡爪槭、红槭 *Acer palmatum* f. *atropurpureum* 等为中层形成树群，林下配植花叶青木 *Aucuba japonica* var. *variegata*、吉祥草 *Reineckia carnea*、土麦冬 *Liriope spicata*、石蒜 *Lycoris radiata* 等灌木和草本地被，景色优美。

同丛植相比，群植不但所用树木的株数增加、面积扩大，而且是人工组成的小群落。配植中更需要考虑树木的群体美、树群中各树种之间的搭配，以及树木与环境的关系。乔木树群多采用密闭的形式，故应适当密植以及早郁闭，而郁闭后树群内的环境已经发生了变化，树群内只能选用耐阴的灌木和草本地被。

3.2.4　林植　　林植是大面积、大规模的成带成林状的配植方式，一般以乔木为主，主要用作防护、隔离等作用，有自然式林带、密林和疏林等形式，而从树木组成上分，又有纯林和混交林的区别，景观各异。

自然式林带一般为狭长带状的风景林，可由数种乔、灌木所组成，亦可只由一种树木构成，如防护林、护岸林等可用于城市周围、河流沿岸等处。宽度随环境而变化。配植时既要注意种间关系和防护功能。也要考虑美观上的要求。紧密结构的自然式林带，林木的株行距较小，以便及早郁闭，供防尘、隔声、屏障视线、隔离空间或作背景等用；以防风为主的林带，则以疏透结构为宜。

疏林郁闭度一般为0.4~0.6，常由单纯的乔木构成，不布置灌木和花卉，但留出小片林间隙地。用于大型公园的休息区，并与大片草坪相结合，形成疏林草地形式，在景观上具有简洁、淳朴之美。疏林中的树种应具有较高的观赏价值。常用树种有白桦 *Betula platyphylla*、水杉 *Metasequoia glyptostroboides*、枫香树、金钱松、毛白杨等，树木种植要三五成群，疏密相间，有断有续，错落有致，务使构图生动活泼。

密林一般用于大型公园和风景区，郁闭度常在0.7~1.0，林间常布置曲折的小径，可供游人散步等，但一般不供游人作大规模活动，不少公园和景区的树林是利用原有的自然植被略加改造形成的。可分纯林和混交林两类。

纯林由一种树木组成。栽植时可为规则式和自然式，但前者经若干年后分批疏伐，渐成为疏密有致的自然式纯林。纯林以选乡土树种为妥，多为乔木，有时也可为灌木，从景观角度考虑，一般选用观赏价值较高、生长健壮的适生树种，如马尾松 *Pinus massoniana*、白皮松 *P. bungeana*、黑松 *P. thunbergii*、油松、水杉、枫香树、侧柏 *Platycladus orientalis*、木犀 *Osmanthus fragrans*、元宝槭、毛白杨、杏 *Armeniaca vulgaris*、黄栌及竹子等。

混交林是由两种或两种以上乔灌木所构成的郁闭群落，其间植物种间关系复杂而重要，除要考虑空间各层之间和植株之间的相互均衡外，还要考虑地下根系深浅及株间的相互均衡。在进行混交、选择树种时，须多注意向自然学习，如在华北山区常见油松、元宝槭与胡枝子 *Lespedeza bicolor* 天然混交，就可仿用到园林中。油松为阳性树，可作为主要树种，元宝槭为弱阳性树，可作为伴生树种，胡枝子作为第三层下木，既可改良土壤，又有观赏和防护作用。

3.2.5　散点植　　以单株或双株、三株的丛植为一个点，在一定面积上进行有节奏和韵律的散点种植。这种形式强调点与点之间的呼应和动态联系，特点是既体现个体的特征，又使其处于无形的联系之中。

4 园林树木配植的效果

在园林建设工作中，除了工矿区的防护绿带外，总的说来，城镇的园林绿地及休养疗养区、旅游名胜地、自然风景区等地的树木配植均应要求有美的艺术效果。应当以创造优美环境为目标，去选择合适的树种、设计良好的方案，和采用科学的、能维护此目标或实现此目标的整套养护管理措施。

树木（植物）配植得好，会给人很强的艺术感染力。"几处早莺争暖树，谁家新燕啄春泥。乱花渐欲迷人眼，浅草才能没马蹄。最爱湖东行不足，绿杨荫里白沙堤。"这是白居易对植物形成的明媚春光的描绘。"独坐幽篁里，弹琴复长啸。深林人不知，明月来相照。"这是王维对植物形成的"静"的感受。"黄四娘家花满蹊，千朵万朵压枝低。流连戏蝶时时舞，自在娇莺恰恰啼。""春色满园关不住，一枝红杏出墙来。""竹外桃花三两枝，春江水暖鸭先知。"这些都是诗人受到优美的植物景观的感染而留下的不朽诗篇。可见，各种树木（植物）的不同配植组合，能形成千变万化的景境，能给人以丰富多彩的艺术感受。

树木（植物）配植的艺术效果是多方面的、复杂的，需要细致的观察、体会才能领会其奥妙之处，在此仅作一般概述。

4.1 增加丰富感 比较一下绿化前和绿化后的居住小区就很清楚了：在新的建筑物刚刚竣工后，周围没有绿化、美化时，空间常显得单调乏味，配植上各种形体和五颜六色的树木（植物）之后，就变得优美而丰富了。

4.2 调节气氛 应用常绿针叶树，尤其是尖塔形的树种常形成庄严肃穆的气氛。例如，莫斯科列宁墓两旁配植的冷杉产生了很好的艺术效果。一些线条圆缓流畅的树冠，尤其是垂枝性的树种常形成柔和轻快的气氛，如杭州西子湖畔的垂柳。

4.3 强调作用 运用树木的体形、色彩特点加强某个景物，使其突出显现的配植方法称为强调。具体配植时常采用对比、烘托、陪衬及透视线等手法。对比：如在站立式雕像底座的周围配植铺地柏 *Sabina procumbens* 等匍匐状树木来显示雕像的高大。陪衬：如在雕像的后面以绿色的树墙作为背景来突出雕像等。透视线：如在笔直的道路两侧配植行道树，而在路的尽头设置雕像等。这些手法均可起到强调主要景观的作用。

4.4 缓解作用 对于过分突出的景物，用配植的手段使之从"强烈"变为"柔和"称为缓解。景物经缓解后可与周围环境更为协调，而且可增加艺术感受的层次感。例如，建筑物的边线多为刚硬的直线，在其周围配植树木后，树体柔和的曲线可破这种令人觉得刚硬的局面；又如只在高楼的周围栽种草坪，则显得高楼非常突出。若在高楼与草坪之间配植上乔木和灌木，层次多了，气氛也就缓和了。

4.5 增加韵味 配植上的韵味表现为植物的高低错落、绿地边缘的自然曲折、色相及色彩浓淡的变化、花开放的程序等。例如，"红花初绽雪花繁，重叠高低满小园"（唐·温庭筠《杏花》）体现的就是空间上高低错落的韵律感，而"暖气潜催次第春，梅花已谢杏花新"（唐·罗隐《杏花》）体现的就是时间上花丌放程序上的韵律感。但配植上的韵味效果，颇有"只可意会不可言传"的意味。只有具有相当修养水平的园林工作者和游人能体会到其真谛，但是每个不懈努力观摩的人却又都能领略其意味。

【任务实训】

园林树木配植形式调查

目的要求：要求学生掌握园林树木配植的基本形式，从而学会园林树木的配植方法。

实训条件：规模适当的园林绿地。

方法步骤：①教师指定调查范围；②课下学生根据所学理论知识自行调查；③撰写调查报告。

技术成果：调查报告。

【项目实训】

园林树木的配植

目的要求：能够在现有知识背景下根据基址情况和实际要求选择不同用途的园林树木并进行合理配植。

实训条件：园林绿地基址图；绘图室、绘图工具。

方法步骤：①布置任务；②要求学生课下进行现场踏勘；③在教师指导下进行方案设计；④撰写设计说明。

技术成果：配植方案图及设计说明。

【学习建议】学习时要注重实地调查和亲身体验，注意分析园林树木应用的合理性，要有批判性，因为现有绿地上树木应用不合理的情况很多。对不同用途园林树木的选择与积累，仍然提倡分门别类的记忆方法。

认知园林树木资源

【教学目标】使学生从形态特征、生态习性、生物学特性、观赏特性及园林应用等方面认识丰富多彩的园林树木资源，为今后的园林实践提供丰富的素材；通过广泛接触园林树木培养学生的专业兴趣。

任务一　认知园林乔木

【知识要求】使学生从形态特征、生态习性、生物学特性、观赏特性及园林用途等方面认知园林乔木，要求学生能按照园林乔木的以上属性对其进行分类。

【技能要求】能够识别常用的园林乔木。

【任务理论】乔木是园林植物景观营造的骨干材料，它形体高大，枝叶繁茂，绿量大，生长周期长，景观效果突出，常作为园景树、庭荫树、行道树，乔木树种的选择及其配植形式反映了一个城市或地区植物景观的整体形象和风貌，是植物景观营造首先要考虑的因素，因此有"园林绿化，乔木当家"的说法。随着社会的发展，在园林绿化中得到应用的乔木种类越来越丰富。

1　常绿乔木

1.1　常绿针叶乔木

苏铁属　*Cycas* L.

本属隶属苏铁科 Cycadaceae。主干柱状，直立，髓心大。营养叶羽状全裂，中脉显著。雄球花长卵形或圆柱形，小孢子叶扁平鳞片状或盾状；雌球花松散或不形成雌球花，大孢子叶扁平，上部羽状分裂，全体密被黄褐色绒毛。种子的外种皮肉质，中种皮木质。内种皮膜质。

约 60 种，分布于亚洲东部和南部、非洲东部、澳大利亚北部和太平洋岛屿。我国约 16 种。

分种检索表

A_1　叶的羽状裂片厚革质，坚硬，宽 0.3～0.6cm，边缘显著向背面反卷·················· 苏铁 *C. revoluta*

A_2　羽片厚革质或薄革质，宽 0.4～2.2cm，边缘扁平或微反卷。

  B_1　羽片革质，宽 0.8～1.5cm；羽状叶上部越近顶端处的羽片越短窄，尽端处者仅长数毫米；大孢子叶边缘刺齿状或细短的三角状裂齿·················· 华南苏铁 *C. rumphii*

  B_2　羽片薄革质至厚革质，羽状叶上部的羽片不显著缩短；大孢子叶边缘深条裂。

    C_1　羽片薄革质。

      D_1　羽片宽 1.5～2.2cm·················· 云南苏铁 *C. siamensis*

      D_2　羽片宽 0.7～1.2cm·················· 台湾苏铁 *C. taiwaniana*

    C_2　羽片厚革质。

      D_1　羽片宽 0.6～0.8cm，叶脉在两面显著隆起，上面叶脉的中央干时有一条凹槽··················

        ·················· 篦齿苏铁 *C. pectinata*

D₂　羽片宽 0.4～0.7cm，叶面中脉显著隆起·························攀枝花苏铁 *C. panzhihuaensis*

苏铁　*Cycas revoluta* Thun.（图 6-1）

别名　凤尾蕉、凤尾松、避火蕉、铁树

识别要点

◇ 树形：乔木，在热带地区高达 8～15m。

◇ 枝干：树干常不分枝，干上有明显螺旋状排列的菱形叶柄残痕。

◇ 叶：羽状叶长 0.5～2.0m，革质而坚硬，羽片条形，长 8～18cm，宽 4～6mm，边缘显著反卷。

◇ 球花：雄球花长圆柱形，长 30～70cm，小孢子叶木质，密被黄褐色绒毛，背面着生多数花药；雌球花扁球形，大孢子叶长 14～22cm，羽状分裂，下部两侧着生（2）4～6 枚裸露的直生胚珠。花期 6～8 月。

◇ 种子：种子倒卵形，微扁，红褐色或橘红色。长 2～4cm，种熟期 10 月。

图 6-1　苏铁
Cycas revoluta

产地与分布

◇ 产地：产我国东南沿海和日本，我国野外已灭绝。

◇ 分布：华南和西南地区常见栽植。长江流域和华北多盆栽。

生态习性

◇ 光照：喜光。

◇ 温湿：喜温暖湿润气候，不耐寒，温度低于 0℃时易受害。

◇ 水土：喜肥沃湿润的砂壤土，不耐积水。

生物学特性

◇ 长速与寿命：生长速度缓慢，寿命可达 200 余年。

◇ 根系特性：根系可与蓝藻共生，形成根瘤。

◇ 花果特性：10 年以上植株在华南、西南等温暖地区每年均可正常开花结实，而在中亚热带和温带地区不能正常开花。

观赏特性

◇ 感官之美：苏铁树形古朴，主干粗壮坚硬，叶形羽状，四季常青。用于装点园林，不但具有南国热带风光情调，而且显得典雅、庄严和华贵。

◇ 文化意蕴：在我国的传统文化里，苏铁表示庄严。又有苏铁难开花的传说，有的说："苏铁 60 年才开一次花"，有的说："千年铁树才开花"，更有甚者说："铁树开花马长角"。因此，常用苏铁开花形容再难做的事也能做到。

园林应用

◇ 应用方式：苏铁常被植于花坛中心，孤植或丛植草坪一角，对植门口两侧，也可植为园路树。也是著名的大型盆栽植物，用于布置会场、厅堂；其羽状叶是常用的插花衬材和造型材料。

◇ 注意事项：苏铁喜光，在新叶萌发和成长期间无论如何也不能放在庇荫处，否则

新叶变得细长，失去观赏价值。盆栽苏铁忌用黏质土，忌多浇水，否则易烂根。

南洋杉属 *Araucaria* Juss.

本属隶属南洋杉科 Araucariaceae。常绿乔木，枝轮生。叶互生，鳞形、钻形、披针形或卵状三角形，顶端尖锐，基部下延。雌雄异株，罕同株；雄球花单生或簇生叶腋，或生枝顶；雌球花单生枝顶，胚珠与珠鳞基部结合。球果大，直立，苞鳞木质、扁平、顶端具尖头，反曲或向上弯曲。种子无翅或具两侧与苞鳞合生的翅。子叶 2，稀 4。

约 18 种，分布于大洋洲、南美洲及太平洋岛屿。我国引入约有 7 种，其中 3 种栽培较普遍。

分种检索表

A₁　叶形小，钻形、鳞形、卵形或三角状；种子先端不肥大，不显露，两侧有翅，发芽时子叶出土。

　B₁　叶卵形或三角状锥形，上下扁或背部有纵棱；球果的苞鳞先端有长尾状尖头，尖头显著向后反曲 ······················ 南洋杉 *A. cunninghamii*

　B₂　叶四棱状钻形，两侧扁；球果苞鳞先端有三角状尖头，尖头向上弯曲 ····················· 诺福克南洋杉 *A. heterophylla*

A₂　叶形宽大，卵状披针形；球果苞鳞先端具三角状尖头，尖头向后反曲；种子先端肥大而显露，两侧无翅，发芽时子叶不出土 ············ 大叶南洋杉 *A. bidwillii*

南洋杉 *Araucaria cunninghamii* Sweet（图 6-2）

别名　肯氏南洋杉

识别要点

◇ 树形：常绿大乔木，原产地高达 70m，胸径达 1m 以上。幼树呈整齐的尖塔形，老树成平顶状。

　　◇ 枝干：主枝轮生，平展，侧枝亦平展或稍下垂。

　　◇ 叶：叶二型，生于侧枝及幼枝上的多呈针状，质软，开展，排列疏松，长 0.7～1.7cm；生于老枝上的则密聚，卵形或三角状钻形，长 0.6～1.0cm。

　　◇ 球果：椭圆状卵形，长 6～10cm，径 4.5～7.5cm。苞鳞先端有长尾状尖头向后弯曲。

　　◇ 种子：种子两侧有薄翅。

　　产地与分布

　　◇ 产地：原产澳大利亚东北部和巴布亚新几内亚。

　　◇ 分布：我国华南地区常见栽培，长江流域及其以北地区盆栽。

　　生态习性

图 6-2　南洋杉 *Araucaria cunninghamii*

　　◇ 光照：喜光，稍耐阴。

◇ 温湿：喜暖热湿润的热带气候，耐 0℃低温和轻微霜冻。

◇ 水土：喜肥沃土壤。

◇ 空气：较耐风。

生物学特性

◇ 长速与寿命：生长较快，寿命长。

观赏特性

◇ 感官之美：树体高大雄伟，树形端庄，姿态优美，是世界五大公园树之一，可形成别具特色的热带风光。

园林应用

◇ 应用方式：最宜作园景树孤植，以突出表现其个体美；也可丛植于草坪、建筑周围，以资点缀，并可列植为行道树。在北方，南洋杉是重要的盆栽植物，常用于布置会场、厅堂和大型建筑物的门厅。

◇ 注意事项：露地配植宜选无强风地点，以免树冠偏斜。

冷杉属 *Abies* Mill.

本属隶属松科 Pinaceae。常绿乔木，树干端直；仅具长枝，枝上有圆形叶痕；叶扁平、条形，叶表中脉多凹下，叶背中脉两侧各有 1 条白色气孔带，螺旋状排列或扭成二列状，叶内有树脂管 2，罕为 4。雌雄同株，球花单生于叶腋；雄球花长圆形，下垂，花粉粒有气囊；雌球花长卵状短圆柱形，直立；苞鳞比珠鳞长。球果长卵形或圆柱形，直立，当年成熟；种鳞木质，多数，排列紧密，苞鳞露出或不露出。种子卵形或长圆形，有翅。

本属约 50 种，分布于亚、欧、北非、北美及中美高山地带；中国有 22 种及 3 变种，分布于东北、华北、西北、西南及浙江、台湾的高山地带，另引入栽培 1 种。

分种检索表

A_1 苞鳞露出或微露出；叶先端凹或钝。

  B_1 叶边缘反卷或微反卷，先端凹或钝；苞鳞微露，有急尖头向外反卷……………… 冷杉 *A. fabri*

  B_2 叶边缘不反卷，幼树叶先端 2 叉状；苞鳞先端有急尖头，直伸…………… 日本冷杉 *A. firma*

A_2 苞鳞不露出。

  B_1 一年生枝无毛，叶先端急尖或渐尖……………………………………… 杉松 *A. holophylla*

  B_2 一年生枝密生毛，营养枝之先端凹缺或 2 裂………………………… 臭冷杉 *A. nephrolepis*

杉松 *Abies holophylla* Maxim.（图 6-3）

别名　辽东冷杉、沙松

识别要点

◇ 树形：乔木，高 30m，胸径约 1m，树冠阔圆锥形，老则为广伞形。

◇ 枝干：树皮灰褐色，内皮赤色；一年生枝淡黄褐色，无毛。

◇ 叶：叶条形，长 2～4cm，宽 1.5～2.5mm，端突尖或渐尖，上面深绿色，有光泽，下面有 2 条白色气孔带，果枝的叶上面顶端亦常有 2～5 条不很显著的气孔线。

◇ 球果：球果圆柱形，长 6～14cm，熟时呈淡黄褐或淡褐色，近于无柄；苞鳞短，不露出，先端有刺尖头。花期 4～5 月；果当年 10 月成熟。

产地与分布

◇ 产地：产于辽宁东部、吉林及黑龙江，在长白山区及牡丹江山区为主要树种之一。俄罗斯西伯利亚及朝鲜亦产。

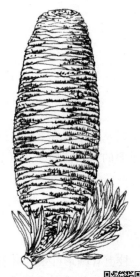

图 6-3 杉松
Abies holophylla

园林应用

◇ 分布：我国北方城市沈阳、秦皇岛、北京等引种栽培，表现良好。

生态习性

◇ 光照：耐阴性强。

◇ 温湿：喜冷湿气候，不耐高温。

◇ 水土：喜深厚、湿润、排水良好的酸性暗棕色森林土，不耐干旱。

◇ 空气：抗烟尘能力较差。

生物学特性

◇ 长速与寿命：幼苗期生长缓慢，10 余年后始见加速。寿命较长。

◇ 根系特性：浅根性。

观赏特性

◇ 感官之美：树姿优美，四季常青。

◇ 文化意蕴：易形成庄重严肃的气氛。

◇ 应用方式：优良的山地风景林树种，也常用于庭园观赏。

◇ 注意事项：耐阴性强，可用于建筑物的阴面。

云杉属 *Picea* Dietr.

本属隶属松科 Pinaceae。常绿乔木，树皮鳞状剥裂；树冠尖塔形或圆锥形；枝条轮生，平展，小枝上有显著的叶枕，各叶枕间由深凹槽隔开，叶枕顶端呈柄状，宿存，在其尖端着生针叶。冬芽卵形或圆锥形；小枝基部有宿存芽鳞。针叶条形或锥棱状，无柄，生于叶枕上，呈螺旋状排列，上下两面中脉均隆起，棱形叶四面均有气孔线，扁平的条形叶则只叶上面有 2 条气孔线，背面无有。树脂道多为 2，边生，罕缺。雌雄同株，单性；雄球花常单生叶腋，椭圆形，黄色或深红色，下垂；雌球花单生枝顶，绿色或红紫色。球果卵状圆柱形或圆柱形，下垂，当年成熟，种鳞宿存，薄木质或近革质，顶部全缘或有细齿，或呈波状，每种鳞含 2 种子；苞鳞甚小，不露出；种子倒卵圆形或卵圆形，有倒卵形种翅；子叶 4～9。

本属约 50 种，分布于北半球，由极圈至暖带的高山均有；中国有 20 种及 5 变种，另引种栽培 2 种，多在东北、华北、西北、西南及台湾等地区的山地，在北方城市及西南山区城市园林中也有应用。

分种检索表

A₁ 一年生枝褐色、黄褐色；宿存芽鳞反曲；叶四面均有气孔带。

  B₁ 一年生枝无白粉；球果长 5～9cm。

    C₁ 叶顶端尖，横剖面微扁四棱形，叶表面每边 5～8 条气孔线 ·········· 红皮云杉 *P. koraiensis*

    C₂ 叶顶端钝或钝尖，横剖面四棱形，叶表面每边 6～7 条气孔线 ··················白杆 *P. meyeri*

  B₂ 一年生枝多少有白粉和柔毛；叶顶端急尖；球果长 8～12cm··················云杉 *P. asperata*

A₂ 一年生枝灰白色、淡黄灰白色，几无毛；宿存芽鳞不反曲；叶长 0.8～1.8cm，气孔带不明显，四面均为绿色；球果长 4～8cm，径 2.5～4cm ·················· 青杆 *P. wilsonii*

白杆 *Picea meyeri* Rehd. et Wils.（图 6-4）

别名　麦氏云杉、毛枝云杉

识别要点

◇ 树形：乔木，高约 30m，胸径约 60cm；树冠狭圆锥形。

◇ 枝干：树皮灰色，呈不规则薄鳞状剥落，大枝平展，小枝有密毛、疏毛或无毛，淡黄褐，红褐或褐色，一年生枝黄褐色，当年枝几无毛。小枝基部宿存芽鳞的先端向外反曲或开展。

◇ 叶：叶四棱状条形，横断面菱形，弯曲，呈有粉状青绿色，端钝，四面有气孔线，叶长 1.3～3.0cm，宽约 2mm，螺旋状排列。

◇ 球果：球果长圆状圆柱形，初期浓紫色，成熟前种鳞背部绿色而上部边缘紫红色，成熟时则变为有光泽的黄褐色，长 5～9cm，径 2.5～3.5cm；种鳞倒卵形，先端扇形，基部狭，背部有条纹；苞鳞匙形，先端圆而有不明显锯齿。花期 4～5 月。球果 9～10 月成熟。

◇ 种子：种子倒卵形，黑褐色，长 4～5mm，连翅长 1.2～1.6cm。

图 6-4　白杆 *Picea meyeri*

产地与分布

◇ 产地：中国特产树种，是国产云杉中分布较广的种。在山西五台山，河北小五台山、雾灵山，陕西华山等地均有。

◇ 分布：北京、河北、辽宁等地园林中多见栽培。

生态习性

◇ 光照：耐阴性强，为耐阴树种。

◇ 温湿：性耐寒，喜空气湿润气候。

◇ 水土：喜生于中性及微酸性土壤，但也可生于微碱性土壤中。

生物学特性

◇ 长速与寿命：生长速度缓慢，10 年生高不盈米，但后期生长见快，且可长期保持旺盛生长，50 年生高约 10m。

◇ 根系特性：浅根性，但根系有一定的可塑性，在土层厚而较干处根可生长稍深。

◇ 花果特性：一般 10～15 年生可开始结实。

观赏特性

◇ 感官之美：树形端正，枝叶茂密，下枝能长期存在。

◇ 文化意蕴：易形成庄重严肃的气氛。

园林应用

◇ 应用方式：优良的庭园观赏树种，最适孤植，也可列植，如丛植亦能长期保持郁闭。

◇ 注意事项：耐阴性强，可用于建筑物的阴面。

雪松属 *Cedrus* Trew.

本属隶属松科 Pinaceae。常绿大乔木，冬芽小，卵形；枝有长枝、短枝之分。叶针状，通常三棱形，坚硬，在长枝上螺旋状排列，在短枝上簇生状。球果次年或第三年成熟，直立，甚大；种鳞多数，排列紧密，木质，成熟时与种子同落，仅留宿存中轴；苞鳞小而不露出，种子三角形，有宽翅；子叶 6～10。

共 5 种，产于喜马拉雅山与小亚细亚、地中海东部及南部和北非山区。中国栽培 2～3 种。

分种检索表

A₁ 大枝顶部与小枝常略下垂，密被毛；叶长 2.5～5cm，横切面常三角形；球果较大，长 7～12cm，径 5～9cm，顶端圆形 ·· 雪松 *C. deodara*

A₂ 大枝顶部硬直，小枝多不下垂；叶长 1.5～3.5cm，横切面四方形或近之；球果较小，长 5～10cm，径 4～6cm，顶端平截，常有凹缺。

　B₁ 小枝被短毛；叶常短于 2.5cm；球果长 5～7cm ·················北非雪松 *C. atlantica*

　B₂ 小枝光滑无毛或略有毛；叶长 2.5～3cm；球果长 8～10cm ···········黎巴嫩雪松 *C. libani*

雪松 *Cedrus deodara*（Roxb）Loud.（图 6-5）

识别要点

◇ 树形：常绿乔木，高达 50～72m，胸径达 3m；树冠圆锥形。

◇ 枝干：树皮灰褐色，鳞片状裂；大枝不规则轮生，平展；一年生长枝淡黄褐色，有毛，短枝灰色。

◇ 叶：叶针状，灰绿色，长 2.5～5cm，宽与厚相等，各面有数条气孔线，在短枝顶端聚生 20～60 枚。

◇ 球花：雌雄异株，少数同株，雌雄球花异枝；雄球花椭圆状卵形，长 2～3cm；雌球花卵圆形，长约 0.8cm。

◇ 球果：球果椭圆状卵形，长 7～12cm，径 5～9cm，顶端圆钝，熟时红褐色；种鳞阔扇状倒三角形，背面密被锈色短绒毛。花期 10～11 月；球果次年 9～10 月成熟。

◇ 种子：种子三角状，种翅宽大。

种下变异

国外习见有以下品种：

'银梢'雪松 'Albospica'：小枝顶梢呈绿白色。

'银叶'雪松 'Argentea'：叶较长，银灰蓝色。

图 6-5 雪松
Cedrus deodara

'金叶'雪松 'Aurea'：树冠塔形，高 3～5m，针叶春季金黄色，入秋变黄绿色，至冬季转为粉绿黄色。

'密丛'雪松'Compacta'：树冠塔形，紧密，高仅数米；枝密集弯曲，小枝下垂。

'直立'雪松'Erecta'：是优秀的直立性生长品种，叶色更显银灰色，是英国品种。

'赫瑟'雪松'Hesse'：极矮生，高仅40cm；植株紧密，是德国品种。

'垂枝'雪松'Pendula'：大枝散展而下垂。

'粗壮'雪松'Robusta'：塔形，粗壮，高20m；枝呈不规则地散展，弯曲；小枝粗而曲；叶多数，长5～（6～8）cm，暗灰蓝色。

'轮枝粉叶'雪松'Verticillata Glauca'：树冠窄，分枝少而近轮生；小枝粗；叶在长枝上成层，呈显著的粉绿色。

'魏曼'雪松'Weisemannii'：塔形，植株紧密，枝密生，弯曲；叶密生，蓝绿色。

产地与分布

◇ 产地：原产于喜马拉雅山西部，自阿富汗至印度，海拔1300～3300m。

◇ 分布：中国自1920年起引种，现各大城市中多有栽培。青岛、大连、西安、昆明、北京、郑州、上海、南京等地的雪松均生长良好。

生态习性

◇ 光照：喜光树种，有一定耐阴能力，但最好顶端有充足的光热，否则生长不良；幼苗期耐阴力较强。

◇ 温湿：喜温凉气候，有一定耐寒能力，大苗可耐短期的-25℃低温；1949年前雪松的栽培北界在青岛，后经引种试种，现已能在北京、秦皇岛等地生长良好，但仍以选背风处栽植为佳。

◇ 水土：耐旱力较强，年降水量达600～1200mm最好。喜土层深厚而排水良好的土壤，能生长于微酸性及微碱性土壤上，亦能生于瘠薄地和黏土地，但忌积水地点。

◇ 空气：性畏烟，含二氧化硫气体会使嫩叶迅速枯萎。

生物学特性

◇ 长速与寿命：生长较快，属速生树种。寿命长，600年生者高可达72m，干径达2m。

◇ 根系特性：浅根性，侧根系大体在土壤40～60cm深处为多。

◇ 花果特性：一般30年生以上的雪松才能开花结实。

观赏特性

◇ 感官之美：雪松树体高大雄伟，树形优美，为世界著名的观赏树。其主干下部的大枝自近地面处平展，长年不枯，能形成繁茂雄伟的树冠。在冬季，皎洁的雪片纷积于翠绿色的枝叶上，形成许多高大的银色金字塔，则更为引人入胜。

◇ 文化意蕴：在世界文化史上，雪松有其神秘的文化意义。据说北非雪松是上帝唯一亲手种植于大地的圣树，也是戴安娜神殿所采用的高贵用材，其芳香被认为对心灵有清净效果。从纪元开始，亦被誉为清廉、智慧、自然动力和永恒生命的象征。在黎巴嫩，雪松被选为国树，象征他们挺拔、刚劲的民族精神。在黎巴嫩首都贝鲁特附近，有一座雪松公园。园内有数百棵雪松挺立，蔚为壮观。据专家考证，其中部分雪松是与《圣经》同时诞生的。在《圣经》中，雪松被称为"上帝之树"或"神树"。在古埃及雪松是宗教仪式中不可或缺的用品。古埃及法老死后用雪松作为殉葬品，所以埃及人又称雪松为"死者的生命"。

园林应用

✦ 应用方式：最宜孤植于草坪中央、建筑前庭之中心、广场中心、大型花坛中心或主要大建筑物的两旁及园门的入口等处，也可丛植于草坪一隅。列植于园路的两旁，形成甬道，亦极为壮观。成片种植时，雪松可作为大型雕塑或秋色叶树种的背景。由于树形独特，下部侧枝发达，一般不宜和其他树种混植。

✦ 注意事项：雪松树冠下部的大枝、小枝均应保留，使之自然地贴近地面才显整齐美观，万万不可剪除下部枝条，否则从园林观赏角度而言是弄巧成拙。但作行道树时因下枝过长妨碍车辆行驶，故常剪除下枝而保持一定的枝下高度。另外，雪松根浅冠大，切忌栽植在风口处。

松属 *Pinus* L.

本属隶属松科 Pinaceae。常绿乔木，稀灌木；大枝轮生。冬芽显著，芽鳞多数。叶二型：鳞叶（原生叶）在长枝上螺旋状排列，在苗期为扁平条形，后退化成膜质片状；针叶（次生叶）常 2、3 或 5 针一束，生于鳞叶腋部不发育的短枝顶端，基部为芽鳞组成的叶鞘所包，叶鞘宿存或早落。雌雄同株，雄球花多数，聚生于新枝下部；雌球花 1～4，生于新枝近顶端。球果 2～3 年成熟；种鳞木质，宿存，露出部分为鳞盾，有明显的鳞脊或无，鳞盾的中央或顶部有隆起或微凹的鳞脐，有刺或否；种子有翅或无翅。

约 110 种，广布于北半球，北至北极圈，南达北非、中美、马来西亚和苏门答腊。我国 23 种，分布几遍全国，另从国外引入栽培 16 种。

分种检索表

A_1 叶鞘早落，叶内具维管束 1 个（单维管束松亚属）。

　B_1 针叶 3 针一束；鳞脐背生；树皮不规则片状剥落，有乳白色斑块…………　白皮松 *P. bungeana*

　B_2 针叶 5 针一束；鳞脐顶生。

　　C_1 种子无翅或具极短翅；针叶长 6～15cm；球果长 9cm 以上。

　　　D_1 小枝密生黄褐色柔毛；球果熟时种鳞不张开；种子不脱落 …………　红松 *P. koraiensis*

　　　D_2 小枝绿色，无毛；球果熟时种鳞张开；种子脱落 ………………　华山松 *P. armandii*

　　C_2 种子具长翅；针叶长 3.5～5.5cm；球果较小，长 4.0～7.5cm………　日本五针松 *P. parviflora*

A_2 叶鞘宿存。叶内具维管束 2 个（双维管束松亚属）。

　B_1 针叶 2 针一束。

　　C_1 树脂道边生。

　　　D_1 小枝淡橘黄色，被白粉；种鳞较薄，鳞盾平；树皮裂片近膜质 ………　赤松 *P. densiflora*

　　　D_2 小枝淡黄褐色或灰褐色，无白粉。

　　　　E_1 鳞盾肥厚隆起、微隆起或平，鳞脐有短刺或无；针叶长 10cm 以上。

　　　　　F_1 针叶粗硬，鳞盾肥厚隆起。鳞脐有刺，球果淡黄色或淡褐色……　油松 *P. tabulaeformis*

　　　　　F_2 针叶细软，鳞盾平或微隆起。鳞脐无刺，球果栗褐色　　马尾松 *P. massoniana*

　　　　E_2 鳞盾显著隆起，鳞脊明显，鳞脐疣状突起；针叶粗短而硬，长 4～9cm，常扭转；树干上部树皮淡黄色………………………………………　樟子松 *P. sylvestris* var. *mongolica*

C₂　树脂道中生。

 D₁　冬芽褐色或栗褐色，针叶较细软 ···················· 黄山松 *P. taiwanensis*

 D₂　冬芽银白色，针叶粗硬 ························· 黑松 *P. thunbergii*

B₂　针叶 3 针一束或与 2 针并存。

C₁　枝条每年生长 1 轮，一年生小球果生于近枝顶处·············· 云南松 *P. yunnanensis*

C₂　枝条每年生长 2 至数轮，一年生小球果生于小枝侧面。

 D₁　树脂道多 2 个，中生；鳞脐具基部粗壮而反曲的尖刺；种子红褐色 ····· 火炬松 *P. taeda*

 D₂　树脂道 2～9，内生；鳞脐瘤状，具短尖刺；种子黑色并有灰色斑点 ··· 湿地松 *P. elliottii*

油松 *Pinus tabulaeformis* Carr.（图 6-6）

别名　短叶马尾松、东北黑松

识别要点

♦　树形：乔木，高达 25m，胸径约 1m；树冠在壮年期呈塔形或广卵形，在老年期呈盘状或伞形。

♦　枝干：树皮灰棕色，呈鳞片状开裂，裂缝红褐色。小枝粗壮，无毛，褐黄色；冬芽长圆形，端尖，红棕色，在顶芽旁常轮生有 3～5 个侧芽。

♦　叶：叶 2 针一束，罕 3 针一束，长 10～15cm，树脂道 5～8 或更多，边生；叶鞘宿存。

♦　球花：雄球花橙黄色，雌球花绿紫色。花期 4～5 月。

♦　球果：当年小球果的种鳞顶端有刺，球果卵形，长 4～9cm，无柄或有极短柄，可宿存枝上达数年之久；种鳞的鳞背肥厚，横脊显著，鳞脐有刺。球果次年 10 月成熟。

♦　种子：种子卵形，长 6～8mm，淡褐色，有斑纹；翅长约 1cm，黄白色，有褐色条纹。子叶 8～12。

图 6-6　油松
Pinus tabulaeformis

种下变异

黑皮油松 var. *mukdensis* Uyeki：乔木。树皮深灰色，二年生以上小枝灰褐色或深灰色。产于河北承德以东至沈阳、鞍山等地。

扫帚油松 var. *umbraculifera* Liou et Wang：小乔木，树冠呈扫帚形，主干上部的大枝向上斜伸，树高 8～15m；产于辽宁省千山慈祥观附近，宜供观赏用。

产地与分布

♦　产地：产东北南部、华北、西北至湖北、湖南、四川，生于海拔 100～2600m 山地。

♦　分布：辽宁、吉林、内蒙古、河北、河南、山西、陕西、山东、甘肃、宁夏、青海、四川北部等地有分布。朝鲜亦有分布。

生态习性

♦　光照：强喜光树，但一年生幼苗能在 0.4 郁闭度的林冠下生长，但随着苗龄的增长而需光性增加，最后成为群体的最上层，如在下层则生长不良。

✧ 温湿：性强健耐寒，能耐 -30℃的低温，在 -40℃以下则会有枝条冻死。例如，哈尔滨在遇大寒之年即会发生死枝现象。耐干燥大陆性气候，在年降水量 300mm 处亦能正常生长，但在 700mm 左右处生长更佳。

✧ 水土：对土壤要求不严，能耐干旱瘠薄土壤，能生长在山岭陡崖上，只要有裂隙的岩石大都能生长油松，也能生长于砂地上，但在低湿处及黏重土壤上生长不良，易使主枝早封顶，缩短寿命，更不宜栽于季节性积水之处。喜生于中性、微酸性土壤中，不耐盐碱，在 pH 达 7.5 以上时即生长不良。

生物学特性

✧ 长速与寿命：平均生长速度中等，在幼年期生长缓慢，10～30 年间生长最快，每年可加高 1m 左右。寿命很长，在很多名山古刹中能看到寿达数百年的古树。

✧ 根系特性：深根性，垂直根系及水平根系均发达，在深厚土壤中主根可达 4m 以上，但在土层瘠薄或平坦的地方，其水平根系吸收根群分布在地表下 30～40cm。在吸收根上有菌根菌共生。

✧ 花果特性：实生树 6～7 年可开花结实，30～60 年时进入结实盛期，盛果期可达百年以上。虽是雌雄同株树种，但在雌、雄花数比例上有较大的差异，有的植株偏于雌性，有的偏于雄性。

观赏特性

✧ 感官之美：树干挺拔苍劲，四季常青。树冠开展，年龄越老姿态越奇，老枝斜展，枝叶婆娑、苍翠欲滴，每当微风吹拂，有如大海波涛之声，俗称"松涛"，有千军万马的气势。

✧ 文化意蕴：不畏风雪严寒，故象征坚贞不屈、不畏强暴的品质，文学家常以松树的风格来形容革命志士。由于树冠青翠浓郁，有庄严静肃、雄伟宏博的气氛。

园林应用

✧ 应用方式：早在秦代，即曾用作行道树；在古典园林中作为主要的景物者也不少。例如，《洛阳名园记》中载有"松岛"之境，承德避暑山庄中有"万壑松风"景区等。以 1 株即成一景者亦极多，如北京戒台寺的"卧龙松"等。至于三五株组成美丽景物者则更多。其他作为配景、背景、框景等用者，尤属屡见不鲜。在园林配植中，除了适于作独植、丛植、纯林群植外，亦宜行混交种植。适于作油松伴生树种的有元宝槭 *Acer truncatum*、栎类 *Quercus*、桦木 *Betula*、侧柏 *Platycladus orientalis* 等。

✧ 注意事项：油松不耐阴，不耐盐碱，不耐积水。

白皮松 *Pinus bungeana* Zucc.（图 6-7）

别名　虎皮松、白骨松、蛇皮松

识别要点

✧ 树形：大乔木，高达 30m，胸径 1m 余；树冠阔圆锥形、卵形或圆头形。

✧ 枝干：树皮淡灰绿色或粉白色，呈不规则鳞片状剥落。一年生小枝灰绿色，光滑无毛；大枝自近地面处斜出。冬芽卵形，赤褐色。

✧ 叶：针叶 3 针一束，长 5～10 cm，边缘有细锯齿，树脂道边生；基部叶鞘早落。

- ◇ 球花：雄球花长约 10cm，鲜黄色。花期 4～5 月。
- ◇ 球果：球果圆锥状卵形，长 5～7cm，径约 5cm，成熟时淡黄褐色，近于无柄；鳞背宽阔而隆起，有横脊，鳞脐有刺。球果次年 9～11 月成熟。
- ◇ 种子：种子大，卵形褐色，长 1.2cm，宽 0.7cm，翅长约 0.6cm。子叶 9～11。

产地与分布

- ◇ 产地：中国特产，是东亚唯一的三针松；在陕西蓝田有成片纯林，山东、山西、河北、陕西、河南、四川、湖北、甘肃等地均有。
- ◇ 分布：辽南、北京、曲阜、庐山、南京、苏州、上海、杭州、武汉、衡阳、昆明、西安等地均有栽培。在北京，许多园林、古寺中都种植有白皮松，已成为北京古都园林中的特色树种。

图 6-7 白皮松
Pinus bungeana

生态习性

- ◇ 光照：喜光树种，稍耐阴，幼树略耐半阴。
- ◇ 温湿：耐寒性不如油松。
- ◇ 水土：喜生于排水良好而又适当湿润的土壤上，对土壤要求不严，在中性、酸性及石灰性土壤上均能生长，可生长在 pH 8 的土壤上。亦能耐干旱土地，耐干旱能力较油松为强。
- ◇ 空气：对二氧化硫气体及烟尘均有较强的抗性，其抗性较油松强。

生物学特性

- ◇ 长速与寿命：生长速度中等，初期不如油松，后期较油松快，10 年生苗高可达 1m，20 年生高可达 4m。寿命很长，可达千余年。
- ◇ 根系特性：深根性，主根长，侧根稀少。

观赏特性

- ◇ 感官之美：树干皮呈斑驳状的乳白色，极为醒目，衬以青翠的树冠，可谓独具奇观。
- ◇ 文化意蕴：参见油松。

园林应用

- ◇ 应用方式：自古以来即用于配植宫廷、寺院及名园之中。宜孤植，亦宜团植成林，或列植成行，或对植堂前。也可与假山、岩石相配。
- ◇ 注意事项：孤植的白皮松，侧主枝的生长势较强，中央领导干的生长量不大，故形成主干低矮、整齐紧密的宽圆锥形树冠，直到老年期亦能保持较完整的体态。密植的白皮松或施行打枝的则因侧主枝生长少而中央领导干高生长量较多，能形成高大的主干和圆头状树冠。但此时应注意，其干皮较薄，易在向阳面发生日烧病。

日本五针松 *Pinus parviflora* Sieb. et Zucc.（图 6-8）

别名　五钗松、日本五须松、五针松

识别要点

- ◇ 树形：乔木，高 10～30m，胸径 0.6～1.5m；树冠圆锥形。

图 6-8　日本五针松
Pinus parviflora

◇ 枝干：树皮灰黑色，呈不规则鳞片状剥裂，内皮赤褐色。一年生小枝淡褐色，密生淡黄色柔毛。冬芽长椭圆形，黄褐色。

◇ 叶：叶较细，5针一束，长 3～6cm，内侧两面有白色气孔线，钝头，边缘有细锯齿，树脂道 2，边生，在枝上生存 3～4 年。

◇ 球果：卵圆形或卵状椭圆形，长 4.0～7.5cm，径 3.0～4.5cm，熟时淡褐色；种鳞长圆状倒卵形。

◇ 种子：种子倒卵形，长 1.0～1.2cm，宽 6～8mm，黑褐色而有光泽；种翅三角形，长 3～7mm，淡褐色。

种下变异

有多数观赏价值很高的品种。

'银尖'五针松 'Albo-terminata'：叶先端黄白色。日本品种。

'短针'五针松 'Brevifolia'：直立窄冠形，枝少而短，叶细而硬，密生而极短，长 2～3cm。通常多作盆景用。法国品种。

'矮丛'五针松 'Nana'：矮生品种，枝短而少，直立；叶较短、较细，密生。日本品种。

'龙爪'五针松 'Tortuosa'：叶呈螺旋状弯曲。日本品种。

'斑叶'五针松 'Variegata'：全株上混生有绿叶及斑叶两种针叶，斑叶中既有仅一部分具黄白斑者，亦有全叶均呈黄白色者。日本品种。

产地与分布

◇ 产地：原产于日本本洲中部及北海道、九州、四国等地。

◇ 分布：中国长江流域部分城市及青岛等地园林中有栽培，各地也常栽为盆景。

生态习性

◇ 光照：喜光树种，有一定耐阴性。

◇ 水土：喜生于土壤深厚、排水良好适当湿润之处。不适于砂地生长。

◇ 空气：对海风有较强的抗性。

生物学特性

◇ 长速与寿命：生长缓慢，寿命长。

◇ 花果特性：结实不正常。

观赏特性

◇ 感官之美：树姿优美，枝叶密集，针叶细短而呈蓝绿色，望之如层云簇拥，为珍贵园林树种。

◇ 文化意蕴：参见油松。

园林应用

◇ 应用方式：因其树体较小，尤适于小型庭院与山石、厅堂配植，常丛植。在日本，本种是小巧玲珑的茶庭中常用的植物材料。也是著名的盆景材料，尤其是短叶和矮生品种，更是盆景材料之珍品。

◇ 注意事项：若任其自然生长则树形较普通，难以充分发挥其美丽针叶的特点，故通常均进行专门的整形工作。

金松属 *Sciadopitys* Sieb. et Zucc.

本属隶属于金松科 Sciadopityaceae。只 1 种。

　　金松 *Sciadopitys verticillata*（Thunb）Sieb. et Zucc.（图 6-9）

别名　伞松、日本金松

识别要点

◇ 树形：常绿乔木，在原产地高达 40m，胸径 3m；树冠无论幼年或老年期均为整齐的尖圆塔形。

◇ 枝干：枝近轮生，水平开展。

◇ 叶：叶有 2 种，一种形小，膜质，散生于嫩枝上，呈鳞片状，称鳞状叶；另一种聚簇枝梢，呈轮生状，每轮 20～30，呈扁平条状，长 5～16cm，宽 2.5～3.0mm，上面亮绿色，下面有 2 条白色气孔线，上下两面均有沟槽，称完全叶。

◇ 球花：雌雄同株，雄球花约 30 个聚生枝端，呈圆锥花序状，黄褐色，雌球花长椭圆形，单生枝顶。

◇ 球果：球果卵状长圆形，长 6～10cm，种鳞木质，阔楔形或扇形，边缘向外反卷，发育的种鳞有 5～9 粒种子。

◇ 种子：种子扁平，长圆形或椭圆形，有狭翅，共长 1.2cm；子叶 2。

图 6-9　金松 *Sciadopitys verticillata*

种下变异

有如下栽培品种。

'垂枝' 金松 'Pendula'：小枝下垂。

'彩叶' 金松 'Variegata'：矮型，叶有黄条纹。

产地与分布

◇ 产地：原产于日本。

◇ 分布：中国青岛、庐山、南京、上海、杭州、武汉等地有栽培。

生态习性

◇ 光照：喜光树种。

◇ 温湿：有一定的抗寒能力，在庐山、青岛及华北等地均可露地过冬。

◇ 水土：喜生于肥沃深厚壤土上，不适于过湿及石灰质土壤，在土地板结，养分不足处生长极差，叶易发黄。

生物学特性

◇ 长速与寿命：生长缓慢，但 10 年生以上可略快，至 40 年生为生长最快期。

观赏特性

❖ 感官之美：树形整齐美观，叶色鲜艳。

园林应用

❖ 应用方式：为世界五大公园树之一，是名贵的观赏树种，又是著名的防火树，日本常于防火道旁列植为防火带。

杉木属 *Cunninghamia* R. Br.

本属隶属杉科 Taxodiaceae。常绿乔木，冬芽圆卵形，叶螺旋状互生，披针形或条状披针形，扁平，基部下延，边缘有锯齿。侧枝的叶扭转成二列状，叶上下两面均有气孔线。雌雄同株，单性，雄球花簇生枝顶，长圆锥状；雌球花单生或2～3簇生于枝顶，球形或卵形，苞鳞与珠鳞下部合生，互生，苞鳞大，珠鳞小而顶端3裂，每珠鳞有胚珠3。球果苞鳞革质，缘有不规则细锯齿；种鳞形比种子小，在苞鳞之腹面，端3裂，上部分离，每种鳞有种子3粒；种子扁平，两侧有狭翅；子叶2。球果当年成熟。

本属有2种，为中国特产。

分种检索表

A₁ 叶较长，长2～6cm，宽3～5mm；球果长2.5～5cm ⋯⋯⋯⋯⋯⋯⋯⋯⋯ 杉木 *C. lanceolata*

A₂ 叶较短，长1.5～2cm，宽1.5～2.5mm；球果长2～2.5cm ⋯⋯⋯⋯⋯ 台湾杉木 *C. konishii*

杉木 *Cunninghamia lanceolata*（Lamb.）Hook.（图6-10）

别名　沙木、沙树、刺杉

识别要点

❖ 树形：大乔木，高达30m，胸径2.5～3.0m。树冠幼年期为尖塔形，大树为广圆锥形。

❖ 枝干：树皮褐色，裂成长条片状脱落。

❖ 叶：叶披针形或条状披针形，常略弯而呈镰状，革质，坚硬，深绿而有光泽，长2～6cm，宽3～5mm，在相当粗的主枝、主干上亦常有反卷状枯叶宿存不落。

图6-10　杉木 *Cunninghamia lanceolata*

❖ 球果：卵圆至圆球形，长2.5～5cm，径2～4cm，熟时苞鳞革质，棕黄色。花期4月，球果10月下旬成熟。

❖ 种子：种子长卵或长圆形，扁平，长6～8mm，暗褐色，两侧有狭翅。子叶2。

种下变异

有以下品种。

'灰叶'杉木 'Glauca'：叶色比原种深，两面有明显的白粉，常混生于杉木林中。

'黄枝'杉木 'Lanceolata'：嫩枝及新叶黄绿色，有光泽，无白粉，叶片较尖梢硬，生长稍慢，抗旱性强。

'软叶'杉木 'Mollifolia'：叶薄而柔软，先端不尖。

产地与分布

❖ 产地：产于我国秦岭、淮河以南各省区丘陵及中低山地带。

◇ 分布：分布广，北自淮河以南，南至雷州半岛，东自江苏、浙江、福建沿海，西至青藏高原东南部河谷地区均有分布。

生态习性

◇ 光照：喜光树种。

◇ 温湿：喜温暖湿润气候，不耐寒，绝对最低气温以不低于-9℃为宜，但亦可抗-15℃低温。降水量以 1800mm 以上为佳，但在 600mm 以上处亦可生长，杉木的耐寒性大于其耐旱力，故对杉木生长和分布起限制作用的主要因素首先是水湿条件，其次才是温度条件。

◇ 水土：杉木喜肥嫌瘦，畏盐碱土，最喜深厚肥沃排水良好的酸性土壤（pH 4.5～6.5），但亦可在微碱性土壤上生长。

生物学特性

◇ 长速与寿命：速生树种，20 年生树高达 18m。寿命可达 500 年以上。

◇ 根系特性：根系强大，易生不定根；萌芽更新能力也很强，虽经火烧，也可重新生出强壮萌蘖。

观赏特性

◇ 感官之美：树干通直，树形美观，终年郁郁葱葱。

园林应用

◇ 应用方式：适于群植成林，可用于大型绿地中作为背景，也可列植，用于道路绿化；风景区内则可营造风景林。

柳杉属 *Cryptomeria* D. Don

本属隶属杉科 Taxodiaceae。常绿乔木，树皮红褐色，裂成长条片脱落；枝近轮生，平展或略斜伸，树冠尖塔形或卵形；冬芽小，叶螺旋状互生，两侧略扁，钻形，有气孔线，叶基下延，雌雄同株，单性；雄球花多数聚于枝梢，密集似短穗状花序，每球花单生叶腋，雄蕊各有花药 3～6；雌球花单生枝端，每珠鳞 2～5 胚珠，苞鳞与珠鳞合生，仅先端分离。球果近球形，种鳞木质，宿存，上部边缘有 3～7 裂齿，中部或中下部有三角状苞鳞；种子三角状椭圆形，略扁，边缘有窄翅；子叶 2～3。

本属共 2 种，产于中国及日本。

分种检索表

A₁ 叶端内曲；种鳞 20 左右，苞鳞尖头短，种鳞先端裂齿较短，每种鳞有种子 2 粒 … 柳杉 *C. fortunei*

A₂ 叶直伸，端多不内曲；种鳞 20～30，苞鳞尖头及种鳞先端之裂齿较长，每种鳞有种子 2～5 粒 …
…………………………………………………………………………………… 日本柳杉 *C. japonica*

柳杉 *Cryptomeria fortunei* Hooibrenk ex Otto et Dietr.（图 6-11）

别名 长叶柳杉、孔雀松、木沙椤树、长叶孔雀松

识别要点

◇ 树形：乔木，高达 40m，胸径达 2m，树冠塔圆锥形。

◇ 枝干：树皮赤棕色，纤维状裂成长条片剥落，大枝斜展或平展，小枝常下垂，绿色。

◇ 叶：叶长 1.0～1.5cm，幼树及萌芽枝之叶长达 2.4cm，钻形，微向内曲，先端内曲，四面有气孔线。

图 6-11 柳杉 *Cryptomeria fortunei*

◇ 球花：雄球花黄色，雌球花淡绿色。花期 4 月。

◇ 球果：球果熟时深褐色，径 1.5～2.0cm。种鳞约 20，苞鳞尖头与种鳞先端之裂齿均较短；每种鳞有种子 2。球果 10～11 月成熟。

◇ 种子：种子微扁，周围有窄翅。

产地与分布

◇ 产地：产于浙江天目山、福建南屏三千八百坎及江西庐山等处海拔 1100m 以下地带。

◇ 分布：浙江、江苏南部、安徽南部、四川、贵州、云南、湖南、湖北、广东、广西及河南郑州等地有栽培。

生态习性

◇ 光照：中等的喜光性树，略耐阴。

◇ 温湿：略耐寒，在河南郑州及山东泰安均可生长。在年平均温度为 14～19℃，1 月平均气温在 0℃ 以上的地区均可生长。喜空气湿度较高，怕夏季酷热。

◇ 水土：怕干旱，在降水量 1000mm 左右处生长良好。喜生长于深厚肥沃的砂质壤土，若在西晒强烈的黏土地则生长极差。喜排水良好。

◇ 空气：对二氧化硫、氯气、氟化氢均有一定抗性。

生物学特性

◇ 长速与寿命：生长速度中等，年平均可长高 50～100cm，一般 50 年生高约 18m，胸径约 35cm。寿命长达数百年。

◇ 根系特性：浅根性，尤其青年期以前，根群密集于 30cm 以内的表土层中，壮年期后根系才较深；其水平根的扩展长度比入土深度大十余倍。

观赏特性

◇ 感官之美：树形圆整而高大，树干粗壮，极为雄伟。

园林应用

◇ 应用方式：适于列植、对植，或于风景区内大面积群植成林。在庭院和公园中，可于前庭、花坛中孤植或草地中丛植。柳杉枝叶密集，性又耐阴，也是适宜的高篱材料，可供隐蔽和防风之用。此外，在江南，柳杉自古以来常用为墓道树。

◇ 注意事项：在积水处，根易腐烂。

侧柏属 *Platycladus* Spach

本属隶属柏科 Cupressaceae。仅 1 种，为中国特产。

侧柏 *Platycladus orientalis* (L.) Franco（图 6-12）

别名 扁松、扁柏、扁桧、黄柏、香柏

识别要点

◇ 树形：常绿乔木，高达 20m，胸径 1m。幼树树冠尖塔形，老树广圆形。

◇ 枝干：树皮薄，浅褐色，呈薄片状剥离；大枝斜出；小枝直展，扁平，无白粉。

◇ 叶：全为鳞片状。

◇ 球花：雌雄同株，单性，球花单生小枝
顶端；雄球花有6对雄蕊，每雄蕊有花药
2～4；雌球花有4对珠鳞，中间的2对珠鳞
各有1～2胚珠。花期3～4月。

◇ 球果：球果卵形，长1.5～2.5cm，熟前绿色，
肉质，种鳞顶端反曲尖头，成熟后变木质，
开裂，红褐色。球果10～11月成熟。

◇ 种子：种子长卵形，无翅或几无翅；子叶2。

种下变异

品种很多，在国内外较多应用的有以下几种。

'千头'柏'Sieboldii'：丛生灌木，无明显主干，
高3～5m，枝密生，树冠呈紧密卵圆形或球形。叶鲜
绿色。球果略长圆形；种鳞有锐尖头，被极多白粉。
是一稳定品种，播种繁殖时遗传特点稳定。在中国及
日本等地久经栽培，长江流域及华北南部多栽作绿篱
或园景树及用于造林。

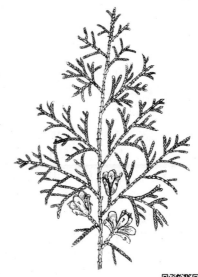

图6-12　侧柏
Platycladus orientalis

　　'金塔'柏'Beverleyensis'：树冠塔形，叶金黄色。南京、杭州等地有栽培，北京有
引种，可在背风向阳处露地过冬。

　　'洒金'千头柏'Aurea Nana'：矮生密丛，圆形至卵圆，高1.5m。叶淡黄绿色，入
冬略转褐绿色。杭州等地有栽培。

　　'北京'侧柏'Pekinensis'：乔木，高15～18m，枝较长，略开展；小枝纤细。
叶甚小，两边的叶彼此重叠。球果圆形，径约1cm，通常仅有种鳞8枚，是一个优美
品种。

　　'金叶'千头柏'Semperaurea'：矮型紧密灌木，树冠近于球形，高达3m。叶全年呈
金黄色。

　　'窄冠'侧柏'Zhaiguancebai'：树冠窄，枝向上伸展或略上伸展。叶光绿色，生长
旺盛。江苏徐州有栽培。

产地与分布

◇ 产地：原产于华北、东北。

◇ 分布：全国各地均有栽培，北自吉林经华北，南至广东北部、广西北部，东自沿
海，西至四川、云南。朝鲜亦有分布。

生态习性

◇ 光照：喜光，但有一定耐阴力。

◇ 温湿：喜温暖湿润气候，较耐寒，在沈阳以南生长良好，能耐-25℃低温，在哈
尔滨市仅能在背风向阳地点行露地保护过冬。

◇ 水土：耐多湿，耐旱。在年降水量为1638.8mm的广州及年降水量仅为300mm
左右的内蒙古均能生长。喜排水良好而湿润的深厚土壤，但对土壤要求不严格，
无论酸性土、中性土或碱性土上均能生长，在土壤瘠薄处和干燥的山岩石路旁亦
可生长。抗盐性很强，可在含盐0.2%的土壤上生长。

◇ 空气：抗污染，对二氧化硫、氯气、氯化氢等有毒气体和粉尘抗性较强。

生物学特性

◇ 长速与寿命：生长速度中等而偏慢，但幼青年期生长较快，至成年期以后生长缓慢，20 年生高达 6～7m。寿命极长，可达 2000 年以上。

◇ 根系特性：根系发达，主根深而侧根多。

观赏特性

◇ 感官之美：树姿优美，耸干参差，恍若翠旌，枝叶低垂，宛如碧盖，每当微风吹动，大有层云浮动之态。

◇ 文化意蕴：在我国常松柏并称，为人们所称颂，是顽强生命力的象征。易于营造肃穆清幽的气氛。

园林应用

◇ 应用方式：园林中应用广泛，已有 2000 余年的栽培历史，自古以来即栽植于寺庙、陵墓和庭院中。在庭院和城市公共绿地中，孤植、丛植和列植均可。也可作绿篱，是北方重要的绿篱树种之一。

扁柏属 *Chamaecyparis* Spach

本属隶属柏科 Cupressaceae。常绿乔木，树皮鳞片状，或有深沟槽；生鳞叶的小枝扁平状，互生，排成一平面。叶对生，鳞片状，背面常有白粉。雌雄同株，球花单生枝顶；雄球花有雄蕊 3～4 对，每雄蕊有花药 3～5；雌球花有 3～6 对珠鳞，每珠鳞 1～5 胚珠。球果当年成熟，球形或椭圆形；种鳞盾形，3～6 对，背部有苞鳞的小尖头，每种鳞多有 2～3 粒种子，或 1～5 粒种子；种子小而扁，两侧有翅；子叶 2。

共 5 种 1 变种，分布于北美、日本及中国台湾地区；中国有 1 种及 1 变种，并引入栽培 4 种。

分种检索表

A₁ 小枝下面鳞叶有显著白粉。

  B₁ 鳞叶先端锐尖。

    C₁ 球果圆球形，径约 6mm ·· 日本花柏 *C. pisifera*

    C₂ 球果长圆或长圆状卵形，长 10～12mm，径 6～9mm ················· 红桧 *C. formosensis*

  B₂ 鳞叶先端钝，肥厚；球果径 8～10mm ···························· 日本扁柏 *C. obtusa*

A₂ 小枝下面鳞叶无或少白粉；鳞叶先端钝尖或略钝，小枝下面之叶略有白粉；雄球花深红色；球果径约 8mm，发育种鳞具种子 2～4 粒 ···························· 美国扁柏 *C. lawsoniana*

日本花柏 *Chamaecyparis pisifera*（Sieb. et Zucc.）Endl.（图 6-13）

别名　花柏

识别要点

◇ 树形：常绿乔木，在原产地高达 50m，胸径 1m；树冠圆锥形。

◇ 枝干：小枝片平展而略下垂。

◇ 叶：叶表暗绿色，下面有白色线纹，鳞叶端锐尖，略开展，侧面之前较中间之叶稍长。

◇ 球果：圆球形，径约 6mm。

◇ 种子：种子三角状卵形，两侧有宽翅。

种下变异

品种颇多，国外栽培在 60 个以上，中国习见者有。

'线柏''Filifera'：常绿灌木或小乔木，小枝细长而下垂，华北多盆栽观赏，江南有露地栽培者。

'绒柏''Squarrosa'：树冠塔形，大枝近平展，小枝不规则着生，非扁平，而呈苔状；小乔木，高 5m。叶条状刺形，柔软，长 6～8mm，下面有 2 条白色气孔线。

'凤尾'柏'Plumosa'：又称'羽叶'花柏。小乔木，高 5m；小枝羽状。鳞叶较细长，开展，稍呈刺状，但质软，长 3～4mm，也偶有呈花柏状枝叶的。枝叶浓密，树姿、叶形俱美。

'银斑凤尾'柏'Plumosa Argentea'：枝端的叶雪白色，余似'凤尾'柏，杭州等地有栽培。

图 6-13　日本花柏 Chamaecyparis pisifera

'金斑凤尾'柏'Plumosa Aurea'：幼枝新叶金黄色，余似'凤尾'柏。

'黄金花'柏'Aorea'：树冠尖塔形；鳞叶金黄色，但株里内膛处叶绿色。

'矮金彩'柏'Nana Aureovariegata'：极矮，平顶而密生灌木，高仅达 50cm，小枝扇形，顶向下弯；叶有金黄条斑，全叶亦带金黄光彩。栽培中性状稳定，系最矮小的松柏类之一。

'金晶线'柏'Golden Spangle'：树冠尖塔形，紧密，高约 5m；小枝短而弯曲，略呈线状；叶金黄色。

'金线'柏'Filifera Aurea'：似'线柏'，但具金黄色叶，且生长更慢。杭州等地有栽培。

'卡'柏'Squarrosa Intermedia'：幼树平头圆球形；叶全呈幼年性状，如'绒柏'，而 3 叶轮生密着，有白粉。幼株矮生而美观。老株灌丛状，高达 2m；具中央领导枝，有过渡中间型'凤尾'柏状叶；枝下部叶呈幼年状，如上所述。杭州等地有引种栽培。

产地与分布

◇ 产地：原产于日本。

◇ 分布：中国东部、中部及西南地区城市园林中有栽培。

生态习性

◇ 光照：对阳光的要求属中性而略耐阴。

◇ 温湿：喜温凉湿润气候。

◇ 水土：喜湿润土壤，不喜干燥土地。

生物学特性

◇ 长速与寿命：生长速度较快，速生期每年可生长 1m 以上。

◇ 根系特性：浅根性。

观赏特性

◇ 感官之美：枝叶纤细优美，特别是许多品种具有独特的姿态，观赏价值很高。

园林应用

❖ 应用方式：在园林中可行独植、丛植或作绿篱用。日本庭园中常见应用。

柏木属 *Cupressus* L.

本属隶属柏科 Cupressaceae。常绿乔木，稀灌木；生鳞叶的小枝四棱形或圆柱形，不排成一平面，稀扁平而排成一平面。鳞叶交互对生，仅幼苗或萌枝上的叶为刺形。雌雄同株，球花单生枝顶。球果圆球形，翌年成熟；种鳞 4～8 对。木质，盾形，熟时开裂，发育种鳞有 5 至多数种子；种子扁，有棱角。两侧具窄翅。子叶 2～5。

约 20 种，分布于亚洲、北美洲、欧洲东南部和非洲北部。我国 5 种，引入栽培 4 种。

分种检索表

A₁ 生鳞叶的小枝扁平而排成平面、下垂，鳞叶先端锐尖；球果径 0.8～1.2cm········ 柏木 *C. funebris*

A₂ 生鳞叶的小枝不排成平面、不下垂，鳞叶先端钝或稍尖；球果大，径 1.5～3cm ····················
·· 干香柏 *C. duclouxiana*

柏木 *Cupressus funebris* Endl.（图 6-14）

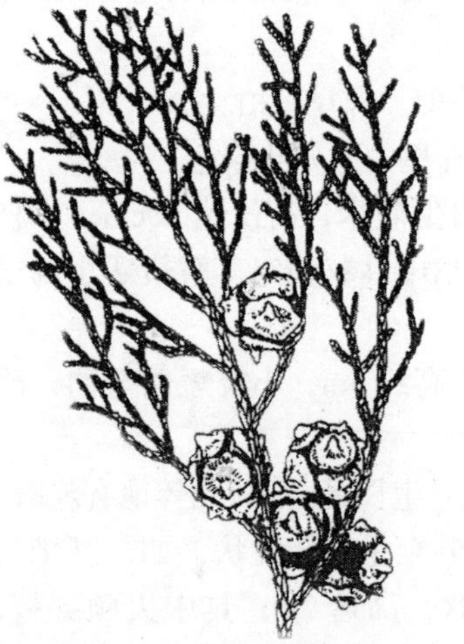

别名　垂丝柏

识别要点

图 6-14 柏木 *Cupressus funebris*

❖ 树形：常绿乔木，高达 35m，胸径 2m，树冠圆锥形。

❖ 枝干：树皮淡灰褐色，裂成长条片状剥落。小枝细长下垂，生鳞叶的小枝扁平而排成一个平面，两面绿色，较老的小枝圆柱形。

❖ 叶：鳞叶长 1～1.5mm，先端锐尖，中生鳞叶背面有条状腺体。

❖ 球花：雄球花长 2.5～3mm，雄蕊 6 对；雌球花长 3～6mm。花期 3～5 月。

❖ 球果：球果圆球形，径 0.8～1.2cm；种鳞 4 对，盾形，木质，能育种鳞有种子 5～6 枚。球果次年 5～6 月成熟。

❖ 种子：种子两侧有狭翅；子叶 2 枚。

产地与分布

❖ 产地：我国特有树种。

❖ 分布：分布很广，浙江、江西、四川、湖北、贵州、湖南、福建、云南、广东、广西、甘肃南部、陕西南部等地均有生长。

生态习性

❖ 光照：喜光树种，能略耐侧方荫蔽。

❖ 温湿：喜暖热湿润气候，不耐寒，是亚热带地区具有代表性的针叶树种，分布区内年均温为 13～19℃。

❖ 水土：分布区内年降水量在 1000mm 以上。对土壤适应力强，以在石灰质土上生长最好，也能在微酸性土上生长良好。耐干旱瘠薄，又略耐水湿。在南方自然界的各种石灰质土及钙质紫色土上常成纯林，所以是亚热带针叶树中的钙质土指示植物。

生物学特性

◇ 长速与寿命：生长较快，20 年生高达 12m，干径 16cm。寿命长，可达千年。

◇ 根系特性：根系较浅，但侧根十分发达，能沿岩缝伸展。

观赏特性

◇ 感官之美：树冠整齐，小枝细长下垂、姿态潇洒宜人。

◇ 文化意蕴：易营造庄严肃穆的气氛。

园林应用

◇ 应用方式：在庭园中应用，适于孤植或丛植，尤其在古建筑周围，可与建筑风格协调，相得益彰。旧时常植于陵墓，宜群植成林以形成柏木森森的景色，或沿道路列植形成甬道。

◇ 注意事项：柏木树冠较窄，又有耐侧方荫庇的习性，故定植距离可较近。在 30 年生的柏木林中其树冠约为 2m，而 30 年生的孤立树冠宽不足 4m。

圆柏属 *Sabina* Mill.

本属隶属柏科 Cupressaceae。常绿乔木或灌木，冬芽不显著。叶二型，鳞形或刺状，或全为刺形，鳞形叶交互对生，刺状叶 3 枚轮生，叶基下延生长。雌雄异株或同株，球花单生短枝顶端；雄球花有对生之雄蕊 4~8 对；雌球花有珠鳞 4~8，每珠鳞有胚珠 1~6。球果常次年成熟，罕第 3 年成熟；种鳞合生，肉质，苞鳞与种鳞合生，仅苞鳞尖端分离，肉质，果熟时不开裂，内含 1~6 种子；种子无翅；子叶 2~6。

约 50 种；中国约产 17 种，3 变种，引入栽培 2 种。

分种检索表

A_1　叶全为鳞叶，或鳞叶、刺叶并存，或仅幼树全为刺叶。乔木或匍匐灌木。

　B_1　球果卵形或近球形；刺叶 3 叶轮生或交互对生，鳞叶背面腺体位于中部以下；乔木。

　　C_1　鳞叶先端钝，刺叶 3 枚轮生，等长；球果翌年成熟，种子 2~4 ……………圆柏 *S. chinensis*

　　C_2　鳞叶先端尖，刺叶对生，不等长；球果当年成熟。种子 1~2 ……… 北美圆柏 *S. virginiana*

　B_2　球果倒三角状或叉状球形；壮龄树几全为鳞叶，背面腺体位于中部；幼树多刺叶……………
　　…………………………………………………………………………………………叉子圆柏 *S. vulgaris*

A_2　叶全为刺叶，匍匐灌木 ………………………………………………………铺地柏 *S. procumbens*

圆柏 *Sabina chinensis* (L.) Ant.（图 6-15）

别名　桧柏

识别要点

◇ 树形：乔木，高达 20m，胸径达 3.5m；树冠尖塔形或圆锥形，老树则成广卵形、球形或钟形。

◇ 枝干：树皮灰褐色，呈浅纵条剥离，有时呈扭转状。老枝常扭曲状；小枝直立或斜生，亦有略下垂的。

◇ 叶：叶有两种，鳞叶交互对生，多见于老树或老枝上；刺叶常 3 枚轮生，长 0.6~1.2cm，叶上面微凹；有 2 条白色气孔带。

图 6-15　圆柏
Sabina chinensis

◇ 球花：雌雄异株，极少同株；雄球花黄色，有雄蕊 5～7 对，对生；雌球花有珠鳞 6～8，对生或轮生。花期 4 月下旬。

◇ 球果：球果球形，径 6～8mm，熟时暗褐色，被白粉，果有 1～4 粒种子。球果多次年 10～11 月成熟。

◇ 种子：卵圆形。子叶 2。

种下变异

野生变种、变型有以下两种。

偃柏 var. *sargentii*（Henry）Cheng et L. K. Fu：本变种与圆柏主要区别在于系匍匐灌木，小枝上伸成密丛状，树高 0.6～0.8m，冠幅 2.5～3.0m，老树多鳞叶，幼树之叶常针刺状，刺叶通常交叉对生，长 3～6mm，排列较紧密，略斜展。球果带蓝色，有白粉，种子 3 粒。耐寒性甚强，亦耐瘠土，可生于高山及海岸岩石缝中，有固沙、保土之效，可栽供岩石园及盆景观赏，又为良好的地被植物。

垂枝圆柏 f. *pendula*（Franch.）Cheng et W. T. Wang：枝长，小枝下垂。原产陕南及甘肃东南部，北京等地有栽培。

栽培品种有以下几种。

'金叶'桧 'Aurea'：直立窄圆锥形灌木，高 3～5m，枝上伸；小枝具刺叶及鳞叶，刺叶具窄而不显的灰蓝色气孔带，中脉及边缘黄绿色，鳞叶金黄色。

'金球'桧 'Aureoglobosa'：又称'金枝球'柏，丛生灌木，树冠近球形；多为鳞叶，小枝顶端初叶呈金黄色，上海、杭州、南京、北京等地有栽培。

'球柏''Globosa'：丛生灌木，近球形，枝密生；全为鳞叶，间有刺叶。

'龙柏' 'Kaizuca'：树形呈圆柱状，小枝略扭曲上伸，小枝密，在枝端成几个等长的密簇状，全为鳞叶，密生，幼叶淡黄绿，后呈翠绿色；球果蓝黑，略有白粉。华北南部及华东各城市常见栽培。

'金龙'柏 'Kaizuca Aurea'：叶全为鳞叶，枝端之叶为金黄色。华东一带城市园林中常有栽培。

'匍地龙'柏 'Kaizuca Procumbens'：无直立主干，植株就地平展。

'鹿角'桧 'Pfitzeriana'：丛生灌木，干枝自地面向四周斜展、上伸，风姿优美，适于自然式园林配植等用。

'羽桧''Plumosa'：矮生雄株，广阔灌木，树高 1.0～1.5m，主枝常偏于一侧，枝散展；小枝向前伸，枝丛密生，羽状；叶鳞状，密着，暗绿色，在树膛内夹有若干反映幼龄性状的刺叶。

'塔柏''Pyramidalis'：树冠圆柱形，枝向上直伸，密生；叶几全为刺形。华北及长江流域有栽培。

产地与分布

◇ 产地：原产于中国东北南部及华北等地。朝鲜、日本也产。

❖ 分布：我国北自内蒙古及沈阳以南，南至两广北部，东自滨海省份，西至四川、云南均有分布。

生态习性

❖ 光照：喜光，但耐阴性很强。

❖ 温湿：耐寒、耐热。

❖ 水土：对土壤要求不严，能生于酸性、中性及石灰质土壤上，对土壤的干旱及潮湿均有一定的抗性。但以在中性、深厚而排水良好处生长最佳。

❖ 空气：对多种有害气体有一定抗性，是针叶树中对氯气和氟化氢抗性较强的树种。对二氧化硫的抗性显著胜过油松。能吸收一定数量的硫和汞，阻尘和隔音效果良好。

生物学特性

❖ 长速与寿命：生长速度中等而较侧柏略慢，3 年生高约 60cm；25 年生高达 8m。寿命极长，各地可见千百余年的古树。

❖ 根系特性：深根性，侧根也很发达。

观赏特性

❖ 感官之美：树形优美，青年期呈整齐之圆锥形，老树则干枝扭曲，奇姿百态。

❖ 文化意蕴：同于侧柏。

园林应用

❖ 应用方式：著名的园林绿化树种，早在秦汉时期就已栽培观赏。与侧柏相似，圆柏也常植于庙宇、墓地等处，各地常见古树。在公园、庭院中应用也极为普遍，列植、丛植、群植均适。性耐修剪而且耐阴，作绿篱也比侧柏优良，其下枝不易枯死。还是著名的盆景材料。圆柏种下变异繁多，观赏特性各异，在造景中的应用方式也各不相同。'龙柏'适于建筑旁或道路两旁列植、对植，也可作花坛的中心树；偃柏、'匍地龙'柏、'鹿角'桧适于悬崖、池边、石隙、台坡栽植，或于草坪上成片种植；'球柏'适于规则式配植，尤其适于花坛、雕塑、台坡边缘等地环植或列植；'金叶'桧、'金龙'柏等彩叶品种株形紧密，绿叶丛中点缀着金黄色的枝梢，素雅美观，可修剪成球形或动物形状，宜对植、丛植或列植，也可形成彩色绿篱。

❖ 注意事项：圆柏梨锈病、圆柏苹果锈病、圆柏石楠锈病等病害以圆柏为越冬寄主，虽对圆柏危害不大，但对梨树 *Pyrus*、海棠 *Malus*、石楠 *Photinia* 等危害很大。因此，应避免将圆柏与以上树种配植在一起。

刺柏属 *Juniperus* L.

本属隶属柏科 Cupressaceae。常绿乔木或灌木；小枝近圆柱状或四棱状；冬芽显著。叶全为刺形，三叶轮生，基部有关节而不下延生长，披针形或近条形，上面平或凹下，有 1~2 条气孔带，下面隆起而具纵脊。雌雄同株或异株，球花单生叶腋；雄蕊约 5 对；雌球花有轮生珠鳞 3，胚珠 3，生珠鳞间。球果浆果状，近球形，2 或 3 年成熟；种子常 3，卵形而具棱脊，无翅。

约 10 种，分布于北温带及北寒带；中国产 3 种，另引入栽培 1 种。

分种检索表

A$_1$ 叶上面微凹，两侧各有 1 条较绿色边缘宽的白色气孔带。在先端汇合 ········ 刺柏 *J. formosana*

A$_2$ 叶上面深凹成槽，槽内有 1 条窄的白粉带 ························· 杜松 *J. rigida*

杜松 *Juniperus rigida* Sieb. et Zucc.（图 6-16）

识别要点

❖ 树形：常绿乔木，高达 12m，胸径 1.3m；树冠圆柱形，老则圆头状。

❖ 枝干：大枝直立，小枝下垂。

❖ 叶：叶全为条状刺形，坚硬，长 1.2～1.7cm，上面有深槽，内有一条狭窄的白色气孔带，叶下有明显纵脊，无腺体。

❖ 球花：单生叶腋。花期 5 月。

❖ 球果：球形，径 6～8mm，2 年成熟，熟时淡褐黑或蓝黑色，每果内有 2～4 粒种子。次年 10 月成熟。

产地与分布

❖ 产地：产于黑龙江、吉林、辽宁海拔 500m 以下之低山区及内蒙古乌拉山的海拔 1400m 地带，以及河北小五台山、华山、山西北部及西北地区海拔 1400～2200m 的高山。在日本产于本州中部以南及四国、九州；朝鲜亦产。

图 6-16　杜松 *Juniperus rigida*

❖ 分布：我国东北、华北、西北等地有栽培。

生态习性

❖ 光照：为强喜光树种，有一定的耐阴性。

❖ 温湿：性喜冷凉气候，比圆柏的耐寒性要强得多。

❖ 水土：对土壤要求不严，能生于酸性土以至海边在干燥的岩缝间或砂砾地均可生长，但以适当湿润的砂质壤土最佳。

❖ 空气：对海潮风有相当强的抗性。

生物学特性

❖ 长速与寿命：生长较慢。

❖ 根系特性：主根长而侧根发达。

观赏特性

❖ 感官之美：树冠塔形或圆柱形，姿态优美。

园林应用

❖ 应用方式：适于庭园和公园中对植、列植、孤植、群植，也是良好的海岸庭园树种之一。

❖ 注意事项：本种为梨锈病之中间宿主，应避免在果园附近种植。

罗汉松属 *Podocarpus* L. Her. ex Persoon

本属隶属罗汉松科 Podocarpaceae。常绿乔木，罕灌木。叶互生或对生，条形至卵形，很少为鳞片状。雌雄异株，罕同株；雄球花柔荑状，单生或簇生叶腋；雌球花多1～2生于叶腋，亦有少数生于短小枝顶端，有柄。种子球形或卵形，完全为肉质外种皮所包，着生于肉质或非肉质的种托上；种子当年成熟。

共约100种，主要分布于南半球的热带、亚热带地区；中国有13种3变种。

分种检索表

A₁ 种子腋生，有梗；种托肥厚或不发育；叶大，同形，不为鳞形、锥形或锥状条形。

  B₁ 叶条形，螺旋状着生；种托肥厚··罗汉松 *P. macrophyllus*

  B₂ 叶长卵形、卵状披针形或披针状椭圆形，对生或近对生；种托不发育··············竹柏 *P. nagi*

A₂ 种子顶生，无梗；种托稍肥厚肉质；叶小，鳞形、锥形或锥状条形 ········ 鸡毛松 *P. imbricatus*

罗汉松 *Podocarpus macrophyllus* (Thunb.) D. Don（图6-17）

别名　罗汉杉、土杉

识别要点

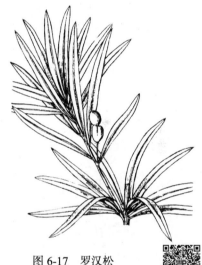

图6-17　罗汉松
Podocarpus macrophyllus

◇ 树形：乔木，高达20m，胸径达60cm；树冠广卵形。

◇ 枝干：树皮灰色，浅裂，呈薄鳞片状脱落。枝较短而横斜密生。

◇ 叶：叶条状披针形，长7～12cm，宽7～10mm，叶端尖，两面中脉显著而缺侧脉，叶表暗绿色，有光泽，叶背淡绿或粉绿色，叶螺旋状互生。

◇ 球花：雄球花3～5簇生叶腋，圆柱形，3～5cm；雌球花单生于叶腋。花期4～5月。

◇ 种子：种子卵形、长约1cm，未熟时绿色，熟时紫色，外被白粉，着生于膨大的种托上；种托肉质，椭圆形，初时为深红色，后变紫色，有柄。子叶2。种子8～11月成熟。

种下变异

狭叶罗汉松 var. *angustifolius* Bl.：叶长5～9cm，宽3～6mm，叶端渐狭成长尖头，叶基楔形。产于四川、贵州、江西等地，广东、江苏有栽培。日本亦有分布。

短叶罗汉松 var. *maki* Endl.：小乔木或灌木，枝直上着生。叶密生，长2～7cm，较窄，两端略钝圆。原产于日本；在中国江南各地园林中常有栽培；朝鲜、日本、印度亦多栽培。

'短小叶'罗汉松'Condensatus'：叶特短小。江苏、浙江有栽培。

产地与分布

◇ 产地：产于江苏、浙江、福建、安徽、江西、湖南、四川、云南、贵州、广西、广东等地。

◇ 分布：我国在长江以南各地均有栽培。日本亦有分布。

生态习性

◇ 光照：较耐阴，为半耐阴树种。

◇ 温湿：耐寒性较弱，在华北只能盆栽。

◇ 水土：喜排水良好而湿润的砂质壤土。

◇ 空气：耐潮风，在海边也能生长良好。对多种有毒气体抗性较强。

生物学特性

◇ 长速与寿命：生长速度较慢，寿命长。

观赏特性

◇ 感官之美：树形优美，绿色的种子下有比其大10倍的红色种托，好似许多披着红色袈裟正在打坐参禅的罗汉，故得名。满树上紫红点点，颇富奇趣。

园林应用

◇ 应用方式：宜孤植作庭荫树，或对植、散植于厅、堂之前。因耐修剪及海岸环境，故特别适宜于海岸边植作美化及防风高篱、工厂绿化等用。短叶罗汉松因叶小枝密，宜作盆栽或一般绿篱用。

竹柏 *Podocarpus nagi* (Thunb.) Zoll. et Mor. ex Zoll. （图6-18）

别名 大叶沙木、猪油木

图6-18 竹柏 *Podocarpus nagi*

识别要点

◇ 树形：常绿乔木，高20m；树冠圆锥形。

◇ 叶：叶对生，革质，形状与大小很似竹叶，故名，叶长3.5～9cm，宽1.5～2.5cm，平行脉20～30，无明显中脉。表面深绿色，有光泽，背面黄绿色。

◇ 球花：雄球花常呈分枝状。花期3～5月。

◇ 种子：种子球形，径1.4cm，子叶2枚。种子10月成熟，熟时紫黑色，外被白粉；种托不膨大，木质。

产地与分布

◇ 产地：产我国中亚热带以南，生于海拔200～1200m常绿阔叶林中及灌丛、溪边。日本也有。

◇ 分布：浙江、福建、江西、四川、广东、广西、湖南等地有分布。

生态习性

◇ 光照：耐阴性树种，在广西曾见生于阴坡的竹柏比生于阳坡的生长速度快数倍。

◇ 温湿：喜温热湿润气候，分布于年平均气温18～26℃，极端最低气温达−7℃，但1月平均气温在6～20℃，年降水量在1200～1800mm的地区。在上海、杭州等地可安全越冬。

◇ 水土：对土壤要求较严，在排水好而湿润富含腐殖质的深厚呈酸性的砂壤或轻黏壤上生长良好，但在土层浅薄、干旱贫瘠的土地上则生长极差，而在石灰质地区则不见分布。

生物学特性

◇ 长速与寿命：幼苗初期生长较慢，4～5年后逐渐变快，一般10年生可高约5m，胸径8～10cm。

◇ 花果特性：10年生左右可开始开花结实。

观赏特性

◇ 感官之美：树干修直，树皮平滑，树冠阔圆锥形，枝条开展，树形美观。枝叶青翠而有光泽，叶茂荫浓。

园林应用

◇ 应用方式：南方良好的庭荫树和园林中的行道树，亦是城乡"四旁"绿化用的优秀树种。宜丛植、群植，也适于建筑前列植。也常植为墓地树。

红豆杉属 *Taxus* L.

本属隶属红豆杉科 Taxaceae。常绿乔木或灌木。树皮红色或红褐色，呈长片状或鳞片状剥落。多枝，侧枝不规则互生。冬芽具有覆瓦状鳞片。叶互生或基部扭转排成假二列状，条形，直或略弯；叶上面中脉隆起，下面有2条灰绿或淡黄、淡灰色气孔带。雌雄异株，球花单生叶腋；雄球花有盾状雄蕊6～14，每雄蕊有花药4～9；雌球花由数枚覆瓦状鳞片组成，最上部有一盘状珠托，着生1胚珠。种子坚核果状，卵形或倒卵形，略有棱，内有胚乳，外种皮坚硬，外为红色肉质杯状假种皮所包被，有短梗，或几无梗；子叶2。

约11种，分布于北半球，中国产4种1变种。

分种检索表

A₁　叶通常直形，较密着生，呈不规则两列状排列，长1.0～2.5cm，宽2.5～3.0mm；种子有3～4棱脊，种脐三角形或四方形 ……………………………………… 东北红豆杉 *T. cuspidata*

A₂　叶通常镰形，较稀疏，呈两列状排列；种子微有2棱脊，呈稍扁的倒卵形，种脐椭圆形或近圆形

…………………………………………………………………………红豆杉 *T. chinensis*

东北红豆杉 *Taxus cuspidata* L.（图6-19）

别名　紫杉

识别要点

◇ 树形：乔木，高达20m，胸径达1m，树冠阔卵形或倒卵形，雄株树冠较狭而雌株则较开展。

◇ 枝干：树皮赤褐色，呈片状剥裂；大枝近水平伸展，侧枝密生，无毛。芽小而长尖，呈浅绿或褐色，芽鳞较狭，先端锐尖，宿存于小枝基部。

◇ 叶：叶条形，直或微弯，长1.0～2.5cm，宽2.5～3.0mm，先端常突尖，上面深绿色，有光泽，下面有两条灰绿色气孔带；主枝上的叶呈螺旋状排列，侧枝上者呈不规则而断面近于V形的羽状排列。

◇ 球花：雄蕊6～14集成头状，各具5～8淡黄色花药；雌花胚珠淡红色，卵形。花期5～6月。

◇ 种子：种子坚果状，卵形或三角状卵形，微扁，有3～4纵棱脊，长约6mm，赤褐色，假种皮浓红色，杯形。9月成熟，11月脱落。

图 6-19　东北红豆杉 *Taxus cuspidata*

种下变异

'矮丛'紫杉'Nana'：半球状密丛灌木，15 年生树高 1.6m，冠幅 2.0～2.5m。耐寒，耐阴。大连、北京等地有栽培。

'微型'紫杉'Minima'：高在 15cm 以下。

产地与分布

❖ 产地：产于吉林及辽宁东部长白山区林中。俄罗斯东部，朝鲜北部及日本北部亦有。

❖ 分布：我国高纬度地区园林绿化的良好材料。但现在应用者很少，今后可扩大繁殖推广。

生态习性

❖ 光照：耐阴树种。

❖ 温湿：性耐寒冷，在空气湿度较高处生长良好。在自然界，见于海拔 500～1000m 地带。

❖ 水土：喜生于富含有机质的潮润土壤中。

生物学特性

❖ 长速与寿命：生长迟缓，寿命极长，可达千年。

❖ 根系特性：浅根性，侧根发达。

观赏特性

❖ 感官之美：树形端庄。枝叶茂密，树冠阔卵形或倒卵形。雄株较狭而雌株较开展，枝叶浓密而色泽苍翠。

园林应用

❖ 应用方式：园林中可孤植、丛植和群植，或用于岩石园、高山植物园。性耐阴，适于用作树丛之下木。又可植为绿篱用，也适合于整剪为各种雕塑物式样。至于'矮丛'紫杉等品种，更宜于作高山园、岩石园材料或盆栽装饰用。

❖ 注意事项：本种生长迟缓。

榧树属　*Torreya* Arn.

本属隶属红豆杉科 Taxaceae。常绿乔木。树皮纵裂。枝轮生，小枝近对生，基部无宿存芽鳞。冬芽有数枚交互对生的脱落性鳞片。叶螺旋状着生，但扭为二列状，条状披针形；上面中脉不显著，下面有 2 条狭窄灰白或棕褐色气孔带。雌雄异株，罕同株；雄球花单生叶腋，椭圆形或长圆形，有短柄，基部有重叠的多数苞片，雄蕊排成 4～8 轮，每轮 4 枚，每雄蕊有花药 3 或 4；雌球花无柄，成对着生于叶腋，基部有交互对生的苞片两对及外侧有 1 小苞片共 5 枚，通常两花中仅有 1 个发育，每一雌球花有 1 胚珠，直生于鳞被上，授粉后鳞被长大而包被胚珠。种子核果状，卵形或长椭圆形，全为肉质假种皮所包被，种皮木质；胚乳皱凹状，胚存于胚乳上部，有子叶 2。

共 7 种，日本 1 种，北美 2 种；中国产 4 种。

分种检索表

A₁　叶端有凸出的刺状短尖头，叶基部圆或微圆，叶长 1.1～2.5cm，干后叶表面有 2 条明显纵凹槽；

2～3 年枝暗绿黄色或灰褐色，很少微带紫色 ·················· 榧树 *T. grandis*

A₂ 叶端有较长的刺状尖头，叶基微圆或楔形，叶长 2～3cm，干后叶表无纵凹槽；2～3 年枝渐变为淡红褐色或微带紫色 ·················· 日本榧树 *T. nucifera*

榧树 *Torreya grandis* Fort. et Lindl.（图 6-20）

别名　榧、野杉、玉榧

识别要点

✧ 树形：乔木，高达 25m，胸径 1m；树冠广卵形。

✧ 枝干：树皮黄灰色纵裂。大枝轮生，一年生小枝绿色，对生，次年变为黄绿色。

✧ 叶：叶条形，直而不弯，长 1.1～2.5cm，宽 2.5～3.5mm，先端凸尖，上面绿色而有光泽，中脉不明显，下面有 2 条黄白色气孔带。

✧ 球花：雄球花生于上年生枝之叶腋，雌球花群生于上年生短枝顶部，白色。4～5 月开放。

图 6-20　榧树
Torreya grandis

✧ 种子：种子长圆形，卵形或倒卵形，长 2.0～4.5cm，径 1.5～2.5cm，成熟时假种皮淡紫褐色，胚乳微皱；种子次年 10 月左右成熟。

种下变异

'香榧''Merrillii'：嫁接树高达 20m。叶深绿色，质较软；种子长圆状倒卵形，长 2.7～3.2cm，产浙江诸暨等地。

产地与分布

✧ 产地：中国特有树种。

✧ 分布：分布于长江流域和东南沿海地区，以浙江诸暨栽培最多。

生态习性

✧ 光照：耐阴树种。

✧ 温湿：喜温暖湿润气候，不耐寒。

✧ 水土：喜生于酸性而肥沃深厚土壤，较能耐湿黏土壤。

✧ 空气：在针叶树种中本属树木对烟害的抗性较强。

生物学特性

✧ 长速与寿命：生长慢，寿命长，可达 500 年。

✧ 花果特性：实生树 8～9 年始结实，但盛果期长，百龄老树仍能丰产。由于榧实第 2～3 年才能成熟，所以一树上可见 3 代种实。

观赏特性

✧ 感官之美：树冠整齐，枝叶繁密，可长期保持树冠外形。

园林应用

✧ 应用方式：适于庭园造景，可供门庭、前庭、中庭、门口孤植或对植，也适于草坪、山坡、路旁丛植。品种'香榧'为我国特有的著名干果树种和观赏树种，栽培历史悠久，风景区内可结合生产，成片种植，同时也可作为秋色叶树种和早春花木的背景。

1.2　常绿阔叶乔木

木兰属　*Magnolia* L.

本属隶属木兰科 Magnoliaceae。乔木或灌木，落叶或常绿。单叶互生，全缘，稀叶端 2 裂；托叶与叶柄相连并包裹嫩芽，脱落后在枝上留下环状托叶痕。花两性，常大而美丽，单生枝顶，萼片 3，常花瓣状，花瓣 6～12，雄蕊、雌蕊均多数，螺旋状着生于伸长之花托上。蓇葖果聚合成球果状，各具 1～2 粒种子。种子有红色假种皮，成熟时悬挂于丝状种柄上。

本属约有 90 种；中国约 31 种。花大而美丽，芳香，多数为观赏树种。

分种检索表

A_1　常绿乔木，小枝、叶下面、叶柄密被褐色短绒毛；叶厚革质，长 10～20cm ……………………………………………………………………… 荷花玉兰 *M. grandiflora*

A_2　落叶性。

　B_1　花开于叶前；冬芽有 2 枚芽鳞状托叶。

　　C_1　小枝绿色，叶长圆状披针形，长 10～18cm，基部楔形，侧脉 10～15 对 …… 望春玉兰 *M. biondii*

　　C_2　小枝多为紫褐色、灰褐色或淡黄褐色。

　　　D_1　乔木或小乔木，主干明显；叶一般为倒卵形。

　　　　E_1　花被片白色 ……………………………………………… 玉兰 *M. denudata*

　　　　E_2　花被片外面淡紫或红色，里面白色 ……………………… 二乔木兰 *M. soulangeana*

　　　D_2　丛生灌木，小枝紫褐色；叶椭圆形或倒卵状长椭圆形；花瓣 6，紫色，花萼 3，黄绿色 …………………………………………………………………… 紫玉兰 *M. liliflora*

　B_2　花于叶后开放；冬芽有 1 枚芽鳞状托叶。

　　C_1　叶长 23～45cm，集生枝顶，侧脉 20～30 对；花生于枝顶。

　　　D_1　叶先端钝圆 ……………………………………………… 厚朴 *M. officinalis*

　　　D_2　叶先端浅裂 ……………………………… 凹叶厚朴 *M. officinalis* ssp. *biloba*

　　C_2　叶不集生枝顶，长 6～12cm，侧脉 6～8 对；花与叶对生 ……… 天女木兰 *M. sieboldii*

荷花玉兰　*Magnolia grandiflora* L.（图 6-21）

别名　洋玉兰、大花玉兰、广玉兰

识别要点

◇　树形：常绿乔木，高 30m。树冠阔圆锥形。

◇　枝干：芽及小枝有锈色柔毛。

◇　叶：叶倒卵状长椭圆形，长 12～20cm，革质，叶端钝，叶基楔形，叶表有光泽，叶背有铁锈色短柔毛，有时具灰毛，叶缘稍微波状；叶柄粗，长约 2cm。

◇　花：花杯形，白色，极大，径达 20～25cm，有芳香，花瓣通常 6 枚，少有达 9～12 枚的；萼片花瓣状，3 枚；花丝紫色。花期 5～8 月。

◇　果实：聚合果圆柱状卵形，密被锈色毛，长 7～10cm。果 10 月成熟。

◇　种子：种子红色。

种下变异

披针叶荷花玉兰 var. *lanceolata* Ait.：叶长椭圆状披针形，叶缘不成波状，叶背锈色浅淡，毛较少。耐寒性略强。

产地与分布

◇ 产地：原产于北美东部。

◇ 分布：中国长江流域至珠江流域的园林中常见栽培。

生态习性

◇ 光照：喜阳光，亦颇耐阴。

◇ 温湿：喜温暖湿润气候，亦有一定的耐寒力，能经受短期的 −19℃低温而叶部无显著损害，但在长期的 −12℃低温下，则叶会受冻害。

◇ 水土：喜肥沃润湿而排水良好的土壤，不耐干燥及石灰质土，在土壤干燥处则生长变慢且叶易变黄，在排水不良的黏性土和碱性土上也生长不良，总之以肥沃湿润，富含腐殖质的砂壤土生长最佳。

图 6-21 荷花玉兰
Magnolia grandiflora

◇ 空气：能抗烟尘，适用于城市园林。花朵巨大且富肉质，故花朵不耐风害。

生物学特性

◇ 长速与寿命：生长速度中等，但幼年生长缓慢，10 年生后可逐渐加速，每年可加高 0.5m。

◇ 根系特性：根系深大。

观赏特性

◇ 感官之美：树姿雄伟壮丽；叶厚而有光泽，花大而香；聚合果成熟后，蓇葖果开裂露出鲜红色的种子，也颇美观。

园林应用

◇ 应用方式：是优美的庭荫树和行道树。可孤植于草坪、水滨，列植于路旁或对植于门前；在开旷环境，也适宜丛植、群植。由于枝叶茂密，叶色浓绿，也是优良的背景树，可植为雕塑、铜像及红槭等色叶树种的背景。

◇ 注意事项：由于其树冠庞大，花开于枝顶，故在配植上不宜植于狭小的庭院内，否则不能充分发挥其观赏效果。

含笑属 *Michelia* L.

本属隶属木兰科 Magnoliaceae。常绿乔木或灌木，枝上有环状托叶痕；叶全缘，托叶与叶柄贴生或分离。花两性，单生叶腋，芳香；萼片花瓣状，花被 6～9 枚，排为 2～3 轮；雄蕊群与雌蕊群间有间隔，每雌蕊有 2 枚以上胚珠。聚合果中有部分蓇葖不发育，自背部开裂；种子 2 至数粒，红色或褐色。

约 60 种，产于亚洲热带至亚热带；中国约 41 种。

分种检索表

A_1 托叶与叶柄贴生。叶柄上留有托叶痕。

　B_1 叶柄长 2～4mm，托叶痕达叶柄顶端；花被片 6 枚，卵圆形 ····················含笑花 *M. figo*

B₂　叶柄长 1.5～4cm；花被片 10 枚以上，披针形。

　　C₁　花白色，叶下面被短柔毛，托叶痕为叶柄长的 1/2 以下 ················· 白兰 *M. alba*

　　C₂　花黄色，叶下面被平伏长绢毛，托叶痕为叶柄长的 1/2 以上 ··············· 黄兰 *M. champaca*

A₂　托叶与叶柄分离，叶柄上无托叶痕。

B₁　幼枝、芽和叶下面被白粉；叶长 8～16cm ······························· 深山含笑 *M. maudiae*

B₂　幼枝、芽和新叶密被锈色绒毛；叶长 17～23cm ······················ 金叶含笑 *M. foveolata*

白兰 *Michelia alba* DC.（图 6-22）

图 6-22　白兰 *Michelia alba*

别名　缅桂、白兰花

识别要点

✧ 树形：常绿乔木，高 17m，胸径 40cm。枝广展，树冠阔伞形。

✧ 枝干：干皮灰色。新枝及芽有浅白色绢毛，一年生枝无毛。

✧ 叶：叶薄革质，长圆状椭圆形或椭圆状披针形，长 10～25cm，宽 4～10cm，两端均渐狭；叶表背均无毛或背面脉上有疏毛；叶柄长 1.5～3cm；托叶痕仅达叶柄中部以下。

✧ 花：花白色，极芳香，长 3～4cm，花瓣披针形，约为 10 枚以上。花 4 月下旬至 9 月下旬开放不绝。

✧ 果实：通常多不结实，在热带地方果成熟时随着花托的延伸而形成疏生的穗状聚合果；蓇葖革质。

产地与分布

✧ 产地：原产于印度尼西亚爪哇。

✧ 分布：现广植于东南亚；我国华南常见栽培，长江流域及其以北地区常见盆栽。

生态习性

✧ 光照：喜阳光充足。

✧ 温湿：喜暖热多湿气候，不耐寒，冬季温度低于 5℃时易发生寒害。

✧ 水土：喜肥沃、富含腐殖质而排水良好的微酸性砂质壤土。

✧ 空气：对二氧化硫、氯气等有毒气体比较敏感，抗性差。

生物学特性

✧ 长速与寿命：生长较快。

✧ 根系特性：根肉质。

观赏特性

✧ 感官之美：花色洁白、芳香清雅，花期长，为著名香花树种。

园林应用

✧ 应用方式：在华南多作庭荫树及行道树用，是芳香类花园的良好树种。花朵常作襟花佩戴，极受欢迎。

✧ 注意事项：根肉质，怕积水。

樟属 *Cinnamomum* Bl.

本属隶属樟科 Lauraceae。常绿乔木或灌木；叶互生，稀对生，全缘，三出脉、离基三出脉或羽状脉，脉腋常有腺体。圆锥花序，花两性，稀单性，花被筒杯状，裂片于花后脱落，能育雄蕊 9，花药 4 室，第一、第二轮雄蕊花药内向，第三轮雄蕊花丝有腺体、花药外向，最内轮雄蕊退化。浆果状核果，基部有萼筒发育形成的盘状或杯状果托。

约 250 种，分布于亚洲热带和亚热带地区、澳大利亚和太平洋岛屿。我国 49 种，主产于长江以南各地。

分种检索表

A_1 脉腋有腺体，叶互生。

  B_1 叶离基三出脉，叶背灰绿色，无毛，薄革质·················· 樟 *C. camphora*

  B_2 叶脉羽状或偶为离基三出脉，叶背苍白色，密被平伏毛，革质·········云南樟 *C. glanduliferum*

A_2 脉腋无腺体，明显三主脉；叶互生或近对生。

  B_1 小枝无毛，三主脉在叶表面隆起·················· 浙江樟 *C. chekiangense*

  B_2 小枝密被毛，三主脉在叶表面凹下·················· 肉桂 *C. cassia*

樟 *Cinnamomum camphora* (L.) Presl（图 6-23）

别名　香樟

识别要点

✧ 树形：常绿乔木，一般高 20～30m，最高可达 50m，胸径 4～5m；树冠广卵形或球形。

✧ 枝干：树皮灰褐色，纵裂。

✧ 叶：叶互生，近革质，卵状椭圆形，长 5～8cm，薄革质，离基三出脉，脉腋有腺体，全缘，边缘波状，两面无毛，背面灰绿色。

✧ 花：圆锥花序腋生于新枝；花被淡黄绿色，6 裂。花期 5 月。

✧ 果实：核果球形，径约 6 mm，熟时紫黑色，果托盘状。果 9～11 月成熟。

产地与分布

✧ 产地：产于中国长江以南，朝鲜、日本亦产。

✧ 分布：以长江为北界，南至两广及西南，尤以江西、浙江、福建、台湾等东南沿海地区为最多。

生态习性

✧ 光照：喜光，稍耐阴。

✧ 温湿：喜温暖湿润气候，耐寒性不强，在 −18℃ 低温下幼枝受冻害。

图 6-23　樟
Cinnamomum camphora

◇ 水土：对土壤要求不严，而以深厚、肥沃、湿润的微酸性黏质土最好，较耐水湿，但不耐干旱、瘠薄和盐碱土。

◇ 空气：有一定抗海潮风、耐烟尘和有毒气体能力，并能吸收多种有毒气体，较能适应城市环境。

生物学特性

◇ 长速与寿命：生长速度中等偏慢，幼年较快，中年后转慢。10年生树高约6m，50年生树高约15m。寿命可达千年以上。

◇ 根系特性：主根发达，深根性。

观赏特性

◇ 感官之美：树姿雄伟，冠大荫浓，枝叶茂密，春叶色彩鲜艳。

园林应用

◇ 应用方式：广泛用作庭荫树、行道树、防护林及风景林。配植于池畔、水边、山坡、平地无不相宜。若孤植于空旷地，让树冠充分发展，浓荫覆地，效果更佳。在草地中丛植、群植或作背景树都很合适。樟的吸毒、抗毒性能较强，故也可选作厂矿区绿化树种。

◇ 注意事项：在地下水位高的平原生长扎根浅，易遭风害。

月桂属 *Laurus* L.

本属隶属樟科 Lauraceae。常绿乔木。叶互生，革质，羽状脉。雌雄异株或两性花，伞形花序腋生，苞片大，4枚。花被裂片4；雄花有雄蕊8～14，通常12，排成3轮，第一轮花丝无腺体，第二、第三轮花丝中有2无柄肾形腺体，花药2室，内向；雌花有退化雄蕊4，与花被裂片互生，花丝顶端有2无柄肾形腺体；子房1室，花柱短，柱头稍增大，胚珠1。浆果卵形，花被筒不增大或稍增大。

共2种，产于大西洋加拿利群岛、马德拉群岛及地中海沿岸地区；中国引入栽培1种。

月桂 *Laurus nobilis* L.（图 6-24）

识别要点

◇ 树形：常绿小乔木或灌木，高可达12m；树冠卵形。

◇ 枝干：小枝绿色，具纵向细条纹。

◇ 叶：叶互生，长椭圆形至广披针形，长4～10cm，先端渐尖，基部楔形，全缘，常呈波状，表面暗绿色，有光泽，背面淡绿色，革质，揉碎有醇香；叶柄带紫色。

◇ 花：花小，黄色，呈聚伞状花序簇生于叶腋。4月开放。

◇ 果实：核果椭圆形，9～10月成熟，黑色或暗紫色。

产地与分布

◇ 产地：原产地中海沿岸各国。

◇ 分布：华东、台湾、四川、云南等地有栽培，北方温室常盆栽。

生态习性

◇ 光照：喜光，稍耐阴。

◇ 温湿：喜温暖湿润气候，耐短期 -8℃ 低温。

◇ 水土：喜疏松肥沃土壤，在酸性、中性和微碱性土壤上均能生长良好。耐干旱。

观赏特性

◇ 感官之美：树形圆整，枝叶茂密，四季常青，春天又有黄花缀满枝间，颇为美丽。

◇ 文化意蕴：在古希腊神话故事中，月桂树是阿波罗神追求的仙女达芙妮变的。人们也用月桂树的枝叶编成花环为胜利者加冕。

园林应用

◇ 应用方式：良好的庭园绿化树种。孤植、丛植于草坪，列植于路旁、墙边，或对植于门旁都很合适。也可列植于建筑前作高篱，还可修剪成球体、长方体等几何形体用于草地、公园、街头绿地的点缀。

图 6-24　月桂 *Laurus nobilis*

蚊母树属 *Distylium* Sieb. et Zucc.

本属隶属金缕梅科 Hamamelidaceae。常绿乔木或灌木。单叶互生，叶全缘或有缺刻，羽状脉，托叶早落。花单性或杂性，雄花常与两性花同株；穗状或总状花序腋生。花小；萼片 2～6，大小不等或无；无花瓣；雄蕊 4～8，花药 2 室；子房上位。外有星状绒毛，2 室，1 胚珠，花柱细长。蒴果木质，顶端开裂为 4 个果瓣。

18 种，分布于亚洲东部、南部和中美洲。我国 12 种，产长江流域以南。

分种检索表

A₁　叶椭圆形，长 3～7cm，宽 1.5～3.5cm，长约为宽的 2 倍，全缘 ……………蚊母树 *D. racemosum*
A₂　叶长圆形或倒披针形，长 5～11cm，长达宽的 3 倍，先端具小齿突 …… 杨梅叶蚊母树 *D. myricoides*

蚊母树 *Distylium racemosum* Sieb. et Zucc.（图 6-25）

识别要点

◇ 树形：常绿乔木，高可达 25m，栽培时常呈灌木状；树冠开展，呈球形。

◇ 枝干：小枝略呈"之"字形曲折，嫩枝端具星状鳞毛；顶芽歪桃形，暗褐色。

◇ 叶：叶倒卵状长椭圆形，长 3～7cm，宽 1.5～3.5cm，先端钝或稍圆，全缘，厚革质，光滑无毛，侧脉 5～6 对，在表面不显著，在背面略隆起。

◇ 花：总状花序长约 2cm，雄花位于下部，雌花位于上部；花药红色。花期 4 月。

◇ 果实：蒴果卵形，长约 1cm，密生星状毛，顶端有 2 宿存花柱。果 9 月成熟。

种下变异

细叶蚊母树 var. *gracile*（Nak.）Liu & Liao：叶片较小，长 2～3cm，产台湾。

'彩叶'蚊母树 'Variegatum'：叶片较阔，有黄白色斑块。

产地与分布

◇ 产地：产于中国广东、福建、台湾、浙江等地，多生于海拔 100～300m 的丘陵

图 6-25　蚊母树 *Distylium racemosum*

地带；日本亦产。

❖ 分布：长江流域城市园林中常有栽培。北京园林中有少量应用，可越冬。

生态习性

❖ 光照：喜光，稍耐阴。

❖ 温湿：喜温暖湿润气候，耐寒性不强。

❖ 水土：对土壤要求不严，酸性、中性土壤均能适应，而以排水良好而肥沃、湿润土壤为最好。

❖ 空气：对烟尘及多种有毒气体抗性很强，能适应城市环境。

观赏特性

❖ 感官之美：枝叶密集，树形整齐，叶色浓绿，经冬不凋，春日开细小红花也颇美丽。

园林应用

❖ 应用方式：理想的城市及工矿区绿化及观赏树种。植于路旁、庭前草坪上及大树下都很合适；成丛、成片栽植作为分隔空间或作为其他花木背景效果亦佳。若修剪成球形，宜于门旁对植或作基础种植材料。亦可栽作绿篱和防护林带。

榕属 *Ficus* L.

本属隶属桑科 Moraceae。常绿或落叶，乔木、灌木或藤本，常具气生根。托叶合生，包被芽体，落后在枝上留下环状托叶痕。叶多互生，常全缘。花雌雄同株，生于囊状中空顶端开口的肉质花序托内壁上，形成隐头花序，生于老茎干上或腋生。隐花果肉质，内具小瘦果。

约 1000 种，主要分布于热带和亚热带。我国 97 种，产长江以南各地。另引入栽培多种，常用作园林观赏。

分种检索表

A_1　乔木或灌木。

　B_1　叶有锯齿及分裂，叶表面粗糙，隐花果较大，径 3～5cm ……………………… 无花果 *F. carica*

　B_2　叶全缘，不裂，叶面光滑；隐花果较小。

　　C_1　叶较小，长 4～8cm，侧脉 5～6 对；常有下垂气生根……………………… 榕树 *F. microcarpa*

　　C_2　叶较大，长 8～30cm，侧脉 7 对以上。

　　　D_1　叶厚革质，侧脉多数，平行而直伸 ……………………… 印度榕 *F. elastica*

　　　D_2　叶薄革质，侧脉 7～10 对 ……………………… 黄葛树 *F. lacor*

A_2　常绿藤木，叶基 3 主脉，先端圆钝 ……………………… 薜荔 *F. pumila*

榕树 *Ficus microcarpa* L. F.（图 6-26）

别名　细叶榕、小叶榕

识别要点

◇ 树形：常绿大乔木，高达25m。树冠开展，阔伞形。

◇ 枝干：枝具气生根。气生根悬垂或入土生根，复成一干，形似支柱。

◇ 叶：叶互生，全缘或浅波状，倒卵形至椭圆形，长4～8cm，宽3～4cm，先端钝尖，基部楔形，革质，无毛；羽状脉，侧脉3～10对。

◇ 花：隐头花序。花期5～6月。

◇ 果实：隐花果腋生，近扁球形，径约8mm，无梗。熟时紫红色。果期10月。

图 6-26 榕树
Ficus microcarpa

种下变异

金钱榕 var. *crassifolia*（Shieh）Liao：又称厚叶榕树。叶倒卵状椭圆形，先端钝或圆，厚革质，有光泽。产我国台湾，近年福建、广东、深圳有引种。常盆栽观赏。

'黄斑'榕'Yellow Stripe'：叶缘黄色而具绿色条带。

'黄金'榕'Golden Leaves'：新叶乳黄色至金黄色，后变为绿色。华南和台湾栽培颇多。

'乳斑'榕'Milky Stripe'：小枝下垂。叶狭倒卵形或椭圆形，叶缘呈乳白色或略呈乳黄色而混有绿色条带，背面具多数腺体。

产地与分布

◇ 产地：产我国华南、印度及东南亚各国至澳大利亚。

◇ 分布：华南地区常栽培。北方常见盆栽。

生态习性

◇ 光照：喜光，也耐阴。

◇ 温湿：喜温暖湿润气候。

◇ 水土：喜深厚肥沃、排水良好的酸性土壤。

生物学特性

◇ 长速与寿命：生长快，寿命长，可达千年以上。

观赏特性

◇ 感官之美：树冠宽阔，枝叶浓密。气生根多而下垂，交错盘缠，入土即成一支柱，形成"独木成林"奇观。

园林应用

◇ 应用方式：宜植于环境空旷之处以资庇荫并形成景观，如孤植于草坪、池畔、桥头等处，也适于河流沿岸、宽阔道路两旁列植。华南各地常见以榕树为主景的植物景观，如广西阳朔著名的大榕树景点，福州森林公园也有胸围10m、树冠1000m^2、树龄千年的古榕。

◇ 注意事项：树体庞大，不适于普通庭院造景。

杨梅属 *Myrica* L.

本属隶属杨梅科 Myricaceae。常绿灌木或乔木。单叶互生，叶全缘或有锯齿，常集生枝顶；无托叶。叶脉羽状，叶柄短。通常雌雄异株，柔荑花序，无花被。雄花序圆柱形，雌花序卵形或球形。核果，外果皮薄或稍肉质。被肉质乳头状突起或树脂腺体。

约 50 种，分布于热带至温带。中国有 4 种，产长江以南和西南各地。

杨梅 *Myrica rubra* (Lour.) Sieb. et Zucc.（图 6-27）

识别要点

❖ 树形：常绿乔木，高达 12m，胸径 60cm。树冠整齐，近球形。

❖ 枝干：树皮黄灰黑色，老时浅纵裂。幼枝有黄色小油腺点。

❖ 叶：叶倒披针形，长 4～12cm，先端较钝，基部狭楔形，全缘或近端部有浅齿；叶背有黄色小油腺点；叶柄长 0.5～1cm。

❖ 花：雌雄异株，雄花序单生或簇生叶腋。长 1～3cm，带紫红色；雌花序单生叶腋，长 0.5～1.5cm。红色。花期 3～4 月。

❖ 果实：核果球形，径 1.5～2cm，深红色，也有紫、白色等，多汁。果熟期 6～7 月。

产地与分布

图 6-27　杨梅
Myrica rubra

❖ 产地：产于我国长江以南各地，日本、朝鲜及菲律宾也产。

❖ 分布：长江以南各省区均有分布和栽培，以浙江栽培最多。

生态习性

❖ 光照：中性树，稍耐阴，不耐烈日直射。

❖ 温湿：喜温暖湿润气候，不耐寒，长江以北不宜栽培。

❖ 水土：喜酸性而排水良好土壤，中性及微碱性土上也可生长。

❖ 空气：对二氧化硫、氯气等有毒气体抗性较强。

生物学特性

❖ 根系特性：深根性。

❖ 花果特性：雌雄异株，适当配植雄株，有利于授粉。

观赏特性

❖ 感官之美：树冠圆整，树姿优雅，枝繁叶茂，密荫婆娑。初夏又有红果累累，十分可爱。

园林应用

❖ 应用方式：是园林绿化结合生产的优良树种。孤植、丛植于草坪、庭院，或列植于路边都很合适，若采用密植方式用来分隔空间或起遮蔽作用也很理想。

❖ 注意事项：因是雌雄异株，配植时应适当配植雄株，以利授粉结果。

锥属 *Castanopsis* Spach

本属隶属壳斗科 Fagaceae。常绿乔木。有顶芽，芽鳞多数。叶 2 列状互生，全缘或有齿，革质。花单性同株，单被花，雄花序细长而直立，花被 5～6 裂，雄蕊 10～12；雌花 1～5 朵生于总苞内，子房 3 室，花柱 3。总苞多近球形，稀杯状，外壁具刺，稀为瘤状或鳞状。坚果 1～3，翌年或当年成熟。

约 120 种，分布于亚洲热带和亚热带地区。我国 58 种，分布于江南各地至华南、西南，主产于云南和两广。

分种检索表

A$_1$ 叶长 7～14cm，背面有灰白色或浅褐色蜡层 ···················· 苦槠 *C. sclerophylla*

A$_2$ 叶较大，长 15～30cm，背面密被红褐色鳞秕，后脱落呈银灰色 ············· 钩锥 *C. tibetana*

苦槠 *Castanopsis sclerophylla* (Lindl.) Schott.（图 6-28）

识别要点

◇ 树形：常绿乔木，高 5～10m，稀达 15m；树冠圆球形。

◇ 枝干：树皮暗灰色，浅纵裂。小枝灰色，散生皮孔无毛，常有棱沟。

◇ 叶：叶长椭圆形，长 7～14cm，宽 3～6cm，中上部有齿，背面有灰白色或浅褐色蜡层，革质。

◇ 花：雄花序穗状，直立。花期 5 月。

◇ 果实：坚果近球形，径 1～1.4cm，单生于球状总苞内，总苞外有环列的瘤状苞片；果苞成串生于枝上。果 10 月成熟。

产地与分布

◇ 产地：主产长江中下游以南地区，但西南和五岭南坡以南不产，生于海拔 1000m 以下山地。

◇ 分布：是南方常绿阔叶林组成树种之一，亦是本属中分布最北（至陕西南部）的一种。

生态习性

◇ 光照：能耐阴，尤其是幼树。

◇ 温湿：喜雨量充沛和温暖气候。

◇ 水土：喜深厚、湿润的中性和酸性土，亦耐干旱和瘠薄。

◇ 空气：对二氧化硫等有毒气体抗性强。

生物学特性

◇ 长速与寿命：生长速度中等偏慢，寿命长。

◇ 根系特性：深根性，主根发达，侧根少。

观赏特性

◇ 感官之美：树体高大雄伟，枝叶繁密，树冠圆浑，颇为美观。

图 6-28 苦槠 *Castanopsis sclerophylla*

园林应用

❖ 应用方式：宜于草坪孤植、丛植，亦可于山麓坡地成片栽植，构成以常绿阔叶树为基调的风景林，或作为花木的背景树。又因抗毒、防尘、隔声及防火性能好，适宜用作工厂绿化及防护林带。

青冈属 *Cyclobalanopsis* Oerst.

本属隶属壳斗科 Fagaceae。常绿乔木；树皮光滑，稀深裂。枝有顶芽，侧芽常集生于近端处，芽鳞多数，覆瓦状排列。叶全缘或有锯齿。花被 5～6 深裂；雄花序多簇生新枝基部，下垂；雌花序穗状，顶生，直立，雌花单生于总苞内，子房常 3 室，花柱 3～6，柱头侧生带状或顶生头状。总苞杯状、碟形、钟形，稀全包，鳞片愈合成同心环带，环带全缘或具齿裂；每壳斗 1 坚果，当年或翌年成熟。

约 150 种，主产于亚洲热带和亚热带；中国约产 77 种，多分布于秦岭及淮河以南各地，是组成南方常绿阔叶林的主要成分之一。

青冈 *Cyclobalanopsis glauca* (Thunb.) Oerst.（图 6-29）

识别要点

❖ 树形：常绿乔木，高达 20m，胸径 1m。

❖ 枝干：树皮平滑不裂；小枝青褐色，无棱，幼时有毛，后脱落。

❖ 叶：叶长椭圆形或倒卵状长椭圆形，长 6～13cm，先端渐尖，基部广楔形，叶缘中部以上有疏齿，中部以下全缘，背面灰绿色，有平伏毛，侧脉 8～12 对，叶柄长 1～2.5cm。

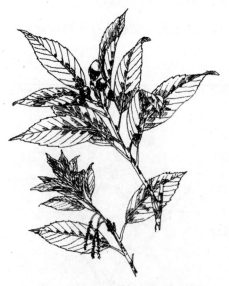

❖ 花：总苞单生或 2～3 个集生，杯状，鳞片结合成 5～8 条环带。雄花序长 5～6cm，花序轴被苍色绒毛。花期 4～5 月。

❖ 果实：坚果卵形或近球形，无毛。果 10～11 月成熟。

产地与分布

❖ 产地：主要产于长江流域及其以南各地，北至河南、陕西及甘肃南部。朝鲜、日本、印度亦产。

❖ 分布：是本属中分布范围最广且最北的 1 种。

生态习性

❖ 光照：较耐阴。

图 6-29 青冈 *Cyclobalanopsis glauca*

❖ 温湿：喜温暖多雨气候。

❖ 水土：喜钙质土，常生于石灰岩山地，在排水良好、腐殖质深厚的酸性土壤上亦生长很好。

❖ 空气：抗有毒气体能力较强。

生物学特性

❖ 长速与寿命：生长速度中等，在四川 28 年生树高 14.95m，胸径 25.1cm。寿命可达 200 年。

✦ 根系特性：深根性。

观赏特性

✦ 感官之美：树冠宽椭圆形，枝叶茂密，树姿优美，四季常青。

园林应用

✦ 应用方式：宜丛植、群植或与其他常绿树混交成林，一般不宜孤植。又因萌芽力强、具有较好的抗有毒气体、隔音和防火能力，可用作绿篱、厂矿绿化、防风林、防火林等。

木荷属 *Schima* Reinw. ex Bl.

本属隶属山茶科 Theaceae。常绿乔木。芽鳞少数，小枝皮孔显著。单叶互生，全缘或有钝齿。花两性，单生于叶腋，具长柄；萼片 5，宿存；花瓣 5，白色；雄蕊多数，花丝附生于花瓣基部；子房 5 室，每室具 2～6 胚珠。蒴果球形，木质，室背 5 裂；种子肾形，扁平，边缘有翅。

共 30 种；中国有 19 种，主产于南部及西南部。

木荷 *Schima superba* Gardn. et Champ（图 6-30）

别名　荷树

识别要点

✦ 树形：常绿乔木，高 20～30m；树冠广卵形。

✦ 枝干：树皮褐色，纵裂；嫩枝带紫色，略有毛。

✦ 叶：叶革质，卵状长椭圆形至矩圆形，长 6～15cm，叶端渐尖或短尖，叶基楔形，叶缘中部以上有钝锯齿。叶背绿色无毛。

✦ 花：花白色，芳香，径约 3cm，单生于枝顶叶腋或成短总状花序。花期 5～7 月。

✦ 果实：蒴果球形，径 1.5～2cm。果 9～11 月成熟。

产地与分布

✦ 产地：产长江以南各地。

✦ 分布：安徽、浙江、福建、江西、湖南、四川、广东、贵州、台湾等地均有分布。

生态习性

✦ 光照：性喜光，但幼树能耐阴。

✦ 温湿：喜暖热湿润气候，生长地区大抵年均温为 16～22℃，1 月平均温度高于 4℃。但能耐短期的 -10℃低温，年降水量为 1200～2000mm。

✦ 水土：对土壤的适应性强，能耐干旱瘠薄土地，但在深厚、肥沃的酸性砂质土壤上生长最快。

图 6-30　木荷 *Schima superba*

生物学特性

❖ 长速与寿命：生长速度中等，寿命可达 200 年以上。

❖ 根系特性：深根性。在热带雨林里，有突出的板根。

观赏特性

❖ 感官之美：树姿优美，树冠浓密，四季常青，夏季白花满树，入冬叶色染红，新叶亦呈红色，艳丽可爱。

园林应用

❖ 应用方式：可植为庭荫树，孤植、丛植于草地、水滨、山坡、庭院。叶片为厚革质，耐火烧，萌芽力又强，故可植为防火带树种。也适于营造山地风景林。

杜英属 *Elaeocarpus* L.

本属隶属杜英科 Elaeocarpaceae。常绿乔木。单叶互生，落叶前常变红色。花常两性，成腋生总状花序；萼片 5；花瓣 5，顶端常撕裂状，稀全缘，由环状花盘基部长出；雄蕊多数，花药线形，顶孔开裂；子房 2～5 室，每室有胚珠多粒。核果，3～5 室，或仅 1 室发育，每室仅具 1 种子。

共约 200 种；中国有 38 种。

分种检索表

A₁　叶倒卵形或倒卵状披针形，长 4～8cm，宽 2～4cm，花白色，果长 1～1.6cm ……………………………………………………………………………………………山杜英 *E. sylvestris*

A₂　叶披针形或倒披针形，长 7～12cm，宽 2～3.5cm，花黄白色，果长 2～3cm ……… 杜英 *E. decipiens*

山杜英 *Elaeocarpus sylvestris*（Lour.）Poir.（图 6-31）

别名　胆八树

识别要点

❖ 树形：常绿乔木，一般高 10～20m，最高可达 26m，胸径 80cm；树冠卵球形。

❖ 枝干：树皮深褐色，平滑不裂；小枝纤细，红褐色，幼时疏生短柔毛，后光滑。

❖ 叶：叶薄革质，倒卵状长椭圆形，长 4～12cm，基部楔形，缘有浅钝齿，侧脉 5～6 对，脉腋有时具腺体，叶柄长 0.5～1.2cm；绿叶中常存有少量鲜红的老叶。

❖ 花：腋生总状花序，长 2～6cm；花下垂，花瓣白色，细裂如丝；雄蕊多数；子房有绒毛。花期 6～8 月。

❖ 果实：核果椭球形，长 1～1.6cm，熟时暗紫色。果 10～12 月成熟。

产地与分布

❖ 产地：产于中国南部。

❖ 分布：浙江、江西、福建、台湾、湖南、广东、广西及贵州南部均有分布。

生态习性

❖ 　光照：稍耐阴。

图 6-31　山杜英 *Elaeocarpus sylvestris*

◇ 温湿：喜温暖湿润气候，耐寒性不强，在南京地区幼树常有冻害。

◇ 水土：适生于酸性的黄壤和红黄壤山区，若在平原栽植，必须排水良好。

◇ 空气：对二氧化硫抗性强。

生物学特性

◇ 长速与寿命：生长速度中等偏快。

◇ 根系特性：深根性。

观赏特性

◇ 感官之美：树冠圆整，枝叶茂密，绿叶丛中常混有少数鲜红色的老叶，花瓣细裂，也颇为奇特。

园林应用

◇ 应用方式：宜于草坪、坡地、林缘、庭前、路口丛植，也可栽作其他花木的背景树，或列植成绿墙起隐蔽遮挡及隔声作用。也可选作工矿区绿化和防护林带树种。

枇杷属　*Eriobotrya* Lindl.

本属隶属蔷薇科 Rosaceae。常绿小乔木或灌木。单叶互生，羽状侧脉直达齿尖，具短柄或近无柄，缘有齿。花白色，成顶生圆锥花序，常被绒毛；花萼 5 裂，宿存；花瓣 5，具爪；雄蕊 20～40 枚；心皮合生，子房下位，2～5 室，每室具 2 胚珠。梨果含 1 至数粒种子。

本属共 30 余种，主要产于亚洲暖温带及亚热带；我国 14 种，产长江流域及其以南地区。

枇杷　*Eriobotrya japonica* (Thunb.) Lindl.（图 6-32）

识别要点

◇ 树形：常绿小乔木，高可达 10m。

◇ 枝干：小枝密被锈色绒毛。

◇ 叶：叶粗大革质，常为倒披针状椭圆形，长 12～30cm，先端尖，基部楔形，锯齿粗钝，侧脉 11～21 对，表面多皱而有光泽，背面密被锈色绒毛。

◇ 花：圆锥花序密被锈色绒毛。花白色，芳香，10～12 月开花。

◇ 果实：果近球形或梨形，黄色或橙黄色，径 2～5cm。次年初夏果熟。

产地与分布

◇ 产地：原产于中国，四川、湖北有野生。

◇ 分布：我国南方各地多作果树栽培。越南、缅甸、印度、印度尼西亚、日本也有栽培。

生态习性

◇ 光照：喜光，稍耐阴。

图 6-32　枇杷
Eriobotrya japonica

◇ 温湿：喜温暖气候，不耐寒，但在淮河流域仍能正常生长。

◇ 水土：喜肥沃湿润而排水良好的石灰性、中性或酸性土壤。

生物学特性

◇ 长速与寿命：生长缓慢，寿命长。

◇ 花果特性：嫁接苗 4～5 年生开始结果，15 年左右进入盛果期，40 年后产量减少。开花结果都在枝条先端。

观赏特性

◇ 感官之美：树形整齐美观，叶片大而荫浓，常绿而有光泽，冬日白花满树，初夏黄果累累。

◇ 文化意蕴：枇杷给人以殷实富足的联想。它的果实含有一颗或几颗坚核，象征子嗣昌盛。民间有"天中集瑞"图案，其中就有枇杷果，故枇杷又称"天中集瑞黄金果"。

园林应用

◇ 应用方式：亚热带地区优良果木，是绿化结合生产的好树种。在我国古典园林中，常栽培于庭前、亭廊附近等各处。

◇ 注意事项：因为枇杷是冬季开花，配植要选向阳避风处，如果开花时受了冻害，就会影响结果。

石楠属 *Photinia* Lindl.

本属隶属蔷薇科 Rosaceae。落叶或常绿，灌木或乔木。单叶，互生，有短柄，边缘常有锯齿，有托叶。呈顶生伞形、伞房或圆锥花序，落叶种类的花序梗和花梗常有腺体；花小而白色，萼片 5，宿存；花瓣 5，圆形；雄蕊约为 20；花柱 2，罕 3～5，至少基部合生；子房 2～4 室，近半上位。梨果，含 1～4 粒种子，顶端圆且凹。

本属 60 余种，主产于亚洲东部及南部；中国产 40 余种，多分布于温暖的南方。

分种检索表

A_1 叶柄短，长 0.5～1.5cm；叶片较小；树干、枝条上有刺·····················椤木石楠 *P. davidsoniae*

A_2 叶柄长，长 2～4cm；叶片较大；干、枝上无刺 ······························· 石楠 *P. serratifolia*

石楠 *Photinia serratifolia* (Desf.) Kalkman（图 6-33）

别名　千年红

识别要点

◇ 树形：常绿小乔木或灌木，一般高 4～6m，有时高达 12m。全体几无毛。

◇ 叶：叶长椭圆形至倒卵状长椭圆形，长 8～20cm，先端尖，基部圆形或广楔形，缘有细尖锯齿，侧脉 20 对以上，革质有光泽，幼叶带红色。叶柄粗壮，长 2～4cm。

◇ 花：花白色，径 6～8mm，成顶生复伞房花序。花期 5～7 月。

◇ 果实：果球形，径 5～6mm，红色。果熟期 10 月。

产地与分布

◇ 产地：产于中国中部及南部；印度尼西亚也有。

◇ 分布：在西安可露地越冬，北京小气候良好处也可露地越冬。

生态习性

◇ 光照：喜光，稍耐阴。

◇ 温湿：喜温暖，能耐短期的 -15℃低温。

◇ 水土：喜肥沃湿润、富含腐殖质且排水良好的酸性至中性土壤；较耐干旱瘠薄，能生长在石缝中，不耐水湿。

◇ 空气：对二氧化硫、氯气有较强的抗性。

生物学特性

◇ 长速与寿命：生长较慢。

观赏特性

◇ 感官之美：树冠圆形，枝叶浓密，早春嫩叶鲜红，初夏白花一片，夏秋叶色浓绿光亮，秋冬又有红果，鲜艳夺目，是美丽的观赏树种。

图 6-33 石楠 *Photinia serratifolia*

园林应用

◇ 应用方式：在公园绿地、庭园、路边、花坛中心及建筑物门庭两侧均可孤植、丛植、列植。生长迅速，极耐修剪，因而适于修剪成形，常修剪成"石楠球"，用于庭院阶前或入口处对植、大片草坪上群植，或用作花坛的中心树。还是优良的绿篱材料。也适于街道厂矿区绿化。

金合欢属 *Acacia* Mill.

本属隶属含羞草科 Mimosaceae。小乔木、灌木或藤本，具托叶刺或皮刺，罕无刺。叶为偶数 2 回羽状复叶；总叶柄及叶轴上常有腺体；小叶小而多对，或叶片退化，叶柄变成叶片状。花小，两性或杂性，3～5 基数，黄色或白色，组成柱形的穗状花序或圆球形的头状花序，1 序至数序簇生叶腋或在枝顶重组成圆锥花序；序梗上有总苞片。花萼钟状，具齿裂，花瓣分离或基部合生；雄蕊 50 枚以上，花丝分离或仅基部稍连合；子房有或无柄，胚珠多数，花柱丝状。荚果多形，常长圆形，扁平。种子扁平，皮硬而光滑。

约 900 种，分布于热带及亚热带地区，尤以大洋洲和非洲的种类最多；中国产 10 种，引入栽培约 8 种。

分种检索表

A₁ 叶片退化，叶柄变成叶片状，长 6～10cm；花组成圆珠形头状花序；无刺乔木……………………………………………………………… 台湾相思 *A. confusa*

A₂ 叶片存在；小枝上无针刺而只有托叶刺，小枝呈"之"字形弯曲；有托叶刺灌木 ………………………………………………………………………… 金合欢 *A. farnesiana*

台湾相思 *Acacia confusa* Merr.（图 6-34）

别名 相思树、相思子、台湾柳、小叶相思

识别要点

◇ 树形：常绿乔木，高 6～15m。

◇ 枝干：树皮灰褐色，不裂。小枝无刺，无毛。

◇ 叶：幼苗具羽状复叶，长大后小叶退化，仅存 1 叶状柄，狭披针形，长 6～10cm，

图 6-34　台湾相思 *Acacia confusa*

具 3～5 平行脉，革质，全缘。

♦ 花：头状花序 1～3 个腋生，径约 1cm；花瓣淡绿色，雄蕊金黄色，突出，花微香。花期 4～6 月。

♦ 果实：荚果扁带状，长 5～10cm，种子间略缢缩。果 7～8 月成熟。

产地与分布

♦ 产地：产于台湾。

♦ 分布：福建、广东、广西、云南等地均有栽培。

生态习性

♦ 光照：极喜光，不耐阴，为强喜光树种。

♦ 温湿：喜暖热气候，在北纬 26° 左右以南年平均温度 18～26℃区域均可栽培。

♦ 水土：能耐瘠薄土壤，在砂质土及黏质土壤上均可生长。喜酸性土，在石灰质土上生长不良。耐干旱又耐短期水淹。

♦ 空气：根系深而枝条韧性强，抗风。

生物学特性

♦ 长速与寿命：速生树种，年生长量可达 1m。

♦ 根系特性：深根性，根系发达。具根瘤。

观赏特性

♦ 感官之美：树皮灰白色，树姿婆娑。

♦ 文化意蕴：象征忠贞不渝的爱情。

园林应用

♦ 应用方式：华南地区重要的荒山绿化树种，可作防风林带、水土保持林和防火林带用，也是良好的公路树和海岸绿化树种。也是优美的庭园观赏树种，草地孤植、<u>丛植</u>，道旁列植均宜。

♦ 注意事项：主干略乏通直且分枝很多，故应注意整形修枝以养成通直的主干。根系深而枝条韧性强，能耐 12 级台风而无倒折现象。

羊蹄甲属 *Bauhinia* L.

本属隶属云实科（苏木科）Caesalpiniaceae。乔木、灌木或藤本。偶有卷须，腋生或与叶对生。单叶互生，顶端常 2 深裂或裂为 2 小叶。掌状脉。花两性，罕单性，单生或排为伞房、总状、圆锥花序；萼全缘呈佛焰苞状或 2～5 齿裂；花瓣 5，稍不相等；雄蕊 10 或退化为 5 或 3，罕 1，花丝分离。荚果长圆形、带状线形，熟时开裂。种子卵圆形扁平。

本属约 600 种，广广热带；中国约 40 种。主产华南。

分种检索表

A₁　可育雄蕊 3（4）；花冠玫瑰红色，花瓣倒披针形，具长瓣柄 ……………………羊蹄甲 *B. purpurea*

A$_2$ 可育雄蕊 5；花冠紫红或淡红色，花瓣倒卵形或倒披针形，具短瓣柄。

  B$_1$ 总状花序具少数花，短缩呈伞房花序状；花冠淡红或紫红色，花瓣倒卵形罕倒披针形，长

    4~5cm，能正常结实 ································· 洋紫荆 *B. variegata*

  B$_2$ 总状花序具多花，有时组成圆锥状；花冠红紫色；花瓣倒披针形，长 5~8cm，通常不结实 ···

    ···红花羊蹄甲 *B. blakeana*

羊蹄甲 *Bauhinia purpurea* L.（图 6-35）

别名　紫羊蹄甲、白紫荆

识别要点

✦ 树形：常绿乔木，高 7~10m；树冠卵形。

✦ 枝干：枝低垂；小枝幼时有毛。

✦ 叶：叶近革质，广椭圆形至近圆形，长 10~15cm，宽 9~14cm，9~11 出脉；两面无毛；顶端 2 裂，深达叶全长的 1/3~1/2，先端圆或钝；叶柄长 3~4cm。

✦ 花：伞房花序顶生；花玫瑰红色，有时白色，花萼裂为几乎相等的 2 裂片；花瓣倒披针形，长 4~5cm，宽不足 1cm；发育雄蕊 3~4。花期 9~11 月。

✦ 果实：荚果扁条形，长 13~24cm，略弯曲。果期翌年 2~3 月。

图 6-35　羊蹄甲 *Bauhinia purpurea*

产地与分布

✦ 产地：原产热带亚洲。

✦ 分布：华南各地普遍栽培。

生态习性

✦ 光照：喜阳光充足。

✦ 温湿：喜温暖。

✦ 水土：对土壤要求不严，在排水良好的砂质壤土上生长较好。

生物学特性

✦ 长速与寿命：生长迅速。

✦ 花果特性：二年生即可开花。

观赏特性

✦ 感官之美：树冠开展，枝丫低垂，绿叶婆娑，花大而美丽，秋冬时开放，花期长，叶片形如牛羊的蹄甲，是个很有特色的树种。

园林应用

✦ 应用方式：在广州及其他华南城市常作行道树及庭园风景树用。

红豆属 *Ormosia* Jacks.

本属隶属蝶形花科 Fabaceae，乔木。芽被大托叶包被或裸芽。叶互生，稀近对生，

奇数羽状复叶，稀单叶或为3小叶；小叶对生，通常革质或厚纸质；具托叶，或不甚显著，稀无托叶。花为顶生或腋生总状花序或圆锥花序；萼钟形，5裂；花冠略高出于花萼；花瓣5枚，有爪；雄蕊10，有时仅5枚发育，全分离，长短不一，开花时略突出于花冠；子房无柄。荚果革质、木质或肉质，两瓣裂，中无间隔，缝线上无狭翅；种子1至数粒，种皮多呈鲜红色，亦有呈暗红色或间有黑褐色的。

约100种以上，主产于热带、亚热带；中国产35种。

分种检索表

A₁ 荚为木质，具隔膜，每荚有种子1~2粒 ·· 红豆树 *O. hosiei*

A₂ 荚为革质，不具隔膜，每荚有种子1粒 ·· 软荚红豆 *O. semicastrata*

红豆树 *Ormosia hosiei* Hemsl. et Wils.（图6-36）

别名　何氏红豆、鄂西红豆树

识别要点

◇ 树形：常绿或半常绿乔木，高达20~30m，胸径可达1 m。树冠伞形。

图6-36　红豆树 *Ormosia hosiei*

◇ 枝干：树皮灰绿色，平滑。小枝绿色，幼时有黄褐色细毛，后变光滑；冬芽有褐黄色细毛。

◇ 叶：奇数羽状复叶，长15~20cm，小叶7~9枚，长卵形至长椭圆状卵形，叶端尖，叶表无毛。

◇ 花：圆锥花序顶生或腋生；萼钟状，密生黄棕色毛；花白色或淡红色，芳香。花期4月。

◇ 果实：荚果木质，扁平，圆形或椭圆形，长4~6.5cm，宽2.5~4cm，端尖，含种子1~2粒。果期10~11月。

◇ 种子：种子扁圆形，鲜红色而有光泽。

产地与分布

◇ 产地：产于陕西、江苏、湖北、广西、四川、浙江、福建等地。

◇ 分布：本种在本属中是分布于纬度最北地区的种类，较为耐寒。

生态习性

◇ 光照：喜光，但幼树耐阴。

◇ 温湿：较耐寒。

◇ 水土：喜肥沃湿润土壤，pH 4.5~5.6，如植于肥沃而干旱的土壤也不能正常生长。

生物学特性

◇ 长速与寿命：生长速度中等，寿命长。

◇ 根系特性：根系发达，主要分布在15cm~1.2m深的土层中。

观赏特性

◇ 感官之美：树冠伞形，四季常绿。

◇ 文化意蕴：古人常用其种子来象征爱情或相思。

园林应用

◇ 应用方式：园林中可植为片林或作园中行道树用；种子可作装饰品用。

◇ 注意事项：本树的干性较弱，易分枝，且侧枝均较粗壮，枝下高在 2～5m，如在生长条件差的地点，常在 1m 左右即行分枝。

银桦属 *Grevillea* R. Br.

本属隶属山龙眼科 Proteaceae。乔木或灌木。叶互生，不分裂或羽状分裂。总状花序，通常再集成圆锥花序，顶生或腋生，常被紧贴的"丁"字毛，稀被叉状毛，花两性，花梗单生或双生，苞片小，花柱通常细长，顶部稍膨大，圆盘状或呈偏斜圆盘状。子房有柄。蓇葖果，通常偏斜，沿腹缝线开裂，种子 1～2 颗，有翅。

约 200 种，主产于大洋洲；中国引入栽培 1 种，是本属在热带、亚热带最普通的栽培种。

银桦 *Grevillea robusta* A. Cunn.（图 6-37）

识别要点

◇ 树形：常绿乔木，在原产地可高达 40～50m，胸径 1m。树冠圆锥形。

◇ 枝干：树干端直，树皮暗黑色或暗褐色，具浅皱纵纹；小枝、芽密被锈褐色绒毛。

◇ 叶：叶互生，长 5～20cm，2 回羽状深裂，裂片 7～15 对，狭长渐尖，边缘反卷，表面深绿色，背面密被银灰色丝状毛；叶柄被绒毛。

◇ 花：总状花序 7～14cm，花偏于一侧，无花瓣，萼片 4，花瓣状，橙黄色或黄褐色。花期 5 月。

◇ 果实：蓇葖果有细长花柱宿存；果卵状椭圆形，稍偏斜。果 7～8 月成熟。

◇ 种子：种子卵形，周围有膜质翅。

产地与分布

◇ 产地：原产于大洋洲。

◇ 分布：热带及亚热带地区多有栽培；中国南部及西南部有栽培。

生态习性

◇ 光照：喜光。

图 6-37　银桦 *Grevillea robusta*

◇ 温湿：喜温暖和较凉爽气候；可抗轻霜，昆明栽培的银桦在 1975 年 12 月寒潮中（绝对最低温 -4.9℃）枝条受到不同程度的冻害，过分炎热的气候也不适宜。

◇ 水土：对土壤要求不严，喜深厚、肥沃而排水良好的偏酸性（pH 5.5～6.5）砂壤土，在质地黏重、排水不良及偏碱性土壤上生长不良，有一定的耐旱能力。

◇ 空气：对氟化氢及氯气的抗性较强，而对二氧化硫抗性差。

生物学特性
- ◇ 长速与寿命：生长快，在昆明 20 年生树高可达 20m 以上，胸径 35cm。
- ◇ 根系特性：根系发达。

观赏特性
- ◇ 感官之美：树干通直，树形美观，花色橙黄，而且叶形奇特，颇似蕨叶。

园林应用
- ◇ 应用方式：南亚热带地区优良的行道树，也可用于庭园中孤植、对植。此外，银桦还是优良的蜜源植物。
- ◇ 注意事项：树枝脆，风害严重地区不宜栽植。

桉属 *Eucalyptus* L. Herit.

本属隶属桃金娘科 Myrtaceae。常绿乔木，稀灌木。幼苗和萌芽枝的叶对生；大树的叶互生，常下垂，全缘，羽状侧脉在近叶缘处连成边脉。花单生或成伞形、伞房或圆锥花序，腋生；萼片与花瓣连合成一帽状花盖，开花时花盖横裂脱落；雄蕊多数，分离；子房 3～6 室，每室具多数胚珠。蒴果顶端 3～6 裂；种子多数，细小，有棱。

约 600 种，产于大洋洲；中国引入近百种，以华南和西南常见。

分种检索表

A₁ 树皮薄，条状或片状脱落，树干基部偶有斑块状宿存的树皮。

  B₁ 圆锥花序顶生或腋生；帽状体比萼管短；蒴果壶形；枝叶有浓郁柠檬气味 …… 柠檬桉 *E. citriodora*

  B₂ 伞形花序腋生；帽状体长或短；蒴果圆锥形或钟形，稀为壶形；有时为单花。

    C₁ 花大，无梗或极短，常单生或有时 2～3 朵聚生于叶腋；花蕾表面有小瘤，被白粉 …………
…………………………………………………………………………………… 蓝桉 *E. globulus*

    C₂ 花小，梗长约 2mm；3～7 朵成伞形花序，花蕾表面平滑 ………… 直杆蓝桉 *E. maideni*

A₂ 树皮厚，宿存，粗糙；伞形花序；蒴果长 1～1.5cm，卵状壶形；萼管无棱 ……… 桉 *E. robusta*

柠檬桉 *Eucalyputus citriodora* Hook. f.（图 6-38）

识别要点
- ◇ 树形：常绿大乔木，高 28～40m，胸径 1.2m。
- ◇ 枝干：树干通直，树皮每年呈片状剥落，故干皮光滑，呈灰白色或淡红灰色。
- ◇ 叶：叶分两型，在幼苗及萌蘖枝上的叶呈卵状披针形，叶柄在叶片基部盾状着生，叶及幼枝密被棕红色腺毛；大树之叶窄披针形至披针形或稍呈镰状弯曲，长 10～25cm，无毛，具强烈柠檬香气；叶柄长 1.5～2cm。
- ◇ 花：花径 1.5～2cm，3～5 朵成伞形花序后再排成圆锥花序；花盖半球形，顶端具小尖头；萼筒较花盖长 2 倍。花期 3～4 月和 10～11 月。
- ◇ 果实：蒴果壶形或坛状，长约 1.2cm，果瓣深藏。果实成熟期 6～7 月和 9～11 月。

产地与分布
- ◇ 产地：原产于大洋洲。
- ◇ 分布：福建、广东、广西、云南、台湾、四川等地区均有栽培。

生态习性
- ◇ 光照：极端喜光树，不耐荫蔽，故侧枝易自然死亡而形成高耸的主干。

◇ 温湿：喜暖热湿润气候，不耐寒，易受霜害。

◇ 水土：对土壤要求不严，喜深厚、肥沃、适当湿润土壤；较耐干旱，在原产地的降水量仅 630mm。

◇ 空气：抗风力强。

生物学特性

◇ 长速与寿命：生长迅速。

◇ 根系特性：根系发达。

◇ 花果特性：一年两次开花结果，花期甚长。

观赏特性

◇ 感官之美：树形高耸，树干洁净，呈灰白色，非常优美秀丽。枝叶有芳香。

园林应用

◇ 应用方式：优秀的庭园观赏树和行道树。

◇ 注意事项：在住宅区不宜种植过多，否则香味过浓也会使人不太舒适。

龙眼属 *Dimocarpus* Lour.

本属隶属无患子科 Sapindaceae。常绿乔木；偶数羽状复叶，互生，小叶全缘，叶上面侧脉明显。花杂性同株，圆锥花序；萼 5，深裂；花瓣 5 或缺；雄蕊 8；子房 2～3 室，每室 1 胚珠。核果球形，黄褐色；果皮幼时具瘤状突起，老则近于平滑；假种皮肉质、乳白色、半透明而多汁。

共约 20 种，产于亚洲热带；中国产 4 种。

图 6-38 柠檬桉 *Eucalyputus citriodora*

图 6-39 龙眼 *Dimocarpus longan*

龙眼 *Dimocarpus longan* Lour.（图 6-39）

别名 桂圆

识别要点

◇ 树形：常绿乔木，高达 10m 以上，间有高达 40m，胸径达 1m，具板根的大乔木。

◇ 枝干：树皮粗糙，薄片状剥落；幼枝及花序被星状毛。

◇ 叶：偶数羽状复叶互生，小叶 3～6 对，长椭圆状披针形，长 6～17cm，全缘，基部稍歪斜，表面侧脉明显。

◇ 花：花小，花瓣 5，黄色；圆锥花序顶生或腋生。花期 4～5 月。

◇ 果实：果球形，径 1.2～2.5cm，熟时果皮较平滑，黄褐色。果 7～8 月成熟。

◇ 种子：种子黑褐色。

产地与分布

❖ 产地：产于我国和缅甸、马来西亚、老挝、印度、菲律宾、越南等国，野生见于海南、广东、广西、云南等地。

❖ 分布：华南各地常见栽培。

生态习性

❖ 光照：弱阳性，稍耐阴。

❖ 温湿：喜暖热湿润气候，0℃左右时枝叶受冻。

❖ 水土：不择土壤，酸性土和石灰性土壤上均可生长。耐旱、耐瘠薄，忌积水。

生物学特性

❖ 长速与寿命：自然生长较慢，83 年生树的高仅 20.2m，胸径 27cm。

❖ 根系特性：深根性。

观赏特性

❖ 感官之美：树冠宽广，枝叶茂密，幼叶紫红色，假种皮味甜美。

园林应用

❖ 应用方式：华南地区重要的果树，栽培品种甚多，也常植于庭园观赏。可成片种植，也可孤植或与其他树种混植。为园林结合生产的树种。

荔枝属 *Litchi* Sonn.

本属隶属无患子科 Sapindaceae。乔木；偶数羽状复叶，互生，无托叶。聚伞圆锥花序顶生，被金黄色短绒毛；花单性，雌雄同株，辐射对称；花无花瓣。果卵圆形或近球形，果皮革质，外面有龟甲状裂纹，散生圆锥状小凸体，有时近平滑，果熟时常为红色；种子具白色、肉质、半透明、多汁的假种皮。

共 2 种，1 种产于菲律宾，1 种产于中国，为热带著名果树。

荔枝 *Litchi chinensis* Sonn.（图 6-40）

识别要点

❖ 树形：常绿乔木，野生树高可达 30m，胸径 1m。

❖ 枝干：树皮灰褐色；不裂。小枝棕红色，密生白色皮孔。

❖ 叶：偶数羽状复叶互生，小叶 2～4 对，长椭圆状披针形，长 6～12cm，全缘，表面侧脉不甚明显，中脉在叶面凹下，背面粉绿色。

❖ 花：顶生圆锥花序，大而多分枝，被黄色毛。花小，单性，无花瓣；萼小，4～5裂；花盘肉质；雄蕊 6～8，花丝有毛；子房 2～3 裂。花期 3～4 月。

❖ 果实：果球形或卵形，熟时红色，果皮有显著突起小瘤体。果 5～8 月成熟。

❖ 种子：种子棕褐色，具白色、肉质、半透明、多汁的假种皮。

产地与分布

❖ 产地：原产华南，广东西南部和海南有天然林。

❖ 分布：福建、广东、广西及云南东南部均有分布，四川、台湾有栽培。

生态习性

❖ 光照：喜光。

◇ 温湿：喜暖热湿润气候，怕霜冻。

◇ 水土：喜富含腐殖质的深厚、酸性土壤。

生物学特性

◇ 长速与寿命：寿命长。

观赏特性

◇ 感官之美：树冠广阔，枝叶茂密，四季常青，果品鲜美。

园林应用

◇ 应用方式：华南重要果树，也常于庭园种植，为园林结合生产的树种，除了适于庭院、草地、建筑周围作庭荫树以外，还可以成片种植。例如，广州荔枝湾湖公园，便栽植了大量的荔枝和其他果木、花卉，形成了"白荷红荔半塘西"的景色。广州东郊的萝岗，也以荔枝和青梅著名，春天梅花盛开，曰"萝岗香雪"，初夏时节，又是"夕阳明灭荔枝红"的胜境。

图 6-40　荔枝 *Litchi chinensis*

柑橘属　*Citrus* L.

本属隶属芸香科 Rutaceae。常绿乔木或灌木，常具枝刺。叶互生，原为复叶，但退化成单叶状（称为单身复叶），革质，具油腺点；叶柄常有翼。花常两性，单生或簇生叶腋，偶有排成聚伞或圆锥花序者；花白色或淡红色，常为 5 数；雄蕊 15 或更多，成数束；子房无毛，8～15 室，每室 4～12 胚珠。柑果较大，无毛，稀有毛。

约 20 种，产于东南亚；中国约产 10 种，引入数种栽培。

分种检索表

A_1　单叶，无翼叶，叶柄顶端无关节 ··· 香橼 *C. medica*

A_2　单身复叶，有宽或狭但长度不及叶身一半的翼叶；叶柄顶端有关节。

　B_1　叶柄多少有翼；花芽白色。

　　C_1　小枝有毛；叶柄翼宽大；果极大，径在 10cm 以上，果皮平滑 ················ 柚 *C. grandis*

　　C_2　小枝无毛；果中等大小；果皮较粗糙。

　　　D_1　叶柄翼大；果味酸 ·· 酸橙 *C. aurantium*

　　　D_2　叶柄翼狭或近于无。

　　　　E_1　叶柄翼狭；果皮不易剥离，果心充实 ·················· 甜橙 *C. sinensis*

　　　　E_2　叶柄近无翼；果皮易剥离，果心中空 ·················· 柑橘 *C. reticulata*

　B_2　叶柄只有狭边缘，无翼，花芽外面带紫色；果极酸。

　　C_1　花径 2.5～3.5cm；雄蕊约 20；果球形或扁球形，果皮薄而平滑；种胚淡绿色 ··· 黎檬 *C. limonia*

　　C_2　花径 3.5～4.5cm；雄蕊 30 以上；果椭圆形，两端尖；皮厚难剥；胚白色 ······ 柠檬 *C. limon*

香橼　*Citrus medica* L.（图 6-41）

别名　枸橼、香圆

图 6-41　香橼 *Citrus medica*

识别要点

◇ 树形：常绿小乔木或灌木。

◇ 枝干：枝有短刺。

◇ 叶：叶长椭圆形，长 8～15cm，叶端钝或短尖，叶缘有钝齿，油点显著；叶柄短，无翼，柄端无关节。

◇ 花：花单生或成总状花序；花白色，外面淡紫色。花期 4～6 月。

◇ 果实：果近球形，长 10～25cm，顶端有 1 乳头状突起，柠檬黄色，果皮粗厚而芳香。果熟期 8～11 月。

种下变异

佛手 var. *sarcodactylis* Swingle：叶片长圆形，长约 10cm，叶柄短而无翼，先端钝，叶面粗糙；果实长圆形，黄色，先端裂如指状，或开展伸张，或拳曲，极芳香，是名贵的盆栽观赏花木。

产地与分布

◇ 产地：产于中国长江以南地区。

◇ 分布：在中国南方于露地栽培，在北方则进行温室盆栽。

生态习性

◇ 光照：性喜光。

◇ 温湿：喜温暖气候。

◇ 水土：喜肥沃适湿而排水良好的土壤。

生物学特性

◇ 花果特性：一年中可开花数次。

观赏特性

◇ 感官之美：香橼春夏开花多次，深秋有金黄色的果实挂枝。佛手果实各心皮分裂如拳（称为"武佛手"）或开展如手指（"文佛手"），黄色，有香气。

◇ 文化意蕴：佛手象征"福"，又代表"佛陀"的保佑，能招来福禄吉祥。

园林应用

◇ 应用方式：香橼及佛手均为著名的观果树种，宜植于庭园或盆栽观赏。

柑橘 *Citrus reticulata* Blanco（图 6-42）

识别要点

◇ 树形：常绿小乔木或灌木，一般高 3～4m。

◇ 枝干：小枝较细弱，无毛，通常有刺。

◇ 叶：叶长卵状披针形，长 4～8cm，叶端渐尖而钝，叶基楔形，全缘或有细钝齿；叶柄近无翼。

◇ 花：花黄白色，单生或簇生叶腋。花期 3～5 月。

◇ 果实：果扁球形，径 5～7cm，橙黄色或橙红色，果皮薄易剥离。10～12 月果熟。

产地与分布

◇ 产地：原产于中国。

◇ 分布：广布于长江以南各地。

生态习性

◇ 光照：喜光。

◇ 温湿：喜温暖湿润气候，耐寒性较强，可在江苏南部栽培而生长良好。

◇ 水土：宜排水良好的赤色黏质壤土。

观赏特性

◇ 感官之美：四季常青，枝叶茂密，树姿整齐，春季满树盛开香花，秋冬黄果累累，挂果期长，黄绿色彩相间极为美丽。

◇ 文化意蕴：在中国的传统文化里，柑橘象征幸运与繁荣，而橘树则象征丰饶与富足。

图 6-42　柑橘 *Citrus reticulata*

园林应用

◇ 应用方式：既可于山坡大面积群植形成柑橘园，也可孤植或数株丛植于庭院各处，尤其如前庭、窗前、屋角、亭廊之侧、假山附近；或在公园中小片丛植。还是著名的盆栽观赏果木。为园林结合生产树种。

女贞属 *Ligustrum* L.

本属隶属木犀科 Oleaceae。落叶或常绿，灌木或乔木。单叶，对生，全缘。花两性，顶生圆锥花序；花小，白色，花萼钟状，4 裂；花冠筒长或短，裂片 4；雄蕊 2，着生于花冠筒上。核果浆果状，黑色或蓝黑色。

约 45 种，主产于东亚及澳大利亚，欧洲及北美产 1 种；中国产约 30 种，多分布于长江以南及西南。

分种检索表

A_1　叶为绿色。

　B_1　小枝和花轴无毛 ·················· 女贞 *L. lucidum*

　B_2　小枝和花轴有柔毛或短粗毛。

　　C_1　花冠筒较花冠裂片稍短或近等长。

　　　D_1　常绿；小枝疏生短柔毛 ·················· 日本女贞 *L. japonicum*

　　　D_2　落叶或半常绿；小枝密生短柔毛。

　　　　E_1　花具花梗；叶背中脉有毛 ·················· 小蜡 *L. sinense*

　　　　E_2　花无梗；叶背无毛 ·················· 小叶女贞 *L. quihoui*

　　C_2　花冠筒较花冠裂片长 2～3 倍 ·················· 辽东水蜡树 *L. obtusifolium* ssp. *suave*

A_2　叶为金黄色 ·················· 金叶女贞 *L.* × *vicaryi*

女贞 *Ligustrum lucidum* Ait.（图 6-43）

别名　冬青、蜡树

图 6-43　女贞 *Ligustrum lucidum*

识别要点

❖ 树形：常绿乔木，高达 25m。

❖ 枝干：树皮灰色，平滑。枝开展，无毛，具皮孔。

❖ 叶：叶革质，宽卵形至卵状披针形，长 6～12cm，顶端尖，基部圆形或阔楔形，全缘，无毛。侧脉 4～9 对。

❖ 花：圆锥花序顶生，长 10～20cm；花白色，几无柄，花冠裂片与花冠筒近等长。花期 6～7 月。

❖ 果实：核果长圆形，蓝黑色。果期 7 月至翌年 5 月。

种下变异

落叶女贞 f. *latifolium*（Cheng）Hsu：落叶性，叶较薄，纸质，椭圆形、长卵形至披针形，侧脉 7～11 对，相互平行，与主脉几近垂直。

产江苏等地。

产地与分布

❖ 产地：产于长江流域及以南各地。

❖ 分布：除产地外，甘肃南部及华北南部多有栽培。印度、尼泊尔有栽培。

生态习性

❖ 光照：喜光，稍耐阴。

❖ 温湿：喜温暖湿润环境，不耐寒。

❖ 水土：适生于微酸性至微碱性的湿润土壤，不耐干旱瘠薄。

❖ 空气：抗污染，对二氧化硫、氯气、氟化氢等有毒气体有较强的抗性，并能吸收氟化氢。

生物学特性

❖ 长速与寿命：生长快。

❖ 花果特性：结实量大。

观赏特性

❖ 感官之美：枝叶清秀，四季常绿，夏日白花满树。

❖ 文化意蕴：李时珍说："此木凌冬青翠，有贞守之操，故以贞女状之。"女贞象征永远不变的爱。

园林应用

❖ 应用方式：常栽于庭园观赏，广泛栽植于街坊、宅院，或作园路树，或修剪作绿篱用；对多种有毒气体抗性较强，可作为工矿区的抗污染树种。

❖ 注意事项：果实是一些鸟类的食物，是营造鸟语花香生态园林的重要树种。

木犀榄属　*Olea* L.

本属隶属木犀科 Oleaceae。常绿灌木或小乔木。单叶对生，全缘或有疏齿。花两性或单性，腋生圆锥花序或簇生叶腋；花萼短，4齿裂；花冠短，白色或很少粉红色，4深裂，有时无花冠；雄蕊2；子房2室，每室有胚珠2颗。核果。

约40种，分布热带及温带地区；中国有12种，分布于西南部至南部；引入栽培1种。

木犀榄　*Olea europaea* L.（图6-44）

别名　齐墩果、油橄榄

识别要点

◇ 树形：小乔木，高达10m。

◇ 枝干：树皮粗糙，老时深纵裂，常生有树瘤。小枝四棱形。

◇ 叶：叶对生，近革质，披针形或长椭圆形，长2～5cm，顶端稍钝而有小凸尖，全缘，边略反卷，表面深绿，背面密被银白色皮屑状鳞片，中脉在两面隆起，侧脉不甚明显。

◇ 花：圆锥花序腋生，长2～6cm；花两性；花萼钟状；花冠白色，芳香，裂片长于筒部；雄蕊花丝短；子房近圆形。花期4～5月。

◇ 果实：核果椭圆状至近球形，形如橄榄，黑色光亮。果10～12月成熟。

图6-44　木犀榄 *Olea europaea*

产地与分布

◇ 产地：产于地中海区域。

◇ 分布：欧洲南部及美国南部广为栽培，是当地的木本油料树种，栽培历史悠久；中国引种栽植在长江流域及南至两广等15个省（自治区、直辖市）以汉中地区生长较好。

生态习性

◇ 光照：喜光。

◇ 温湿：生于冬季温暖湿润、夏季干燥炎热，年降水量500～750mm的气候条件。在年平均气温14～20℃，冬季最低月平均气温0℃以上的气候条件生长良好，有的品种能耐短时间 -16℃的低温而不致受冻。

◇ 水土：最宜土层深厚、排水良好、pH 6～7.5的砂壤土，稍耐干旱，对盐分有较强的抵抗力，不耐积水。

◇ 空气：对二氧化硫等有毒气体的抗性较强。

生物学特性

◇ 长速与寿命：寿命长，结实年龄可达400年。

◇ 根系特性：无主根，侧根发达。

观赏特性

◇ 感官之美：树冠浑圆，枝叶繁茂，常绿，叶背面银白色，花白色而芳香，秋季果实累累，妩媚动人。

◇ 文化意蕴：枝作为和平的标志。

园林应用

◇ 应用方式：可丛植草坪、墙隅、庭院观赏。在风景区内可结合生产大量种植，适宜向阳坡地。

蒲葵属 *Livistona* R. Br.

本属隶属棕榈科 Arecaceae。乔木。茎直立，有环状叶痕。叶近圆形，扇状折叠，掌状分裂至中部或中上部，顶端 2 裂；叶柄两侧具倒钩刺；叶鞘纤维棕色。花两性，肉穗花序自叶丛中抽出；佛焰苞管状，多数；花萼和花冠 3 裂几达基部；雄蕊 6；心皮 3，近分离，花柱短。核果，球形至卵状椭圆形。种子 1 枚，腹面有凹穴。

本属分布于亚洲及大洋洲的热带地区，全球共约 30 种；中国产约 4 种，分布于华南、东南部及云南西双版纳地区。

蒲葵 *Livistona chinensis* (Jacq.) R. Br.（图 6-45）

别名　葵树

识别要点

◇ 树形：乔木，高达 10～20m，胸径 15～30cm。树冠密实，近圆球形，冠幅可达 8m。

图 6-45　蒲葵 *Livistona chinensis*

◇ 叶：叶阔肾状扇形，宽 1.5～1.8m，长 1.2～1.5m，掌状浅裂至深裂，通常部分裂深至全叶 1/4～2/3，下垂；裂片条状披针形，顶端长渐尖，再深裂为 2；叶柄长 1m 以上，两侧具骨质的钩刺；叶鞘褐色，纤维甚多。

◇ 花：佛焰花序腋生，排成圆锥花序式，长约 1m，总梗上有 6～7 个佛焰苞，约 6 个分枝花序，长达 35cm，每分枝花序基部有 1 个佛焰苞；花小，两性，黄绿色，通常 4 朵集生；花冠 3 裂，几达基部，花瓣近心脏形，直立。花期 3～4 月。

◇ 果实：核果椭圆形至阔圆形，长 1.8～2cm，状如橄榄，两端钝圆，熟时亮紫黑色，外略被白粉。果期 9～10 月。

产地与分布

◇ 产地：原产华南和日本琉球群岛。

◇ 分布：我国长江流域以南各地常见栽培。

生态习性

◇ 光照：喜光，略耐阴。

◇ 温湿：喜高温多湿气候。

◇ 水土：喜肥沃湿润而富含腐殖质的黏壤土，能耐一定的水涝和短期浸泡。

◇ 空气：抗有毒气体，对氯气和二氧化硫抗性强。抗风力强，能在海滨、河滨生长而少遭风害。

生物学特性

❖ 长速与寿命：生长速度中等，广州 20 年生树高 8.1m，冠幅 6.7m，胸径 28cm。寿命可达 200 年以上。

❖ 根系特性：须根盘结丛生。

观赏特性

❖ 感官之美：树形美观，树冠伞形，树干密生宿存叶基，叶片大而扇形，婆娑可爱。

园林应用

❖ 应用方式：热带地区优美的庭园树种，可供行道树、庭荫树之用，丛植、孤植于草地、山坡，或列植于道路两旁、建筑周围、河流沿岸均宜。

棕榈属 *Trachycarpus* H. Wendl.

本属隶属棕榈科 Arecaceae。乔木或灌木。茎干多直立，具环状托叶痕。叶簇生干端，叶片近圆形，掌状分裂，裂片先端直伸，狭长，多数，2 裂；叶柄两侧具细齿。花序由叶丛中抽出，分枝密集，佛焰苞多数，革质，被茸毛；花单性或两性，同株或异株，黄色；花萼、花瓣各 3 枚；雄蕊 6；子房 3 室，心皮基部合生。核果，球形、长圆至肾形；种子腹面有凹槽。

全世界约 10 种，而以中国西南、华南、华中、华东和喜马拉雅地区（包括印度、尼泊尔等国）及日本为其分布中心。中国约产 6 种。本属植物抗寒性较强，分布于棕榈科区域北缘至最北界限。

棕榈 *Trachycarpus fortunei* (Hook.) H. Wendl.（图 6-46）

别名　棕树、山棕

识别要点

❖ 树形：常绿乔木。树干圆柱形，高达 15m，干径达 24cm。

❖ 枝干：树干常有残存的老叶柄及其下部的黑褐色叶鞘。稀分枝。

❖ 叶：叶簇竖干顶，近圆形，径 50～70cm，掌状裂深达中下部；裂片条形，坚硬，先端 2 浅裂，直伸；叶柄长 40～100cm。两侧细齿明显。

❖ 花：雌雄异株，圆锥状佛焰花序腋生，花小而黄色。花期 4～5 月。

❖ 果实：核果肾状球形，径约 1cm，蓝褐色，被白粉。10～11 月果熟。

产地与分布

❖ 产地：原产于中国；日本、印度、缅甸也产。

图 6-46　棕榈 *Trachycarpus fortunei*

❖ 分布：棕榈在中国分布很广，北起陕西南部，南到广东、广西和云南，西达西藏边界，东至上海和浙江。从长江出海口，沿着长江上游两岸 500km 广阔地带分布最广。

生态习性

◇ 光照：喜光，亦耐阴，苗期耐阴能力尤强。

◇ 温湿：喜温暖湿润，亦颇耐寒，是棕榈科中最耐寒的植物，在上海可耐 −8℃低温，在山东崂山露地生长的棕榈可高达 4m。

◇ 水土：喜排水良好、湿润肥沃的中性、石灰性或微酸性黏质壤土，耐轻度盐碱，也能耐一定的干旱和水湿。

◇ 空气：抗烟尘和二氧化硫、氟化氢、二氧化氮、苯等有毒气体，对二氧化硫和氟化氢有很强的吸收能力。

生物学特性

◇ 长速与寿命：生长缓慢，寿命可达 1000 年以上。

◇ 根系特性：浅根性，须根发达。

观赏特性

◇ 感官之美：著名的观赏树木，树姿优美，挺拔秀丽，一派南国风光。

园林应用

◇ 应用方式：最适于丛植、群植，窗前、凉亭、假山附近、草坪、池沼、溪涧均无处不适，列植为行道树也甚为美丽，均可展现热带风光。又是工厂绿化优良树种。也常用盆栽或桶栽作室内或建筑前装饰及布置会场之用。

鱼尾葵属 *Caryota* L.

本属隶属棕榈科 Arecaceae。常绿乔木，稀灌木。茎单生或丛生，有环状叶痕。叶大，聚生茎顶，2 或 3 回羽状全裂，裂片半菱形，成鱼尾状，顶端极偏斜而有不规则啮齿状缺刻；叶鞘纤维质。肉穗花序腋生，下垂；花单性同株，通常 3 朵聚生；雄花萼片 3 枚，花瓣 3 片，雄蕊 6 至多数；雌花萼片圆形，花瓣卵状三角形，子房 3 室，柱头 3 裂，罕 2 裂。浆果状核果球形，有种子 1～2 粒。种子圆形或半圆形。

约 12 种，分布于亚洲南部、东南部至澳大利亚热带地区。我国 4 种，产云南南部和华南。

分种检索表

A₁ 树干单生，花序长约 3m，果粉红色 ·················· 鱼尾葵 *C. ochlandra*

A₂ 树干丛生，花序长不及 1m，果蓝黑色 ·················· 短穗鱼尾葵 *C. mitis*

鱼尾葵 *Caryota ochlandra* Hance（图 6-47）

别名 假桃榔

识别要点

◇ 树形：乔木，高达 30m。

◇ 枝干：树干单生，无吸枝，绿色，被白色绒毛；有环状叶痕。

◇ 叶：叶大型，聚生茎顶，2 回羽状深裂，长 2～3m，宽 1～1.6m，每侧羽片 14～20 片，中部较长，下垂；裂片厚革质，有不规则啮齿状齿缺，酷似鱼鳍，端延长成长尾尖，近对生；叶轴及羽片轴上均被棕褐色毛及鳞秕；叶柄长仅 1.5～3cm；叶鞘巨大，长圆筒形，抱茎，长约 1m。

◇ 花：肉穗花序呈圆锥花序式，长 1.5～3m，下垂。雄花花蕾卵状长圆形。雌花花蕾三角状卵形。花期 7 月。

❖ 果实：果球形，径 1.8~2cm，熟时淡红色，有
　　种子 1~2 粒。

产地与分布

❖ 产地：原产热带亚洲。

❖ 分布：我国分布于华南至西南，常生于低海拔
　　石灰岩山地。桂林以南各地庭园中常见栽培。

生态习性

❖ 光照：喜光，也较耐阴。

❖ 温湿：稍耐寒，可耐长期 4~5℃低温和短期
　　0℃低温及轻霜。

❖ 水土：喜湿润疏松的钙质土，在酸性土上也能
　　生长，不耐旱，较耐水湿。

生物学特性

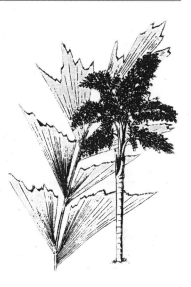

图 6-47　鱼尾葵 *Caryota ochlandra*

❖ 长速与寿命：寿命约 50 年。

观赏特性

❖ 感官之美：树姿优美，叶片翠绿，叶形奇特。花色鲜黄，果实如圆珠成串。

园林应用

❖ 应用方式：优美的行道树和庭荫树，适于庭院、广场、建筑周围植之，宜列植。

椰子属 *Cocos* L.

本属隶属棕榈科 Arecaceae。只 1 种。

椰子 *Cocos nucifera* L.（图 6-48）

图 6-48　椰子 *Cocos nucifera*

别名　椰树

识别要点

❖ 树形：乔木，高 15~35m，胸径达 30cm 以上。

❖ 枝干：单干，茎干粗壮，有环状托叶痕，基部
　　增粗。

❖ 叶：叶长 3~7m，羽状全裂；裂片向外折叠；叶
　　柄粗壮，长 1m 余，基部有网状褐色棕皮。

❖ 花：花单性同序，肉穗花序腋生，多分枝，长
　　1.5~2m；总苞舟形，最下一枚长 60~100cm，肉
　　穗花序，雄花呈扁三角状卵形，长 1~1.5cm。雌花
　　呈略扁之圆球形，横径 2.4~2.6cm。几乎全年开花。

❖ 果实：坚果每 10~20 聚为一束，极大，长径在
　　15~20cm 以上，基部有 3 孔。花后经 10~12 个
　　月果实成熟，以 7~9 月为采果最盛期。

产地与分布

❖ 产地：热带树种，原产地不详。

◇ 分布：现广植于热带地区。尤其以热带亚洲为多；我国海南、台湾和云南南部栽培椰子树历史悠久。

生态习性

◇ 光照：喜阳光充足。

◇ 温湿：性喜高温、高湿的热带沿海气候，要求年平均温度 24～25℃、最低温度 10℃以上、温差小才能正常开花结实。最适年平均温度是 26～27℃，要求年降水量 1500～2000mm，且分布均匀。

◇ 水土：喜排水良好的深厚砂壤土，不耐干旱。

◇ 空气：抗风力强。

生物学特性

◇ 长速与寿命：寿命可达 100 年。

◇ 花果特性：7 年生始果，15～80 年生为盛果期。几乎全年开花。

观赏特性

◇ 感官之美：树干不分枝，叶片簇生顶端，高张如伞，苍翠挺拔，其果实集于干顶。

园林应用

◇ 应用方式：热带地区著名的风景树。尤适于热带海滨造景，宜丛植、群植。也可作行道树、绿荫树和海岸防风林材料。在庭园中椰子则可于建筑周围、草坪中丛植。

王棕属 *Roystonea* O. F. Cook

本属隶属棕榈科 Arecaceae。乔木，茎单生，圆柱状，近基部或中部膨大。叶极大，羽状全裂；裂片线状披针形；叶鞘长筒状，包茎。花序巨大，分枝长而下垂，生于叶鞘束下，佛焰苞 2，外面 1 枚早落，里面 1 枚全包花序，于开花时纵裂。花小，单性同株，单生、并生或 3 朵聚生，雄花萼片 3，极小，薄革质，雄蕊 6～12，具退化雌蕊。雌花花冠壶状，3 裂至中部；子房 3 室；退化雄蕊 6，鳞片状。果近球形或长圆形，长不过 1.2cm。种子 1 粒。

约 6 种，原产于热带美洲；中国引入栽培 2 种。

王棕 *Roystonea regia* (Kunth) O. F. Cook（图 6-49）

别名 大王椰子

识别要点

◇ 树形：乔木，高达 10～20m。

◇ 枝干：茎淡褐灰色，具整齐的环状叶鞘痕，幼时基部明显膨大，老时中部不规则膨大。

◇ 叶：叶聚生茎顶，长约 4m，羽状全裂；裂片条状披针形，长 85～100cm，宽 4cm，软革质，端渐尖或 2 裂，基部向外折叠，通常 4 列排列；叶柄短；叶鞘长 1.5m，光滑。

◇ 花：内穗花序 3 回分枝，排成圆锥花序式。佛焰苞 2 枚，苞内及内穗花序上有大量白色及灰褐色锯末状散落物。小穗长 12～28cm，基部或中部以下有雌花，中部以上全为雄花。雄花淡黄色，雌花花冠壶状，3 裂至中部。花期 4～5 月。

◇ 果实：果近球形，长8～13mm，红褐色至淡紫色。果期7～8月。

◇ 种子：种子1粒，卵形，压扁。

产地与分布

◇ 产地：原产于古巴。

◇ 分布：现广植于世界各热带地区；中国广东、广西、台湾、云南及福建均有栽培。

生态习性

◇ 光照：喜光，幼树稍耐阴。

◇ 温湿：喜温暖，耐寒力较假槟榔差。

◇ 水土：喜土层深厚肥沃的酸性土，不耐瘠薄，较耐干旱和水湿。

◇ 空气：抗风力强，能抗8～10级热带风暴。

观赏特性

◇ 感官之美：树形挺拔，茎干光滑并具有明显的环状叶痕，整个茎干呈优美的流线型，是一种极为优美的棕榈形树木。

图6-49 王棕 *Roystonea regia*

园林应用

◇ 应用方式：适于行列式种植和对植，也可用于水边、草坪等处丛植。还适于在高速公路中心绿带中应用。

假槟榔属 *Archontophoenix* H. Wendl et Drude

本属隶属棕榈科 Arecaceae。乔木。干单生，有环纹，基部常膨大。叶羽状全裂，裂片条状披针形，中脉及细中脉均极显著，叶背及叶轴背面有鳞秕状绒毛被覆物。肉穗花序生于叶鞘束下方的干上，具多数悬垂的分枝。总苞2。花无梗，单性，雌雄同株异序。雄花三角状；萼片3，较小，覆瓦状排列，具一退化雌蕊；花瓣3，较大，镊合状排列；雄蕊9～24枚，花丝近基部合生。雌花近球形，小于雄花，花后花被增大；萼片3，覆瓦状排列；花瓣3，较萼片小，退化雄蕊6或0，子房三角状卵形，1室，柱头3，微小而外弯。坚果小，球形或椭圆状球形，果皮纤维质。种子具嚼烂状胚乳。

4种，原产于澳大利亚之热带、亚热带地区；中国常见栽培1种。

假槟榔 *Archontophoenix alexandrae* (F. Muell.) H. Wendl et Drude（图6-50）

别名 亚历山大椰子

识别要点

◇ 树形：常绿乔木，高达20～30m，直径30cm，基部显著膨大。

◇ 枝干：茎干具阶梯状环纹，干的基部膨大。

◇ 叶：叶拱状下垂，长达2.3m；裂片多达130～140枚，长约60cm，先端渐尖而略2浅裂，全缘；表面绿色，背面有白粉；具明显隆起的中脉及纵侧脉，叶背略被灰褐色鳞秕，叶轴背面密被褐色鳞秕状绒毛；叶鞘长达1m，膨大抱茎，革质。

◇ 花：肉穗花序生于叶鞘下方的干上，悬垂而多分枝，雌雄异序；雄花序长约

图 6-50　假槟榔 *Archontophoenix alexandrae*

75cm，雄花三角状长圆形，淡米黄色；雌花序长约 80cm，雌花卵形，米黄色。

◇ 果实：果实卵球形，长 1.2～1.4cm，红色。

产地与分布

◇ 产地：原产于澳大利亚之昆士兰州。

◇ 分布：中国广东、广西、云南西双版纳、福建及台湾等地有栽培。

生态习性

◇ 光照：喜光。

◇ 温湿：性喜高温、高湿和避风的环境，耐 5～6℃的长期低温和 0℃的极端低温。

◇ 水土：喜土层深厚肥沃的微酸性土；耐水湿。

◇ 空气：抗风力强。

观赏特性

◇ 感官之美：树体高大挺拔，树干光洁，给人以整齐的感觉，而干顶蓬松散开的大叶片披垂碧绿，随风招展，又不失活泼，果实红色，也甚为美观。

园林应用

◇ 应用方式：华南最常见的园林树种之一，特别适于建筑前、道路两侧列植，以突出展示其高度自然的韵律美，若在草地中丛植几株也适宜，可以常绿阔叶树为背景，以衬托假槟榔的苗条秀丽。

2　落叶乔木

2.1　落叶针叶乔木

落叶松属 *Larix* Mill.

本属隶属松科 Pinaceae。落叶乔木，树皮纵裂成较厚的块片；大枝水平开展，枝下高较高，枝叶稀疏，有长枝、短枝之分；冬芽小，近球形，芽鳞先端钝，排列紧密。叶扁平，条形，质柔软，淡绿色，叶表背均有气孔线，在长枝上螺旋状互生，在短枝上呈轮生状。雌雄同株，花单性，球花单生于短枝顶端，雄球花黄色，近球形；雌球花红色或绿紫色，近球形，苞鳞极长。球果形小，近球形、卵形或圆柱形，当年成熟，不脱落；种鳞革质，宿存；种子形小，三角状，有长翅；子叶 6～8。

共 18 种，分布于北半球寒冷地区，常形成广袤的森林。中国产 10 种 1 变种，引入栽培 2 种。

分种检索表

A₁　球果卵形或长卵形；苞鳞比种鳞短，多不外露或微外露，小枝不下垂。

　B₁　球果种鳞上部边缘不反曲或略反曲；一年生长枝呈黄、浅黄、淡褐或淡褐黄色，无白粉。

　　C₁　球果中部的种鳞长大于宽，呈三角状卵形、五角状卵形或卵形。

　　　D₁　一年生长枝较粗，径 1.2～2.5mm，短枝径 3～4mm；球果熟时上端种鳞略张开或不张开。

E₁ 一年生长枝淡褐色或淡褐黄色，短枝顶端有黄褐或淡褐色柔毛；种鳞近五角状卵形，先端平截或微凹，鳞背无毛 ························· 华北落叶松 *L. principis-rupprechtii*

E₂ 一年生长枝淡黄灰、淡黄或黄色，短枝顶端密被白色长柔毛；种鳞三角状卵形、卵形或近菱形，先端圆，背部密生淡褐色柔毛，罕无毛 ················· 新疆落叶松 *L. sibirica*

D₂ 一年生长枝较细，径约 1mm，短枝亦较细，径 2~3mm；球果熟时上端种鳞张开，种鳞五角状卵形，先端平截或微凹，背面无毛 ················· 落叶松 *L. gmelini*

C₂ 球果中部种鳞长宽近相等，方圆形或方状广卵形；一年生长枝淡红褐或淡褐色，密生或散生长毛或短毛 ································· 黄花落叶松 *L. olgensis*

B₂ 球果种鳞上部边缘显著反曲；一年生长枝淡黄或淡红褐色，有白粉··· 日本落叶松 *L. kaempferi*

A₂ 球果长圆状圆柱形或圆柱形；苞鳞比种鳞长，显著外露，常直伸；小枝下垂，一年生长枝红褐或淡紫褐色，罕淡黄褐色 ································· 红杉 *L. potaninii*

华北落叶松 *Larix principis-rupprechtii* Mayr（图 6-51）

识别要点

◇ 树形：乔木，高达 30m，胸径 1m。树冠圆锥形。

◇ 枝干：树皮暗灰褐色，呈不规则鳞状裂开，大枝平展，小枝不下垂或枝梢略垂，一年生长枝淡褐黄或淡褐色，常无或偶有白粉，幼时有毛后脱落，枝较粗，径 1.5~2.5mm，2~3 年生枝变为灰褐或暗灰褐色，短枝顶端有黄褐或褐色柔毛，径亦较粗，2~3mm。

◇ 叶：叶长 2~3cm，宽约 1mm，窄条形，扁平。

◇ 球果：球果长卵形或卵圆形，长 2~4cm，径约 2cm；种鳞 26~45，背面光滑无毛，边缘不反曲，苞鳞短于种鳞，暗紫色。花期 4~5 月；球果 9~10 月成熟。

◇ 种子：种子灰白色，有褐色斑纹，有长翅；子叶 5~7。

图 6-51 华北落叶松
Larix principis-rupprechtii

产地与分布

◇ 产地：产河北、河南和山西，生于海拔 600~2800m 山地。

◇ 分布：除产地外，辽宁、内蒙古、山东、甘肃、新疆等省区有引种栽培。

生态习性

◇ 光照：强喜光树种，一年生苗能在林下生长，二年生苗即不耐侧方庇荫。

◇ 温湿：性极耐寒，能在年均温 -4~-2℃，1 月平均气温达 -20℃的地区正常生长；在垂直分布上为乔木树种的上限；夏季能忍受 35℃的高温，但幼苗易受日灼伤而大量死亡。

◇ 水土：对土壤的适应性强，喜深厚湿润而排水良好的酸性或中性土壤，但亦能略耐盐碱；亦有一定的耐湿和耐旱力，亦耐瘠薄土地，但生长极慢。在降水量为

600～900mm 地区生长良好。

生物学特性

❖ 长速与寿命：生长迅速，在适宜的地点，最大的高生长量一年可近 2m。一般地区，30 年生可高达 16m，平均胸径 13cm。寿命长达 200 年以上。

❖ 根系特性：根系发达，可塑性强。

观赏特性

❖ 感官之美：树冠整齐呈圆锥形，叶轻柔而潇洒，可形成美丽的景区。

园林应用

❖ 应用方式：最适合于较高海拔和较高纬度地区配植应用，可形成优美的山地风景林。

❖ 注意事项：在大面积栽植时，因落叶松易受松毛虫及落叶松尺蠖危害，故不宜与松树混植，最好与阔叶树混植或团丛式混合配植。

金钱松属 *Pseudolarix* Gord.

本属隶属松科 Pinaceae。仅 1 种，为中国所特产。

金钱松 *Pseudolarix amabilis* (Nelson) Rehd.（图 6-52）

识别要点

❖ 树形：落叶乔木，高达 40m，胸径 1m。树冠阔圆锥形。

❖ 枝干：树皮赤褐色，呈狭长鳞片状剥离。大枝不规则轮生，平展；有长、短枝之分，短枝距状；一年生长枝黄褐或赤褐色，无毛。冬芽卵形，锐尖，芽鳞先端长尖。

❖ 叶：叶条形，在长枝上螺旋状排列，在短枝上 15～30 枚轮状簇生，呈辐射状平展。叶长 2～5.5cm，宽 1.5～4mm。

❖ 球花：雌雄同株，雄球花数个簇生于短枝顶部，有柄，黄色花粉有气囊；雌球花单生于短枝顶部，紫红色。花期 4～5 月。

❖ 球果：球果卵形或倒卵形，长 6～7.5cm，径 4～5cm，有短柄，直立，当年成熟，淡红褐色；种鳞木质，卵状披针形，基部两侧耳状，熟时脱落；苞鳞小，基部与种鳞相结合，不露出。球果 10～11 月上旬成熟。

图 6-52 金钱松 *Pseudolarix amabilis*

❖ 种子：种子卵形，白色，种翅连同种子几乎与种鳞等长。子叶 4～6。

种下变异

'垂枝'金钱松 'Annesleyana'：小枝下垂，高约 30m。

'矮生'金钱松 'Dawsonii'：树形矮化，高 30～60 cm。

'丛生'金钱松 'Nana'：植株矮而分枝密，高 0.3～1m。

产地与分布

❖ 产地：产于安徽、江苏、浙江、江西、湖南、湖北、四川等地。

◇ 分布：北京以南普遍栽培。

生态习性

◇ 光照：性喜光，幼时稍耐阴。

◇ 温湿：喜温凉湿润气候，有相当的耐寒性，能耐 −20℃的低温。

◇ 水土：喜深厚肥沃、排水良好而又适当湿润的中性或酸性砂质壤土，不喜石灰质土壤。

◇ 空气：抗风力强。

生物学特性

◇ 长速与寿命：生长速度中等偏快，10～30 年生期间生长最快，在适宜条件下，每年可加高约 1m。

◇ 根系特性：深根性。与真菌共生。

观赏特性

◇ 感官之美：体形高大，树干端直，短枝上的叶簇生如金钱状，入秋叶变为金黄色，极为美丽。

园林应用

◇ 应用方式：园林中适于配植在池畔、溪旁、瀑口、草坪一隅，孤植或丛植，以资点缀；也可作行道树或与其他常绿树混植；风景区内则宜群植成林。

◇ 注意事项：金钱松属于有真菌共生的树种，菌根多则对生长有利。不耐干旱也不耐积水。

水松属 *Glyptostrobus* Endl.

本属隶属杉科 Taxodiaceae。仅 1 种，仅存于中国。

水松 *Glyptostrobus pensilis*（Staunt.）Koch（图 6-53）

识别要点

◇ 树形：落叶乔木，高 8～16m，罕达 25m，径可达 1.2m；树冠圆锥形。

◇ 枝干：树皮呈扭状长条浅裂，生于潮湿土壤者，干基部常膨大，并有膝状呼吸根。枝条稀疏，大枝平伸或斜展，小枝绿色。

◇ 叶：叶互生，有 3 种类型。鳞形叶长约 2mm，宿存，螺旋状着生于 1～3 年生主枝上，贴枝生长；条形叶长 1～3cm，宽 1.5～4mm，扁平而薄，生于幼树一年生小枝和大树萌生枝上，常排成 2 列；条状钻形叶长 4～11mm，生于大树的一年生短枝上。辐射伸展成 3 列状。后两种叶冬季与小枝同落。

◇ 球花：雌雄同株，单性花单生枝顶；雄球花圆球形；雌球花卵圆形。花期 1～2 月。

◇ 球果：球果倒卵形，长 2.0～2.5cm，径 1.3～1.5cm；种鳞木质，扁平，倒卵形，成熟后渐脱落。球果 10～11 月成熟。

图 6-53　水松 *Glyptostrobus pensilis*

❖ 种子：种子椭圆形而微扁，褐色，基部有尾状长翅，子叶4～5。

产地与分布

❖ 产地：产于广东、福建、广西、江西、四川、云南等地，多生于河流沿岸。

❖ 分布：长江流域多有栽培。

生态习性

❖ 光照：强喜光树种。

❖ 温湿：喜暖热多湿气候，不耐低温。

❖ 水土：喜多湿土壤，在沼泽地则呼吸根发达，在排水良好的土地上则呼吸根不发达，干基也不膨大。性强健，对土壤适应性较强。仅忌盐碱土，最宜富含水分的冲渍土。

生物学特性

❖ 长速与寿命：在华南地区适宜的立地生长颇快，10年生平均树高9.5m，胸径16cm。

❖ 根系特性：主根和侧根发达、疏松、有通气组织。生于多水立地时，常有屈膝状呼吸根露出地面；在水位低、排水良好的立地，并无屈膝状呼吸根。

观赏特性

❖ 感官之美：树形美观，秋叶红褐色，并常有奇特的呼吸根。

园林应用

❖ 应用方式：优良的防风固堤、低湿地绿化树种。可成片植于池畔、湖边、河流沿岸、水田隙地。

落羽杉属 *Taxodium* Rich.

本属隶属杉科 Taxodiaceae。落叶或半常绿性乔木。干基膨大，常有膝状呼吸根。小枝有2种，主枝宿存，侧生小枝冬季脱落；冬芽形小，球形。叶螺旋状排列，基部下延，异型，主枝上的钻形叶斜展，宿存；侧生小枝上的条形叶排成2列状，冬季与枝一同脱落。雌雄同株；雄球花多数，集生枝梢；雌球花单生于去年生小枝顶部。球果单生枝顶或近梢部，有短柄，球形或卵圆形，种鳞木质，盾形，苞鳞与种鳞仅先端分离，向外凸起呈三角状小尖头；每种鳞有种子2；种子不规则三角形，有显著棱脊；子叶4～9。

共3种，原产于北美及墨西哥；中国已引入栽培。

分种检索表

A₁ 落叶性。

  B₁ 叶条形，扁平，叶基扭转排成羽状2列；大枝水平开展·······················落羽杉 *T. distichum*

  B₂ 叶钻形，在枝上螺旋状伸展，不成2列状，大枝向上伸长·····················池杉 *T. ascendens*

A₂ 半常绿至常绿，叶条形，扁平，排列紧密，羽状2列 ··········墨西哥落羽杉 *T. mucronatum*

落羽杉 *Taxodium distichum* (L.) Rich.（图6-54）

别名 落羽松

识别要点

❖ 树形：落叶巨乔木，高达50m，胸径达3m以上。树冠在幼年期呈圆锥形，老树则开展成伞形。

◇ 枝干：树干尖削度大，基部常膨大而有屈膝状的呼吸根。树皮呈长条状剥落；枝条平展，大树的小枝略下垂；一年生小枝褐色，生叶的侧生小枝排成 2 列。

◇ 叶：叶条形，长 1.0～1.5cm，扁平，先端尖，排成羽状 2 列，上面中脉凹下，淡绿色，秋季凋落前变暗红褐色。

◇ 球花：雌雄同株；雄球花卵圆形，有短梗，在小枝顶端排列成总状花序状或圆锥花序状；雌球花单生于去年生小枝顶部。花期 5 月。

◇ 球果：球果圆球形或卵圆形，径约 2.5cm，熟时淡黄褐色。球果 10 月成熟。

◇ 种子：种子褐色，长 1.2～1.8cm。

图 6-54　落羽杉
Taxodium distichum

产地与分布

◇ 产地：原产于美国东南部，生于亚热带排水不良的沼泽地区。

◇ 分布：在长江流域及华南大城市的园林中常有栽培，最北界已达河南南部鸡公山一带。

生态习性

◇ 光照：强阳性，不耐庇荫。

◇ 温湿：喜暖热湿润气候。

◇ 水土：极耐水湿，能生长于浅沼泽中，亦能生长于排水良好的陆地上，土壤以湿润而富含腐殖质者最佳。

◇ 空气：抗风性强。

生物学特性

◇ 长速与寿命：生长较快。

◇ 根系特性：在湿地上生长的，树干基部可形成板状根，自水平根系上能向地面上伸出呼吸根，特称为"膝根"。

观赏特性

◇ 感官之美：树形整齐美观，近羽毛状的叶丛极为秀丽，入秋，叶变成古铜色，是良好的秋色叶树种。屈膝状呼吸根奇特。

园林应用

◇ 应用方式：适于水边、湿地造景，可列植、丛植或群植成林，也是优良的公路树。在江南平原地区，则可作为农田林网树种。

◇ 注意事项：定植后主要应防止中央领导干成为双干，保持单干形。

水杉属 *Metasequoia* Miki et Hu et Cheng

本属隶属杉科 Taxodiaceae。仅 1 种，我国特产。1941 年由干铎教授在湖北利川县发现，1946 年王战教授等采标本，经胡先骕、郑万钧二位教授 1948 年定名后，曾引起世界各国植物学家极大的注意。

水杉 *Metasequoia glyptostroboides* Hu et Cheng（图 6-55）

识别要点

图 6-55 水杉
Metasequoia glyptostroboides

◇ 树形：落叶乔木，树高达 35m，胸径 2.5m；幼树树冠尖塔形，老树则为广圆头形。

◇ 枝干：干基常膨大。树皮灰褐色，长条片脱落。大枝近轮生，小枝对生。冬芽显著，芽鳞交互对生。

◇ 叶：叶交互对生，叶基扭转排成 2 列，呈羽状，条形，扁平，长 0.8～3.5cm，冬季与无芽小枝一同脱落。

◇ 球花：雌雄同株，单性；雄球花单生于枝顶和侧方，排成总状或圆锥花序状；雌球花单生于去年生枝顶或近枝顶。花期 2～3 月。

◇ 球果：近球形，长 1.8～2.5cm，熟时深褐色，下垂。珠鳞 11～14 对，交叉对生，每珠鳞有 5～9 胚珠。球果当年 11 月成熟。

◇ 种子：种子扁平，倒卵形，周有狭翅，子叶 2。

产地与分布

◇ 产地：产于四川石柱县，湖北利川县磨刀溪、水杉坝一带及湖南龙山、桑植等地。

◇ 分布：已在国内南北各地及全球 50 个国家有引种栽培。

生态习性

◇ 光照：喜光树种。

◇ 温湿：喜温暖湿润气候，具有一定的抗寒性，在北京、秦皇岛可露地过冬。在沈阳于小气候良好环境下如行适当防风防寒保护，亦可露地过冬。

◇ 水土：喜深厚肥沃的酸性土，但在微碱性土壤上亦可生长良好。尤喜湿润而排水良好，不耐涝，对土壤干旱也较敏感。

生物学特性

◇ 长速与寿命：生长速度较快，每年增高 1m 左右。在北京 10 年生树高约 8m。寿命长。

◇ 花果特性：水杉开始结实年龄较晚。一般 10 年生树开始出现花蕾，但所结种子多瘪粒。通常 25～30 年生大树开始结实，40～60 年生大量结实，至 100 年而不衰。

观赏特性

◇ 感官之美：树姿优美挺拔，叶色翠绿鲜明，秋叶转棕褐色，是著名的风景树。

园林应用

◇ 应用方式：宜在园林中丛植、列植或孤植，也可成片林植。水杉生长迅速，是郊区、风景区绿化中的重要树种。

◇ 注意事项：既不耐旱，也不耐涝。

2.2 落叶阔叶乔木

银杏属 *Ginkgo* L.

本属隶属银杏科 Ginkgoaceae。仅有 1 种遗存，为中国特产的世界著名树种。

银杏 *Ginkgo biloba* L.（图 6-56）

别名　白果树、公孙树

识别要点

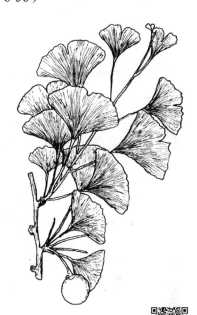

◇ 树形：落叶大乔木，高达 40m，胸径 4m。老树树冠广卵形或球形，青壮年树冠圆锥形。

◇ 枝干：树皮灰褐色，纵裂。主枝斜出，近轮生，枝有长枝、短枝之分。大枝斜展；一年生的长枝呈浅棕黄色，后则变为灰白色，并有细纵裂纹，短枝密被叶痕。

◇ 叶：长枝上的叶顶端常 2 裂；短枝上的叶顶端波状，常不裂；叶扇形，上缘宽 5～8cm，基部楔形；叶柄长 5～8cm。

◇ 球花：雌雄异株，球花生于短枝顶端的叶腋或苞腋；雄球花 4～6 朵，无花被，长圆形，下垂，呈柔荑花序状；雌球花亦无花被，有长柄，顶端有 1～2 盘状珠座，每座上有 1 直生胚珠。花期 3～5 月。

图 6-56　银杏
Ginkgo biloba

◇ 种子：种子椭圆形或球形，外种皮肉质，熟时淡黄色或橙黄色，被白粉；中种皮骨质，白色，具 2～3 条纵脊；内种皮膜质，红褐色。种熟期 8～10 月。

种下变异

有较高观赏价值的有下列品种。

'黄叶'银杏 'Aurea'：叶黄色。

'塔状'银杏 'Fastigiata'：大枝的开展度较小，树冠呈尖塔柱形。

'裂叶'银杏 'Laciniata'：叶形大而缺刻深。

'垂枝'银杏 'Pendula'：枝下垂。

'斑叶'银杏 'Variegata'：叶有黄斑。

产地与分布

◇ 产地：我国特产，浙江天目山有野生分布。

◇ 分布：沈阳以南、广州以北各地广为栽培。日本、朝鲜和欧美各国均有引种。

生态习性

◇ 光照：喜光树种。

◇ 温湿：适应性强，在年平均气温 10～18℃，冬季绝对最低气温不低于 −20℃，年降水量 600～1500mm 的气候条件下生长最好。耐寒性颇强，能在冬季达 −32.9℃ 低温地区种植成活，但生长不良，在沈阳如种植在街道上，在西晒方向常有因日灼而使干皮开裂的现象。能适应高温多雨气候。

- ◇ 水土：对土壤要求不严，在 pH 4.5～8 的酸性土至钙质土中均可生长。以中性土或微酸性土最为适宜。较耐旱，不耐积水。
- ◇ 空气：对大气污染有一定抗性，尤其对二氧化硫、铬酸、苯酚、乙醚、硫化氢等污染有较强的抵抗能力。

生物学特性

- ◇ 长速与寿命：生长较慢，寿命极长，可达千年以上。
- ◇ 根系特性：深根性。大树的干基周围易发生成排成丛的根蘖。
- ◇ 花果特性：实生树约需 20 年始能开花结实，40 年进入盛期，但结实期极长。

观赏特性

- ◇ 感官之美：树姿优美，冠大荫浓，叶形奇特，秋叶金黄。
- ◇ 文化意蕴：1942 年郭沫若先生发表《银杏》一文，对银杏大加赞美，并给予高度评价，将银杏称为"东方的圣者"、"中国人文的有生命的纪念塔"、"中国的国树"。

园林应用

- ◇ 应用方式：优良的庭荫树、园景树和行道树。在公园草坪、广场等开旷环境中，适于孤植或丛植。作行道树时，宜用于宽阔的街道。
- ◇ 注意事项：用作街道绿化时，应选择雄株，以免种实污染行人衣物。在大面积用银杏绿化时，可多种雌株，并将雄株植于上风带，以利于子实的丰收。

木兰属 *Magnolia* L.

本属隶属木兰科 Magnoliaceae。属特征及分种检索表见本项目 1.2 常绿阔叶乔木。

玉兰 *Magnolia denudata* Desr.（图 6-57）

别名　白玉兰、望春花、木花树

识别要点

图 6-57　玉兰
Magnolia denudata

- ◇ 树形：落叶乔木，高达 15m。树冠卵形或近球形。
- ◇ 枝干：幼枝及芽均有毛。花芽大而显著。
- ◇ 叶：叶倒卵状长椭圆形，长 10～15cm，先端突尖而短钝，基部广楔形或近圆形，幼时背面有毛。
- ◇ 花：花大，径 12～15cm，纯白色，芳香，花萼、花瓣相似，共 9 片，肉质。在北京于 4 月初萌动，4 月中旬开花，花期约 10d。在长江流域于 3 月开花，在广州则 2 月即可开花。
- ◇ 果实：聚合蓇葖果圆柱形，长 8～12cm。果期 9～10 月。
- ◇ 种子：种子红色。

产地与分布

- ◇ 产地：原产于中国中部山野中。
- ◇ 分布：国内外庭园常见栽培。

生态习性

❖ 光照：喜光，稍耐阴。

❖ 温湿：耐寒，北京、秦皇岛能露地越冬。

❖ 水土：喜肥沃适当湿润而排水良好的弱酸性（pH 5～6）土壤，但亦能生长于碱性（pH 7～8）土中。

❖ 空气：抗二氧化硫。

生物学特性

❖ 长速与寿命：生长速度较慢，北京地区每年生长不过 30cm。

❖ 根系特性：根肉质。

观赏特性

❖ 感官之美：树形端正，花大、洁白而芳香。

❖ 文化意蕴：我国古代民间传统宅院配植中讲究"玉堂富贵"，以喻吉祥如意、富有和权势，其中"玉"即指玉兰。

园林应用

❖ 应用方式：适于建筑前列植或在入口处对植，也可孤植、丛植于草坪或常绿树前。如配植于纪念性建筑之前则有"玉洁冰清"象征着品格的高尚和具有崇高理想脱去世俗之意。如丛植于草坪或针叶树丛之前，则能形成春光明媚的景境，给人以青春、喜悦和充满生气的感染力。此外玉兰亦可用于室内瓶插观赏。

❖ 注意事项：根肉质，畏水淹。

鹅掌楸属 *Liriodendron* L.

本属隶属木兰科 Magnoliaceae。落叶乔木。冬芽外被 2 芽鳞状托叶。叶具长柄，叶马褂形，叶端平截或微凹，两侧各具 1～2 裂；托叶痕不延至叶柄。花两性，单生枝顶；萼片 3；花瓣 6；雄蕊、心皮多数，覆瓦状排列于纺锤状花托上，胚珠 2。聚合果纺锤形，由具翅小坚果组成。

现仅存 2 种，产东亚和北美。我国 1 种，引入栽培 1 种。

分种检索表

A₁ 叶两侧通常 1 裂，向中部凹入较深；老叶背面有乳头状白粉点；花丝长约 0.5cm ⋯ 鹅掌楸 *L. chinense*

A₂ 叶两侧各有 1～2（3）裂，不向中部凹入；老叶背面无白粉；花丝长 1～1.2cm⋯⋯⋯⋯⋯⋯⋯⋯⋯⋯⋯⋯⋯⋯⋯⋯⋯⋯⋯⋯⋯⋯⋯⋯⋯⋯北美鹅掌楸 *L. tulipifera*

鹅掌楸 *Liriodendron chinense* (Hemsl.) Sarg.（图 6-58）

别名 马褂木

识别要点

❖ 树形：乔木，高 40m，胸径 1m 以上；树冠圆锥状。

❖ 枝干：一年生枝灰色或灰褐色。

❖ 叶：叶马褂形，长 12～15cm，各边 1 裂，向中腰部缩入，叶端向中部凹入较深，老叶背部有白色乳状突点。

❖ 花：黄绿色，杯形，径 5～6cm；黄绿色，外面绿色较多而内方黄色较多；花瓣长 3～4cm，花丝短，约 0.5cm。花期 5～6 月。

◇ 果实：聚合果，长 7～9cm，翅状小坚果，先端钝或钝尖。果 10 月成熟。

图 6-58　鹅掌楸 *Liriodendron chinense*

产地与分布

◇ 产地：产华东、华中和西南地区。越南北部也产。

◇ 分布：浙江、江苏、安徽、江西、湖南、湖北、四川、贵州、广西、云南等地有分布，台湾也有栽培。沈阳地区小气候良好的条件下可露地过冬。

生态习性

◇ 光照：性喜光。

◇ 温湿：喜温和湿润气候，有一定的耐寒性，可经受 −15℃低温而完全不受伤害。

◇ 水土：喜深厚肥沃、适湿而排水良好的酸性或微酸性土壤（pH 4.5～6.5）；在干旱土地上生长不良，亦忌低湿水涝。

◇ 空气：对空气中的二氧化硫气体有中等的抗性。

生物学特性

◇ 长速与寿命：生长速度快，在长江流域适宜地点，20 年生树高达 20m，胸径约 30cm。

◇ 花果特性：10～15 年生可开花结实。

观赏特性

◇ 感官之美：树形端庄，叶形奇特，花朵淡黄绿色，美而不艳，秋叶金黄。

园林应用

◇ 应用方式：极为优美的行道树和庭荫树。适于孤植、丛植于安静休息区的草坪和大型庭园，或用作宽阔街道的行道树。

悬铃木属 *Platanus* L.

本属隶属悬铃木科 Platanaceae。落叶乔木，树干皮呈片状剥落。幼枝和叶被星状毛；顶芽缺，侧芽为柄下芽，芽鳞 1。单叶互生，掌状分裂，掌状脉；有托叶，早落。花单性，雌雄同株，花密集成球形头状花序，生于不同花枝上，下垂；萼片 3～8，花瓣与萼片同数；雄花有 3～8 雄蕊，花丝近于无，药隔顶部扩大呈盾形，雌花有 3～8 分离心皮，花柱伸长，子房上位，1 室，有 1～2 胚珠。聚合果呈球形，小坚果有棱角，基部有褐色长毛，内有种子 1 粒。

约 11 种，分布于北温带和亚热带地区；中国引入栽培 3 种。

分种检索表

A_1　球果 3～6 个一串，有刺毛；叶 5～7 深裂至中部或更深 ……………三球悬铃木 *P. orientalis*

A_2　球果常单生，无刺毛；叶 3～5 浅裂，中部裂片的宽度大于长度 ………一球悬铃木 *P. occidentalis*

A_3　球果常 2 个一串，亦偶有单生的，有刺毛；叶 3～5 裂，中部裂片的长度与宽度近于相等 ………

………………………………………………………………………二球悬铃木 *P. acerifolia*

二球悬铃木 *Platanus acerifolia* Willd.（图 6-59）

别名 悬铃木、英桐、英国梧桐

识别要点

❖ 树形：树高 35m，胸径 4m。树冠圆形或卵圆形。

❖ 枝干：干皮灰绿色，呈片状剥落，内皮平滑，淡绿白色。枝条开展，幼枝密生褐色绒毛。

❖ 叶：叶片广卵形至三角状广卵形，宽 12～25cm，3～5 裂，裂片三角形、卵形或宽三角形，叶裂深度约达全叶的 1/3，叶柄长 3～10cm。叶密被褐黄色星状毛。

❖ 花：花 4 基数。花期 4～5 月。

❖ 果实：果序通常为 2 球 1 串，亦偶有单球或 3 球的，果序径约 2.5cm；宿存花柱刺状，长 2～3mm。有由宿存花柱形成的刺毛。果 9～10 月成熟。

图 6-59 二球悬铃木 *Platanus acerifolia*

种下变异

'银斑' 英桐 'Argento Variegata'：叶有白斑。

'金斑' 英桐 'Kelseyana'：叶有黄色斑。

'塔形' 英桐 'Pyramidalis'：树冠呈狭圆锥形，叶通常 3 裂，长度常大于宽度，叶基圆形。

产地与分布

❖ 产地：本种是三球悬铃木和一球悬铃木的杂交种，1663 年首次在英国牛津大学校园内栽种。

❖ 分布：世界各国多有栽培。我国南自两广及东南沿海，西南至四川、云南，北至辽宁均有栽培。

生态习性

❖ 光照：喜光树种。

❖ 温湿：喜温暖气候，有一定抗寒力，在北京可露地栽植，但 4 年生以内的苗木应适当防寒，否则易枯梢。在东北大连市生长良好，在沈阳市只能植于建筑群中避风向阳的小环境，在哈尔滨生长不良，呈灌木状。

❖ 水土：对土壤的适应能力极强，能耐干旱、瘠薄，无论酸性或碱性土、垃圾地、工场内的砂质地或富含石灰地、潮湿的沼泽地等均能生长。

❖ 空气：抗烟性强，对二氧化硫及氯气等有毒气体有较强的抗性。

生物学特性

❖ 长速与寿命：生长迅速，寿命长。

观赏特性

❖ 感官之美：树形雄伟端庄，树冠广阔，叶大荫浓，干皮光滑。

园林应用

❖ 应用方式：世界著名行道树和庭园树，被誉为"行道树之王"。

❖ 注意事项：由于其幼枝、幼叶上具有大量星状毛，如吸入呼吸道会引起肺炎，因此应勿用或少用于幼儿园为宜。

枫香树属 *Liquidambar* L.

本属隶属金缕梅科 Hamamelidaceae。落叶乔木，树液芳香。叶互生，掌状 3～5（7）裂，缘有齿；托叶线形，早落。花单性同株，无花瓣；雄花无花被，头状花序常数个排成总状，花间有小鳞片混生；雌花常有数枚刺状萼片，头状花序单生，子房半下位，2 室，每室具数胚珠。果序球形，由木质蒴果集成，每果有宿存花柱，针刺状，成熟时顶端开裂，果内有 1～2 粒具翅发育种子，其余为无翅的不发育种子。

共 5 种，产东亚和北美温带、亚热带。中国产 2 种，1 变种。

枫香树 *Liquidambar formosana* Hance（图 6-60）

别名　枫树

识别要点

图 6-60　枫香树 *Liquidambar formosana*

◇ 树形：落叶乔木，高可达 30m，胸径 1.5m；树冠广卵形或略扁平。

◇ 枝干：树皮灰色，浅纵裂，老时不规则深裂。小枝灰色，略被柔毛。

◇ 叶：叶宽卵形，常为掌状 3 裂（萌芽枝的叶常为 5～7 裂），长 6～12cm，基部心形或截形，裂片先端尖，缘有锯齿；幼叶有毛，后渐脱落。

◇ 花：雄性短穗状花序常多个排成总状，雄蕊多数，花丝不等长。雌性头状花序有花 24～43 朵，花序柄长 3～6cm，偶有皮孔，无腺体；萼齿 4～7 个，针形，子房下半部藏在头状花序轴内，上半部游离，有柔毛。花期 3～4 月。

◇ 果实：果序较大，径 3～4cm，宿存花柱长达 1.5cm；刺状萼片宿存。果 10 月成熟。

种下变异

短萼枫香树 var. *brevicalycina* Cheng et P. C. Huang：蒴果的宿存花柱粗短，长不足 1cm，刺状萼片也短，产江苏。

山枫香树 var. *monticola* Rehd. et Wils.：幼枝及叶均无毛，叶基截形或圆形，产湖北西部、四川东部一带。

产地与分布

◇ 产地：产中国和日本。

◇ 分布：我国分布于长江流域及其以南地区。

生态习性

◇ 光照：喜光，幼树稍耐阴。

◇ 温湿：喜温暖湿润气候。

◇ 水土：喜深厚湿润土壤，也能耐干旱瘠薄，但较不耐水湿。

◇ 空气：对二氧化硫、氯气等有较强抗性。

生物学特性

◇ 长速与寿命：幼年生长较慢，壮年后生长转快。

◇ 根系特性：深根性，主根粗长；萌蘖性强。

观赏特性

◇ 感官之美：树干通直，树冠广卵形，气势雄伟，深秋叶色红艳，美丽壮观，是南方著名的秋色叶树种。古人称之为"丹枫"。

园林应用

◇ 应用方式：中国南方低山、丘陵地区营造风景林很合适。亦可在园林中栽作庭荫树，或于草地孤植、丛植，或于山坡、池畔与其他树木混植。倘与常绿树丛配合种植，秋季红绿相衬，会显得格外美丽。也可用于厂矿区绿化。

◇ 注意事项：因不耐修剪，大树移植又较困难，故一般不宜用作行道树。

杜仲属 *Eucommia* Oliv.

本属隶属杜仲科 Eucommiaceae。仅 1 种，中国特产。

杜仲 *Eucommia ulmoides* Oliv.（图 6-61）

识别要点

◇ 树形：落叶乔木，高达 20m，胸径 1m；树冠圆球形。全株各部分（枝叶、树皮、果实等）有白色弹性胶丝。

◇ 枝干：小枝光滑，无顶芽，具片状髓，老枝有明显皮孔。

◇ 叶：叶椭圆状卵形，长 7～14cm，先端渐尖，基部圆形或广楔形，缘有锯齿，老叶表面网脉下陷，皱纹状。

◇ 果实：翅果狭长椭圆形，扁平，长约 3.5cm，顶端 2 裂。花期 4 月，叶前开放或与叶同放；果 10～11 月成熟。

产地与分布

◇ 产地：原产于中国中部及西部，四川、贵州、湖北为集中产区。

◇ 分布：现我国各地广泛栽种。

图 6-61　杜仲 *Eucommia ulmoides*

生态习性

◇ 光照：喜光，不耐庇荫。

◇ 温湿：喜温暖湿润气候，但杜仲适应性较强，有相当强的耐寒力（能耐 -20℃的低温）。

◇ 水土：喜肥沃、湿润、深厚而排水良好的土壤。在酸性、中性及微碱性土上均能正常生长，并有一定的耐盐碱性。但在过湿、过干或过于贫瘠的土上生长不良。

生物学特性

◇ 长速与寿命：生长速度中等，幼时生长较快。

◇ 根系特性：根系较浅而侧根发达；萌蘖性强。

观赏特性

◇ 感官之美：树干端直，枝叶茂密，树形整齐优美。

园林应用

◇ 应用方式：是良好的庭荫树及行道树。也可在草地、池畔等处孤植或丛植。也可作一般的绿化造林树种。

榆属 *Ulmus* L.

本属隶属榆科 Ulmaceae。乔木，稀灌木。芽鳞栗褐色或紫褐色，花芽近球形。叶缘具重锯齿或单锯齿，羽状脉。花两性，簇生或成短总状花序。萼钟形，宿存，4～9 裂。翅果扁平，翅在果核周围，顶端有缺口。

约 30 种，广布于北半球；中国约 25 种，6 变种，南北均产。

分种检索表

A$_1$ 花在早春展叶前开放，生于去年生枝上。

  B$_1$ 果核位于翅果中部或近中部，不接近缺口。

    C$_1$ 翅果较小，长 1～2cm，无毛；小枝无木栓翅；叶具单锯齿 ………………… 榆树 *U. pumila*

    C$_2$ 翅果较大，长 2～3.5cm，有毛；小枝有时具木栓翅；叶具重锯齿 … 大果榆 *U. macrocarpa*

  B$_2$ 果核位于翅果上部或接近缺口 ………………………………………… 黑榆 *U. davidiana*

A$_2$ 花在秋季开放，簇生于叶腋，花萼深裂 ………………………………… 榔榆 *U. parvifolia*

榆树 *Ulmus pumila* L.（图 6-62）

别名　白榆、家榆

识别要点

◇ 树形：落叶乔木，高达 25m，胸径 1m；树冠圆球形。

◇ 枝干：树皮暗灰色，纵裂，粗糙。小枝灰色，细长，排成 2 列状。

◇ 叶：叶卵状长椭圆形，长 2～6cm，先端渐尖，基部稍歪，缘有不规则的单锯齿。

◇ 花：早春叶前开花，簇生于去年生枝的叶腋；花萼浅裂。花期 3～4 月。

◇ 果实：翅果近圆形，径 1～1.5cm，顶端有缺口。种子位于翅果中部。果 4～5 月成熟。

种下变异

'垂枝'榆 'Pendula'：枝下垂，树冠伞形。以榆树为砧木进行高接繁殖。中国西北、东北和华北地区有栽培。

'龙爪'榆 'Tortuosa'：树冠球形，小枝卷曲下垂。可用榆树为砧木嫁接繁殖。

'钻天'榆 'Pyramidalis'：树干直，树冠窄，产河南孟县等地。

图 6-62　榆树 *Ulmus pumila*

产地与分布

◇ 产地：产于东北、华北、西北及华东等地区。

◇ 分布：华北及淮北平原地区栽培尤为普遍。俄罗斯、蒙古及朝鲜亦有分布。

生态习性

◇ 光照：喜光。

◇ 温湿：能适应干凉气候，耐寒。

◇ 水土：喜肥沃、湿润而排水良好的土壤，较耐水湿，但能耐干旱瘠薄和盐碱土，在含盐量达 0.3% 的氯化物盐土和 0.35% 的苏打盐土、pH 达 9 时仍可生长，如土壤肥沃，耐盐能力上限达 0.63%。

◇ 空气：对烟尘及氟化氢等有毒气体的抗性较强，抗风。

生物学特性

◇ 长速与寿命：生长较快，30 年生树高 17m，胸径 42cm。寿命长达百年以上。

◇ 根系特性：主根深，侧根发达。

观赏特性

◇ 感官之美：树干通直，树形高大，绿荫较浓。春季榆钱满枝，未熟色青，待熟则白，颇有乡野之趣。

园林应用

◇ 应用方式：适用于行道树、庭荫树、防护林及"四旁"绿化。榆树老桩也是优良的盆景材料。

榉属 *Zelkova* Spach

本属隶属榆科 Ulmaceae。落叶乔木。冬芽卵形，先端不贴近小枝。单叶互生，羽状脉，具桃尖形单锯齿，脉端直达齿尖。花杂性同株，雄花簇生于新枝下部，雌花或两性花单生或簇生于新枝上部，柱头偏生。核果小，上部歪斜。

约 10 种，分布于地中海东部至亚洲东部。我国有 3 种，产辽东半岛至西南以东的广大地区。

大叶榉树 *Zelkova schneideriana* Hand. -Mazz.（图 6-63）

别名 榉树

识别要点

◇ 树形：高达 35m，胸径 80cm；树冠倒卵状伞形。

◇ 枝干：树皮深灰色，光滑。冬芽常 2 个并生。小枝细长，密被柔毛。

◇ 叶：叶椭圆状卵形，长 3～10cm，先端渐尖，基部宽楔形，桃形锯齿排列整齐，内曲，上面粗糙，背面密生灰色柔毛。

◇ 花：雄花 1～3 朵簇生于叶腋，雌花或两性花常单生于小枝上部叶腋。花期 3～4 月。

图 6-63 大叶榉树 *Zelkova schneideriana*

◇ 果实：果不规则扁球形，径约 4mm，有皱纹。果期 10～11 月。

产地与分布

◇ 产地：产秦岭和淮河以南至华南、西南各地。

◇ 分布：华东和中南地区有栽培。

生态习性

◇ 光照：喜光，略耐阴。

◇ 温湿：喜温暖湿润气候。

◇ 水土：喜深厚、肥沃、湿润的土壤。尤喜石灰性土，耐轻度盐碱，忌积水地，也不耐干瘠。

◇ 空气：耐烟尘，抗有毒气体。抗风力强。

生物学特性

◇ 长速与寿命：生长速度中等偏慢，尤其幼年期生长慢，10 年后渐加快。寿命较长。

◇ 根系特性：深根性，侧根广展。

观赏特性

◇ 感官之美：树冠呈倒三角形，枝细叶美，绿荫浓密，入秋叶色红艳，春叶也呈紫红色或嫩黄色，是江南地区重要的秋色树种。

园林应用

◇ 应用方式：在园林绿地中孤植、丛植、列植皆宜。在江南园林中尤为习见，三五株点缀于亭台池边饶有风趣。同时也是行道树、宅旁绿化、厂矿区绿化和营造防风林的理想树种，又是制作盆景的好材料。

朴属 *Celtis* L.

本属隶属榆科 Ulmaceae。落叶或常绿乔木。树皮深灰色，不裂。冬芽小，卵形，先端紧贴小枝。单叶互生，基部全缘，叶缘中部以上有锯齿或近全缘；三出脉弧状弯曲，不直伸入齿端。花杂性同株。核果近球形，果肉味甜。

约 60 种，产于北温带至热带；中国产 11 种，2 变种，产辽东半岛以南广大地区。

分种检索表

A₁ 枝叶有毛；核果橙红色，果梗与叶柄近等长或稍长。

  B₁ 果实直径 4～6mm；叶下面沿脉和脉腋有毛，果梗与叶柄近等长 ················· 朴树 *C. sinensis*

  B₂ 果实直径 1～1.3cm；叶下面密被黄色绒毛，果梗粗壮，长于叶柄 ·········· 珊瑚朴 *C. julianae*

A₂ 枝叶无毛；核果紫黑色，果梗长为叶柄的 2 倍以上 ·························· 黑弹树 *C. bungeana*

朴树 *Celtis sinensis* Pers.（图 6-64）

别名 沙朴

识别要点

◇ 树形：高达 20m，胸径 1m；树冠扁球形。

◇ 枝干：幼枝有短柔毛，后脱落。

◇ 叶：叶宽卵形、椭圆状卵形，长 3～9cm，宽 1.5～5cm，先端短尖，基部偏斜，中部以上有粗钝锯齿；沿叶脉及脉腋疏生毛。表面有光泽，背脉隆起。

◇ 花：花淡黄绿色。花期 4 月。

◇ 果实：核果圆球形，橙红色，径 4～6mm，果柄与叶柄近等长。果期 9～10 月。

种下变异

'垂枝'朴树'Pendula'：枝条下垂。首先在日本发现。

产地与分布

◇ 产地：产于淮河流域、秦岭以南至华南各地。

◇ 分布：除我国，越南、老挝和朝鲜也有分布。

生态习性

◇ 光照：弱阳性，较耐阴。

◇ 温湿：喜温暖气候。

◇ 水土：喜肥沃、湿润、深厚的中性黏质壤土，既耐旱又耐湿，并耐轻度盐碱。

图 6-64　朴树 *Celtis sinensis*

◇ 空气：抗风力强。抗污染，尤其对二氧化硫和烟尘抗性强，并有较强的滞尘能力。

生物学特性

◇ 长速与寿命：生长较慢，寿命长，在中心分布区常见 200～300 年生的老树。

◇ 根系特性：深根性。

观赏特性

◇ 感官之美：树形美观，树冠宽广，绿荫浓郁，春季新叶嫩黄，夏季绿荫浓郁，秋季红果满树。

园林应用

◇ 应用方式：优美的庭荫树，宜孤植、丛植，可用于草坪、山坡、建筑周围、亭廊之侧，也可作行道树。因其抗烟尘和有毒气体，适于工矿区绿化。也可作防风、护堤树种。又是制作盆景的常用树种。

桑属 *Morus* L.

本属隶属桑科 Moraceae。落叶乔木或灌木。枝无顶芽，侧芽芽鳞 3～6。叶互生，3～5 出脉，有锯齿或缺裂；托叶披针形，早落。花单性，异株或同株，组成柔荑花序。花被 4 片，雄蕊 4 枚。小瘦果藏于肉质花被内，集成圆柱形聚花果（桑葚）。

约 16 种，主产北温带；中国产 11 种，各地均有分布。

分种检索表

A₁ 叶缘锯齿尖或钝。

  B₁ 叶表面近光滑，背面脉腋有毛；花柱极短，柱头 2 裂·····················桑 *M. alba*

  B₂ 叶表面粗糙，背面密被短柔毛；花柱明显，长约 4 mm，柱头 2 裂，与花柱等长 ·················

  ···鸡桑 *M. australis*

A₂ 叶缘锯齿先端刺芒状 ··································蒙桑 *M. mongolica*

桑 *Morus alba* L.（图 6-65）

别名　家桑

图 6-65 桑 *Morus alba*

识别要点

◇ 树形：落叶乔木，高达 16m，胸径可达 1m 以上；树冠倒广卵形。

◇ 枝干：树皮、小枝黄褐色。

◇ 叶：叶卵形或卵圆形，长 6～15cm，先端尖，基部圆形或心形，锯齿粗钝，幼树的叶有时分裂，表面光滑，有光泽，背面脉腋有簇毛。

◇ 花：花雌雄异株，花柱极短或无，柱头 2，宿存。花期 4 月。

◇ 果实：聚花果（桑葚）长卵形至圆柱形，熟时紫黑色、红色或近白色。果 5～6 月成熟。

种下变异

'龙桑''Tortuosa'：枝条扭曲，状如龙游。

'垂枝'桑 'Pendula'：枝细长，下垂。

产地与分布

◇ 产地：原产于中国中部。

◇ 分布：南北各地广泛栽培，尤以长江中下游各地为多。朝鲜、蒙古、日本、俄罗斯、欧洲及北美亦有栽培。

生态习性

◇ 光照：喜光。

◇ 温湿：喜温暖，适应性强，耐寒。

◇ 水土：耐干旱瘠薄和水湿，在微酸性、中性、石灰质和轻盐碱（含盐 0.2% 以下）土壤上均能生长。在平原、山坡、砂土、黏土上皆可栽培，但以土层深厚、肥沃、湿润处生长最好。

◇ 空气：抗风力强。对硫化氢、二氧化氮等有毒气体抗性很强。

生物学特性

◇ 长速与寿命：生长较快，12 年生树高 9m，胸径 19cm。寿命中等，个别树可长达 300 年。

◇ 根系特性：深根性，根系发达。

观赏特性

◇ 感官之美：树冠宽阔，枝叶茂密，秋季叶色变黄，颇为美观。

◇ 文化意蕴：中国古代有在房前屋后栽种桑和梓的传统，因此常把"桑梓"代表故土、家乡。

园林应用

◇ 应用方式：适于城市、工矿区及农村四旁绿化。

构属 *Broussonetia* L's Her. ex Vent.

本属隶属桑科 Moraceae。落叶乔木或灌木，有乳汁。枝无顶芽，侧芽小。单叶互生，有锯齿，不分裂或 3～5 裂；托叶早落。雌雄异株，稀同株；雄花组成柔荑花序，稀成头

状花序，雄蕊4；雌花成球形头状花序，花柱线状。聚花果圆球形，肉质，由很多橙红色
小核果组成。

共7种，产于东亚及太平洋岛屿；中国产4种，南北均有。

构树 *Broussonetia papyrifera* (L.) L's Her. ex Vent.（图6-66）

别名　楮

识别要点

- ❖ 树形：落叶乔木，高10～20m，胸径60cm。树冠开张，卵形至广卵圆形。
- ❖ 枝干：树皮浅灰色或灰褐色，不易裂。小枝粗壮，灰褐色或红褐色，密被丝状刚毛。
- ❖ 叶：叶互生，有时近对生，卵形，长7～20cm，先端渐尖，基部圆形或近心形，缘有锯齿，不裂或有不规则2～5裂，两面密生柔毛。托叶大，卵形。
- ❖ 花：雌雄异株；雄花序为柔荑花序，粗壮；雌花序球形头状。花期4～5月。
- ❖ 果实：聚花果球形，径2～2.5cm，熟时橙红色。果8～9月成熟。

图6-66　构树
Broussonetia papyrifera

产地与分布

- ❖ 产地：产我国南北各地。
- ❖ 分布：分布很广，北自华北、西北，南到华南、西南各地均有，为各地低山、平原习见树种；日本、越南、印度等国亦有分布。

生态习性

- ❖ 光照：喜光，不耐阴。
- ❖ 温湿：适应性强，能耐北方的干冷和南方的湿热气候。
- ❖ 水土：耐干旱瘠薄，也能生长在水边；喜钙质土，也可在酸性、中性土上生长。
- ❖ 空气：对烟尘及有毒气体抗性很强。

生物学特性

- ❖ 长速与寿命：生长快。
- ❖ 根系特性：根系较浅，但侧根分布很广，且易发生萌蘗。

观赏特性

- ❖ 感官之美：枝叶繁茂。

园林应用

- ❖ 应用方式：适合用作工矿区及荒山坡地绿化，亦可选作庭荫树及防护林用。
- ❖ 注意事项：种子多而活力强，在母树附近常多自生小苗，萌蘗能力也很强，有时成为一种麻烦问题。

胡桃属 *Juglans* L.

本属隶属胡桃科Juglandaceae。落叶乔木。小枝粗壮，具片状髓；鳞芽，芽鳞少数。奇数羽状复叶，互生，小叶全缘或有疏锯齿，有香气。雄花花被片1～4，雄蕊

8~40；雌花花被 4 裂，柱头羽毛状；子房不完全 2~4 室。果为假核果，外果皮由苞片及小苞片形成的总苞及花被发育而成，未成熟时肉质，不开裂，完全成熟时常不规则裂开；果核不完全 2~4 室，内果皮（核壳）硬，骨质，永不自行破裂，壁内及隔膜内常具空隙。

共约 20 种，产北温带及热带地区；中国产 5 种。

分种检索表

A₁　小枝无毛；小叶全缘或近全缘，背面仅脉腋有簇毛；雌花序具 1~3 花 …………… 胡桃 *J. regia*

A₂　小枝明显有毛；小叶有锯齿，背面有毛；雌花序具 5~10 花。

　B₁　幼叶表面有腺毛，沿叶脉有星状毛，老叶表面仅叶脉有星状毛；雄花序长约 10cm …………………………………………………………………………………… 胡桃楸 *J. mandshurica*

　B₂　幼叶表面密被星状毛，老叶表面星状毛散生，沿叶脉较密；雄花序长 20~30cm ………………………………………………………………………………… 野核桃 *J. cathayensis*

胡桃 *Juglans regia* L.（图 6-67）

别名　核桃

图 6-67　胡桃 *Juglans regia*

识别要点

❖ 树形：落叶乔木，高达 30m，胸径 1m。树冠宽阔，广卵形至扁球形。

❖ 枝干：树皮灰白色，老时纵向浅裂。1 年生枝绿色，无毛或近无毛。

❖ 叶：小叶 5~9，椭圆形、卵状椭圆形至倒卵形，长 6~14cm，顶端钝圆或急尖、短渐尖，基部钝圆或偏斜，全缘，幼树及萌芽枝上的叶有锯齿，侧脉 11~15 对，表面光滑，背面脉腋有簇毛，幼叶背面有油腺点。

❖ 花：雄花为柔荑花序，下垂生于上年生枝侧，花被 6 裂，雄蕊 6~30；雌花 1~3（5）朵成顶生穗状花序，花被 4 裂。花期 4~5 月。

❖ 果实：果实近于球状，直径 4~6cm，无毛；果核稍具皱曲，有 2 条纵棱。果 9~11 月成熟。

产地与分布

❖ 产地：原产于中国新疆及阿富汗、伊朗一带。

❖ 分布：各地广泛栽培。从东北南部到华北、西北、华中、华南及西南均有栽培，而以西北、华北最多。

生态习性

❖ 光照：喜光。

❖ 温湿：喜温暖凉爽气候，耐干冷，不耐湿热。在年平均气温 8~14℃，极端最低温 -25℃以上，年降水量 400~1200mm 的气候条件下能正常生长。

❖ 水土：喜深厚、肥沃、湿润而排水良好的微酸性至微碱性土壤，在瘠薄、盐碱、酸性较强及地下水过高处均生长不良。

生物学特性

◇ 长速与寿命：生长较快，20 年生树高约 12m。寿命可达 300 年。

◇ 根系特性：深根性，有粗大的肉质直根；根际萌芽力强。

◇ 花果特性：一般 6～8 年生开始结果，20～30 年生达盛果期。

观赏特性

◇ 感官之美：树冠庞大雄伟，枝叶茂密，绿荫覆地，加之灰白洁净的树干，亦颇宜人。

园林应用

◇ 应用方式：良好的庭荫树。孤植、丛植于草地或园中隙地都很合适。也可成片、成林栽植于风景疗养区，因其花、果、叶的挥发气味具有杀菌、杀虫的保健功效。也可作行道树。

◇ 注意事项：根肉质，怕水淹。由于品种不同，生长特性差异较大，若作行道树用，则应选择干性较强的品种。

枫杨属 *Pterocarya* Kunth

本属隶属胡桃科 Juglandaceae。落叶乔木。枝髓片状；冬芽有柄，裸露或具数脱落鳞片。奇数（稀偶数）羽状复叶，小叶有锯齿。雄花序单生于上年生枝侧，雄花生于苞腋，萼片 1～4，雄蕊 6～18；雌花序单生于新枝顶端，雌花有 1 苞片和 2 小苞片。果序下垂，坚果有由 2 小苞片发育而成的翅。子叶 2 枚。

共约 8 种，分布于北温带；中国约产 7 种。

枫杨 *Pterocarya stenoptera* C. DC.（图 6-68）

别名　坪柳

识别要点

◇ 树形：乔木，高达 30m，胸径 1m 以上。

◇ 枝干：枝具片状髓；小枝有柔毛。裸芽密被褐色毛，下有叠生无柄潜芽。

◇ 叶：羽状复叶的叶轴有翼，小叶 9～23，长椭圆形，长 5～10cm，缘有细锯齿，顶生小叶有时不发育。叶柄和叶轴有柔毛。

◇ 花：雄性柔荑花序长 6～10cm，单独生于去年生枝条上叶痕腋内，花序轴常有稀疏的星芒状毛。雌性柔荑花序顶生，长 10～15cm，花序轴密被星芒状毛及单毛。雌花几乎无梗。花期4～5 月。

图 6-68　枫杨 *Pterocarya stenoptera*

◇ 果实：果序下垂，长 20～30cm；坚果近球形，具 2 长圆形或长圆状披针形的果翅，长 2～3cm，斜展。果熟期 8～9 月。

产地与分布

◇ 产地：产于我国陕西、河南、山东、安徽、江苏、浙江、江西、福建、台湾、广东、广西、湖南、湖北、四川、贵州、云南。

◇ 分布：除产地外，华北和东北有栽培。

生态习性

◇ 光照：喜光。

◇ 温湿：喜温暖湿润气候，也较耐寒（辽宁可栽培）。

◇ 水土：对土壤要求不严，在酸性至微碱性土上均可生长，而以深厚、肥沃、湿润的土壤上生长最好。耐湿性强，但不宜长期积水。

◇ 空气：抗烟尘和二氧化硫等有毒气体。

生物学特性

◇ 长速与寿命：初期生长较慢，3～4 年后加快，15～25 年后生长转慢，40～50 年后逐渐停止生长，60 年后开始衰败。8 年生树高可达 13m，胸径 16cm。

◇ 根系特性：深根性，主根明显，侧根发达。

观赏特性

◇ 感官之美：树冠宽广，枝叶茂密，夏秋季节则果序杂悬于枝间，随风而动，颇具野趣。

园林应用

◇ 应用方式：江淮流域多栽为遮阴树及行道树。也常作水边护岸固堤及防风林树种。此外，也适合用作工厂绿化。

◇ 注意事项：生长季后期不断落叶，清扫麻烦。

栗属 *Castanea* Mill.

本属隶属壳斗科 Fagaceae。落叶乔木，稀灌木。枝无顶芽，芽鳞 2～3。叶 2 列，缘有芒状锯齿。雄花序为直立或斜伸之柔荑花序；雌花生于雄花序之基部或单独成花序；总苞（壳斗）球形，密被长针刺，熟时开裂，内含 1～3 大型褐色之坚果。

10～17 种，分布于北温带；中国产 3 种，1 变种，引入栽培 1 种。

分种检索表

A₁ 总苞内含 1～3 坚果，坚果至少一侧扁平；雌花通常生于雄花序基部；小枝至少幼时有毛。

B₁ 总苞较大，径 6～8cm；叶柄长 1.2～2cm；叶背有灰白色柔毛 ·················· 栗 *C.mollissima*

B₂ 总苞较小，径 3～4cm；叶柄不足 1cm；叶背有鳞片状腺点 ·················· 茅栗 *C. seguinii*

A₂ 坚果单生于总苞内，卵圆形，先端尖；雌花单独成花序；小枝无毛 ·················· 锥栗 *C .henryi*

栗 *Castanea mollissima* Bl.（图 6-69）

别名 板栗

识别要点

◇ 树形：乔木，高达 20m，胸径 1m；树冠扁球形。

◇ 枝干：树皮灰褐色，交错纵深裂，小枝有灰色绒毛；无顶芽。

◇ 叶：叶椭圆形至椭圆状披针形，长 9～18cm，先端渐尖，基部圆形或广楔形，缘齿尖芒状，背面常有灰白色柔毛。

◇ 花：花序直立，多数雄花生于上部，数朵雌花生于基部。花期 5～6 月。

◇ 果实：总苞球形，直径 6～8cm，密被长针刺，内含 1～3 坚果。果熟期 9～10 月。

产地与分布

◇ 产地：中国特产树种。

◇ 分布：北自东北南部，南至两广，西达甘肃、四川、云南等地均有栽培，但以华北和长江流域栽培较集中，其中河北省是著名产区。

生态习性

◇ 光照：喜光树种，光照不足会引起树冠内部小枝衰枯。

◇ 温湿：北方品种较能耐寒（绝对最低气温−30℃），南方品种则喜温暖而不怕炎热，但耐寒性较差。

◇ 水土：北方品种耐旱，南方品种耐旱性较差。对土壤要求不甚严，以土层深厚湿润、排水良好、含有机质多的砂壤或砂质土为最好，喜微酸性或中性土壤，在 pH 7.5 以上的钙质土和盐碱性土上生长不良。在过于黏重、排水不良处亦不宜生长。

图 6-69　栗 *Castanea mollissima*

◇ 空气：对有毒气体（二氧化硫、氯气）有较强抵抗力。

生物学特性

◇ 长速与寿命：一般生长较快，实生树 80～100 年开始衰老。寿命可达 200～300 年。

◇ 根系特性：深根性，根系发达，萌蘖力强。

◇ 花果特性：实生苗 5～7 年开始开花结实，15 年左右进入盛果期。

观赏特性

◇ 感官之美：树冠圆广，枝茂叶大。

园林应用

◇ 应用方式：可用于草坪、山坡等地孤植、丛植或群植，庭院中以两三株丛植为宜。栗是我国栽培最早的干果树种之一，被誉为"铁秆庄稼"，是园林结合生产的优良树种。可辟专园经营，亦可用于山区绿化。

◇ 注意事项：栗在中国已有 2000 多年的栽培历史，各地品种很多。繁殖时应注意选用当地适宜的优良品种。

栎属 *Quercus* L.

本属隶属壳斗科 Fagaceae。落叶或常绿乔木，稀灌木。枝有顶芽，芽鳞多数。叶缘有锯齿或波状，稀全缘。雄花序为下垂柔荑花序；坚果单生，总苞盘状或杯状，其鳞片离生，不结合成环状。

共约 300 种，主产于北半球温带及亚热带；中国约产 51 种，南北均有分布。

分种检索表

A_1　叶卵状披针形至长椭圆形，锯齿尖芒状；总苞鳞片粗刺状；果次年成熟。

　B_1　叶背密被灰白色毛；小枝无毛，树皮有厚木栓层……………………… 栓皮栎 *Q. variabilis*

　B_2　叶背淡绿色，无毛或略有毛；小枝幼时有毛，树皮坚硬，深纵裂…………… 麻栎 *Q. acutissima*

A_2　叶倒卵形，边缘波状或波状裂，无芒齿；果当年成熟。

B₁ 小枝及叶背密被毛，叶无柄或极短；总苞鳞片披针形，显著反卷 ················ 槲树 *Q. dentata*

B₂ 小枝及叶背无毛或疏生毛，叶具柄；总苞鳞片细鳞状或小瘤状。

　C₁ 叶背面有毛。

　　D₁ 小枝密生绒毛；叶柄短，长 3～5mm，被褐黄色绒毛 ····················· 白栎 *Q. fabri*

　　D₂ 小枝无毛；叶柄长 1～3cm，无毛，叶端钝或微凹 ················· 槲栎 *Q. aliena*

　C₂ 叶背无毛，或仅沿脉有疏毛。

　　D₁ 叶之侧脉 8～15 对，叶柄有毛；总苞鳞片背部呈瘤状突起 ··········· 蒙古栎 *Q. mongolica*

　　D₂ 叶之侧脉 5～10 对，叶柄无毛；总苞鳞片背部不呈瘤状突起 ····· 辽东栎 *Q. wutaishanica*

栓皮栎 *Quercus variabilis* Bl.（图 6-70）

图 6-70　栓皮栎 *Quercus variabilis*

识别要点

❖ 树形：落叶乔木，高达 30m，胸径 1m；树冠广卵形。

❖ 枝干：树皮灰褐色，深纵裂，木栓层发达。小枝淡褐黄色，无毛；冬芽圆锥形。

❖ 叶：叶长椭圆形或长椭圆状披针形，长 8～15cm，先端渐尖，基部楔形，缘有芒状锯齿，背面被灰白色星状毛。

❖ 花：雄花序生于当年生枝下部，雌花单生或双生于新枝上端叶腋。花期 5 月。

❖ 果实：总苞杯状，鳞片反卷，有毛。坚果卵球形或椭球形。果次年 9～10 月成熟。

产地与分布

❖ 产地：原产中国。朝鲜、日本也有。

❖ 分布：北自辽宁、河北、山西、陕西、甘肃南部，南到两广，西到云南、贵州、四川，而以鄂西、秦岭、大别山区为其分布中心。

生态习性

❖ 光照：喜光，常生于山地阳坡，但幼树以有侧方庇荫为好。

❖ 温湿：对气候的适应性强，能耐 −20℃的低温。

❖ 水土：在 pH 4～8 的酸性、中性及石灰性土壤中均能生长，亦耐干旱、瘠薄，而以深厚、肥沃、适当湿润而排水良好的壤土和砂质壤土最适宜。

❖ 空气：抗风力强。

生物学特性

❖ 长速与寿命：总的生长速度为中等偏慢，寿命长。

❖ 根系特性：深根性，主根明显，侧根也很发达，成年树根深可达 6～7m。

观赏特性

❖ 感官之美：树干通直，枝条广展，树冠雄伟，浓荫如盖，秋季叶色转为橙褐色，季相变化明显。

园林应用

❖ 应用方式：孤植、丛植，或与其他树混交成林，均甚适宜。

✦ 注意事项：不耐积水。不耐移植。

桦木属 *Betula* L.

本属隶属桦木科 Betulaceae。落叶乔木，稀灌木。树皮多光滑，常多层纸状剥离，皮孔横扁。冬芽无柄，芽鳞多数。雄花有花萼，1～4 齿裂，雄蕊 2，花丝 2 深裂，各具 1 花药；雌花无花被，每 3 朵生于苞腋。小坚果扁，常具膜质翅；果苞革质，3 裂，脱落。

约 100 种，主产于北半球；中国产 31 种，4 变种，主要分布于东北、华北至西南高山地区。

分种检索表

A₁ 叶具侧脉 5～8 对。

  B₁ 树皮白色；小枝具腺毛；叶三角状卵形，无毛；果翅宽于坚果⋯⋯⋯⋯⋯白桦 *B. platyphylla*

  B₂ 树皮灰褐色；小枝光滑或有柔毛；叶多为菱状卵形；坚果宽于果翅⋯⋯⋯⋯黑桦 *B. dahurica*

A₂ 叶具侧脉 8～16 对。

  B₁ 树皮橘红色或肉红色，层裂；冬芽通常无毛；果翅与坚果等宽⋯⋯⋯⋯⋯红桦 *B. albosinensis*

  B₂ 树皮暗灰色，不层裂；冬芽密被细毛；果翅极窄⋯⋯⋯⋯⋯⋯⋯⋯⋯坚桦 *B. chinensis*

白桦 *Betula platyphylla* Suk.（图 6-71）

识别要点

✦ 树形：落叶乔木，高达 27m，胸径 50cm；树冠卵圆形。

✦ 枝干：树皮灰白色，纸状分层剥离，皮孔黄色。小枝细，红褐色，无毛，外被白色蜡层。

✦ 叶：叶三角状卵形或菱状卵形，先端渐尖，基部广楔形，缘有不规则重锯齿，侧脉 5～8 对，上面于幼时疏被毛和腺点，成熟后无毛和腺点，背面无毛，密生腺点，脉腋有毛。

✦ 花：花单性同株，成柔荑花序。雄花有花萼，雌花无花被。花期 5～6 月。

✦ 果实：果序单生，圆柱形，下垂。坚果小而扁，两侧具宽翅。8～10 月果熟。

图 6-71 白桦 *Betula platyphylla*

产地与分布

✦ 产地：产于我国东北林区和华北高山。

✦ 分布：东北及华北园林中有栽培。

生态习性

✦ 光照：强喜光。

✦ 温湿：耐严寒。

✦ 水土：喜酸性土（pH 5～6），耐瘠薄。适应性强，在沼泽地、干燥阳坡及湿润的阴坡均能生长，但在平原及低海拔地区常生长不良。

生物学特性

✦ 长速与寿命：生长速度中等，30 年生树高可达 12m，胸径 16cm。寿命较短。

◇ 根系特性：深根性。

观赏特性

◇ 感官之美：树体亭亭玉立，枝叶扶疏，姿态优美，尤其是树干修直，洁白雅致，十分引人注目。秋叶金黄，是中高海拔地区优美的山地风景树种。

园林应用

◇ 应用方式：在适宜地区是优良的城市园林树种，孤植或丛植于庭院、草坪、池畔、湖滨，列植于道路两旁均颇美观，若以云杉等常绿的针叶树为背景，前面铺以碧绿的草坪，则白干、黄叶、绿草相映成趣，可产生极为优美的效果。若在山地或丘陵坡地成片栽植，可组成美丽的风景林。在森林公园景观布置和森林旅游中，白桦林始终是使游人赏心悦目的树种资源。

椴树属 *Tilia* L.

本属隶属椴树科 Tiliaceae。落叶乔木。单叶互生，有长柄，叶基常不对称。聚伞花序下垂，总梗约有其长度的一半与舌状苞片合生；花小，黄白色，有香气，萼片、花瓣各5；有时具花瓣状退化雄蕊并与花瓣对生，雄蕊多数，分离或成5束，花丝常在顶端分叉；子房5室，每室2胚珠，花柱5裂。坚果状核果，或浆果状，有1~3种子。

共约80种，主产于北温带；中国约有32种，南北均有分布。

分种检索表

A₁ 叶背密被灰白色星状绒毛；小枝有星状毛；叶缘锯齿有芒状尖头 ………… 辽椴 *T. mandshurica*
A₂ 叶背无毛，或仅脉腋有毛。
  B₁ 幼枝无毛；叶有时3浅裂，缘有粗锯齿。
    C₁ 树皮红褐色；叶基部常为截形或广楔形，稀近心形；花有退化雄蕊……… 蒙椴 *T. mongolica*
    C₂ 树皮灰色；叶基部常为心形；花无退化雄蕊……………………………… 紫椴 *T. amurensis*
  B₂ 幼枝有柔毛，后脱落；叶不裂，缘有细锯齿，背面苍绿色………………… 心叶椴 *T. cordata*

辽椴 *Tilia mandshurica* Rupr. et Maxim.（图 6-72）

别名 大叶椴、糠椴

识别要点

◇ 树形：落叶乔木，高达 20m，干径 50cm；树冠广卵形至扁球形。

◇ 枝干：干皮暗灰色，老时浅纵裂。一年生枝黄绿色，密生灰白色星状毛；二年生枝紫褐色，无毛。

◇ 叶：叶广卵形，长 7~15cm，先端短尖，基部歪心形或斜截形，叶缘锯齿粗而有突出尖头，表面有光泽，近无毛；背面密生灰色星状毛，脉腋无簇毛；叶柄长 4~8cm，有毛。

◇ 花：花黄色，7~12 朵成下垂聚伞花序，苞片倒披针形。花期 7~8 月。

◇ 果实：果近球形，径 7~9mm，密被黄褐色星状毛，有不明显 5 纵脊。果 9~10 月成熟。

图 6-72 辽椴 *Tilia mandshurica*

产地与分布

◇ 产地：产于东北、内蒙古、河北及山东等地；朝鲜、俄罗斯远东亦有。

◇ 分布：东北及华北园林中有栽培。

生态习性

◇ 光照：喜光，也相当耐阴。

◇ 温湿：耐寒性强，喜冷凉湿润气候。

◇ 水土：喜深厚、肥沃而湿润的土壤，在微酸性、中性和石灰性土壤上均生长良好。

◇ 空气：不耐烟尘。

生物学特性

◇ 长速与寿命：生长速度中等偏快，寿命长达 200 年以上。

◇ 根系特性：深根性，萌蘖性强。

观赏特性

◇ 感官之美：树冠整齐，枝叶茂密，遮阴效果良好，花黄色而芳香。

园林应用

◇ 应用方式：北方优良的庭荫树及行道树种。

◇ 注意事项：在干瘠、盐渍化或沼泽化土壤上生长不良。适宜于山沟、山坡或平原生长。

梧桐属 *Firmiana* Mars.

本属隶属梧桐科 Sterculiaceae。落叶乔木。叶掌状分裂，互生。圆锥花序顶生；花单性同株，花萼 5 深裂，无花瓣；雄蕊 10～15，合生成筒状；雌蕊 5 心皮，基部离生，花柱合生；子房有柄，基部具退化雄蕊。蓇葖果成熟前沿腹缝线开裂；种子球形，3～4 枚着生于果皮边缘。

共约 15 种，产于亚洲；中国产 4 种。

梧桐 *Firmiana simplex* (L.) W. Wight（图 6-73）

别名 青桐

识别要点

◇ 树形：落叶乔木，高 15～20m；树冠卵圆形。

◇ 枝干：树干端直，树皮灰绿色，通常不裂；侧枝每年阶状轮生；小枝粗壮，翠绿色。

◇ 叶：叶 3～5 掌状裂，叶长 15～20cm，基部心形，裂片全缘，先端渐尖，表面光滑，背面有星状毛；叶柄约与叶片等长。

◇ 花：花萼裂片条形，长约 1cm，淡黄绿色，开展或反卷，外面密被淡黄色短柔毛。花期 6～7 月。

◇ 果实：花后心皮分离成 5 蓇葖果，远在成熟前即开裂呈舟形；种子棕黄色，大如豌豆，表面皱缩，着生于果皮边缘。果 9～10 月成熟。

图 6-73 梧桐
Firmiana simplex

产地与分布

◇ 产地：原产于中国及日本。

◇ 分布：华北至华南、西南各地区广泛栽培。

生态习性

◇ 光照：喜光。

◇ 温湿：喜温暖湿润气候，有一定耐寒性，秦皇岛小气候良好处可正常生长。

◇ 水土：喜肥沃、湿润、深厚而排水良好的土壤，在酸性、中性及钙质土上均能生长。通常在平原、丘陵、山沟及山谷生长较好。

◇ 空气：对多种有毒气体都有较强抗性。

生物学特性

◇ 长速与寿命：生长较快，寿命可达百年以上。

◇ 根系特性：深根性，直根粗壮，肉质。

观赏特性

◇ 感官之美：树干端直，树皮光滑绿色，叶大而形美，绿荫浓密，且秋季转为金黄色，洁净可爱。《群芳谱》云："梧桐皮青如翠，叶缺如花，妍雅华净，赏心悦目。"

◇ 文化意蕴：梧桐在我国的传统文化中，具有多元的文化内涵。它是高洁美好品格的象征，如《诗经·大雅·卷阿》："凤凰鸣矣，于彼高岗。梧桐生矣，于彼朝阳"；庄子《秋水》："夫鹓鶵发于南海，而飞于北海，非梧桐不止"。它是忠贞爱情的象征，如唐·孟郊《烈女操》："梧桐相待老，鸳鸯会双死"；《孔雀东南飞》："东西植松柏，左右种梧桐。枝枝相覆盖，叶叶相交通"。它又代表着孤独忧愁，离情别绪，如李煜《相见欢》："无言独上西楼，月如钩。寂寞梧桐深院锁清秋"；徐再思《水仙子·夜雨》："一声梧叶一声秋，一点芭蕉一点愁"；温庭筠《更漏子》："梧桐树，三更雨，不道离情正苦"；李清照《声声慢·寻寻觅觅》："梧桐更兼细雨，到黄昏，点点滴滴。这次第，怎一个愁字了得"。

园林应用

◇ 应用方式：适于草坪、庭院、宅前、坡地、湖畔孤植或丛植；在园林中与棕榈、修竹、芭蕉等配植尤感协调，且颇具中国民族风味。也可栽作行道树及居民区、工厂区绿化树种。民间有"凤凰非梧桐不栖"之说，因此庭院中广为应用，"栽下梧桐树，引来金凤凰"，说的即为此树。

◇ 注意事项：肉质根，不耐积水。不宜在积水洼地或盐碱地栽种，又不耐草荒。萌芽力弱，一般不宜修剪。发叶较晚，而秋天落叶早。

木棉属 *Bombax* L.

本属隶属木棉科 Bombacaceae。落叶大乔木，茎常具粗皮刺；枝髓大而疏松。掌状复叶，小叶全缘，无毛。花单生或簇生，先叶开放；萼杯状，不规则分裂；花瓣倒卵形；雄蕊多数，排成多轮，外轮花丝合成 5 束，与花瓣对生；花药肾形，多数；子房 5 室，柱头 5 裂，胚珠多数。蒴果木质，室间 5 裂。

木棉 *Bombax malabaricum* DC. （图 6-74）

别名　攀枝花、英雄树、烽火树

识别要点

- ◇ 树形：落叶大乔木，高达 25m。
- ◇ 枝干：树干粗大端直，大枝轮生、平展；幼树树干及枝条具圆锥形皮刺。
- ◇ 叶：掌状复叶互生，小叶 5～7，卵状长椭圆形，长 7～17cm，先端近尾尖，基部楔形，全缘，无毛。
- ◇ 花：花红色，径约 10cm，簇生枝端；花萼厚，杯状，长 3～4.5cm，常 5 浅裂；花瓣 5；雄蕊多数，合生成短管，排成 3 轮，最外轮集生为 5束。花期 2～3 月，先叶开放。
- ◇ 果实：蒴果长椭球形，长 10～15cm，木质，5瓣裂，内有棉毛；种子倒卵形，光滑。果 6～7 月成熟。

图 6-74　木棉 *Bombax malabaricum*

产地与分布

- ◇ 产地：产于亚洲南部至大洋洲。
- ◇ 分布：我国云南、贵州、广西、广东等地南部均有分布，并常见栽培。

生态习性

- ◇ 光照：喜光。
- ◇ 温湿：喜暖热气候，很不耐寒。
- ◇ 水土：较耐干旱。

生物学特性

- ◇ 长速与寿命：速生，寿命长，可达 500 年。
- ◇ 根系特性：深根性。

观赏特性

- ◇ 感官之美：树形高大雄伟，树冠整齐，多呈伞形，早春先叶开花，如火如荼，十分红艳美丽。
- ◇ 文化意蕴：木棉树形高大，雄壮魁梧，枝干舒展，花红如血，硕大如杯，由于是先花后叶，盛开时远观好似一团团在枝头尽情燃烧、欢快跳跃的火苗，极有气势。因此，历来被人们视为英雄的象征。木棉花为我国攀枝花市、广州市、高雄市、台中市市花。

园林应用

- ◇ 应用方式：华南各城市常栽作行道树、庭荫树，尤其是珠江三角洲一带广泛应用。杨万里有"即是南中春色别，满城都是木棉花"和陈恭尹的"粤江二月三月天，千树万树朱花开"等诗句都描绘了广东木棉花期的盛景。

杨属 *Populus* L.

本属隶属杨柳科 Salicaceae。乔木。小枝较粗，萌枝髓心五角形。顶芽发达（胡杨

Populus euphratica 无顶芽），芽鳞多数。枝有长短枝之分。叶互生，多为卵圆形、卵圆状披针形或三角状卵形，在不同的枝条（长枝、短枝、萌生枝）上常为不同的形状；叶柄长，侧扁或圆柱形。花序下垂，雄花序较雌花序稍早开放。苞片具不规则缺裂，花盘杯状；雄蕊4至多数，花丝较短，花药红色，风媒传粉。

分种检索表

A₁ 长枝上的叶背面密被白色或灰白色绒毛；芽有柔毛。

  B₁ 叶不裂，老叶背面毛渐脱落 ·· 毛白杨 *P. tomentosa*

  B₂ 叶掌状 3～5 裂，老叶背面仍有白毛 ·································· 银白杨 *P. alba*

A₂ 叶背无毛或仅有短柔毛，或幼叶背面有稀疏毛；芽无毛。

  B₁ 叶边缘半透明，叶柄扁形。

    C₁ 树冠宽大；叶较大，叶缘具睫毛，叶基有时具腺体，稀无腺体·········· 加杨 *P. × canadensis*

    C₂ 树冠圆柱形；叶较小，叶缘无睫毛，叶基无腺体·········· 黑杨 *P. nigra*

  B₂ 叶边缘不透明，叶柄扁形或圆柱形。

    C₁ 叶柄圆柱形。

      D₁ 小枝有角棱。

        E₁ 叶菱状倒卵形，长 4～12cm ······················· 小叶杨 *P. simonii*

        E₂ 叶卵形或长卵形，长 12～20cm ··················· 滇杨 *P. yunnanensis*

      D₂ 小枝圆或幼时有棱；叶卵形；芽有黏胶 ··········· 青杨 *P. cathayana*

    C₂ 叶柄扁形。

      D₁ 叶柄端具 2 大腺体，叶卵状三角形，先端长渐尖 ·········· 响叶杨 *P. adenopoda*

      D₂ 叶柄端无腺体，叶近圆形，先端短或钝。

        E₁ 树皮灰白色；叶缘具波状或不规则缺裂·········· 河北杨 *P. hopeiensis*

        E₂ 树皮灰绿色；叶缘具波状浅齿 ·················· 山杨 *P. davidiana*

毛白杨 *Populus tomentosa* Carr.（图 6-75）

识别要点

图 6-75 毛白杨 *Populus tomentosa*

❖ 树形：乔木，高达 30～40m，胸径 1.5～2m；树冠卵圆形或卵形。

❖ 枝干：树皮幼时青白色，皮孔菱形；老时树皮纵裂，呈暗灰色。嫩枝灰绿色，密被灰白色绒毛。雌株大枝较为平展，花芽小而稀疏；雄株大枝则多斜生，花芽大而密集。

❖ 叶：长枝的叶三角状卵形，先端渐尖，基部心形或截形，缘具缺刻或锯齿，表面光滑或稍有毛，背面密被白绒毛，后渐脱落；叶柄扁平，先端常具腺体。短枝的叶三角状卵圆形，缘具波状缺刻，幼时有毛，后全脱落；叶柄常无腺体。

❖ 花：柔荑花序下垂，花盘杯状。花期 3～4 月，叶前开放。

❖ 果实：蒴果小，三角形，4 月下旬成熟。

种下变异

北京林业大学培育出的三倍体毛白杨'B01'等：具有生长快、抗性强、无毛絮污染的优点。

'抱头'毛白杨'Fastigiata'：侧枝直立向上，形成紧密狭长的树冠，山东、河北等地有分布；北京紫竹院公园有少量栽培。

产地与分布

❖ 产地：中国特产。

❖ 分布：主要分布于黄河流域，北至辽宁南部，南达江苏、浙江，西至甘肃东部，西南至云南均有。

生态习性

❖ 光照：喜光。

❖ 温湿：要求凉爽和较湿润气候。

❖ 水土：对土壤要求不严，在酸性至微碱性土上均能生长，在深厚肥沃、湿润的土壤上生长最好，但在特别干瘠或低洼积水处生长不良。

❖ 空气：抗烟尘和抗污染能力强。

生物学特性

❖ 长速与寿命：20年生之前高生长旺盛，15年生树高可达18m，胸径约22cm。实生树寿命可达200年；营养繁殖树40年生后即开始衰老。

❖ 根系特性：深根性，根际萌蘖性强。

观赏特性

❖ 感官之美：树干通直，树皮灰白，树体高大、雄伟，叶片在微风吹拂时能发出欢快的响声，给人以豪爽之感。

园林应用

❖ 应用方式：可作庭荫树或行道树，因树体高大，尤其适于孤植或丛植于大草坪上，或列植于广场、主干道两侧。也是工厂绿化、"四旁"绿化及防护林的重要树种。

❖ 注意事项：为防止种子污染环境，绿化宜选用雄株。

柳属 *Salix* L.

本属隶属杨柳科 Salicaceae。乔木或匍匐状、垫状、直立灌木。小枝细，圆柱形，髓心近圆形；无顶芽，侧芽芽鳞1。叶互生，少对生；叶片通常狭长，多为披针形，叶柄较短，托叶早落。花序直立或斜展，苞片全缘。花有腺体1～2，无花盘；雄蕊2至多数，花丝分离或合生。花药多黄色。蒴果2裂，种子细小，基部围有白色长毛。

约520种，主要分布于北半球温带和寒带。我国产257种及诸多变种、变型。广布全国各地。

分种检索表

A₁ 乔木。

　B₁ 叶狭长，披针形至线状披针形，雄蕊2。

　　C₁ 枝条直伸或斜展，黄绿色；叶长5～10cm，叶柄短，2～4mm；子房背腹面各具1腺体 ……

·· 旱柳 *S. matsudana*

　　C₂　小枝细长下垂，黄褐色，叶长 8～16cm，叶柄长 0.5～1.5cm；子房仅腹面具 1 腺体··········
·· 垂柳 *S. babylonica*

　B₂　叶较宽大，卵状披针形至长椭圆形，雄蕊 3～12。

　　C₁　叶质地较厚，锯齿较钝；雄蕊 8～12 ·················· 云南柳 *S. cavaleriei*

　　C₂　叶质地较薄，锯齿较尖；雄蕊 3～5 ·················· 腺柳 *S. chaenomeloides*

A₂　灌木；叶互生，长椭圆形；雄花序粗大，密被白色光泽绢毛 ·········· 棉花柳 *S.×leucopithecia*

旱柳 *Salix matsudana* Koidz.（图 6-76）

别名　柳树、立柳、柳牙树

识别要点

❖　树形：乔木，高达 18m；树冠卵圆形至倒卵形。

❖　枝干：树皮灰黑色，纵裂。枝条直伸或斜展。

❖　叶：叶披针形至狭披针形，长 5～10cm，先端长渐尖，基部楔形，缘有细锯齿，背面微被白粉；叶柄短，2～4mm；托叶披针形，早落。

❖　花：雄花序轴有毛，苞片宽卵形；雄蕊 2，花丝分离，基部有毛；雌花子房背腹面各具 1 腺体。花期 3～4 月。

❖　果实：蒴果 2 裂，种子细小，基部围有白色长毛。果熟期 4～5 月。

种下变异

旱柳常见变型如下。

馒头柳 f. *umbraculifera* Rehd.：分枝密，端梢齐整，形成半圆形树冠，状如馒头。观赏效果较原种好。

绦柳 f. *pendula* Schneid.：枝条细长下垂，华北园林中

图 6-76　旱柳
Salix matsudana

习见栽培，常被误认为是垂柳。小枝黄色，叶无毛，叶柄长 5～8mm，雌花有 2 腺体。

龙爪柳 f. *tortuosa*（Vilm.）Rehd.：枝条扭曲向上，各地时见栽培观赏。生长势较弱，树体较小，易衰老，寿命短。

产地与分布

❖　产地：产于我国东北、华北、西北，南至淮河流域。俄罗斯、朝鲜、日本也产。

❖　分布：在我国分布很广，以黄河流域为其分布中心，是北方平原地区最常见的乡土树种之一。

生态习性

❖　光照：喜光，不耐庇荫。

❖　温湿：耐寒性强。

❖　水土：喜水湿，亦耐干旱。对土壤要求不严，在干瘠沙地、低湿河滩和弱盐碱地上均能生长，而以肥沃、疏松、潮湿土上最为适宜，在固结、黏重土壤及重盐碱地上生长不良。

❖　空气：抗有毒气体，并能吸收二氧化硫。

生物学特性

◇ 长速与寿命：生长快，8年生树高可达13m，胸径25 cm。寿命50～70年。

◇ 根系特性：根系发达，主根深，侧根和须根分布于各层土壤中。

观赏特性

◇ 感官之美：柳树生长迅速，发叶早、落叶迟，历来为中国人民所喜爱，其柔软嫩绿的枝叶，丰满的树冠，还有多种多样的变异品种，都给人以亲切优美之感。

◇ 文化意蕴：在我国，柳一直都为文人骚客青睐，留下了许多关于柳的雅诗佳句，古人以"柳"谐音"留"为切入点，在送别朋友亲人时，以折柳为意，表达依依不舍之情。由于柳树发芽早而成为春的象征。

园林应用

◇ 应用方式：自古以来旱柳就成为重要的园林及城乡绿化树种。最宜沿河湖岸边及低湿处、草地上栽植；亦可作行道树、防护林及沙荒造林等用。

◇ 注意事项：由于柳絮繁多、飘扬时间又长，故在精密仪器厂、幼儿园及城市街道等地均以种植雄株为宜。

垂柳 *Salix babylonica* L.（图6-77）

别名　垂杨柳

识别要点

◇ 树形：乔木，高达18m；胸径可达1m。树冠倒广卵形。

◇ 枝干：小枝细长下垂。

◇ 叶：叶狭披针形至线状披针形，长8～16cm，先端渐长尖，缘有细锯齿，表面绿色，背面蓝灰绿色；叶柄长约1cm；托叶阔镰形，早落。

◇ 花：雄花具2雄蕊，2腺体；雌花子房仅腹面具1腺体。花期3～4月。

◇ 果实：蒴果2裂，种子细小，基部围有白色长毛。果熟期4～5月。

产地与分布

◇ 产地：产于长江流域及黄河流域。

图6-77　垂柳 *Salix babylonica*

◇ 分布：我国各地普遍栽培。亚洲、欧洲及美洲许多国家都有悠久的栽培历史。

生态习性

◇ 光照：喜光。

◇ 温湿：喜温暖湿润气候，较耐寒。

◇ 水土：喜潮湿深厚的酸性及中性土壤，特别耐水湿，亦能生于土层深厚的高燥地区。

◇ 空气：抗有毒气体，并能吸收二氧化硫。

生物学特性

◇ 长速与寿命：速生，15年生达13m，胸径24cm。寿命短，30年后逐渐衰老。

◇ 根系特性：根系发达。

观赏特性

◇ 感官之美：垂柳枝条细长，柔软下垂，随风飘舞，姿态优美潇洒。

◇ 文化意蕴：因其早春萌动早，且婀娜多姿，垂柳既是春的象征，也是女性美的象征。

园林应用

◇ 应用方式：植于河岸及湖池边最为理想，柔条依依拂水，别有风致，自古即为重要的庭园观赏树。亦可用作行道树、庭荫树、固岸护堤树及平原造林树种。也适用于工厂区绿化。

◇ 注意事项：因柳絮多，对人有害，以选雄株栽植为好。

柿属 *Diospyros* L.

本属隶属柿科 Ebenaceae。落叶或常绿乔木或灌木；无顶芽，芽鳞2~3。叶互生。花单性异株，罕杂性；雄花为聚伞花序，雄蕊4~16，子房不发育；雌花常单生叶腋，退化雄蕊1~16枚，花柱2~6；花的基数为4~5；萼常4深裂，绿色；花冠壶形或钟形，白色，4~5裂，罕3~7裂，子房4~12室。浆果肉质，基部有增大的宿萼；种子扁压状。

约500种，分布于热带至温带；中国产57种。

分种检索表

A₁ 无枝刺；叶椭圆形、长圆形或卵形；萼片宿存，先端钝圆；枝有毛。

  B₁ 叶表面无毛或近无毛。

    C₁ 幼枝、叶背有褐黄色毛；冬芽先端钝；果大，橙红色或橙黄色，径3.5~7cm ········ 柿 *D. kaki*

    C₂ 幼枝、叶背有灰色毛；冬芽先端尖；果小，蓝黑色，径1.2~1.8cm·········· 君迁子 *D. lotus*

  B₂ 叶表背二面有灰色或灰黄色毛；果径4cm················· 油柿 *D. oleifera*

A₂ 有枝刺；叶菱状倒卵形、倒披针形；萼片宿存，先端渐尖。

  B₁ 落叶灌木；叶卵形、菱形至倒卵形，最宽处在叶片中部以上，长4~5.5cm，宽2~4cm ······· 老鸦柿 *D. rhombifolia*

  B₂ 半常绿或常绿灌木；叶倒披针形或长椭圆形，最宽处在叶片上部，长3~6.5cm ········ 瓶兰花 *D. armata*

柿 *Diospyros kaki* Thunb.（图6-78）

别名　朱果、猴枣

识别要点

◇ 树形：落叶乔木，高达15m。

◇ 枝干：树皮暗灰色，呈长方形小块状裂纹。冬芽先端钝。小枝密生褐色或棕色柔毛，后渐脱落。

◇ 叶：叶椭圆形、阔椭圆形或倒卵形，长6~18cm，近革质；叶端渐尖，叶基阔楔形或近圆形，叶表深绿色有光泽，叶背淡绿色。

◇ 花：雌雄异株或同株，花4基数，花冠钟状，黄白色，4裂，有毛；雄花3朵排成小聚伞花序；雌花单生叶腋；花萼4深裂，花后增大；雌花有退化雄蕊8枚，子房8室，花柱自基部分离，子房上位。花期5~6月。

◇ 果实：浆果卵圆形或扁球形，直径2.5~8cm，橙黄色或鲜黄色，宿存萼卵圆形，先端钝圆。果9～10月成熟。

种下变异

中国有二三百个品种。从分布上来看，可分为南、北二型。南型类的品种耐寒力弱，喜温暖气候，不耐干旱；果实较小，皮厚，色深，多呈红色。北型类品种则较耐寒，耐干旱；果实较大，皮厚，多呈橙黄色。

产地与分布

✧ 产地：原产于中国。

✧ 分布：分布极广，南自广东北至华北北部均有栽培，大抵北界在北纬40°的长城以南地区。

图6-78　柿 *Diospyros kaki*

生态习性

✧ 光照：柿为喜光树，虽也略耐阴，但在阳光充足处果实多而品质好，在光照时数少的谷地则树木向高发展而结果少。

✧ 温湿：喜温暖湿润气候。盛夏时久旱不雨则会引起落果，但在夏秋季果实正在发育时期如果雨水过多则会使枝叶徒长，有碍花芽形成，也不利果实生长。在5～6月开花时如多雨，则有碍授粉，会影响产量。在幼果期如阴雨连绵，日照不足，则会引起生理落果。

✧ 水土：耐干旱。不择土壤，在山地、平原、微酸、微碱性的土壤上均能生长；也很能耐潮湿土地，但以土层深厚肥沃、排水良好而富含腐殖质的中性壤土或黏质壤土最为理想。

✧ 空气：柿对二氧化硫、氟化氢有较强的抗性。

生物学特性

✧ 长速与寿命：生长较迅速，寿命长。

✧ 根系特性：深根性，根系强大，主根可深达3～4m。

✧ 花果特性：一般在嫁接后4～6年开始开花结果，15年后达盛果期，300年生老树仍可结果。

观赏特性

✧ 感官之美：树冠广展如伞，叶大荫浓，秋日叶色转红，丹实似火，悬于绿荫丛中，至11月落叶后还高挂树上，极为美观。

园林应用

✧ 应用方式：极好的园林结合生产树种，既适宜于城市园林又适于山区自然风景点中配植应用。可用于厂矿绿化，也是优良行道树。

✧ 注意事项：在园林配植中应注意对有核的品种适当配植授粉树以提高坐果率，对单性结实特性强的则无此问题，但在繁殖选接穗母树时，则需注意其单性结实能力的大小问题。

山楂属　*Crataegus* L.

本属隶属蔷薇科 Rosaceae。落叶小乔木或灌木，通常有枝刺。单叶，互生，叶缘有齿或羽状缺裂；托叶较大。花白色，少有红色；呈顶生伞房花序。萼片、花瓣各5，雄蕊

5～25，心皮 1～5。果实梨果状，内含 1～5 骨质小核。

本属约 1000 种，广泛分布于北半球温带，尤以北美东部为多；中国约 18 种。

山楂 *Crataegus pinnatifida* Bge.（图 6-79）

识别要点

❖ 树形：落叶小乔木，高达 6m；树冠圆整，球形或伞形。

图 6-79　山楂 *Crataegus pinnatifida*

❖ 枝干：有短枝刺；小枝紫褐色。

❖ 叶：叶三角状卵形至菱状卵形，长 5～12cm，羽状 5～9 裂，裂缘有不规则尖锐锯齿，两面沿脉疏生短柔毛，叶柄细，长 2～6cm；托叶大而有齿。

❖ 花：花白色，径约 1.8cm，雄蕊 20；伞房花序有长柔毛。花期 5～6 月。

❖ 果实：果近球形或梨形，径约 1.5cm，红色，有白色皮孔。果 10 月成熟。

种下变异

主要变种有山里红 var. *major* N. H. Br.：又名大山楂，树形较原种大而健壮；叶较大而厚，羽状 3～5 浅裂；果较大，径约 2.5cm，深红色。在东北南部、华北，南至江苏一带普遍作为果树栽培。树性强健，结果多，产量稳定，山区、平地均可栽培。

产地与分布

❖ 产地：原产我国。

❖ 分布：分布于东北至华中、华东各地。

生态习性

❖ 光照：性喜光，稍耐阴。

❖ 温湿：耐寒。在潮湿炎热的条件下生长不良。

❖ 水土：耐干燥、贫瘠土壤，但以在湿润而排水良好的砂质壤土上生长最好。

❖ 空气：抗污染，对氯气、二氧化硫、氟化氢的抗性均强。

生物学特性

❖ 长速与寿命：寿命较长。

❖ 根系特性：根系发达，萌蘖性强。

观赏特性

❖ 感官之美：原种及其变种均树冠整齐，花繁叶茂，春季白花满树，秋季果实红艳繁密，叶片亦变红色，是观花、观果兼观叶的优良园林树种。

园林应用

❖ 应用方式：是园林结合生产的良好绿化树种，园林中可结合生产成片栽植。可作庭荫树和园路树。原种还可作绿篱栽培。

苹果属 *Malus* Mill.

本属隶属蔷薇科 Rosaceae。落叶乔木或灌木。单叶，互生，有锯齿或缺裂，有托叶。花白色、粉红色至紫红色，呈伞形总状花序；雄蕊 15～50，花药通常黄色；子房下位，

3～5 室，花柱 2～5，基部合生。梨果。

本属约 40 种，广泛分布于北半球温带；中国 25 种。多数为果树及砧木或观赏树种。

分种检索表

A₁ 萼片宿存（西府海棠间或脱落）。

  B₁ 萼片较萼筒长，先端尖。

    C₁ 叶缘锯齿圆钝；果扁球形或球形，先端常隆起，萼凹下陷，果柄粗短……… 苹果 *M. pumila*

    C₂ 叶缘锯齿尖锐；果卵圆形，先端渐狭不隆起，萼凹微突，果梗细长。

      D₁ 果较大，径 4～5cm，黄色或红果，宿存萼片无毛 ……………………… 花红 *M. asiatica*

      D₂ 果较小，径 2～2.5cm，红色，宿存萼片有毛 ……………………… 楸子 *M. prunifolia*

  B₂ 萼片较萼筒短或等长。

    C₁ 叶基部广楔形或近圆形，叶柄长 1～2.5cm；果黄色，基部无凹陷……… 海棠花 *M. spectabilis*

    C₂ 叶基渐狭，叶柄长 2～2.5cm；果红色，基部有凹陷 …………… 西府海棠 *M.×micromalus*

A₂ 萼片脱落。

  B₁ 萼片长于萼筒，狭披针形；花白色，花柱 5，罕为 4 …………… 山荆子 *M. baccata*

  B₂ 萼片短于萼筒或等长，三角状卵形；花白色或粉红色。

    C₁ 萼片先端尖；花柱 4～5 ………………………………… 垂丝海棠 *M. halliana*

    C₂ 萼片先端圆钝；花柱 3，罕 4 ……………………………………湖北海棠 *M. hupehensis*

海棠花 *Malus spectabilis* (Ait.) Borkh. （图 6-80）

别名　海棠、西府海棠

识别要点

  ◇ 树形：小乔木或大灌木，树形峭立，枝条耸立向上，树冠倒卵形。高可达 8m。

  ◇ 枝干：小枝红褐色，幼时疏生柔毛。

  ◇ 叶：叶椭圆形至长椭圆形，长 5～8cm，先端短锐尖，基部广楔形至圆形，缘具紧贴细锯齿，背面幼时有柔毛。

  ◇ 花：花在蕾时甚红艳，开放后呈淡粉红色，径 4～5cm，单瓣或重瓣；萼片较萼筒短或等长，三角状卵形，宿存；花梗长 2～3cm。花期 4～5 月。

  ◇ 果实：果近球形，黄色，径约 2cm，基部不凹陷，果味苦。果熟期 9～10 月。

图 6-80　海棠花
Malus spectabilis

种下变异

有以下品种。

‘重瓣粉’海棠 ‘Riversii’：叶较宽而大；花重瓣，较大，粉红色。为北京庭园常见之观赏佳品。

‘重瓣白’海棠 ‘Albi-plena’：花白色，重瓣。

产地与分布

  ◇ 产地：原产于中国。

◇ 分布：是久经栽培的著名观赏树种，华东、华北、东北南部各地习见栽培。

生态习性

◇ 光照：喜光。

◇ 温湿：耐寒。

◇ 水土：最适宜生长于排水良好的砂壤土，对盐碱土抗性较强。耐干旱，忌水湿。

观赏特性

◇ 感官之美：海棠花初开极红，如胭脂点点，及开则渐成缬晕，至落则若宿妆淡粉，果实色彩鲜艳，结实量大。

园林应用

◇ 应用方式：自然式群植、建筑前或园路两侧列植、入口处对植均无不可。小型庭院中，最适于孤植、丛植于堂前、栏外、水滨、草地、亭廊之侧。也可作盆栽及切花材料。

◇ 注意事项：在圆柏 *Sabina chinensis* 较多之处，易发生赤星病。

垂丝海棠 *Malus halliana* Koehne.（图 6-81）

识别要点

◇ 树形：高达 5m；树冠疏散、婆娑。

◇ 枝干：枝条开展。小枝常紫红色。

◇ 叶：叶卵形、椭圆形至椭圆状卵形，质地较厚，长 3.5～8cm，锯齿细钝或近于全缘。叶缘、叶柄、中脉常紫红色。

◇ 花：花梗、花萼常紫红色。花梗细长，下垂；花初开时鲜玫瑰红色，后渐呈粉红色，径 3～3.5cm；萼片三角状卵形，顶端钝，与萼筒等长或稍短；花柱 4～5。花期 3～4 月。

◇ 果实：果倒卵形，径 6～8mm，萼片脱落，果柄、果实常紫红色。果期 9～10 月。

图 6-81　垂丝海棠 *Malus halliana*

种下变异

重瓣垂丝海棠 var. *parkmanii* Rehd.：花重瓣。

白花垂丝海棠 var. *spontanea* Rehd.：花白色，花叶均较小。

产地与分布

◇ 产地：产长江流域至西南各地。

◇ 分布：各地常见栽培。

生态习性

◇ 光照：喜光，不耐阴。

◇ 温湿：喜温暖湿润，较耐寒。

◇ 水土：对土壤要求不严，微酸或微碱性土壤均可成长，但以土层深厚、疏松、肥沃、排水良好而略带黏质的土壤最好，不耐水涝。

观赏特性

◇ 感官之美：花繁色艳，朵朵下垂。花果兼赏。

园林应用

✧ 应用方式：著名的庭园观赏花木，在江南庭园中尤为常见。也可盆栽观赏。

桃属 *Amygdalus* L.

本属隶属蔷薇科 Rosaceae。落叶乔木或灌木。枝无刺或有刺。侧芽常 3 芽并生，中间为叶芽，两旁为花芽，稀 2 芽并生。单叶，互生，有托叶，幼叶在芽中对折；叶缘具锯齿，叶基有时具腺体；叶柄常具 2 腺体。花单生，稀 2 朵并生，花两性，整齐；花梗短或近无梗，稀较长；花萼 5 裂，后脱落，萼片 5；花瓣 5，粉色或白色，生于萼筒口，覆瓦状排列；雄蕊多数，花丝分离；雌蕊 1，子房上位，1 室。核果，被毛，稀无毛，熟时果肉多汁，不裂或干燥开裂，腹沟明显，果洼较大；核坚硬，近扁圆，具深浅不同的纵横沟纹，极罕平滑，2 瓣裂，内具 1 下垂种子。

约 40 余种，中国 11 种。

分种检索表

A_1　乔木或小乔木；叶缘为单锯齿。

　B_1　萼筒有短柔毛；叶片中部或中部以上最宽，叶柄有腺体……………… 桃 *A. persica*

　B_2　萼筒无毛；叶片近基部最宽，叶柄常无腺体……………………… 山桃 *A. davidiana*

A_2　灌木；叶缘为重锯齿。叶端常 3 裂状 ……………………………………榆叶梅 *A. triloba*

桃　*Amygdalus persica* L.（图 6-82）

识别要点

✧ 树形：落叶小乔木，高达 8m，树冠半球形。

✧ 枝干：树皮暗红褐色，平滑；小枝红褐色或褐绿色，无毛；芽密被灰色绒毛。

✧ 叶：叶椭圆状披针形，长 7~15cm，先端渐尖，基部阔楔形，缘有细锯齿，两面无毛或背面脉腋有毛；叶柄长 1~1.5cm，有腺体。

✧ 花：花单生，径约 3cm，粉红色，近无柄，萼外被毛。花期 3~4 月，先叶开放。

✧ 果实：果近球形，径 5~7cm，表面密被绒毛。果 6~9 月成熟。

图 6-82　桃 *Amygdalus persica*

种下变异

观赏桃常见变型有以下几种。

单瓣白桃 f. *alba*（Lindl.）Schneid.：花白色；单瓣。

千瓣白桃 f. *albo-plena* Schneid.：花白色，复瓣或重瓣。

碧桃 f. *duplex* Rehd.：花淡红，重瓣。

绛桃 f. *camelliaeflora*（Van Houtte）Dipp.：花深红色，复瓣。

红花碧桃 f. *rubroplena* Schneid.：花红色，复瓣，萼片常为 10。

复瓣碧桃 f. *dianthiflora* Dipp.：花淡红色，复瓣。

绯桃 f. *magnifica* Schneid.：花鲜红色，重瓣。

撒金碧桃 f. *versicolor*（Sieb.）Voss：花复瓣或近重瓣，白色或粉红色，同一株上花有二色，或同朵花上有二色，乃至同一花瓣上有粉、白二色。

紫叶桃花 f. *atropurpurea* Schneid.：叶为紫红色；花为单瓣或重瓣，淡红色。

垂枝碧桃 f. *pendula* Dipp.：枝下垂。

寿星桃 var. *densa* Makino：树形矮小紧密，节间短；花多重瓣。

塔形碧桃 f. *pyramidalis* Dipp.：树形呈窄塔状，较为罕见。

产地与分布

◇ 产地：原产于中国，在华北、华中、西南等地山区仍有野生桃树。

◇ 分布：各地广为栽培，主产区为华北和西北。

生态习性

◇ 光照：阳性树，不耐阴。

◇ 温湿：喜夏季高温，有一定的耐寒力，除酷寒地区外均可栽培。

◇ 水土：耐干旱，极不耐涝。喜肥沃而排水良好的土壤，不适于碱性土和黏性土。

生物学特性

◇ 长速与寿命：生长快，寿命较短，一般只有 30～50 年。

◇ 根系特性：根系较浅。

◇ 花果特性：进入花果期的年龄很早，一般定植后 1～3 年开始开花结果，4～8 年达盛果期。

观赏特性

◇ 感官之美：品种繁多，树形多样，着花繁密，无论食用桃还是观赏桃，盛花期均烂漫芳菲、妩媚可爱。

园林应用

◇ 应用方式：适于山坡、水边、庭院、草坪、墙角、亭边等各处丛植赏花。常于水边采用桃柳间植的方式，形成"桃红柳绿"的景色。若将各观赏品种栽植在一起，形成桃花园，布置在山谷、溪畔、坡地均宜。

◇ 注意事项：中国园林中习惯以桃、柳间植水滨，以形成"桃红柳绿"之景色。但要注意避免柳树遮了桃树的阳光，同时也要将桃植于较高燥处，方能生长良好，故以适当加大株距或将桃向外移种为妥。

杏属 *Armeniaca* Mill.

本属隶属蔷薇科 Rosaceae。落叶乔木，罕灌木。枝无刺、罕有刺。侧芽单生或叶芽及花芽并生或 2～3 个簇生叶腋，无顶芽；每花芽具 1 花，罕 2～3 朵。单叶，互生，幼叶在芽中席卷；叶缘单锯齿或重锯齿；叶柄常具 2 腺体；有托叶。花两性，整齐；花梗短，罕较长；花萼 5 裂，果期脱落；花瓣 5，覆瓦状排列；雄蕊 15～45，花丝分离；子房上位，被毛，1 室。核果有纵沟，具毛，稀无毛；果肉肉质多汁，熟时不开裂，稀干燥开裂，离核或黏核；核两侧扁平，光滑或粗糙呈网状，罕具蜂窝状穴凹，具瓣裂。

约 11 种，中国 10 种。

分种检索表

A_1　一年生枝灰褐色或红褐色；核常无蜂窝状穴。

　B_1　叶缘单锯齿。

C_1　叶两面无毛，宽卵形，叶基圆或近心形；花单生或 2 朵，白色略带红晕；核粗糙或平滑，腹棱较钝圆 ·· 杏 *A. vulgaris*

C_2　叶两面亦无毛，卵形或近圆形，叶端长尾尖，叶基圆或近心形；花常单生，白或粉红色；果干燥，熟时开裂 ··································· 山杏 *A. sibirica*

B_2　叶缘具不整齐的细长尖锐重锯齿，叶端渐尖；核果熟时黄色并向阳面红晕；花单生，粉红或白色；叶背脉腋有柔毛 ····························· 东北杏 *A. mandshurica*

A_2　一年生枝绿色；叶具细小锐锯齿，卵形或椭圆形，叶端尾尖，叶背脉腋有柔毛；花单生或 2 朵，白或粉红色；核具蜂窝状穴 ································· 梅 *A. mume*

杏 *Armeniaca vulgaris* Lam.（图 6-83）

识别要点

◇ 树形：乔木，高达 15m；树冠开阔，圆球形或扁球形。

◇ 枝干：小枝红褐色。

◇ 叶：叶广卵形，长 5～10cm，宽 4～8cm，先端短尖或尾状尖，锯齿圆钝，两面无毛或仅背面有簇毛。

◇ 花：花单生于 1 芽内，在枝侧 2～3 个集合在一起，先叶开放，白色至淡粉红色，径约 2.5cm，花梗极短，花萼鲜绛红色。花期 3～4 月。

◇ 果实：果实近球形，黄色或带红晕，径 2.5～3cm，有细柔毛；果核平滑。果（5）6～7 月成熟。

图 6-83　杏 *Armeniaca vulgaris*

种下变异

野杏 var. *ansu*（Maxim）Yu et C. L. Li：叶较小，长 4～5cm；花 2 朵并生，罕 3 朵簇生。果密被毛，橙红色，径约 2cm；核网纹明显，性更耐寒、旱和瘠薄土地。

'垂枝' 杏 'Pendula'：枝条下垂。

'重瓣' 杏 'Plena'：花重瓣。

'陕梅' 杏 'Meixianensis'：花径 5～6cm，高度重瓣，花瓣 70～120 枚，粉红色。

产地与分布

◇ 产地：产西北、东北、华北、西南、长江中下游地区，新疆有野生纯林。

◇ 分布：以黄河流域为栽培中心。

生态习性

◇ 光照：喜光。

◇ 温湿：耐寒，可耐 -40℃低温，也耐高温。空气湿度过高生长不良。

◇ 水土：对土壤要求不严，耐轻度盐碱，耐干旱。

生物学特性

◇ 长速与寿命：寿命长，可达 300 年。

◇ 根系特性：根系发达，又深又广。

✧ 花果特性：实生树 3～4 年开花结果。盛果期长。

观赏特性

✧ 感官之美：杏树先叶开花，花繁姿娇、占尽春风。

园林应用

✧ 应用方式：除在庭院少量种植外，宜群植、林植于山坡、水畔。此外，杏树又宜作大面积沙荒及荒山造林树种。可结合生产。

✧ 注意事项：极不耐涝。

梅 *Armeniaca mume* Sieb.（图 6-84）

别名　干枝梅

识别要点

图 6-84　梅 *Armeniaca mume*

✧ 树形：乔木或大灌木，高 4～10（15）m；树形开展。树冠圆球形。

✧ 枝干：小枝绿色，无毛。

✧ 叶：叶卵形至广卵形，长 4～10cm。先端长渐尖或尾尖，锯齿细尖。

✧ 花：花单生或 2 朵并生，先叶开放，白色、粉红色或红色，有香味，径 2～2.5cm，花梗短，花萼绿色或否。花期 12 月至翌年 4 月。

✧ 果实：果近球形，黄绿色，径 2～3cm。表面密被细毛；果核有多数凹点。果期 5～6 月。

种下变异

梅品种繁多，已演化成果梅、花梅两大系列。根据陈俊愉教授的研究，按品种演化关系可以分为真梅、杏梅、樱李梅 3 个种系 5 大类。真梅由梅演化而来，包括直枝梅类、垂枝梅类和龙游梅类。杏梅为杏与梅的杂交品种，樱李梅为宫粉梅与紫叶李 *Prunus cerasifera* f. *atropurpurea* 的杂交品种。

直枝梅类：具有典型的梅性状，枝条直伸或斜出，不曲不垂。有江梅型、宫粉型、玉蝶型、洒金型、绿萼型、朱砂型、黄香型。另有品字梅型和小细梅型，为果梅。

垂枝梅类：与直枝梅类的区别在于枝条下垂。有粉花垂枝型、五宝垂枝型、残雪垂枝型、白碧垂枝型、骨红垂枝型。

龙游梅类：枝条自然扭曲。1 型，即玉蝶龙游型，花复瓣，白色。

杏梅类：枝叶介于杏、梅之间，花托肿大。有单杏梅型和春后型。

樱李梅类：枝叶似紫叶李，花梗细长，花托不肿大。1 型，即美人梅型。

产地与分布

✧ 产地：产四川西部和云南西部等地。

✧ 分布：栽培的梅树在黄河以南地区可露地安全过冬，经杂交选育的梅在北京露地栽培已成功。华北以北则只见盆栽；日本、朝鲜亦有栽培，在欧、美则少见栽培。

生态习性

✧ 光照：阳性树。

- ❖ 温湿：性喜温暖而略潮湿的气候，有一定耐寒力，在北京须种植于背风向阳的小气候良好处。
- ❖ 水土：对土壤要求不严格，较耐瘠薄土壤，亦能在轻碱性土中正常生长。要求排水良好地点。
- ❖ 空气：对二氧化硫抗性差。

生物学特性

- ❖ 长速与寿命：最初 40～50 年生长最快，以后逐渐变慢。寿命长，可达千年。
- ❖ 根系特性：浅根性树种，平地栽种的，根系分布于表面 40cm 土层中，山地栽种的则根系较深。
- ❖ 花果特性：实生树 3～4 年可开花，7～8 年后花果渐盛。一般在长江流域露地单朵花期 7～17d，群体花期（初开 50%～花谢 90%）10～25d，不同品种的花期差异很大。品种之间的着花疏密程度差异很大。

观赏特性

- ❖ 感官之美：具有古朴的树姿，素雅的花色，秀丽的花态，恬淡的清香和丰盛的果实，所以自古以来就为广大人民所喜爱。
- ❖ 文化意蕴：梅在江南，吐红于冬末，开花于早春，虽残雪犹存却已报来春光，象征着不畏风刀雪剑的困难环境而永葆青春的乐观主义精神。但是因时代的不同，人们对它的体会、理解也不同。在封建社会时代，常被称为"清客"，誉为君子或隐士，故有"疏影横斜"、"暗香浮动"、"茅舍竹篱短，梅花吐未齐。晚来溪径侧，雪压小桥低"等句。此外，更有"梅妻鹤子"的传说，大抵均带有离世却俗，孤高自赏或惆怅孤寂的情调。但在民间亦有欢乐、生气勃勃的场面，如苏州邓尉的香雪海，每当梅林盛开之际香闻数十里，可谓盛极一时，正是"江都车马满斜晖，争赴城南未掩扉。要识梅花无尽藏，人人襟袖带香归。"梅与松、竹一起被誉为"岁寒三友"，又与迎春花、山茶和水仙一起被誉为"雪中四友"，又与兰、竹、菊合称"四君子"。

园林应用

- ❖ 应用方式：梅适于建设专类园，著名的有南京梅花山、武汉磨山、无锡梅园、杭州孤山和灵峰、苏州光福、昆明西山、广州罗岗等。梅花亦适植于庭院、草坪、公园、山坡各处，几乎各种配植方式均适宜。既可孤植、丛植，又可群植、林植。在小型公园和庭院中，于山坞、山坡、溪畔、亭榭、廊阁一带丛植，可构成梅坞、梅溪、梅亭、梅阁等景。梅花与松、竹相配，散植于松林、竹丛之间，与苍松、翠竹相映成趣，可形成"岁寒三友"的景色。梅花还是著名的盆景材料。
- ❖ 注意事项：梅最怕积水之地，因其最易烂根致死。又忌在风口处栽植。

樱属 *Cerasus* Mill.

本属隶属蔷薇科 Rosaceae。落叶乔木或灌木。腋芽单生或 3 个并生，中间者为叶芽，两侧为花芽，幼叶在芽中对折。单叶互生，叶缘有锯齿，叶柄、托叶和锯齿常具腺体。花常数朵，组成伞形、伞房状或短总状花序，或 1～2 花生于叶腋；花有梗，花序基部有宿存芽鳞或苞片；苞片大、绿色，宿存，或小而褐色、脱落。萼筒钟状、管状或管形钟状，萼片5，反折、直立或开张；花瓣5，粉红或白色，瓣端钝圆、微凹或深裂；雄蕊15～50，离生；雌蕊1，花柱或子房有毛或无。核果肉质多汁，不裂；核球形或卵圆形，表面平滑或稍有皱纹。

本属100余种，中国40余种。

分种检索表

A₁ 腋芽3；灌木。

  B₁ 花近无梗，花萼筒状；小枝及叶背密被绒毛 ·················· 毛樱桃 *C. tomentosa*

  B₂ 花具中长梗，花萼钟状。

    C₁ 叶卵形至卵状披针形，先端渐尖，基部圆形，锯齿重尖 ·············· 郁李 *C. japonica*

    C₂ 叶卵状长椭圆形至椭圆状披针形，叶端急尖，基部广楔形，锯齿细钝。

      D₁ 叶中部或近中部最宽；花柱基部无毛或被疏柔毛 ·············· 麦李 *C. glandulosa*

      D₂ 叶中部以上最宽；花柱无毛 ·················· 欧李 *C. humilis*

A₂ 腋芽单生；乔木或小乔木。

  B₁ 苞片小而脱落；叶缘重锯齿尖，具腺而无芒；花白色，果红色·········· 樱桃 *C. pseudocerasus*

  B₂ 苞片大而常宿存；叶缘具芒状重锯齿。

    C₁ 花先开，后生叶；花梗及萼均有毛。

      D₁ 花萼筒状，下部不膨大 ·················· 东京樱花 *C. yedoensis*

      D₂ 花萼下部膨大 ·················· 大叶早樱 *C. subhirtella*

    C₂ 花与叶同时开放；花梗及萼均无毛。

      D₁ 花无香气；叶缘齿无芒或有短芒。

        E₁ 花色浓红、红，花形较大；萼、苞、花梗等均有黏液；缘齿无芒······ 大山樱 *C. sargentii*

        E₂ 花色淡红或白色，花形较小；花梗无毛；缘齿有短芒·········山樱花 *C. serrulata*

      D₂ 花有香气；叶缘齿端有长芒 ·················· 日本晚樱 *C. lannesiana*

山樱花 *Cerasus serrulata* (Lindl.) G. Don ex London（图 6-85）

别名 山樱桃

识别要点

  ❖ 树形：乔木，高15～25m，直径达1m。

  ❖ 枝干：树皮暗栗褐色，光滑；小枝无毛或有短柔毛，赤褐色。冬芽在枝端丛生数个或单生；芽鳞密生，黑褐色，有光泽。

  ❖ 叶：叶卵形至卵状椭圆形，长6～12cm，叶端尾状，叶缘具尖锐重或单锯齿，齿端短刺芒状，叶表浓绿色，有光泽，叶背色稍淡，两面无毛；幼叶淡绿褐色；叶柄长1.5～3cm，无毛或有软毛，常有2～4腺体，罕1。

图 6-85 山樱花
Cerasus serrulata

  ❖ 花：花白色或淡红色，很少为黄绿色，径2.5～4cm，无香味；苞片呈篦形至圆形，大小不等，边缘有带腺的软毛；萼筒钟状，无毛，萼裂片有细锯齿，裂片卵形或披针形，呈水平展开；花瓣倒卵状圆形或倒卵状椭圆形，先端有缺凹；雄蕊多数；花柱平滑；常 3～5 朵排成短伞房总状花序。花期 4 月，与叶同时开放。

◇ 果实：核果球形，径 6～8mm，先红而后变紫褐色，稍有涩味，但可食。果 7 月成熟。

种下变异

变种及品种很多，常见的有下述几种。

毛叶山樱花 var. *pubescens*（Makino）Yu et Li：与原种的区别是叶两面、叶柄、花梗及萼均多少有毛；花期 4～5 月，果期 7 月。产于黑龙江、辽宁、山西、陕西、河北、山东、浙江。生于山坡林中或栽培。

'重瓣白'山樱花 'Albo-plena'：花白色、重瓣。

'红白'山樱花 'Albo-rosea'：花重瓣，花蕾淡红色，开后变白色。

'垂枝'山樱花 'pendula'：枝开展而下垂；花粉红色，瓣数多达 50 以上，花萼有时为 10 片。

'重瓣红'山樱花 'Roseo-plena'：花粉红色，极重瓣。

'瑰丽'山樱花 'Superba'：花大，淡红色，重瓣，有长梗。

产地与分布

◇ 产地：产于中国、朝鲜及日本。

◇ 分布：各地普遍栽培。

生态习性

◇ 光照：喜阳光。

◇ 温湿：有一定耐寒能力，东北南部可露地越冬。

◇ 水土：喜深厚肥沃而排水良好的土壤。

◇ 空气：对烟尘、有害气体及海潮风的抵抗力均较弱。

生物学特性

◇ 根系特性：根系较浅。

观赏特性

◇ 感官之美：山樱花妩媚多姿，繁花似锦，既有梅之幽香，又有桃之艳丽，是重要的春季花木。

园林应用

◇ 应用方式：可孤植或丛植于草地、房前，既供赏花，又可遮阴；也可成片种植或群植成林，则花时缤纷艳丽、花团锦簇。

日本晚樱 *Cerasus lannesiana* Carr.（图 6-86）

别名　里樱

识别要点

◇ 树形：乔木，高达 10m。

◇ 枝干：干皮淡灰色，较粗糙；小枝较粗壮而开展，无毛。

◇ 叶：叶常为倒卵形，长 5～15cm，宽 3～8cm，叶端渐尖，呈长尾状，叶缘锯齿单一或重锯齿，齿端有长芒，叶背淡绿色，无毛；叶柄上部有 1 对腺体；新叶无毛，略带红褐色。

图 6-86　日本晚樱 *Cerasus lannesiana*

◇ 花：花形大而芳香，单瓣或重瓣，常下垂，粉红或近白色；1～5 朵排成伞房花序，小苞片叶状，无毛；花的总梗短，长 2～4cm，有时无总梗，花梗长 1.5～2cm，均无毛；萼筒短，无毛；花瓣端凹形。花期长，4 月中下旬开放。

◇ 果实：果卵形，熟时黑色，有光泽。

种下变异

有以下变种和品种。

大岛樱 var. *speciosa*（Koidz.）Mak.：花白色，单瓣，端 2 裂，径 3～4cm，有香气；3、4 月间与叶同放。果紫黑色。产日本伊豆诸岛，野生。

'绯红'晚樱 'Hatzakura'：花半重瓣，白色而染绯红色。

'白花'晚樱 'Albida'：花白色，单瓣。

'粉白'晚樱 'Albo-rosea'：花由粉红褪为白色。

'菊花'晚樱 'Chrysanthemoides'：花粉红至红色，花瓣细而多，形似菊花。

'牡丹'晚樱 'Botanzakura'：花粉红或淡粉红色，重瓣；幼叶古铜色。在我国各地栽培较多。

'杨贵妃'晚樱 'Yokihi'：花淡粉红色，外部较浓，重瓣。

'日暮'晚樱 'Amabilis'：花淡红色，花心近白色，重瓣；幼叶黄绿色。

产地与分布

◇ 产地：原产日本。

◇ 分布：日本庭园中常见栽培；我国引入栽培。

生态习性

◇ 光照：喜光，略耐阴。

◇ 温湿：喜温暖湿润气候，但也较耐寒。

◇ 水土：耐旱。对土壤要求不严，但不喜低湿和土壤黏重之地。不耐盐碱。

◇ 空气：对烟尘的抗性不强。

生物学特性

◇ 长速与寿命：生长较快，寿命较短。

◇ 根系特性：浅根性。

◇ 花果特性：花期较晚，但花期延续时间在各种樱花中属最长的种类。

观赏特性

◇ 感官之美：化人而芳香，常下垂。

园林应用

◇ 应用方式：日本晚樱宜植于庭园建筑物旁或行孤植；至于晚樱中的大岛樱则是滨海城市及工矿城市中的良好材料。

◇ 注意事项：定植的地点应选阳光充足之处；由于樱花类都是浅根性树种，因此应选土壤肥沃和避风之处；最适宜的地形是有缓坡而低处有湖池的地点。

稠李属 *Padus* Mill.

本属隶属蔷薇科 Rosaceae。落叶小乔木或灌木。冬芽卵圆形，芽鳞覆瓦状排列。单叶互生，幼叶在芽内对折。叶片具锯齿，罕全缘；叶柄顶端或叶基部常有 2 腺体；托叶早落。花多朵成总状花序，顶生，花序基部有叶或无叶；苞片早落；萼筒钟状；花白色，瓣端啮齿状；雄蕊 10 至多数；雌蕊 1，周位花，子房上位，心皮 1。核果无纵沟，中果皮骨质。

约 20 余种，中国 14 种。

稠李 *Padus avium* Mill.（图 6-87）

别名　稠梨

识别要点

◇ 树形：落叶乔木，高达 15m。

◇ 枝干：小枝紫褐色；嫩枝有毛或无毛。

◇ 叶：叶卵状长椭圆形至倒卵形，长 6～14cm，叶端突渐尖，叶基圆形或近心形，叶缘有细锐锯齿，叶表深绿色，叶背灰绿色，无毛或仅背面脉腋有丛毛；叶柄长 1～1.5cm，无毛，近端部常有 2 腺体。

◇ 花：花小，白色，径 1～1.5cm，芳香，花瓣长为雄蕊 2 倍以上；数朵排成下垂的总状花序，基部有叶。花期 4 月，与叶同时开放。

◇ 果实：果近球形，径 6～8mm，黑色，有光泽；核有明显皱纹。果 9 月成熟。

图 6-87　稠李 *Padus avium*

产地与分布

◇ 产地：产于我国东北、华北、内蒙古及西北地区；北欧、俄罗斯、朝鲜、日本也有。

◇ 分布：在欧洲久经栽培，我国园林中应用不多。

生态习性

◇ 光照：性喜光、较耐阴。

◇ 温湿：耐寒性较强。

◇ 水土：喜湿润土壤，在河岸砂壤土上生长良好。

观赏特性

◇ 感官之美：花序长而美丽，花朵白色繁密，秋叶变黄红色，果成熟时亮黑色。

园林应用

◇ 应用方式：一种优良的观花观果树种。宜列植于路旁、墙边，在庭园和公园中可孤植和丛植。

◇ 注意事项：果实成熟时常引来鸟类，为庭园增加生气。

合欢属 *Albizia* Durazz.

本属隶属含羞草科 Mimosaceae。落叶乔木或灌木。2 回羽状复叶，互生，叶总柄下有腺体；羽片及小叶均对生；全缘，近无柄；中脉常偏于一边。头状或穗状花序，花序柄细长；萼筒状，端 5 裂；花冠小，5 裂，深达中部以上；雄蕊多数，花丝细长，突出花冠之外，基部合生。荚果呈带状，成熟后宿存枝梢，通常不开裂或迟裂。

本属约 150 种，产于亚洲、非洲及大洋洲的热带和亚热带；中国产 17 种。

分种检索表

A$_1$ 花有柄。

  B$_1$ 羽片 4～12 对；小叶 10～30 对；花粉色 ………………………………… 合欢 *A. julibrissin*

  B$_2$ 羽片 2～3 对；小叶 5～14 对；花白色 ………………………………… 山槐 *A. kalkora*

  B$_3$ 羽片 2～4 对；小叶 4～8 对；花绿黄色 ………………………………… 阔荚合欢 *A. lebbeck*

A$_2$ 花无柄。

  B$_1$ 小叶的中脉紧靠上边缘；头状花序 ………………………………… 楹树 *A. chinensis*

  B$_2$ 小叶的中脉偏于上边缘；穗状花序 ………………………………… 南洋楹 *A. falcataria*

合欢 *Albizia julibrissin* Durazz.（图 6-88）

图 6-88 合欢
Albizia julibrissin

别名　绒花树、合昏、夜合花

识别要点

❖ 树形：乔木，高达 16m，树冠扁圆形，常呈伞状，冠形不太整齐。

❖ 枝干：树皮褐灰色，主枝较低，枝条粗大而疏生。

❖ 叶：叶为 2 回偶数羽状复叶，羽片 4～12 对，各有小叶 10～30 对；小叶镰刀状长圆形，长 6～12mm，宽 1.5～4mm，中脉明显偏于一边，叶背中脉处有毛。

❖ 花：花序头状，多数，细长的总柄排成伞房状，腋生或顶生；花有柄，萼及花瓣均黄绿色；雄蕊多数，长 25～40mm，花丝粉红色，如绒缨状。花期 6～7 月。

❖ 果实：荚果扁条形，长 9～17cm。果 9～10 月成熟。

产地与分布

❖ 产地：主产于亚洲热带和亚热带地区。

❖ 分布：我国分布于自黄河流域至珠江流域的广大地区，北界可达辽东半岛。

生态习性

❖ 光照：喜光，但树干皮薄畏暴晒，易开裂。

❖ 温湿：耐寒性略差，在华北宜选平原或低山区之小气候较好处栽植。

❖ 水土：对土壤要求不严，能耐干旱、瘠薄。

生物学特性

❖ 长速与寿命：生长迅速。

❖ 根系特性：可与根瘤菌共生形成根瘤。

观赏特性

❖ 感官之美：树姿优美，绿荫如伞，叶形雅致，盛夏绒花满树，有色有香，能形成轻柔舒畅的气氛。

❖ 文化意蕴：合欢象征永远恩爱、两两相对，是夫妻好合的象征。相传虞舜南巡仓梧而死，其妃娥皇、女英遍寻湘江，终未寻见。二妃终日恸哭，泪尽滴血，血尽而死。后来，人们发现她们的精灵与虞舜的精灵"合二为一"，变成了合欢树。合欢树叶，昼开夜合，相亲相爱。自此，人们常以合欢表示忠贞不渝的爱情。

园林应用

❖ 应用方式：宜作庭荫树、行道树，植于林缘、房前、草坪、山坡等地。也是重要的荒山绿化造林先锋树种，在海岸、砂地栽植，能起到改良土壤的作用。

❖ 注意事项：不耐水涝。树冠常偏斜，分枝点较低。

皂荚属 *Gleditsia* L.

本属隶属云实科（苏木科）Caesalpiniaceae。落叶乔木，罕为灌木。树皮糙而不裂；干及枝上常具分歧的枝刺。枝无顶芽，侧芽叠生。1 回或兼有 2 回偶数羽状复叶，互生，小叶近对生或互生。花杂性，或单性异株；近整齐，萼、瓣各为 3～5；雄蕊 6～10，常为 8。荚果长带状或较小；种子具角质胚乳。

约 14 种，产于亚洲、美洲及热带非洲；中国产 10 种，分布很广。

分种检索表

A₁ 枝刺圆柱形；荚果直，不扭曲；1 回羽状复叶 ……………………………… 皂荚 *G. sinensis*

A₂ 枝刺扁；荚果扭曲；萌芽枝常有 2 回羽状复叶 ……………………………… 山皂荚 *G. japonica*

皂荚 *Gleditsia sinensis* Lam.（图 6-89）

别名　皂角

识别要点

❖ 树形：乔木，高达 15～30m，树冠扁球形。

❖ 枝干：枝刺圆而粗壮，有分歧。

❖ 叶：1 回羽状复叶，小叶 6～14 枚，卵形至卵状长椭圆形，长 3～8cm，叶端钝而具短尖头，叶缘有细钝锯齿，叶背网脉明显。

❖ 花：总状花序腋生；花杂性，黄白色，萼、瓣各为 4。花期 5～6 月。

❖ 果实：荚果较肥厚，直而不扭转，长 12～30cm，黑棕色，被白粉，经冬不落。果 10 月成熟。

产地与分布

❖ 产地：我国自东北至西南、华南均产。

❖ 分布：园林中有栽培。

生态习性

❖ 光照：性喜光而稍耐阴。

❖ 温湿：喜温暖湿润气候。

❖ 水土：喜深厚肥沃适当湿润土壤，但对土壤要求不严，在石灰质及盐碱性土壤甚至黏土或砂土上

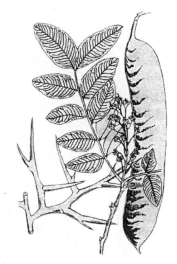

图 6-89　皂荚 *Gleditsia sinensis*

均能正常生长。

✧ 空气：对污染气体抗性强。

生物学特性

✧ 长速与寿命：生长速度较慢，寿命长，可达 700 年。

✧ 根系特性：深根性。

观赏特性

✧ 感官之美：树冠宽广，叶密荫浓。

园林应用

✧ 应用方式：宜作绿荫树。宜孤植或丛植，也可列植或群植。因枝刺发达，也是大型防护篱、刺篱的适宜材料。

✧ 注意事项：不宜植于幼儿园、小学校园内，以免发生危险。

凤凰木属 *Delonix* Raf.

本属隶属云实科（苏木科）Caesalpiniaceae，落叶大乔木。2 回偶数羽状复叶，小叶对生，形小，多数。花两性，大而显著，顶生或腋生，呈伞房总状花序；萼 5，深裂，镊合状排列；花瓣 5，圆形，具长爪；雄蕊 10，花丝分离；子房无柄，胚珠多数。荚果大，扁带形，木质。种子多数。

约 3 种，产于热带非洲；中国华南引入 1 种。

凤凰木 *Delonix regia* (Boj.) Raf.（图 6-90）

识别要点

✧ 树形：落叶乔木，高达 20m，树冠开展如伞状。

✧ 叶：复叶具羽片 10～24 对，对生；小叶 20～40 对，对生，近矩圆形，长 5～8mm，宽 2～3mm，先端钝圆，基部歪斜，表面中脉凹下，侧脉不显，两面均有毛。

✧ 花：总状花序伞房状，花萼绿色；花冠鲜红色，径 7～10cm，上部的花瓣有黄色条纹。花期 5～8 月。

✧ 果实：荚果木质，长达 50cm。

产地与分布

✧ 产地：原产于马达加斯加岛及热带非洲。

✧ 分布：广植于热带各地；台湾、福建南部、广东、广西、云南均有栽培。

生态习性

✧ 光照：性喜光。

✧ 温湿：不耐寒。

✧ 水土：喜深厚肥沃的疏松土壤。

✧ 空气：耐烟尘性差。

生物学特性

✧ 长速与寿命：生长快。

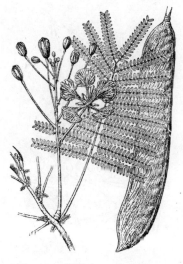

图 6-90　凤凰木 *Delonix regia*

◇ 根系特性：根系发达。

观赏特性

◇ 感官之美：树冠宽阔，叶形如鸟羽，有轻柔之感，花大而色艳，初夏开放，满树如火，与绿叶相映更为美丽。

园林应用

◇ 应用方式：在华南各市多栽作庭荫树及行道树。

槐属 *Sophora* L.

本属隶属蝶形花科 Fabaceae。乔木或灌木，稀为草本。冬芽小，芽鳞不显。奇数羽状复叶，互生，小叶对生，全缘；托叶小。总状或圆锥花序，顶生；花蝶形，萼 5，齿裂；雄蕊 10，离生或仅基部合生。荚果于种子之间缢缩成串珠状，不开裂。

约 80 种，分布于亚洲及北美的温带、亚热带。中国产 23 种。

槐 *Sophora japonica* L.（图 6-91）

别名 国槐

识别要点

◇ 树形：乔木，高达 25m，胸径 1.5m；树冠球形或阔倒卵形。

◇ 枝干：干皮暗灰色，小枝绿色，皮孔明显；芽被青紫色毛。

◇ 叶：小叶 7～17 枚，卵形至卵状披针形，长 2.5～5cm，叶端尖，叶基圆形至广楔形，叶背有白粉及柔毛。

◇ 花：花浅黄绿色，排成圆锥花序。花期 7～8 月。

◇ 果实：荚果串珠状，肉质，长 2～8cm，熟后不开裂，也不脱落。种子肾形或矩圆形，黑色。果 10 月成熟。

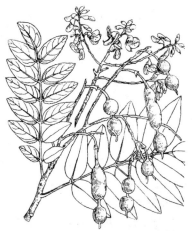

种下变异

龙爪槐 f. *pendula* Hort.：小枝弯曲下垂，树冠呈伞形。

五叶槐 f. *oligophylla* Frarlch.：又名蝴蝶槐，羽状复叶仅有小叶 3～5 枚，簇生；小叶较大，顶生小叶常 3 圆裂，侧生小叶下部有大裂片。

图 6-91 槐
Sophora japonica

堇花槐 var. *violacea* Carr.：翼瓣和龙骨瓣玫瑰紫色，花期甚迟。

毛叶槐 var. *pubescens*（Tausch.）Bosse：小枝、叶下面和叶轴密生软毛，花的翼瓣和龙骨瓣边缘微带紫色。

产地与分布

◇ 产地：原产于中国北部。

◇ 分布：北自辽宁，南至广东、台湾，东至山东，西至甘肃、四川、云南均有栽植。

生态习性

◇ 光照：喜光，略耐阴。

◇ 温湿：喜干冷气候，但在高温多湿的华南也能生长。

◇ 水土：喜深厚、排水良好的砂质壤土，但在石灰性、酸性及轻盐碱土上均可正常生长。

◇ 空气：耐烟尘，能适应城市街道环境，对二氧化硫、氯气、氯化氢气体均有较强的抗性。

生物学特性

◇ 长速与寿命：生长速度中等，寿命极长，可达千年。

◇ 根系特性：深根性，根系发达。

观赏特性

◇ 感官之美：树冠宽广，枝叶繁茂，花朵状如璎珞，香亦清馥。

◇ 文化意蕴：我国栽培槐的历史极其悠久，自古即称夏季为槐夏。古人也把皇宫称为"槐宸"，宫廷称为"槐掖"；宰辅大臣称作"槐宰"、"槐岳"、"槐卿"；周代将司马、司徒、司空（一说太师、太傅、太保）称三公，而把三公的宅第称为"槐府"。对德高望重的公卿则称"槐望"。由此可见，槐几乎与"贤"、"明"、"金"、"玉"等赞美的词语相关联，象征美好、公正、廉明等美德。

园林应用

◇ 应用方式：是良好的行道树和庭荫树。由于耐烟毒能力强，又是厂矿区的良好绿化树种。龙爪槐是中国庭园绿化中的传统树种之一，富于民族特色的情调，常成对的用于配植门前或庭院中，又宜植于建筑前或草坪边缘。五叶槐叶形奇特，宛若千万只绿蝶栖止于树上，堪称奇观。

◇ 注意事项：在干燥、贫瘠的山地及低洼积水处生长不良。五叶槐宜独植，不宜多植。

刺槐属 *Robinia* L.

本属隶属蝶形花科 Fabaceae。落叶乔木或灌木。叶柄下芽，无芽鳞。奇数羽状复叶互生，小叶全缘，对生或近对生；托叶变为刺。总状花序腋生，下垂；雄蕊 2 体（9+1）。荚果带状，开裂。

共约 20 种，产于北美及墨西哥；中国引入 2 种。

分种检索表

A₁ 乔木，茎枝无毛；花白色 ……………………………………… 刺槐 *R. pseudoacacia*

A₂ 灌木，茎枝密生硬刺毛；花粉红色或紫红色 ……………… 毛洋槐 *R. hispida*

刺槐 *Robinia pseudoacacia* L.（图 6-92）

别名 洋槐

识别要点

◇ 树形：高达 25m；树冠椭圆状倒卵形。

◇ 枝干：树皮灰褐色，纵裂。小枝光滑。冬芽小。

◇ 叶：小叶 7～19，椭圆形至卵状长圆形，长 2～5cm，宽 1～2cm，叶端钝或微凹，有小尖头；有托叶刺。

◇ 花：花序长 10～20cm；花白色，芳香，长 1.5～2cm；旗瓣基部常有黄色斑点。

花期 4～5 月。

❖ 果实：果条状长圆形，长 4～10cm，红褐色；种子黑色，肾形。果期 9～10 月。

种下变异

'无刺'槐 'Intermis'：枝条无刺或近无刺。树形较原种整齐美观，宜作行道树用。

'球冠无刺'槐 'Umbraculifera'：树体较小，树冠紧密整齐，近圆球形；分枝细密，近无刺；叶黄绿色。萌蘖较少。宜作庭园观赏树及园路树。青岛、太原、北京、大连、秦皇岛等地有栽培。

'曲枝'刺槐 'Tortuosa'：枝条明显扭曲。北京、大连、沈阳有栽培。

'金叶'刺槐 'Frisia'（'Aurea'）：幼叶金黄色，夏叶绿黄色，秋叶橙黄色。北京、大连有栽培。

图 6-92 刺槐
Robinia pseudoacacia

'红花'刺槐 'Decaisneana'（*R.×ambigua* 'Decaisneana'）：花亮玫瑰红色，较刺槐美丽，是杂种起源。我国各地常见栽培。

'香花'槐 'Idaho'（*R.×ambigua* 'Idahoensis'）：高 8～10m，枝有少量刺；花紫红至深粉红色，芳香；不结种子。1996 年从朝鲜引入中国，在南北各地栽培表现良好。耐干旱瘠薄，生长快，适应性强；扦插或嫁接（用刺槐作砧木）繁殖。花大色艳，有芳香，花期长。在我国南方春至秋季连续开花；在北方 5 月（20d）和 7～8 月（40d）开花两次。是很好的园林观赏树种。

产地与分布

❖ 产地：原产北美。

❖ 分布：我国各地有栽培。

生态习性

❖ 光照：强阳性，幼苗也不耐庇荫。

❖ 温湿：喜干燥而凉爽环境。

❖ 水土：对土壤要求不严，在酸性土、中性土、石灰性土和轻度盐碱土上均可生长，可耐 0.2% 的土壤含盐量，但以微酸性土最佳。耐干旱瘠薄。

生物学特性

❖ 长速与寿命：速生，寿命较短，30～50 年后逐渐衰老。

❖ 根系特性：浅根性，侧根发达，水平根萌蘖性强。

观赏特性

❖ 感官之美：花朵繁密而芳香，绿荫浓密。

园林应用

❖ 应用方式：抗性强，生长迅速，成景快，是工矿区、荒山坡、盐碱地区绿化不可缺少的树种。在庭院、公园中可植为庭荫树、行道树，在山地风景区内宜大面积造林。'无刺'槐和'球冠无刺'槐植株低矮，冠形美丽，更适于草坪中丛植或孤植。

❖ 注意事项：不耐水涝。根系浅，抗风能力差。

珙桐属 *Davidia* Baill.

本属隶属蓝果树科（紫树科、珙桐科）Nyssaceae。仅1种，中国特产。

珙桐 *Davidia involucrata* Baill.（图6-93）

别名　鸽子树

识别要点

❖ 树形：落叶乔木，高20m。树冠呈圆锥形。

❖ 枝干：树皮深灰褐色，呈不规则薄片状脱落。

❖ 叶：单叶互生，广卵形，长7～16cm，先端渐长尖或尾尖，基部心形，缘有粗尖锯齿，背面密生绒毛；叶柄长4～5cm。

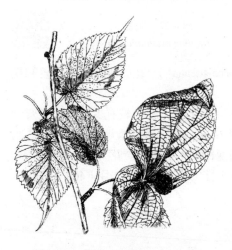

图6-93　珙桐 *Davidia involucrata*

❖ 花：花杂性同株，由多数雄花和1朵两性花组成顶生头状花序，花序下有2片大形白色苞片，苞片卵状椭圆形，长8～15cm，中上部有疏浅齿，常下垂，花后脱落。花瓣退化或无，雄蕊1～7，子房6～10室。花期4～5月。

❖ 果实：核果椭球形，长3～4cm，紫绿色，锈色皮孔显著，内含3～5核。果10月成熟。

种下变异

光叶珙桐 var. *vilmorimiana* Hemsl.：叶仅背面脉上及脉腋有毛，其余无毛。

产地与分布

❖ 产地：产于湖北西部、四川、贵州及云南北部。

❖ 分布：目前我国园林中栽培较少，主要见于植物园中。在北京于避风处可过冬（应适当保护）。欧美栽培的多为光叶珙桐。

生态习性

❖ 光照：喜半阴，不耐阳光暴晒。

❖ 温湿：喜温凉湿润气候，以空中湿度较高处为佳，略耐寒，不耐炎热。

❖ 水土：喜深厚、肥沃、湿润而排水良好的酸性或中性土壤，忌碱性和干燥土壤。

生物学特性

❖ 长速与寿命：幼苗期生长缓慢，寿命可达百年以上。

❖ 根系特性：浅根性，根蘖力强。

观赏特性

❖ 感官之美：珙桐是世界著名的珍贵观赏树种。开花时节，美丽而奇特的大苞片犹如白鸽的双翅，暗红色的头状花序似鸽子的头部，绿黄色的柱头像鸽子的喙，整个树冠犹如满树群鸽栖息，蔚为奇观。

❖ 文化意蕴：有"中国鸽子树"之称，象征和平的含义。

园林应用

❖ 应用方式：宜植于温暖地带较高海拔地区的庭院、山坡、休疗养所、宾馆、展览馆前作庭荫树。也可丛植于池畔、溪边，与常绿树混植效果较好。

❖ 注意事项：不耐炎热和阳光曝晒，忌碱性土。

喜树属 *Camptotheca* Decne.

本属隶属蓝果树科（紫树科、珙桐科）Nyssaceae。仅1种，中国特产。

喜树 *Camptotheca acuminata* Decne（图6-94）

别名　旱莲、千丈树

识别要点

❖ 树形：落叶乔木，高达25～30m。

❖ 枝干：小枝绿色。髓心片隔状。

❖ 叶：单叶互生，椭圆形至长卵形，长8～20cm，先端突渐尖，基部广楔形，全缘（萌蘖枝及幼树枝的叶常疏生锯齿）或微呈波状，羽状脉弧形而在表面下凹，表面亮绿色，背面淡绿色，疏生短柔毛，脉上尤密。叶柄长1.5～3cm，常带红色。

图6-94　喜树 *Camptotheca acuminata*

❖ 花：花单性同株，头状花序具长柄，雌花序顶生，雄花序腋生；花萼5裂，花瓣5，淡绿色；雄蕊10，子房1室。花期5～7月。

❖ 果实：坚果香蕉形，有窄翅，长2～2.5cm，集生成球形。果9～11月成熟。

产地与分布

❖ 产地：产长江流域至华南、西南。

❖ 分布：长江以南及部分长江以北地区常见栽培。

生态习性

❖ 光照：喜光，幼树稍耐阴。

❖ 温湿：喜温暖湿润气候，不耐寒，大抵在年均温为13～17℃、年降水量在1000mm以上的地区。

❖ 水土：喜深厚肥沃湿润土壤，较耐水湿，不耐干旱瘠薄土地，在酸性、中性及弱碱性土上均能生长。一般以在地下水位较高的河滩、湖池堤岸或渠道旁生长最佳。较耐水湿。

❖ 空气：耐烟性弱。

生物学特性

❖ 长速与寿命：前10年生长迅速，以后变缓慢，14年生高23m。

❖ 根系特性：浅根性。

观赏特性

❖ 感官之美：树姿雄伟，主干通直，树冠宽展，叶荫浓郁，花朵清雅，果实集生成头状，新叶常带紫红色。

园林应用

✧ 应用方式：优良的行道树、庭荫树。既适合庭院、公园和风景区造景应用，也是常用的公路树和堤岸、河边绿化树种。

✧ 注意事项：较耐水湿。不抗风，枝条硬脆，易风折。

梾木属 *Cornus* L.

本属隶属山茱萸科 Cornaceae。乔木、灌木，稀草本，多为落叶性。单叶对生，稀互生，全缘，常具2叉贴生柔毛；有叶柄。花小，两性，排成顶生聚伞花序，花序下无叶状总苞；花部4数；子房下位，2室。果为核果，具1～2核。

本属40余种，分布于北温带，少数种类产南美洲。中国产30余种，分布于东北、华南及西南，主产于西南。

分种检索表

A_1 叶互生；核的顶端有近四方的孔穴 ························ 灯台树 *C. controversa*

A_2 叶对生；核的顶端无孔穴。

　B_1 枝皮红色，灌木；花柱圆柱形，熟核果乳白色或淡蓝白色 ·········· 红瑞木 *C. alba*

　B_2 树皮非红色，乔木。

　　C_1 枝不具棱；叶侧脉4～5对 ······················ 毛梾 *C. walteri*

　　C_2 枝具棱；叶侧脉6～8对 ················· 梾木 *C. macrophylla*

灯台树 *Cornus controversa* Hemal.（图6-95）

别名　瑞木

图6-95　灯台树 *Cornus controversa*

识别要点

✧ 树形：落叶乔木，高15～20m。

✧ 枝干：树皮暗灰色，老时浅纵裂；大枝平展，轮状着生；当年生枝紫红色或带绿色，无毛。

✧ 叶：叶互生，常集生枝梢，卵状椭圆形至广椭圆形，长6～13cm，宽3～6.5cm。叶端突渐尖，叶基圆形，侧脉6～8对，叶表深绿，叶背灰绿色疏生贴伏短柔毛；叶柄紫红色。

✧ 花：伞房状聚伞花序顶生；花小，白色。花期5～6月。

✧ 果实：核果球形，径6～7mm，熟时由紫红色变紫黑色。果核顶端有一方形孔穴。果9～10月成熟。

种下变异

'斑叶'灯台树 'Variegata'：叶具白色或黄白色边及斑。

产地与分布

✧ 产地：产东亚，我国东北南部、黄河流域、长江流域至华南、西南，台湾均产。

✧ 分布：各地园林中有栽培。

生态习性

◇ 光照：性喜阳光，稍耐阴。

◇ 温湿：喜温暖湿润气候，有一定耐寒性。

◇ 水土：喜肥沃湿润而排水良好土壤。

观赏特性

◇ 感官之美：树形齐整，大枝平展、轮生，层层如灯台，形成美丽的圆锥形树冠，是一个优美的观形树种，而且姿态清雅，叶形雅致，花朵细小而花序硕大，白色而素雅，平铺于层状枝条上，花期颇为醒目，树形、叶、花、果兼赏，唯以树形最佳。

园林应用

◇ 应用方式：适宜孤植于庭院、草地，也可作行道树。

◇ 注意事项：在华北北部不宜植于当风处，否则会枯枝。

重阳木属 *Bischofia* Bl.

本属隶属于大戟科 Euphorbiaceae。乔木，无乳汁。3 小叶复叶，互生，小叶有锯齿。花小，单性异株，总状或圆锥花序腋生、下垂；花萼 5～6 裂，无花瓣，雄蕊 5，子房 2～4 室，每室 2 胚珠。浆果球形。

本属共 2 种，产于亚洲及大洋洲的热带及亚热带；中国均产。

分种检索表

A_1　落叶乔木；小叶有细钝齿（4～5 个 /cm）；总状花序；果径 5～7mm，熟时红褐色 ··· 重阳木 *B. polycarpa*

A_2　常绿或半常绿乔木；小叶有粗钝齿（2～3 个 /cm）；圆锥花序；果径 8～15mm，熟时蓝黑色 ··· 秋枫 *B. javanica*

重阳木 *Bischofia polycarpa* (Lévl.) Airy-Shaw（图 6-96）

别名　朱树

识别要点

◇ 树形：落叶乔木，高达 15m。

◇ 枝干：树皮褐色，纵裂。树冠近球形。小枝红褐色。

◇ 叶：小叶卵形至椭圆状卵形，长 5～11cm，宽 4.5～7cm，先端突尖或突渐尖，基部圆形或近心形，缘有细钝齿（4～5 个 /cm），两面光滑无毛。

◇ 花：花小，绿色，成总状花序下垂。雄花序长 8～13cm，雌花序较疏散。花期 4～5 月。

◇ 果实：浆果球形，肉质，径 5～7mm，熟时红褐色。果 9～11 月成熟。

产地与分布

◇ 产地：产于秦岭、淮河流域以南至两广北部。

◇ 分布：在长江中下游平原习见栽培。

图 6-96　重阳木 *Bischofia polycarpa*

生态习性

◇ 光照：喜光，稍耐阴。

◇ 温湿：喜温暖气候，耐寒力弱。

◇ 水土：对土壤要求不严，在湿润、肥沃土壤中生长最好，能耐水湿。

◇ 空气：对二氧化硫有一定抗性。

生物学特性

◇ 长速与寿命：生长快。

◇ 根系特性：根系发达。

观赏特性

◇ 感官之美：树姿婆娑优美，绿荫如盖，早春嫩叶鲜绿光亮，秋叶红色，艳丽夺目，是重要的彩色叶树种。

园林应用

◇ 应用方式：宜作庭荫树及行道树，也可作堤岸绿化树种。在草坪、湖畔、溪边丛植点缀也很合适，可以形成壮丽的秋景。也可用于厂矿绿化。

乌柏属 *Sapium* P. Br.

本属隶属于大戟科 Euphorbiaceae。乔木或灌木，常含白色有毒乳液，全体无毛。单叶互生，羽状脉，通常全缘；叶柄端具 2 腺体。花单性同株，总状复花序常顶生，雄花通常 3 朵成小聚伞花序，生于花序上部，雌花 1 至数朵生于花序下部；萼片 2~3 裂，无花瓣，雄蕊 2~3，子房 3 室，每室 1 胚珠，无花盘。蒴果 3 裂，稀浆果状。

约 120 种，分布于热带和亚热带。我国 9 种。产东南和西南部。

分种检索表

A_1 种子被蜡质，无棕褐色斑纹；叶菱形或菱状卵形，稀菱状倒卵形 ⋯⋯⋯⋯ 乌柏 *S. sebiferum*

A_2 种子有棕褐色斑纹，无蜡质层 ⋯⋯⋯⋯⋯⋯⋯⋯⋯⋯⋯⋯⋯⋯⋯⋯ 白乳木 *S. japonicum*

乌柏 *Sapium sebiferum* Roxb.（图 6-97）

别名　蜡子树

识别要点

◇ 树形：落叶乔木，高达 15~20m；树冠圆球形。

◇ 枝干：树皮暗灰色，浅纵裂；小枝纤细。

◇ 叶：叶互生，纸质，菱状广卵形，长 5~9cm，先端尾状，基部广楔形，全缘，两面均光滑无毛；叶柄细长，顶端有 2 腺体。

◇ 花：花序穗状，顶生，长 6~14cm，花小，黄绿色。花期 5~7 月。

◇ 果实：蒴果 3 棱状球形，径约 1.5cm，熟时黑色，3 裂，果皮脱落；种子黑色，外被白蜡，固着于中轴上，经冬不落。果 10~11 月成熟。

产地与分布

◇ 产地：产黄河流域以南。

◇ 分布：在华北南部至长江流域、珠江流域均有栽培。

生态习性

◇ 光照：喜光。

◇ 温湿：喜温暖气候。

◇ 水土：喜深厚肥沃而水分丰富的土壤，对土壤适应范围较广，无论砂壤、黏壤、砾质壤土均能生长，对酸性土、钙质土及含盐在0.25%以下的盐碱地均能适应。有一定的耐旱、耐水湿能力。

◇ 空气：有一定抗风能力。对二氧化硫及氯化氢抗性强。

生物学特性

◇ 长速与寿命：生长速度中等偏快，寿命较长，可达百年。

◇ 根系特性：主根发达。

图6-97 乌桕 *Sapium sebiferum*

观赏特性

◇ 感官之美：树姿潇洒、叶形秀丽，入秋经霜先黄后红，艳丽可爱，夏季满树黄花衬以秀丽绿叶；冬季宿存之果开裂，种子外被白蜡，经冬不落，缀于枝头，远看宛如满树白花。

园林应用

◇ 应用方式：适于丛植、群植，也可孤植，最宜与山石、亭廊、花墙相配，也可植于池畔、水边、草坪，或混植于常绿林中点缀秋色；在山地风景区，适于大面积成林。乌桕较耐水湿，在华南常用以护堤，又因其耐一定盐碱和海风，也可用于沿海各省的大面积海涂造林，可形成壮观的秋景。也可作庭荫树及行道树。

◇ 注意事项：能耐间歇性水淹，也能在江南山区当风处栽种。但过于干燥和瘠薄地不宜栽种。

枳椇属 *Hovenia* Thunb.

本属隶属于鼠李科Rhamnaceae。落叶乔木。单叶互生，具长柄，基部3出脉。花两性，腋生或顶生聚伞花序；萼片、花瓣和雄蕊均5枚；花盘下部与萼管合生，上部分离；子房上位，3室。核果球形，生于肉质、扭曲的花序柄上，有种子3颗，外果皮革质，与纸质或膜质的内果皮分离。

3种，分布于亚洲东部。我国均有分布，产西南至东部。

北枳椇 *Hovenia dulcis* Thunb.（图6-98）

别名　拐枣

识别要点

◇ 树形：落叶乔木，高达10～20m。

◇ 枝干：树皮灰黑色，深纵裂。小枝红褐色，无毛。

◇ 叶：叶广卵形至卵状椭圆形，长8～16cm，宽5～12cm，有不整齐粗钝锯齿，先端短渐尖，基部近圆形，3出脉。

◇ 花：花序二歧分枝常不对称；花小，黄绿色，径6～10mm。花期5～7月。

图 6-98 北枳椇 *Hovenia dulcis*

◇ 果实：果近球形，径 6~7mm，有 3 种子；果梗肥大肉质，经霜后味甜可食。果期 8~10 月。

产地与分布

◇ 产地：产华北南部、西北东部至长江流域各地。

◇ 分布：园林中有栽培。国外早有引种。

生态习性

◇ 光照：喜光。

◇ 温湿：较耐寒。

◇ 水土：对土壤要求不严，在微酸性、中性和石灰性土壤上均能生长，以土层深厚而排水良好的砂壤土最好。

生物学特性

◇ 长速与寿命：生长快。

◇ 根系特性：深根性。

观赏特性

◇ 感官之美：枝条开展，树冠呈卵圆形或倒卵形，树姿优美，叶大而荫浓，果梗奇特。

园林应用

◇ 应用方式：优良的庭荫树、行道树和山地造林树种。

枣属 *Ziziphus* Mill.

本属隶属于鼠李科 Rhamnaceae。灌木或乔木。单叶互生，具短柄，叶基 3 或 5 出脉；托叶常变为刺。花小，两性，成腋生短聚伞花序；花黄色，花部 5 数，子房上位，埋藏于花盘内，花柱 2（3~4）裂。核果，具 1 核，1~3 室，每室 1 种子。

共约 100 种，广布于温带至热带；中国产 13 种。

枣 *Ziziphus jujuba* Mill.（图 6-99）

识别要点

◇ 树形：落叶乔木，高达 15m。

◇ 枝干：树皮灰褐色，条裂。枝有长枝、短枝和脱落性小枝 3 种：长枝呈"之"字形曲折，红褐色，光滑，枝常有托叶刺，一枚长而直伸，一枚短而后勾；短枝俗称"枣股"，在二年生以上的长枝上互生，脱落性小枝为纤细的无芽枝，俗称"枣吊"，颇似羽状复叶的叶轴，簇生于短枝上，在冬季与叶俱落。

◇ 叶：叶卵形至卵状长椭圆形，长 3~7cm，先端钝尖，缘有细钝齿，基部 3 出脉，两面无毛。

◇ 花：花小，黄绿色。花期 5~6 月。

◇ 果实：核果卵形至矩圆形，长 2~5cm，熟后暗红色，果核坚硬，两端尖。果 8~9 月成熟。

种下变异

'龙枣''Tortuosa'：又名'龙爪'枣、'蟠龙'枣，枝及叶柄均卷曲，果小质差，生长缓慢。时见植于庭园观赏。

酸枣 var. *spinosa*（Bunge）Hu et H. F. Chow：又名棘，常成灌木状，但也可长成高达 10m 多的大树。托叶刺明显，一长一短，长者直伸，短者向后钩曲。叶较小，长2～3.5cm。核果小，近球形，味酸，果核两端钝。中国自东北南部至长江流域习见，多生长于向阳或干燥山坡、山谷、丘陵、平原或路旁。性喜光，耐寒，耐干旱、瘠薄。常用作嫁接枣树的砧木；也可栽作刺篱。

产地与分布

　◇ 产地：原产我国。

　◇ 分布：华北、华东、西北地区是主产区。世界各地广为栽培。

生态习性

　◇ 光照：强喜光。

图 6-99　枣 *Ziziphus jujuba*

　◇ 温湿：喜干冷气候，在南方湿热气候下虽能生长，但果实品质较差。

　◇ 水土：喜中性或微碱性的砂壤土，耐干旱、瘠薄，对酸性、盐碱土及低湿地都有一定的忍耐性。

生物学特性

　◇ 长速与寿命：寿命长达 300 年。

　◇ 根系特性：根系发达，深而广，萌蘗力强。

　◇ 花果特性：开始结实年龄早，嫁接苗当年可结果，分蘗苗 4～5 年可结果。

观赏特性

　◇ 感官之美：树冠宽阔，花朵虽小而香气清幽，结实满枝，青红相间。

园林应用

　◇ 应用方式：是园林结合生产的良好树种，可栽作庭荫树及园路树。'龙枣'树形优美，可孤植于草地或园路转弯处。

栾树属 *Koelreuteria* Laxm.

本属隶属于无患子科 Sapindaceae。落叶乔木。芽鳞 2 枚。1 或 2 回奇数羽状复叶，互生，小叶有齿或全缘。花杂性，不整齐，萼 5 深裂；花瓣 5 或 4，鲜黄色，披针形，基部具 2 反转附属物；成大形圆锥花序，通常顶生。蒴果具膜质果皮，膨大如膀胱状，成熟时 3 瓣开裂；种子球形，黑色。

共约 4 种；中国产 3 种。广布。

分种检索表

A_1　1 回羽状复叶，或因部分小叶深裂而成不完全的 2 回羽状复叶，小叶具粗齿或缺裂 ……………
　…………………………………………………………………………… 栾树 *K. paniculata*

A_2　2 回羽状复叶，小叶全缘或有较细锯齿。

　B_1　小叶有锯齿 ……………………………………………… 复羽叶栾树 *K. bipinnata*

　B_2　小叶全缘，偶有疏钝齿 ……………………………… 全缘叶栾树 *K. bipinnata* var. *integrifolia*

栾树 *Koelreuteria paniculata* Laxm.（图 6-100）

别名　灯笼树

图 6-100　栾树
Koelreuteria paniculata

识别要点

✧ 树形：落叶乔木，高达 15m；树冠近圆球形。

✧ 枝干：树皮灰褐色，细纵裂；小枝稍有棱，无顶芽，皮孔明显。

✧ 叶：奇数羽状复叶，有时部分小叶深裂而为不完全的 2 回羽状复叶状，长达 40cm；小叶 7~15，卵形或卵状椭圆形，缘有不规则粗齿，近基部常有深裂片，背面沿脉有毛。

✧ 花：花小，金黄色，径约 1cm，中心紫色；顶生圆锥花序宽而疏散。花期 6~7 月。

✧ 果实：蒴果三角状卵形，长 4~5cm。顶端尖，成熟时红褐色或橘红色。果 9~10 月成熟。

产地与分布

✧ 产地：产于东亚，我国自东北南部、华北、长江流域至华南均产。

✧ 分布：园林中有栽培，以华北地区尤为常见。

生态习性

✧ 光照：喜光，耐半阴。

✧ 温湿：耐寒。

✧ 水土：耐干旱、瘠薄；不择土壤，喜生于石灰质土壤，也能耐盐渍及短期水涝。

✧ 空气：有较强的抗烟尘和二氧化硫能力。

生物学特性

✧ 长速与寿命：生长速度中等，幼年生长较慢，以后见快。

✧ 根系特性：深根性，萌蘖力强。

观赏特性

✧ 感官之美：树形端正，枝叶茂密而秀丽，春季嫩叶多为红色，入秋叶色变黄；夏季开花，满树金黄；秋季丹果盈树，十分美丽，是优良的花果兼赏树种。

园林应用

✧ 应用方式：宜作庭荫树、行道树及园景树，也可用作防护林、水土保持及荒山绿化树种。

无患子属 *Sapindus* L.

本属隶属于无患子科 Sapindaceae。乔木或灌木。无顶芽。偶数羽状复叶，互生，小叶全缘。花小，杂性，圆锥花序；萼片、花瓣各为 4~5；雄蕊 8~10；子房 3 室，每室具 1 胚珠，通常仅 1 室发育成核果。核果球形，中果皮肉质，内果皮革质；种子黑色，无假种皮。

约 13 种，分布于亚洲、美洲和大洋洲温暖地带。中国产 4 种，分布于长江流域及其以南地区。

无患子 *Sapindus mukorossi* Gaertn. （图 6-101）

别名　皮皂子

识别要点

- ◇ 树形：落叶或半常绿乔木，高达 20～25m。成广卵形或扁球形树冠。
- ◇ 枝干：树皮灰色，平滑不裂；枝开展，小枝无毛，芽两个叠生。
- ◇ 叶：羽状复叶互生，小叶 8～14，互生或近对生，卵状披针形或卵状长椭圆形，长 7～15cm，宽 2～5cm。先端尖，基部不对称，全缘，薄革质，无毛。
- ◇ 花：花黄白色或带淡紫色，成顶生多花圆锥花序，长 15～30cm。花期 5～6 月。

图 6-101　无患子 *Sapindus mukorossi*

- ◇ 果实：核果近球形，径 1.5～2cm，熟时黄色或橙黄色；种子球形，黑色，坚硬。果 9～10 月成熟。

产地与分布

- ◇ 产地：产于长江流域及其以南各地；越南、老挝、印度、日本亦产。
- ◇ 分布：长江流域及其以南园林中常见栽培。

生态习性

- ◇ 光照：喜光，稍耐阴。
- ◇ 温湿：喜温暖湿润气候，耐寒性不强。
- ◇ 水土：对土壤要求不严，在酸性、中性、微碱性及钙质土上均能生长，而以土层深厚、肥沃而排水良好之地生长最好。
- ◇ 空气：抗风力强。对二氧化硫抗性较强。

生物学特性

- ◇ 长速与寿命：生长较快，寿命长。
- ◇ 根系特性：深根性。

观赏特性

- ◇ 感官之美：树形高大，树冠广展，绿荫稠密，秋叶金黄，颇具江南秀美的特色。

园林应用

- ◇ 应用方式：宜作庭荫树及行道树。孤植、丛植在草坪、路旁或建筑物附近都很合适。若与其他秋色叶树种及常绿树种配植，更可为园林秋景增色。

七叶树属 *Aesculus* L.

本属隶属于七叶树科 Hippocastanaceae。落叶乔木，稀灌木。冬芽肥大。掌状复叶对生，具长柄，小叶 5～9，有锯齿。圆锥花序直立而多花，侧生小花序为蝎尾状聚伞花序。雄花与两性花同株，不整齐；花萼钟状或管状，上端 4～5 裂，大小不等，镊合状排列；花瓣 4～5，基部爪形；花盘环状或仅部分发育，微裂或不裂；雄蕊 5～9，通常 7，着生花盘内；子房无柄，3 室，花柱细长，柱头扁圆形，子房每室 2 胚珠，重叠。蒴果 1～3 室，平滑，稀有刺，室背开裂。种子 1～3 枚，发育良好，无胚乳，种脐常较宽大。

约 30 种，产于北美、东南亚及欧洲东南部；中国约产 10 种，引入栽培 2 种。

分种检索表

A$_1$　小叶显具叶柄；蒴果平滑 ┈┈┈┈┈┈┈┈┈┈┈┈┈┈┈┈┈┈┈┈┈┈七叶树 *A. chinensis*

A$_2$　小叶无柄或近无柄；蒴果有刺或有疣状凸起。

　B$_1$　小叶背面绿色；蒴果近球形，有刺┈┈┈┈┈┈┈┈┈┈┈ 欧洲七叶树 *A. hippocastanum*

　B$_2$　小叶背面略有白粉；蒴果阔倒卵圆形，有疣状凸起┈┈┈┈┈┈日本七叶树 *A. turbinata*

七叶树 *Aesculus chinensis* Bunge（图 6-102）

别名　梭椤树

识别要点

◇ 树形：落叶乔木，高达 25m，胸径 15cm。树冠圆球形。

◇ 枝干：树皮灰褐色，片状剥落。小枝粗壮，栗褐色，光滑无毛，或幼时有毛；髓心大；冬芽大，具树脂。

◇ 叶：小叶 5～7，叶柄长 10～12cm，被灰色微柔毛，倒卵状长椭圆形至长椭圆状倒披针形，长 8～25cm，宽 3～8.5cm，先端渐尖，基部楔形，缘具细锯齿，侧脉 13～17 对，仅背面脉上疏生柔毛，小叶柄长 5～17mm。

◇ 花：顶生密集圆锥花序，近圆柱形，长 10～30cm，近无毛。花小，花瓣 4，白色，上面 2 瓣常有橘红色或黄色斑纹，雄蕊通常 7。花期 5 月。

◇ 果实：蒴果球形或倒卵形，径 3～4cm，黄褐色，粗糙，无刺，也无尖头，内含 1 或 2 粒种子，形如栗，种脐大，占种子 1/2 以上。果 9～10 月成熟。

种下变异

图 6-102　七叶树 *Aesculus chinensis*

浙江七叶树 var. *chekiangensis*（Hu et Fang）Fang：小叶侧脉 18～22 对，小叶柄无毛；花萼无毛，花序长达 35cm；果壳厚 1～2mm。产浙江北部及江苏南部，华东一些城市多栽培。

产地与分布

◇ 产地：原产我国，仅秦岭有野生。

◇ 分布：中国黄河流域及东部各地均有栽培。

生态习性

◇ 光照：喜光，稍耐阴。

◇ 温湿：喜温暖气候，也能耐寒。

◇ 水土：喜深厚、肥沃、湿润而排水良好的土壤。

◇ 空气：对烟害抗性弱。

生物学特性

◇ 长速与寿命：生长较慢，10～15 年生树高 4～5m。寿命长。

◇ 根系特性：主根深，侧根少。

观赏特性

◇ 感官之美：树干耸直，树冠开阔，姿态雄伟，叶大而形美，遮阴效果好，初夏又有白花开放，蔚然可观，是世界著名的观赏树种之一。

园林应用

◇ 应用方式：最宜栽作庭荫树及行道树用。中国许多古刹名寺，如杭州灵隐寺、北京大觉寺、卧佛寺、潭柘寺等处都有大树。在建筑前对植、路边列植，或孤植、丛植于草坪、山坡都很合适。

◇ 注意事项：因树皮薄，易受日灼。为防止树干遭受日灼之害，可与其他树种配植。

黄连木属 *Pistacia* L.

本属隶属于漆树科 Anarcardiaceae。乔木或灌木。偶数羽状复叶，稀 3 小叶或单叶，互生，小叶对生，全缘。花单性异株，圆锥或总状花序，腋生；无花瓣，雄蕊 3～5，子房 1 室，花柱 3 裂。核果近球形；种子扁。

共 20 种，产于地中海地区、亚洲和北美南部；中国产 2 种，引入栽培 1 种。

黄连木 *Pistacia chinensis* Bunge（图 6-103）

别名　楷木

识别要点

◇ 树形：落叶乔木，高达 30m，胸径 2m；树冠近圆球形。

◇ 枝干：树皮薄片状剥落。幼枝疏被微柔毛或近无毛。

◇ 叶：通常为偶数羽状复叶，小叶 10～14，披针形或卵状披针形，长 5～9cm，宽 1～2cm，先端渐尖，基部偏斜，全缘。

◇ 花：雌雄异株，圆锥花序，雄花序紧密，淡绿色，长 5～8cm；雌花序松散，紫红色，长 15～20cm。花期 3～4 月，先叶开放。

◇ 果实：核果径约 6mm，初为黄白色，后变红色至蓝紫色，若红而不紫多为空粒。果 9～11 月成熟。

图 6-103　黄连木 *Pistacia chinensis*

产地与分布

◇ 产地：原产我国，黄河流域至华南、西南均有。

◇ 分布：北京以南园林中多有栽培。

生态习性

◇ 光照：喜光，幼时稍耐阴。

◇ 温湿：喜温暖，畏严寒。

◇ 水土：耐干旱瘠薄，对土壤要求不严，微酸性、中性和微碱性的砂质、黏质土均能适应，而以在肥沃、湿润而排水良好的石灰岩山地生长最好。

◇ 空气：抗风力强。对二氧化硫、氯化氢和煤烟的抗性较强。

生物学特性

◇ 长速与寿命：生长较慢，寿命长，可达 300 年。

◇ 根系特性：深根性，主根发达。

◇ 花果特性：结实较早，一般 8～10 年开始开花结实。

观赏特性

◇ 感官之美：树冠浑圆，枝叶繁茂而秀丽，早春嫩叶红色，入秋叶又变成深红或橙黄色，红色的雌花序也极美观。

园林应用

◇ 应用方式：宜作庭荫树、行道树及山林风景树。也可作低山区造林树种。在园林中植于草坪、坡地、山谷或于山石、亭阁之旁配植无不相宜。若要构成大片秋色红叶林，可与槭类 *Acer*、枫香树 *Liquidambar formosana* 等混植，效果更好。

◇ 注意事项：不耐水湿。

盐肤木属 *Rhus* L.

本属隶属于漆树科 Anarcardiaceae。落叶灌木或小乔木。奇数羽状复叶、三小叶复叶或单叶，互生。圆锥或复穗状花序顶生。花杂性或单性异株，苞片宿存或早落；花萼 5 裂，裂片覆瓦状排列。花瓣 5，裂片覆瓦状排列，内生花盘环状，子房 1 室 1 胚珠，花柱 3 裂。核果近球形，被腺毛及柔毛，红色，中果皮肉质，与外果皮连生，果核骨质。

约 250 种，广布于亚热带及暖温带；中国 6 种。

分种检索表

A₁ 叶轴有狭翅，小叶 7～13 ·· 盐肤木 *R. chinensis*

A₂ 叶轴无翅，小叶 11～31 ·· 火炬树 *R. typhina*

火炬树 *Rhus typhina* L.（图 6-104）

别名　鹿角漆

识别要点

◇ 树形：落叶小乔木，高达 8m 左右。树形不整齐。

◇ 枝干：分枝少，小枝粗壮，红褐色，密生长绒毛。

◇ 叶：羽状复叶，小叶 19～23（11～31）长椭圆状披针形，长 5～13cm，缘有锯齿，先端长渐尖，背面有白粉，叶轴无翅。

◇ 花：雌雄异株，顶生圆锥花序，长 10～20cm，直立，密生有毛。花期 6～7 月。

◇ 果实：核果深红色，密生绒毛，密集成火炬形。果 8～9 月成熟。

种下变异

'Figer Eyes'：矮生品种，可植于花钵中。

'Taciniata'：小叶羽状深裂。

'裂叶'火炬树'Laciniata'：小叶及苞片羽状条裂。

产地与分布

◇ 产地：原产于北美洲。

◇ 分布：欧洲、亚洲及大洋洲许多国家都有栽培；
我国华北、西北地区常见栽培。

生态习性

◇ 光照：喜光。

◇ 温湿：适应性强，抗寒。

◇ 水土：在酸性、中性和石灰性土壤上均可生长，
抗旱，耐盐碱。

生物学特性

◇ 长速与寿命：生长快，寿命短，约15年后开始衰退。

◇ 根系特性：根系发达，根蘖萌发力极强。

图 6-104　火炬树
Rhus typhina

观赏特性

◇ 感官之美：本种因雌花序和果序均红色且形似火炬而得名，即使在冬季落叶后，
在雌株树上仍可见到满树"火炬"，颇为奇特。秋季叶色红艳或橙黄，是著名的
秋色叶树种。

园林应用

◇ 应用方式：可于园林中丛植以赏红叶和红果，以增添野趣。

◇ 注意事项：在华北、西北山地曾用于水土保持及固沙树种，但因萌蘖性太强而成
为入侵树种，栽种时应慎重。

槭树属　*Acer* L.

本属隶属于槭树科 Aceraceae。乔木或灌木，落叶或常绿。冬芽具多数芽鳞，或具 2
或 4 枚对生芽鳞。叶对生，单叶掌状裂或不裂，或奇数羽状复叶，稀掌状复叶。雄花与
两性花同株或异株，稀单性，或雌雄异株；萼片 5，花瓣 5，稀无花瓣，成总状、圆锥状
或伞房状花序；花盘环状或无花盘，雄蕊（4～）8（～12），生于花盘内侧、外侧，稀生
于花盘上；子房 2 室，花柱 2 裂，稀不裂，柱头常反卷。果实两侧具长翅，成熟时由中
间分裂为二，各具 1 果翅和 1 种子。

共 200 余种；分布于亚洲、欧洲、美洲。中国产 143 种，广布于全国。

分种检索表

A_1　单叶。

　B_1　叶裂片全缘，或疏生浅齿。

　　C_1　叶掌状 5～7 裂。裂片全缘。

　　　D_1　叶 5～7 裂，基部常截形，稀心形；果翅等于或略长于果核 …………… 元宝槭 *A. truncatum*

　　　D_2　叶常 5 裂，基部常心形，有时截形；果翅长为果核的 2 倍或 2 倍以上 … 五角枫 *A. mono*

　　C_2　叶掌状 3 裂或不裂，裂片全缘或略有浅齿；两果翅近于平行………… 三角枫 *A. buergerianum*

　B_2　叶裂片具单锯齿或重锯齿。

C₁ 叶常 3 裂（中裂片特大），有时不裂，缘有重锯齿；两果翅近于平行 …… 茶条槭 *A. ginnala*

C₂ 叶 7～9 深裂；叶柄、花梗及子房均光滑无毛 ……………………………… 鸡爪槭 *A. palmatum*

A₂ 羽状复叶，小叶 3～7；小枝无毛，有白粉 …………………………………… 复叶槭 *A. negundo*

元宝槭 *Acer truncatum* Bunge（图 6-105）

图 6-105 元宝槭
Acer truncatum

别名 平基槭、华北五角枫

识别要点

◇ 树形：落叶小乔木，高达 10～13m；树冠伞形或倒广卵形。

◇ 枝干：干皮灰黄色，浅纵裂；小枝浅土黄色，光滑无毛。

◇ 叶：叶掌状 5～7 裂，长 5～10cm，有时中裂片又 3 裂，叶基通常截形，全缘，幼叶下面脉腋具簇生毛，基脉 5，掌状，两面无毛；叶柄细长，长 3～13cm。

◇ 花：顶生伞房花序，萼片 5，黄绿色；花黄绿色，径约 1cm，雄花与两性花同株。雄蕊 8，着生于花缘内盘。4～5 月花与叶同放。

◇ 果实：翅果扁平，两翅展开成钝角，翅较宽而略长于果核，形似元宝。果 8～10 月成熟。

产地与分布

◇ 产地：主产于黄河中、下游各地，东北南部及江苏北部、安徽南部也有。

◇ 分布：华北地区园林中常见栽培。

生态习性

◇ 光照：弱阳性，耐半阴。

◇ 温湿：喜温凉气候。

◇ 水土：喜生于阴坡及山谷，喜肥沃、湿润而排水良好的土壤，在酸性、中性及钙质土上均能生长，有一定的耐旱力。

◇ 空气：能耐烟尘及有害气体，对城市环境适应性强。

生物学特性

◇ 长速与寿命：生长速度中等，幼树生长较快，后渐变慢。寿命较长。

◇ 根系特性：深根性，萌蘖性强。

观赏特性

◇ 感官之美：冠大荫浓，树姿优美，叶形秀丽，嫩叶红色，秋季叶又变成橙黄色或红色，是北方重要的秋色叶树种。

园林应用

◇ 应用方式：华北各地广泛栽作庭荫树和行道树，在堤岸、湖边、草地及建筑附近配植皆甚雅致；也可在荒山造林或营造风景林中作伴生树种。

◇ 注意事项：不耐涝，土壤太湿易烂根。

鸡爪槭 *Acer palmatum* Thunb.（图 6-106）

识别要点

图 6-106　鸡爪槭 *Acer palmatum*

◇ 树形：落叶小乔木，高可达 8～13m。树冠伞形。

◇ 枝干：树皮平滑，灰褐色。枝开张，细弱。小枝紫或淡紫绿色，光滑，老枝浅灰紫色。

◇ 叶：叶掌状 5～9 深裂，裂深常为全叶片的 1/3～1/2，径 5～10cm，基部心形，裂片卵状长椭圆形至披针形，先端锐尖，缘有重锯齿，背面脉腋有白簇毛。叶柄细，长 4～6cm，无毛。

◇ 花：伞房花序顶生，无毛。花杂性，紫色，径 6～8mm，萼背有白色长柔毛。总花梗长 2～3cm。先花后叶。花期 5 月。

◇ 果实：翅果无毛，两翅展开成钝角。果 10 月成熟。

种下变异

‘紫红’鸡爪槭 ‘Atropurpureum’：又称‘红枫’。叶常年红色或紫红色，5～7 深裂；枝条也常紫红色。

‘细裂’鸡爪槭 ‘Dissectum’：又称‘羽毛枫’。叶深裂达基部，裂片狭长且又羽状细裂，秋叶深黄至橙红色；树冠开展而枝略下垂。

‘红细裂’鸡爪槭 ‘Dissectum Ornatum’：又称‘红羽毛枫’。叶形同‘细裂’鸡爪槭，唯叶常年古铜色或古铜红色。

‘紫羽毛枫’’Dissectum Atropurpureum’：叶形同‘细裂’鸡爪槭，常年古铜紫色。

‘暗紫羽毛枫’’Dissectum Nigrum’：叶形同‘细裂’鸡爪槭，常年暗紫红色。

‘金叶’鸡爪槭 ‘Aureum’：叶常年金黄色。

‘花叶’鸡爪槭 ‘Reticulatum’：叶黄绿色，边缘绿色，叶脉暗绿色。

‘斑叶’鸡爪槭 ‘Versicolor’：绿叶上有白斑或粉红斑。

‘线裂’鸡爪槭 ‘Linearilobum’：叶 5 深裂，裂片线形。

‘红边’鸡爪槭 ‘Roseo-marginatum’：嫩叶及秋叶裂片边缘玫瑰红色。

产地与分布

◇ 产地：产于中国、日本和朝鲜。

◇ 分布：我国主要分布于长江流域各地，秦皇岛小气候良好处可露地越冬。

生态习性

◇ 光照：喜弱光，耐半阴，最适于侧方遮阴。

◇ 温湿：喜温暖湿润气候。

◇ 水土：喜肥沃、湿润而排水良好的土壤；酸性、中性及石灰质土均能适应。

生物学特性

◇ 长速与寿命：生长速度中等偏慢。

观赏特性

❖ 感官之美：姿态潇洒、婆娑宜人，叶形秀丽、秋叶红艳，是著名的庭园观赏树种。其优美的叶形能产生轻盈秀丽的效果，使人感到轻快。

园林应用

❖ 应用方式：植于草坪、土丘、溪边、池畔，或于墙隅、亭廊、山石间点缀，均十分得体，若以常绿树或白粉墙作背景衬托，尤感美丽多姿。制成盆景或盆栽用于室内美化也极雅致。

❖ 注意事项：在阳光直射处孤植，夏季易遭日灼之害。不耐干旱和水涝。

臭椿属 *Ailanthus* Desf.

本属隶属于苦木科 Simarubaceae。落叶乔木，小枝粗壮，芽鳞 2～4。奇数羽状复叶，互生，小叶基部每边常具 1～4 缺齿，缺齿先端有腺体。花小，杂性或单性异株，顶生圆锥花序；花萼 5 裂，花瓣 5～6，雄蕊 10，花盘 10 裂；子房 2～6 深裂。翅果条状矩圆形，中部具 1 扁形种子。

约 10 种，产于亚洲及大洋洲；中国产 5 种 2 变种，分布于温带至亚热带。

臭椿 *Ailanthus altissima* (Mill.) Swingle（图 6-107）

图 6-107 臭椿
Ailanthus altissima

别名 樗

识别要点

❖ 树形：落叶乔木，高达 30m，胸径 1m。树冠开阔。

❖ 枝干：树皮灰色，较光滑。小枝粗壮，缺顶芽；叶痕大而倒卵形，内具 9 维管束痕。

❖ 叶：奇数羽状复叶，小叶 13～25，卵状披针形，长 4～15cm，宽 2～5cm，先端渐长尖，基部具 1～2 对腺齿，中上部全缘；背面稍有白粉，无毛或沿中脉有毛。

❖ 花：花杂性异株，成顶生圆锥花序。花期 4～5 月。

❖ 果实：翅果长 3～5cm，熟时淡褐黄色或淡红褐色。果 9～10 月成熟。

种下变异

'红叶'臭椿 'Purpurata'：叶春季紫红色。可保持到 6 月上旬。产山东潍坊、泰安等地。

'千头'臭椿 'Qiantouchui'（'Umbraculifera'）：树冠圆头形，整齐美观。特别适合作行道树，已在我国北方地区推广应用。

'红果'臭椿 'Erythocarpa'：翅果在成熟前红褐色，颇为美观。

产地与分布

❖ 产地：产于我国辽宁、华北、西北至长江流域各地。朝鲜、日本也有。

❖ 分布：辽宁以南各地有栽培。

生态习性

✧ 光照：喜光。

✧ 温湿：喜温暖，有一定的耐寒能力，在西北能耐 −35℃的绝对最低温度。

✧ 水土：喜排水良好的砂壤土。很耐干旱、瘠薄，对微酸性、中性和石灰质土壤都能适应，能耐中度盐碱土。

✧ 空气：抗污染，对二氧化硫、二氧化氮、硝酸雾、乙炔、粉尘的抗性均强。

生物学特性

✧ 长速与寿命：生长较快，10 年生高达 10m，胸径 15cm；20 年生高约 13m，胸径 24cm。

✧ 根系特性：深根性，根系发达，萌蘖力强。

观赏特性

✧ 感官之美：树干通直而高大，树冠圆整如半球状，颇为壮观。叶大荫浓，秋季红果满树。

园林应用

✧ 应用方式：一种很好的观赏树和庭荫树。在印度、英国、法国、德国、意大利、美国等国常作行道树用，颇受赞赏而称为"天堂树"。中国用作行道树的则不多见。也是工矿区绿化的良好树种。又是盐碱地的水土保持和土壤改良用树种。品种'千头'臭椿树形优美，最适宜孤植于草地作风景树。

✧ 注意事项：不耐水涝。

楝属　*Melia* L.

本属隶属于楝科 Meliaceae。乔木；小枝具明显而大的叶痕和皮孔。2 或 3 回奇数羽状复叶，互生，小叶全缘或有齿裂。花两性，成腋生复聚伞花序；花较大，淡紫色或白色；花萼 5～6 裂，花瓣 5～6，离生；雄蕊为花瓣数的 2 倍，花丝合生成筒状，顶端有 10～12 齿裂，花药着生于裂片间内侧；子房 3～6 室，每室 2 胚珠。核果；种子无翅。

共约 3 种，主产于东南亚及大洋洲；中国产 2 种，分布于东南至西南部。

楝树　*Melia azedarach* L.（图 6-108）

别名　苦楝

识别要点

✧ 树形：落叶乔木，高 15～20m；树冠广卵形，近于平顶。

✧ 枝干：树皮暗褐色，浅纵裂。小枝粗壮、开展，皮孔多而明显，幼枝有星状毛。

✧ 叶：2 或 3 回奇数羽状复叶，小叶对生，小叶卵形至卵状长椭圆形，长 3～8cm，宽 2～3cm，幼时两面被星状毛；先端渐尖，基部楔形或圆形，缘有锯齿或裂，有时全缘；侧脉 12～16 对。

✧ 花：花淡紫色，长约 1cm，有香味；成圆锥状复聚伞花序，长 25～30cm。花期 4～5 月。

图 6-108　楝树 *Melia azedarach*

◇ 果实：核果近球形，径 1～1.5cm，熟时黄色，宿存树枝，经冬不落。果 10～11 月成熟。

种下变异

'伞形'楝树 'Umbraculiformis'：分枝密，树冠伞形；叶下垂，小叶狭。

产地与分布

◇ 产地：产华北南部至华南。

◇ 分布：世界温暖地区广泛栽培。

生态习性

◇ 光照：喜光，不耐庇荫。

◇ 温湿：喜温暖湿润气候，耐寒力不强，华北地区幼树易遭冻害。

◇ 水土：对土壤要求不严，在酸性、中性、钙质土及盐碱土中均可生长。稍耐干旱、瘠薄，也能生于水边；但以在深厚、肥沃、湿润处生长最好。

◇ 空气：对二氧化硫抗性较强，但对氯气抗性较弱。

生物学特性

◇ 长速与寿命：生长快，寿命短，30～40 年后即衰老。

◇ 根系特性：侧根发达。

观赏特性

◇ 感官之美：树形优美，叶形舒展，初夏紫花芳香，淡雅秀丽；秋季黄果经冬不凋。

园林应用

◇ 应用方式：是良好的城市及工矿区绿化树种，宜作庭荫树及行道树。在草坪孤植、丛植，或配植于池边、路旁、坡地都很合适。

香椿属 *Toona* Roem.

本属隶属于楝科 Meliaceae。乔木。偶数或奇数羽状复叶，互生。小叶全缘或有不明显的粗齿。花小，两性，白色或黄绿色，组成聚伞花序，再排列成顶生或腋生的大圆锥花序；萼裂片、花瓣、雄蕊各为 5，花丝分离；子房 5 室，每室 8～10 胚珠。蒴果 5 裂，中轴粗，具多数带翅种子。

共约 15 种，产于亚洲及澳大利亚；中国产 4 种，分布于华北至西南。

分种检索表

A₁ 小叶全缘或有不明显钝锯齿；子房和花盘均无毛；蒴果长 1.5～2.5cm，种子上端有膜质长翅……
………………………………………………………………………… 香椿 *T. sinensis*

A₂ 小叶全缘；子房和花盘有毛；蒴果长 2.5～3.5cm，种子两端有翅………………… 红椿 *T. sureni*

香椿 *Toona sinensis* (A. Juss.) Roem. （图 6-109）

识别要点

◇ 树形：落叶乔木，高达 25m，胸径 1m。

◇ 枝干：树皮暗褐色，条片状剥落。小枝粗壮；叶痕大，扁圆形，内有 5 维管束痕。

◇ 叶：偶数（稀奇数）羽状复叶，长 30～50cm 有香气，小叶 10～20，长椭圆形至广披针形，长 8～15cm，宽 3～4cm，先端渐长尖，基部不对称，全缘或具不明显钝锯齿。

- ◇ 花：花序长达 35cm，下垂；花白色，有香气，子房、花盘均无毛。花期 5～6 月。
- ◇ 果实：蒴果长椭球形，长 1.5～2.5cm，5 瓣裂；种子上端有膜质长翅。果 9～10 月成熟。

产地与分布

- ◇ 产地：原产于中国中部。
- ◇ 分布：辽宁南部、华北至东南和西南各地均有栽培。

生态习性

- ◇ 光照：喜光，不耐庇荫。
- ◇ 温湿：有一定的耐寒力。
- ◇ 水土：适生于深厚、肥沃、湿润的砂质壤土，在中性、酸性及钙质土上均生长良好，也能耐轻盐渍，较耐水湿。
- ◇ 空气：对有毒气体抗性较强。

图 6-109 香椿 *Toona sinensis*

生物学特性

- ◇ 长速与寿命：生长速度中等偏快。
- ◇ 根系特性：深根性，萌蘖力强。

观赏特性

- ◇ 感官之美：枝叶茂密，树干耸直，树冠庞大，嫩叶红艳。
- ◇ 文化意蕴：香椿是长寿的象征，《庄子·逍遥游》有："上古有大椿者，以八千岁为春，八千岁为秋。"故而古人称父为"椿庭"，祝寿称"椿龄"。

园林应用

- ◇ 应用方式：是良好的庭荫树和行道树，适于庭前、草坪、路旁、水畔种植。
- ◇ 注意事项：华北地区幼苗易受冻害，需适当采取防寒措施。

黄檗属 *Phellodendron* Rupr.

本属隶属于芸香科 Rutaceae。落叶乔木；树皮木栓层发达。芽为叶柄下芽。奇数羽状复叶，对生，小叶常有锯齿。花小，单性，异株，圆锥状聚伞花序顶生；萼片和花瓣各 5～8；雄蕊 5～6；子房 5 室，各具 1 胚珠。核果浆果状，具 5 核，每核含 1 种子。

约 4 种，主产东亚。我国 2 种，产西南至东北。

黄檗 *Phellodendron amurense* Rupr.（图 6-110）

别名 黄波罗、黄柏

识别要点

- ◇ 树形：乔木，高达 22m，树冠开阔呈广圆形。
- ◇ 枝干：树皮厚，浅灰色，木栓质发达，网状深纵裂，内皮鲜黄色。枝条粗壮，二年生小枝淡橘黄色或淡黄色，无毛。

图 6-110 黄檗 *Phellodendron amurense*

◇ 叶：小叶 5～13，对生，卵状椭圆形至卵状披针形，长 5～12cm，宽 3.5～4.5cm，叶端长尖，叶基稍不对称，叶缘有细钝锯齿，齿间有透明油点，叶表光滑，叶背中脉基部有毛。

◇ 花：花小，黄绿色，各部均为 5 数。花期 5～6 月。

◇ 果实：核果球形，黑色，径约 1cm，有特殊香气。果 10 月成熟，由绿变黄再变黑色即成熟。

产地与分布

◇ 产地：产于中国东北小兴安岭南坡、长白山区及河北省北部；朝鲜、俄罗斯、日本亦有。

◇ 分布：我国东北和华北地区园林中有栽培。

生态习性

◇ 光照：性喜光，不耐阴。

◇ 温湿：耐寒。

◇ 水土：喜适当湿润、排水良好的中性或微酸性壤土，在黏土及瘠薄土地上生长不良。对水、肥较敏感，是喜肥、喜湿性树种。能耐轻度盐碱。

◇ 空气：抗风力强。

生物学特性

◇ 长速与寿命：生长速度中等，寿命可达 300 年。

◇ 根系特性：深根性，主根发达。易发根蘖。

观赏特性

◇ 感官之美：树冠宽阔，花朵黄色，秋季叶变黄色，很美丽，是重要的秋色叶树种。

园林应用

◇ 应用方式：可作庭荫树和园景树，适于孤植、丛植于草坪、山坡、池畔、水滨、建筑周围，在大型公园中可用作行道树；在山地风景区，黄檗可大面积栽培形成风景林。

◇ 注意事项：5 年生以下幼树的枝梢有时会有枯梢现象。

白蜡树属 *Fraxinus* L.

本属隶属于木犀科 Oleaceae。落叶乔木，稀灌木；冬芽褐色或黑色。奇数羽状复叶，对生；小叶常具齿。花小，单性、两性或杂性，雌雄同株或异株；圆锥花序顶生或腋生于枝端，或着生于去年生枝上；萼小，4 裂或缺；花冠缺或存在，通常深裂，裂片 2～4。翅果，翅在果顶伸长；种子单生，扁平，长圆形。

约 60 种，主要分布于温带地区；中国产 20 余种，各地均有分布。

分种检索表

A_1 花序生于当年生枝顶及叶腋，叶后开放。

　B_1 小叶 5～9 枚，通常 7 枚，长 3～10cm，无花瓣 ·· 白蜡树 *F. chinensis*

　B_2 小叶 5～7 枚，形小，长 2～4cm，花瓣线形，白色 ····························· 小叶白蜡 *F. bungeana*

A_2 花序生于二年生枝侧，先叶开放。

　B_1 复叶叶轴无窄翼。

C₁ 小叶 7～13 枚，无小叶柄，小叶基部密生黄褐色绒毛················· 水曲柳 *F. mandshurica*

C₂ 小叶 3～7（9）枚，多少具小叶柄，小叶基部不生黄褐色毛。

 D₁ 小叶通常 7 枚，卵状长椭圆形至披针形，长 8～14cm；翅果长 3～6cm ·················

  ··· 洋白蜡 *F. pennsylvanica*

 D₂ 小叶 3～7 枚，通常 5 枚，椭圆形至卵形，长 3～8cm；翅果长 2～3cm ··· 绒毛白蜡 *F. velutina*

B₂ 复叶叶轴有窄翼·· 对节白蜡 *F. hupehensis*

白蜡树　*Fraxinus chinensis* Roxb.（图 6-111）

别名　蜡条、青榔木、白荆树、白蜡、梣

识别要点

✧ 树形：落叶乔木，高达 15m，树冠卵圆形。

✧ 枝干：树皮黄褐色，较光滑。小枝光滑无毛，节部或节间扁压状。冬芽淡褐色。

✧ 叶：小叶 5～9 枚，通常 7 枚，卵圆形或卵状椭圆形，长 3～10cm，先端渐尖，基部狭，不对称，缘有齿及波状齿，表面无毛，背面沿脉有短柔毛。

✧ 花：圆锥花序侧生或顶生于当年生枝上，大而疏松；花萼钟状；无花瓣。花期 3～5 月。

✧ 果实：翅果倒披针形，长 3～4cm。果 10 月成熟。

产地与分布

图 6-111　白蜡树 *Fraxinus chinensis*

✧ 产地：我国自东北中部和南部，经黄河流域、长江流域至华南、西南均产；俄罗斯、朝鲜、日本和越南也产。

✧ 分布：各地园林中常见栽培。

生态习性

✧ 光照：喜光，稍耐阴。

✧ 温湿：喜温暖湿润气候，颇耐寒。

✧ 水土：喜湿耐涝，也耐干旱；对土壤要求不严，碱性、中性、酸性土壤上均能生长。

✧ 空气：抗烟尘，对二氧化硫、氯气、氟化氢有较强抗性。

生物学特性

✧ 长速与寿命：生长较快，寿命可达 200 年。

✧ 根系特性：深根性，萌蘖力强。

观赏特性

✧ 感官之美：树形端正，树干通直，枝叶繁茂而鲜绿，秋叶橙黄，是优良的秋色叶树种。

园林应用

✧ 应用方式：是优良的行道树和遮阴树；其又耐水湿，抗烟尘，可用于湖岸绿化和工矿区绿化。由于耐盐碱，是盐碱地区和北部沿海地区重要的园林绿化树种。

泡桐属 *Paulownia* Sieb. et Zucc.

本属隶属于玄参科 Scorophulariaceae。落叶乔木，在热带为常绿乔木。小枝粗壮，髓心中空。无顶芽，侧芽小，2 枚叠生。单叶，对生，全缘或 3～5 浅裂，具长柄。聚伞状圆锥花序顶生，以花蕾越冬，密被毛；萼革质，5 裂，裂片肥厚；花冠大，近白色或紫色，5 裂，2 唇形；雄蕊 4，2 强；子房 2 室，花柱细长。蒴果大，室背开裂：种子具翅。

7 种，分布于亚洲东部，我国均产。

分种检索表

A_1 花冠鲜紫或蓝紫色；花萼裂至中部或过中部；叶表被长毛，背面密被白柔毛 ⋯毛泡桐 *P. tomentosa*

A_2 花冠乳白色至微带淡紫色；花萼浅裂，为萼的 1/4～1/3；叶表无毛，背面疏被白柔毛 ⋯⋯⋯⋯⋯⋯⋯⋯⋯⋯⋯⋯⋯⋯⋯⋯⋯⋯⋯⋯⋯⋯⋯⋯⋯ 泡桐 *P. fortunei*

毛泡桐 *Paulownia tomentosa* (Thunb.) Steud.（图 6-112）

图 6-112 毛泡桐 *Paulownia tomentosa*

别名 紫花泡桐、绒毛泡桐

识别要点

❖ 树形：乔木，高 15m；树冠开张，广卵形或扁球形。

❖ 枝干：树干耸直，树皮褐灰色；分枝角度大，小枝有明显皮孔，幼时绿褐色或黄褐色，常具黏质短腺毛。老枝褐色，无毛，皮孔圆形或长圆形，淡黄褐色。

❖ 叶：叶阔卵形或卵形，长 20～29cm，宽 15～28cm，先端渐尖或锐尖，基部心形，全缘或 3～5 裂，表面被长柔毛、腺毛及分枝毛，背面密被具长柄的白色树枝状毛。

❖ 花：圆锥花序宽大，长 40～60（80）cm。花蕾近圆形，密被黄色毛；花萼浅钟形，裂至中部或过中部，外面绒毛不脱落；花冠漏斗状钟形，鲜紫色或蓝紫色，长 5～7cm。花期 4～5 月，先叶开花。

❖ 果实：蒴果卵圆形，长 3～4cm，宿萼不反卷。果 8～9 月成熟。

产地与分布

❖ 产地：主产黄河流域。

❖ 分布：北方习见栽培。

生态习性

❖ 光照：强喜光树种，不耐庇荫。

❖ 温湿：较喜凉爽气候，在气温达 38℃ 以上生长受阻，最低温度在 -25℃ 时易受冻害。

❖ 水土：较耐干旱。在土壤深厚、肥沃、湿润、疏松的条件下生长良好。土壤 pH 以 6～7.5 为好，不耐盐碱，喜肥。

❖ 空气：对二氧化硫、氯气、氟化氢、硝酸雾的抗性均强。

生物学特性

◇ 长速与寿命：生长迅速。

◇ 根系特性：根系发达，分布较深。

观赏特性

◇ 感官之美：树干端直，树冠宽大，叶大荫浓，花大而美。春天繁花似锦，夏日绿荫浓密。

园林应用

◇ 应用方式：可植于庭院、公园、风景区等各处，适宜作行道树、庭荫树和园景树，也是优良的农田林网、四旁绿化和山地绿化造林树种。因抗污染，适于工矿区应用。

◇ 注意事项：根系近肉质，怕积水。

梓树属 *Catalpa* L.

本属隶属于紫葳科 Bignoniaceae。落叶乔木，无顶芽。单叶，对生或 3 枚轮生，全缘或有缺裂，基出脉 3～5，叶背脉腋常具腺斑。花大，呈顶生总状花序或圆锥花序；花萼不整齐，深裂或 2 唇形分裂；花冠钟状唇形；发育雄蕊 2，内藏，着生于下唇；子房 2 室。蒴果细长；种子多数，两端具长毛。

约 13 种，产于亚洲东部及美洲；中国产 4 种，从北美引入 3 种。

分种检索表

A_1 花淡黄色，长约 2cm；叶通常具 3～5 浅裂 ·························· 梓树 *C. ovata*

A_2 花白色或浅粉色，长 2cm 以上；叶通常不裂。

$\quad$ B_1 叶长达 15cm，背面光滑；总状花序呈伞房状排列；花萼裂片顶端 2 尖裂；花浅粉色 ··········

$\quad$ ·· 楸树 *C. bungei*

$\quad$ B_2 叶长达 30cm，背面有柔毛；圆锥花序；花萼顶端不裂；花白色 ············ 黄金树 *C. speciosa*

梓树 *Catalpa ovata* D. Don.（图 6-113）

识别要点

◇ 树形：乔木，高 10～20m；树冠宽阔开展。

◇ 枝干：树皮灰褐色、纵裂。枝条粗壮。

◇ 叶：叶对生或 3 叶轮生，广卵形或近圆形，长 10～30cm，通常 3～5 浅裂，基部心形或圆形，有毛，背面基部脉腋有紫斑。

◇ 花：圆锥花序顶生，长 10～20cm；花萼绿色或紫色；花冠淡黄色，长约 2cm，内面有黄色条纹及紫色斑纹。花期 5～6 月。

◇ 果实：蒴果细长如筷，长 20～30cm；种子具毛。果期 8～10 月。

产地与分布

◇ 产地：原产中国，以黄河中下游平原为中心产区。

◇ 分布：自东北、华北，南至华南北部都有分布。

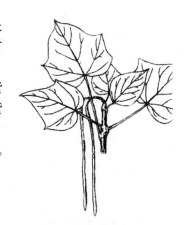

图 6-113 梓树 *Catalpa ovata*

生态习性

◇ 光照：喜光，稍耐阴。

◇ 温湿：适生于温带地区，颇耐寒，在暖热气候下生长不良。

◇ 水土：喜深厚、肥沃、湿润土壤，不耐干旱瘠薄，能耐轻盐碱土。

◇ 空气：对氯气、二氧化硫和烟尘的抗性均强。

生物学特性

◇ 长速与寿命：速生树种。

◇ 根系特性：深根性。

观赏特性

◇ 感官之美：树冠宽大，树荫浓密。

◇ 文化意蕴：古人常在房前屋后种植桑树和梓树，故而以"桑梓"指故乡。

园林应用

◇ 应用方式：自古以来是著名的庭荫树，可丛植于草坪、亭廊旁边以供遮阴。也可作行道树。

【任务实训】

园林乔木的识别

目的要求：要求学生从形态特征、生态习性、观赏特性及园林用途等方面认识常用的园林乔木。

实训条件：校园、温室或附近绿地上的园林树木。

方法步骤：①组织学生到实训现场；②回顾所学相关理论知识；③指定识别对象；④由学生识别，教师指导；⑤指定一定数量的园林乔木，编制检索表。

技术成果：提交识别报告。

任务二　认知园林灌木

【知识要求】使学生从形态特征、生态习性、生物学特性、观赏特性及园林用途等方面认知园林灌木，要求学生能从园林灌木的以上属性对其进行分类。

【技能要求】能够熟练识别常用的园林灌木，描述形态要点；能利用参考资料总结各树种的习性、观赏特性及园林用途；学会正确选择、配植园林灌木的方法。

【任务理论】灌木在园林景观营造中占有重要地位，它们具有美丽芳香的花朵、色彩丰富的叶片或诱人可爱的果实，种类繁多，形态各异，在园林植物群落中属于中间层，起着乔木与地面、建筑物与地面之间的连贯和过度作用。其平均高度与人平视高度一致，极易形成视觉焦点，在园林景观营造中作用十分显著。

1　常绿灌木

圆柏属 *Sabina* Mill.

本属隶属于柏科 Cupressaceae。属特征及检索表见本项目任务一·1.1常绿针叶乔木。

砂地柏 *Sabina vulgaris* Ant.（图 6-114）

别名　新疆圆柏、天山圆柏、双子柏、叉子圆柏

识别要点

◇ 树形：匍匐灌木，高不及 1m。

◇ 枝干：枝密生，斜上伸展。枝皮灰褐色，裂成薄片脱落。

◇ 叶：叶二型，刺叶常生于幼树上，稀在壮龄树上与鳞叶并存，3 枚轮生，长 3～7mm，上面凹，下面拱形，中部有腺体；壮龄树几全为鳞叶，鳞叶交互对生，斜方形，先端微钝或急尖，背面中部有明显腺体。

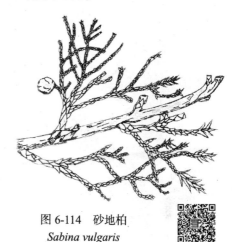

图 6-114　砂地柏
Sabina vulgaris

◇ 球果：卵球形或球形，径 5～9mm。熟时褐色、紫蓝或黑色，有蜡粉。

◇ 种子：种子常为卵圆形，微扁，具 1～5 粒，多为 2～3 粒。

产地与分布

◇ 产地：产于西北及内蒙古至四川北部。欧洲南部、中亚和俄罗斯也有。

◇ 分布：华北各地常见栽培。

生态习性

◇ 光照：阳性树种。

◇ 温湿：喜凉爽干燥的气候，耐寒，耐干旱，不耐涝。

◇ 水土：耐瘠薄，能在干燥的砂地和石山坡上生长良好，喜生于石灰质的肥沃土壤。

观赏特性

◇ 感官之美：匍匐有姿，冠形奇特，四季苍绿。

园林应用

◇ 应用方式：可作园林绿化中的护坡、地被材料，也是优良的水土保持和固沙树种。

三尖杉属 *Cephalotaxus* Sieb. et Zucc.

本属隶属于三尖杉科（粗榧科）Cephalotaxaceae。常绿乔木或灌木，小枝常对生，基部有宿存芽鳞。叶条形或条状披针形，螺旋状着生，侧枝的叶基部扭转排成 2 列，上面中脉隆起，下面有 2 条宽气孔带。雌雄异株，雄球花 6～11 聚生成头状，腋生，基部着生多数苞片；雌球花具长梗，常生于小枝基部的苞腋，花梗上部的花轴具数对交互对生的苞片，每苞片的腋部着生 2 直生胚珠，胚珠基部具囊状珠托。种子核果状，翌年成熟，全部为假种皮所包被，卵形或倒卵形，端突尖，基部苞片宿存，外种皮骨质，内种皮膜质，有胚乳。子叶 2。

1 属 8～11 种，产于亚洲东部和南部。中国为分布中心，共产 7 种 3 变种。

分种检索表

A₁ 灌木或小乔木；叶较短，长 2～5cm ·······························粗榧 *C. sinensis*

A₂ 乔木；叶较长，长 5～10（4～13）cm ··························三尖杉 *C. fortunei*

粗榧 *Cephalotaxus sinensis* (Rehd. et Wils.) Li（图 6-115）

别名　粗榧杉、中华粗榧杉、中国粗榧

图 6-115　粗榧 *Cephalotaxus sinensis*

识别要点

◇ 树形：灌木或小乔木，高达 12m。

◇ 枝干：树皮灰色或灰褐色，呈薄片状剥落。

◇ 叶：叶条形，长 2～5cm，宽约 3mm，通常直，端渐尖，先端有微急尖或渐尖的短尖头；叶基圆形或圆截形，几无柄，质地较厚，中脉明显，下面有两条白粉气孔带，较绿色边带宽 2～4 倍。

◇ 种子：种子 2～5 着生于总梗上部，卵圆形或近球形，长 1.8～2.5cm，顶端中央有尖头。花期 3～4 月；种子 10～11 月成熟。

产地与分布

◇ 产地：中国特有树种，产长江流域及其以南地区。

◇ 分布：除其产地外，北京、秦皇岛等地有引种栽培，生长良好。

生态习性

◇ 光照：喜光树种，耐阴性强。

◇ 温湿：喜温凉湿润气候，有一定的耐寒力。

◇ 水土：喜生于富含有机质的壤土内，喜黄壤、黄棕壤和棕色森林土。

生物学特性

◇ 长速与寿命：生长缓慢。

观赏特性

◇ 感官之美：树冠整齐，针叶粗硬。

园林应用

◇ 应用方式：通常多宜与它树配植，作基础种植用，可成片配植于其他树群的边缘或沿草地、建筑周围丛植。也可作耐阴下木。

南天竹属 *Nandina* Thunb.

本属隶属于小檗科 Berberidaceae。属的形态见种的识别要点。

仅 1 种，产于中国及日本。

南天竹 *Nandina domestica* Thunb.（图 6-116）

别名　阑天竹、天竺

识别要点

◇ 树形：灌木，高达 2m，丛生。

◇ 枝干：少分枝，全株无毛。

◇ 叶：2～3 回羽状复叶，互生，中轴有关节，小叶椭圆状披针形，长 3～10cm，革质，先端渐尖，基部楔形，全缘，两面无毛，表面有光泽。

❖ 花：圆锥花序顶生，长20～35cm；花白色，芳香，直径6～7mm；萼多数，多轮；花瓣6，无蜜腺；雄蕊6，1轮，与花瓣对生。花期5～7月。

❖ 果：浆果球形，径约8mm，鲜红色，果期9～10月。

❖ 种子：种子扁圆，2粒。

种下变异

有以下品种。

‘玉果’南天竹 ‘Leucocarpa’：果实黄白色。

‘锦叶’南天竹 ‘Capillaris’：树形矮小，叶细裂如丝。

‘紫果’南天竹 ‘Prophyrocarpa’：果实成熟后呈淡紫色。

图6-116　南天竹
Nandina domestica

产地与分布

❖ 产地：原产于中国及日本。

❖ 分布：江苏、浙江、安徽、江西、湖北、四川、陕西、河北、山东等地均有分布。

生态习性

❖ 光照：喜半阴，最好能上午见光，中午和下午有庇荫；如在强光下生长，叶色常发红。

❖ 温湿：喜温暖气候，耐寒性不强。

❖ 水土：喜肥沃、湿润而排水良好的土壤，对水分要求不严。

生物学特性

❖ 长速与寿命：生长较慢，3～4年生仅约50cm。

❖ 花果特性：3～4年生可开始开花结果。

观赏特性

❖ 感官之美：茎干丛生，枝叶扶疏，初夏繁花如雪，秋季果实累累、殷红璀璨，状如珊瑚，经久不落，雪中观赏尤觉动人，为赏叶观果佳品。

园林应用

❖ 应用方式：适于庭院、草地、路旁、水际丛植及列植。在古典园林中，常植于阶前、花台，配以沿阶草、麦冬等常绿草本植物，也可盆栽观赏。

叶子花属 *Bougainvillea* Comm. ex Juss.

本属隶属于紫茉莉科 Nyctaginaceae。藤状灌木，茎多具枝刺。叶互生，有柄。花常3朵簇生于大而美丽的叶状苞片中，总梗与苞片的中脉合生，苞片常红色或紫红色；萼筒绿色，顶端5～6裂；雄蕊5～10；子房有柄。瘦果具5棱。

共18余种，主产于南美热带及亚热带；中国引入栽培2种，为极美丽的观赏树木。

分种检索表

A₁ 枝叶无毛或稍有毛；花的苞片暗红色或紫色 ·················· 光叶子花 *B. glabra*

A₂ 枝叶密生柔毛；花的苞片鲜红色 ························ 叶子花 *B. spectabilis*

光叶子花 *Bougainvillea glabra* Choisy（图6-117）

别名　宝巾、光三角花

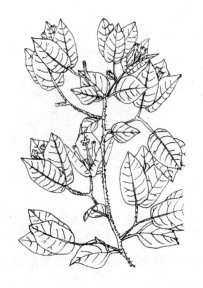

图 6-117 光叶子花 *Bougainvillea glabra*

识别要点

◇ 树形：攀缘灌木。

◇ 枝干：枝有利刺，枝条常拱形下垂，无毛或稍有柔毛。

◇ 叶：单叶互生，卵形或卵状椭圆形，长 5～10cm，先端渐尖，基部圆形至广楔形，全缘，表面无毛，背面幼时疏生短柔毛；叶柄长 1～2.5cm。

◇ 花：花顶生，常 3 朵簇生，各具 1 枚叶状大苞片，紫红色，椭圆形，长 3～3.5cm；花被管长 1.5～2cm，淡绿色，疏生柔毛，顶端 5 裂。花期 6～12 月。

◇ 果：瘦果有 5 棱。

种下变异

'斑叶' 光叶子花 'Variegata'：叶面有白色斑纹。

产地与分布

◇ 产地：原产于巴西。

◇ 分布：我国各地有栽培。

生态习性

◇ 光照：喜光。

◇ 温湿：喜温暖气候，不耐寒。

◇ 水土：不择土壤，干湿都可以，但适当干些可以加深花色。

观赏特性

◇ 感官之美：花苞片大，色彩鲜艳如花，且持续时间长，观赏价值较高。

园林应用

◇ 应用方式：华南及西南暖地多植于庭园、宅旁，常设立棚架或让其攀缘山石、园墙、廊柱之上；长江流域及其以北地区多盆栽观赏，温室越冬。

山茶属 *Camellia* L.

本属隶属于山茶科 Theaceae。常绿小乔木或灌木。芽鳞多数。叶革质或薄革质，常有锯齿，具短柄。花单生或 2～3 朵簇生叶腋；花梗明显、苞片 2～10 枚、花萼 5（6）枚、宿存，或几无花梗、萼片和苞片混淆而不易区分、约 10 枚、常早落；花瓣 5～8，基部常多少结合；雄蕊多数，2 轮，外轮花丝连合，着生于花瓣基部，内轮花丝分离；子房上位，3～5 室，每室有 3～6 悬垂胚珠。蒴果，室背开裂；种子 1 至多数，球形或有角棱，无翅。

约 280 种；中国产 240 种，分布于南部及西南部。

分种检索表

A₁ 化不为黄色。

　B₁ 花较大，无梗或近无梗，萼片脱落。

　　C₁ 花径 6～19cm；全株无毛。

  D$_1$　叶表面有光泽，网脉不显著 ·················· 山茶 *C. japonica*

  D$_2$　叶表面无光泽，网脉显著 ·················· 滇山茶 *C. reticulata*

 C$_2$　花径 4～6.5cm；芽鳞、叶柄、子房、果皮均有毛

  D$_1$　芽鳞表面有粗长毛；叶卵状椭圆形 ·················· 油茶 *C. oleifera*

  D$_2$　芽鳞表面有倒生柔毛；叶椭圆形至长椭圆状卵形 ·············· 茶梅 *C. sasangua*

 B$_2$　花小，具下弯花梗；萼片宿存·················· 茶 *C. sinensis*

A$_2$　花黄色 ·················· 金花茶 *C. chrysantha*

山茶 *Camellia japonica* L.（图 6-118）

别名　曼陀罗树、晚山茶、耐冬、川茶、海石榴

识别要点

◇　树形：灌木或小乔木，高达 10～15m。

◇　枝干：幼枝灰褐色，当年生小枝紫褐色，无毛。

◇　叶：叶卵形、倒卵形或椭圆形，长 5～11cm，叶面光亮，两面无毛；侧脉 6～9 对，网脉不显著；叶基楔形，叶缘有细锯齿。

◇　花：花单生或簇生于枝顶或叶腋，近无柄；花大红色，径 6～12cm，无梗，花瓣 5～7，栽培品种多有重瓣的，花瓣近圆形，顶端微凹；萼密被短毛，边缘膜质；花丝及子房均无毛；花期 2～4月。

◇　果：蒴果近球形，径 2～3cm，无宿存花萼，果秋季成熟。

图 6-118　山茶
Camellia japonica

◇　种子：种子椭圆形。

种下变异

  山茶品种繁多，至 20 世纪末，已登记 2 万个以上品种，花色有白、粉红、橙红、墨红、紫、深紫等，以及具有花边、白斑、条纹等的复色品种。以花型进行分类，可分为单瓣类、复瓣类和重瓣类。每类之下又可分为多型。

  （1）单瓣类：花瓣 5～7 枚，1～2 轮，基部连生，多呈筒状，雌雄蕊发育完全，能结实。1 型，即单瓣型。这类品种通常称为金心茶。

  （2）复瓣类：也称半重瓣类。花瓣 20 枚左右（多者连雄蕊变瓣可达 50 枚），3～5 轮，偶结实。分 4 型：①半曲瓣型；②五星型；③荷花型；④松球型。

  （3）重瓣类：雄蕊大部分瓣化，加上花瓣自然增加，花瓣总数在 50 枚以上。分 7型：①托桂型；②菊花型；③芙蓉型；④皇冠型；⑤绣球型；⑥放射型；⑦蔷薇型。

产地与分布

◇　产地：产于中国和日本。

◇　分布：中国中部及南方各地露地多有栽培，北部则行温室盆栽。

生态习性

◇　光照：喜半阴，最好为侧方庇荫。

◇　温湿：喜温暖湿润气候，酷热及严寒均不适宜，在气温 -10℃时可不受冻害，气

温高于 29℃停止生长。空气中相对湿度以 50%～80% 为宜。

✧ 水土：喜肥沃湿润而排水良好的微酸性至酸性土壤（pH 5～6.5）。

✧ 空气：对海潮风有一定的抗性。

生物学特性

✧ 根系特性：浅根性，根肉质。

✧ 花果特性：单朵花的花期长达 2 周以上，全株花期可达 2～4 个月。

观赏特性

✧ 感官之美：叶色翠绿而有光泽，四季常青，花朵大，花色美，观赏期长。

园林应用

✧ 应用方式：适于孤植、丛植、群植。庭院中，宜丛植成景。因其耐阴，可于树荫下栽植。又因抗海风，适于沿海地区栽培。

✧ 注意事项：不耐盐碱，忌土壤黏重和积水。

海桐属 *Pittosporum* Banks

本属隶属于海桐科 Pittosporaceae。常绿灌木或乔木。单叶互生，或因簇生枝顶而呈假轮生状，全缘或具波状齿。花较小，单生或顶生圆锥或伞房花序；花瓣离生或基部合生，常向外反卷；子房 1 室或不完全 2～5 室。蒴果，2～5 裂，种子 2 至多数，藏于红色黏质瓤内。

约 160 种，主产于大洋洲；中国产 34 种。

海桐 *Pittosporum tobira* (Thunb.) Ait（图 6-119）

别名　海桐花

图 6-119　海桐
Pittosporum tobira

识别要点

✧ 树形：灌木或小乔木，高 2～6m；树冠圆球形，浓密。

✧ 枝干：小枝及叶集生于枝顶。

✧ 叶：革质，倒卵状椭圆形，长 5～12cm，先端圆钝或微凹，基部楔形，边缘反卷，全缘，两面无毛，表面深绿而有光泽。

✧ 花：伞房花序顶生，花白色或淡黄绿色，径约 1cm，芳香。花期 5 月。

✧ 果：蒴果卵球形，长 1～1.5cm，有棱角，熟时 3 瓣裂。果期 10 月。

✧ 种子：种子鲜红色，有黏液。

种下变异

'银边'海桐 'Variegatum'：叶的边缘有白斑。

'Nanum'：矮生品种，适合小庭院或种植钵种植。

产地与分布

✧ 产地：产于中国江苏南部、浙江、福建、台湾、广东等地。朝鲜、日本也有。

✧ 分布：我国长江流域及其以南各地庭园习见栽培观赏。

生态习性

◇ 光照：喜光，略耐半阴。

◇ 温湿：喜温暖气候，稍耐寒，在山东中南部和东部沿海可露地越冬。

◇ 水土：喜肥沃湿润土壤，对土壤要求不严，在 pH 5～8 均可，黏土、砂土和轻度盐碱土均能适应，不耐水湿。

◇ 空气：抗海风，抗二氧化硫等有毒气体。

观赏特性

◇ 感官之美：枝叶茂密，叶色浓绿而有光泽，经冬不凋，初夏繁花如雪，入秋果实变黄，红色种子宛如红花一般，是园林中常用的观赏树种。

园林应用

◇ 应用方式：常用作绿篱和基础种植材料，可修剪成球形用于点缀，孤植、丛植于草坪边缘，或列植于路旁、台坡。

◇ 注意事项：易遭蚧壳虫危害，要注意及早防治。

火棘属 *Pyracantha* Roem.

本属隶属于蔷薇科 Rosaceae。常绿灌木或小乔木，常具枝刺。单叶互生，有锯齿或全缘，具短柄。复伞房花序，花白色，5 数；雄蕊 15～20，5 心皮，腹面离生，背面有 1/2 连于萼筒，每心皮 2 胚珠。梨果形小，红色或橘红色，内含 5 个骨质小核。

分种检索表

A$_1$ 花萼及叶背无毛或近无毛；叶缘有细齿。

  B$_1$ 叶倒卵形至倒卵状长椭圆形，先端常圆钝或微凹 ·························· 火棘 *P. fortuneana*

  B$_2$ 叶长椭圆形至倒披针形，先端尖而常有小刺 ······················ 细圆齿火棘 *P. crenulata*

A$_2$ 花萼及叶背密被灰色绒毛；叶狭长而全缘 ······················ 窄叶火棘 *P. angustifolia*

火棘 *Pyracantha fortuneana* (Maxim.) Li（图 6-120）

别名　火把果

识别要点

◇ 树形：灌木，高达 3m。

◇ 枝干：枝拱形下垂，短侧枝常呈棘刺状，幼枝被锈色柔毛，后脱落。

◇ 叶：倒卵形至倒卵状长椭圆形，长 1.5～6cm，先端圆钝微凹，有时有短尖头，基部楔形，叶缘有圆钝锯齿，齿尖内弯，近基部全缘。

◇ 花：花白色，径约 1cm，成复伞房花序。花期 5 月。

◇ 果：果近球形，径约 5mm，橘红色或深红色。果期 9～11 月。

产地与分布

◇ 产地：产于我国东部、中部及西南地区。

◇ 分布：除产地外，华北南部也可露地越冬，近

图 6-120　火棘
Pyracantha fortuneana

年北京有引种，小气候好的地方可露地越冬。

生态习性

◇ 光照：喜光。

◇ 温湿：耐寒性不强。

◇ 水土：耐干旱瘠薄，要求土壤排水良好。

观赏特性

◇ 感官之美：枝叶茂盛，初夏白花繁密，入秋果红如火，经久不凋，美丽可爱，是美丽的观果灌木。

园林应用

◇ 应用方式：适宜丛植于草地边缘、假山石间、水边桥头，也是优良的绿篱和基础种植材料。适合制作盆景。

瑞香属 *Daphne* L.

本属隶属于瑞香科 Thymelaeaceae。灌木。叶互生，稀对生，全缘，具短柄。花芳香，短总状花序或簇生成头状；通常具总苞，萼筒花冠状，钟形或筒形，端 4～5 裂；无花冠，雄蕊 8～10，成 2 轮着生于萼筒内壁顶端；柱头头状，花柱短。核果革质或肉质，内含 1 种子。

共约 80 种；中国 43 种，主要产于西南及西北部。

分种检索表

A$_1$ 叶互生，常绿性；顶生头状花序 ·································· 瑞香 *D. odora*

A$_2$ 叶对生，落叶性；花簇生枝侧，叶前开花 ·················· 芫花 *D. genkwa*

瑞香 *Daphne odora* Thunb.（图 6-121）

识别要点

◇ 树形：灌木，高 1.5～2m。

◇ 枝干：枝细长，光滑无毛，紫色。

◇ 叶：互生，长椭圆形至倒披针形，长 5～8cm，先端钝或短尖，基部狭楔形，全缘，无毛，质较厚，表面深绿有光泽；叶柄短。

◇ 花：头状花序顶生，有总梗；花白色或淡红紫色，径约 1.5cm，芳香；花被 4 裂，花瓣状。花期 3～4 月。

◇ 果：核果肉质，圆球形，红色。

种下变异

栽培品种有以下几种。

‘白花’瑞香 ‘Alba’：花纯白色。

‘粉花’瑞香 ‘Rosea’：花外侧淡红色。

‘红花’瑞香 ‘Rubra’：花酒红色。

图 6-121 瑞香 *Daphne odora*

‘金边’瑞香 ‘Aureo-marginata’：叶缘淡黄

色，花白色，极香，各地多有盆栽。

产地与分布

◇ 产地：原产中国长江流域。

◇ 分布：江西、湖北、浙江、湖南、四川等地均有分布。北方多于温室盆栽。

生态习性

◇ 光照：性喜阴，忌日光暴晒。

◇ 温湿：喜温暖，耐寒性差，北方盆栽，冬季需在室内越冬。

◇ 水土：喜肥沃湿润而排水良好的酸性和微酸性土，忌积水。

观赏特性

◇ 感官之美：早春花木，株形优美，花朵芳香。

园林应用

◇ 应用方式：最适于林下路边、林间空地、庭院、假山岩石的阴面等处配植。北方多于温室盆栽观赏。

红千层属 *Callistemon* R. Br.

本属隶属于桃金娘科 Myrtaceae。灌木或小乔木，树皮坚实，不易剥落。叶散生，圆柱形、线形或披针形。头状花序或穗状花序，生于枝的近顶端，后枝顶仍继续生长成为带叶的嫩枝；萼管卵形或钟形，基部与子房合生，裂片 5，后脱落；花无柄，花瓣 5 枚，圆形，后脱落；雄蕊多数，分离或基部合生，花丝红色或黄色，远比花瓣长；子房下位，3～4 室，胚珠多数。蒴果，先端平截。

约 20 种，产于大洋洲；中国引入约 10 种。

红千层 *Callistemon rigidus* R. Br. （图 6-122）

识别要点

◇ 树形：灌木，高 2～3m。

◇ 枝干：小枝红棕色，有白色柔毛。

◇ 叶：条形，光滑而坚硬，长 3～8cm，宽 2～5mm，有透明腺点，先端尖锐，幼时两面被丝毛，后脱落；中脉显著，边脉突起；无柄。

◇ 花：穗状花序长约 10cm，形似试管刷；花红色，无梗，花瓣 5；雄蕊多数，长 2.5cm，鲜红色。花期 6～8 月。

◇ 果：蒴果半球形，顶端平，直径 7mm。

产地与分布

◇ 产地：原产于大洋洲。

◇ 分布：华南和西南地区常见栽培，长江流域和北方多有盆栽。

生态习性

◇ 光照：喜光。

图 6-122 红千层 *Callistemon rigidus*

◇ 温湿：喜高温高湿气候，很不耐寒。

◇ 水土：要求酸性土壤，能耐干旱瘠薄，在荒山、石砾地、黏重土壤上均可生长。

观赏特性

◇ 感官之美：植株繁茂，花序形状奇特，花色红艳，花期较长，是优美的庭园花木。

园林应用

◇ 应用方式：宜丛植于草地、山石间、庭园，也可列植于步道两侧，还适于整形修剪或选用老桩制作盆景。

桃叶珊瑚属 *Aucuba* Thunb.

本属隶属于山茱萸科 Cornaceae。常绿灌木或乔木。小枝绿色。单叶对生，全缘或有粗锯齿。花单性异株，圆锥花序腋生；花萼小，4 裂；花瓣 4，镊合状；雄花具 4 雄蕊及一大花盘；雌花子房下位，1 室，1 胚珠。浆果状核果，内含 1 粒种子。

约 12 种；中国产 10 种，分布于长江以南。

分种检索表

A₁ 小枝有毛；叶长椭圆形至倒卵状披针形 ……………………………桃叶珊瑚 *A. chinensis*

A₂ 小枝无毛；叶椭圆状卵形至椭圆状披针形 ………………………………青木 *A. japonica*

青木 *Aucuba japonica* Thunb.（图 6-123）

别名 东瀛珊瑚

识别要点

◇ 树形：灌木，通常高 1～3m，稀达 5m。

◇ 枝干：小枝绿色，粗壮，无毛。

◇ 叶：革质，椭圆状卵形至椭圆状披针形，长 8～20cm，宽 5～12cm，叶缘上部疏生 2～6 对锯齿或全缘，先端渐尖，叶基阔楔形，叶两面有光泽；叶柄长 1～5cm。

◇ 花：花小，紫红色或深红色；圆锥花序密生刚毛；雄花序长 7～10cm，雌花序长 2～3cm，均被柔毛。花期 3～4 月。

◇ 果：果紫红色或黑色，卵球形，长 1.2～1.5cm。果期 11 月至翌年 2 月。

种下变异

花叶青木 'Variegata'：叶面布满大小不等的金黄色斑点。

'姬青木' 'Borealis'：植株矮小，高 30～100cm，耐寒性强。

'白果' 青木 'Leococarpa'：果实白色。

'黄果' 青木 'Luteacarpa'：果实黄色。

'翠花' 青木 'Castaeoviridescens'：花为绿褐色。

产地与分布

◇ 产地：产于日本、朝鲜及我国台湾和浙江南部。

◇ 分布：华南可露地栽培，长江流域及其以北城市常

图 6-123 青木
Aucuba japonica

温室盆栽。

生态习性

◇ 光照：耐阴，惧阳光直射，在有散射光的落叶林下生长最佳。

◇ 温湿：性喜温暖气候，喜湿润空气。

◇ 空气：抗污染。

观赏特性

◇ 感官之美：优良的观叶、观果树种，株形圆整，秋冬鲜红的果实在叶丛中非常美丽。

园林应用

◇ 应用方式：最适于林下、建筑物隐蔽处、立交桥下、山石间等阳光不足的环境丛植。池畔、窗前、湖中小岛适当点缀也甚适宜，如配以湖石，效果更佳，是良好的城市绿化树种。

卫矛属 *Euonymus* L.

本属隶属于卫矛科 Celastraceae。乔木或灌木，稀藤木。小枝绿色，常具 4 棱。叶对生，极少互生或轮生。花通常两性，聚伞花序腋生；花淡绿色或紫色，4～5 数，花丝短，雄蕊着生于肉质花盘边缘，子房藏于花盘内。蒴果有角棱或翅，4～5 瓣裂，每室具 1～2 粒种子；种子具橘红色肉质假种皮。

共约 220 种；中国约有 111 种，10 变种，4 变型。

分种检索表

A_1　常绿或半常绿性。

　B_1　常绿灌木、小乔木或藤木；花序排列紧密。

　　C_1　直立灌木或小乔木；小枝近四棱形，无细根及小瘤状突起…………… 冬青卫矛 *E. japonicus*

　　C_2　低矮匍匐或攀缘灌木；小枝近圆形，枝上常有细根及小瘤状突起………… 扶芳藤 *E. fortunei*

　B_2　半常绿直立或蔓性灌木；花序疏散排列………………………… 胶东卫矛 *E. kiautschovicus*

A_2　落叶性。

　B_1　灌木，小枝常具 2～4 行木栓质阔翅；叶近无柄 ………………………………… 卫矛 *E. alatus*

　B_2　小乔木，小枝无木栓质阔翅；叶柄长 1.5～3cm …………………… 丝棉木 *E. bungeanus*

冬青卫矛 *Euonymus japonicus* Thunb.（图 6-124）

别名　正木、大叶黄杨

识别要点

◇ 树形：灌木或小乔木，高可达 8m，全株近无毛。

◇ 枝干：小枝绿色，稍四棱形。

◇ 叶：厚革质而有光泽，椭圆形或倒卵形，长 3～6cm，先端尖或钝，缘有细钝齿，两面无毛，叶基楔形。

◇ 花：花绿白色，4 数，5～12 朵成密集聚伞花序，腋生枝条端部。花期 5～6 月。

◇ 果：蒴果近球形，径 8～10mm，淡粉红色，熟时 4 瓣裂。果期 9～10 月。

◇ 种子：种子有橘红色假种皮。

图 6-124　冬青卫矛
Euonymus japonicus

种下变异

'金边'冬青卫矛'Ovatus Aureus'：叶缘金黄色。

'金心'冬青卫矛'Aureus'：叶中脉附近金黄色，有时叶柄及枝端也变为黄色。

'银边'冬青卫矛'Albo-marginatus'：叶缘有窄白条边。

'宽叶银边'冬青卫矛'Latifolius Albo-marginatus'：叶阔椭圆形，银边甚宽。

'杂斑'冬青卫矛'Viridi-variegatus'：叶面有深绿色和黄色斑点。

'粗枝'冬青卫矛'Cuzhi'：又称北海道黄杨。枝叶翠绿，果色艳丽；观赏性及耐寒性均较原种强。1986 年我国从日本引入，华北地区有栽培。

产地与分布

❖ 产地：原产于日本南部。

❖ 分布：我国南北各地均有栽培，长江流域各城市尤多。亚洲各地、非洲、欧洲、北美洲、南美洲及大洋洲亦广泛栽培。

生态习性

❖ 光照：喜光，但也能耐阴。

❖ 温湿：喜温暖湿润的海洋性气候，有一定的耐寒性，在最低气温达 −17℃左右时枝叶受害。

❖ 水土：喜肥沃湿润土壤，能耐干旱瘠薄，不耐水湿。

❖ 空气：对各种有毒气体及烟尘有很强的抗性。

生物学特性

❖ 长速与寿命：生长较慢，寿命长。

观赏特性

❖ 感官之美：树形整齐，枝叶茂密，四季常青，叶色亮绿，园林中常见的观赏树种之一。

园林应用

❖ 应用方式：园林中常用作绿篱及背景种植材料，亦可丛植草地边缘或列植于园路两旁；若加以修剪成型，更适合用于规则式对称配植；同时，亦是基础种植、街道绿化和工厂绿化的好材料。

冬青属　*Ilex* L.

本属隶属于冬青科 Aquifoliaceae。乔木或灌木，多为常绿。单叶互生，有锯齿或刺状齿，稀全缘；托叶小，早落。花单性异株，稀杂性，成腋生聚伞、伞形或圆锥花序，稀单生；花白色、淡红色或紫红色；萼片、花瓣、雄蕊常为 4~8，花瓣分离或基部合生。核果球形，通常具 4 核；萼宿存。

约 400 种，中国产 204 种。

分种检索表

A₁ 叶缘有坚硬大刺齿 2～3 对 ·· 枸骨 *I. cornuta*

A₂ 叶缘有锯齿，但非大刺齿。

  B₁ 叶薄革质，干后呈红褐色·· 冬青 *I. chinensis*

  B₂ 叶厚革质，干后非红褐色···钝齿冬青 *I. crenata*

枸骨 *Ilex cornuta* Lindl.（图 6-125）

图 6-125 枸骨
Ilex cornuta

别名 鸟不宿、猫儿刺

识别要点

◇ 树形：灌木或小乔木，高 3～4m，最高可达 10m 以上；树冠阔圆形。

◇ 枝干：树皮灰白色，平滑不裂；枝开展而密生。

◇ 叶：硬革质，矩圆形，长 4～8cm，宽 2～4cm，顶端扩大并有 3 枚大而尖硬刺齿，中央 1 枚向背面弯，基部两侧各有 1～2 枚大刺齿，表面深绿而有光泽，背面淡绿色；大树树冠上部的叶常全缘，基部圆形。

◇ 花：花小，黄绿色，簇生于二年生枝叶腋。花期 4～5 月。

◇ 果：核果球形，鲜红色，径 8～10mm，具 4 核。果 9～10（11）月成熟。

种下变异

'无刺'枸骨 'National'：叶缘无刺齿。

'黄果'枸骨 'Luteocarpa'：果暗黄色。

产地与分布

◇ 产地：产中国长江中下游各地，多生于山坡谷地灌木丛中。

◇ 分布：我国各地庭园中广植，朝鲜也有分布。

生态习性

◇ 光照：喜光，稍耐阴。

◇ 温湿：喜温暖气候，耐寒性不强。

◇ 水土：喜肥沃湿润而排水良好的微酸性土壤。

◇ 空气：对有害气体有较强抗性。

生物学特性

◇ 长速与寿命：生长缓慢。

◇ 根系特性：萌蘖力强。

观赏特性

◇ 感官之美：枝叶稠密，叶形奇特，深绿光亮，入秋红果累累，经冬不凋，鲜艳美丽，是良好的观叶、观果树种。

园林应用

◇ 应用方式：宜作基础种植及岩石园材料，也可孤植于花坛中心、对植于庭前、路口，或丛植于草坪边缘。同时也是很好的绿篱（兼有果篱、刺篱的效果）及盆栽材料，选其老桩制作盆景亦饶有风趣。

黄杨属 *Buxus* L.

本属隶属于黄杨科 Buxaceae。灌木或小乔木，多分枝。单叶对生，羽状脉，全缘，革质，有光泽。花簇生叶腋或枝顶；雌雄花同序，常顶生 1 雄花，其余为雌花；雄花具 1 小苞片，萼片 4，雄蕊 4；雌花具 3 小苞片，萼片 6，子房 3 室，花柱 3。蒴果，3 瓣裂，顶端有宿存花柱。

共约 70 种；中国约有 10 种。

分种检索表

A₁ 叶椭圆形或倒卵形。

  B₁ 叶倒卵形至倒卵状椭圆形，中部以上最宽；枝叶较疏散 ············· 黄杨 *B. sinica*

  B₂ 叶椭圆形至卵状椭圆形，中部或中下部最宽；分枝密集 ········· 锦熟黄杨 *B. sempervirens*

A₂ 叶倒披针形至倒卵状披针形，狭长 ·············· 雀舌黄杨 *B. bodinieri*

黄杨 *Buxus sinica* (Rehd. et Wils.) W. C. Cheng ex M. Cheng（图 6-126）

图 6-126 黄杨 *Buxus sinica*

别名　瓜子黄杨

识别要点

◇ 树形：灌木或小乔木，高达 7m。

◇ 枝干：树皮灰色，鳞片状剥落；枝有纵棱，枝叶较疏散；小枝和冬芽有短柔毛。

◇ 叶：叶厚革质，倒卵形、倒卵状椭圆形至广卵形，通常中部以上最宽，长 2～3.5cm，先端圆钝或微凹，基部楔形，表面深绿色而有光泽，背面淡黄绿色，叶柄及叶背中脉基部有毛。

◇ 花：花簇生叶腋或枝端，黄绿色，雄花约 10 朵，退化雌蕊有棒状柄，高约 2mm。花期 4 月。

◇ 果：果实球形，径 6～10mm。果期 7～8 月。

种下变异

珍珠黄杨 var. *margaritacea* M. Cheng：灌木，高可达 2.5m；分枝密集，节间短。叶细小，椭圆形，长不及 1cm，叶面略作龟背状凸起，深绿而有光泽，入秋渐变红色。姿态优美，是制作盆景及点缀假山的好材料。

尖叶黄杨 ssp. *aemulans*（Rehd. et Wils.）M. Cheng：叶常呈卵状披针形，质较薄，先端渐尖或急尖。

产地与分布

◇ 产地：产于中国中部及东部。

◇ 分布：除其产地外，向北至北京、秦皇岛等地可露地栽培。

生态习性

✧ 光照：喜半阴，在无庇荫处生长叶常发黄。

✧ 温湿：喜温暖湿润气候。

✧ 水土：喜肥沃的中性及微酸性土壤，也较耐碱，在石灰性土壤上能生长。

✧ 空气：对多种有毒气体抗性强。

生物学特性

✧ 长速与寿命：生长极慢。

✧ 根系特性：浅根性。

观赏特性

✧ 感官之美：枝叶扶疏，终年常绿，青翠可爱。

园林应用

✧ 应用方式：最适于作绿篱和基础种植材料，也适于在小型庭院、林下、草地孤植、丛植或点缀山石，同时也是著名的盆景材料。

米籽兰属 *Aglaia* Lour.

本属隶属于楝科 Meliaceae。乔木或灌木，各部常被鳞片。羽状复叶或三出复叶，互生；小叶全缘，对生。圆锥花序，花小，杂性异株；萼裂片和花瓣4～5；雄蕊5，花丝合生成坛状；子房1～3（5）室，每室1～2胚珠。浆果，内具种子1～2，常具肉质假种皮。

250～300种，主产于印度、马来西亚和大洋洲；中国约产7种1变种，分布于华南。

米籽兰 *Aglaia odorata* Lour.（图 6-127）

别名 树兰、米兰

识别要点

✧ 树形：常绿灌木或小乔木，多分枝，高4～7m；树冠圆球形。

✧ 枝干：顶芽和幼枝常被褐色盾状鳞片。

✧ 叶：羽状复叶，互生，长5～12cm，叶轴有狭翅；小叶3～5，倒卵形至长椭圆形，长2～7cm，宽1～3.5cm，先端钝，基部楔形，全缘。

✧ 花：花黄色，径2～3mm，极芳香，成腋生圆锥花序，长5～10cm。花期7～9月或全年有花。

✧ 果：浆果卵形或近球形，径约1.2cm，无毛。

种下变异

小叶米仔兰 var. *microphyllina* C. DC.：小叶5～9，长椭圆形或狭倒披针状长椭圆形，长不及4cm，宽0.8～1.5cm，花朵密集，花期长。常见栽培的多为此变种。

产地与分布

✧ 产地：原产于东南亚。

✧ 分布：广植于世界热带及亚热带地区，华南庭

图 6-127 米籽兰 *Aglaia odorata*

园习见栽培观赏。长江流域及其以北各大城市常盆栽观赏，温室越冬。

生态习性

◇ 光照：喜光，略耐阴，但不及向阳处开花繁密。

◇ 温湿：喜暖怕冷。

◇ 水土：喜深厚肥沃而富含腐殖质的微酸性土壤，不耐旱。

观赏特性

◇ 感官之美：树冠浑圆，枝叶繁茂，叶色油绿，花香馥郁似兰，花期长，自夏至秋开花不绝，深得我国人民喜爱，是著名的香花树种。

园林应用

◇ 应用方式：华南地区用于庭园造景，适植于庭院窗前、石间、亭际。长江流域及其以北地区盆栽，可布置于客厅、书房、门厅。

金橘属 *Fortunella* Swingle

本属隶属于芸香科 Rutaceae。灌木或小乔木，枝圆形，无或少有枝刺。单身复叶，叶柄常有狭翼，稀单叶。花瓣 5，罕 4 或 6，雄蕊为花瓣的 3～4 倍，不同程度地合生成 5 或 4 束。果实小，子房 2～6 室，每室 2～5 胚珠。

2～3 种，产我国和邻近国家。我国 1～2 种，分布于长江以南各地。

金橘 *Fortunella japonica* (Thunb.) Swingle（图 6-128）

别名　金枣、金柑、圆金橘

图 6-128　金橘 *Fortunella japonica*

识别要点

◇ 树形：灌木或小乔木，高达 5m；树冠半圆形。

◇ 枝干：枝细密，多分枝；枝刺变异大，在萌枝上长达 5cm，在花枝上极短。

◇ 叶：单身复叶，或有时混有单叶，互生，椭圆形至倒卵状椭圆形、卵状披针形，长 4～6（11）cm，宽 1.5～3（4）cm，基部圆形至阔楔形，叶缘先端有钝锯齿或几全缘；叶柄长 6～9（12）mm，有狭翼。

◇ 花：花白色，芳香，单生或簇生，花梗极短；子房 3～4 室。花期 3～5 月。

◇ 果：柑果卵圆形、椭圆形或近圆形，长 2～3.5cm，橙黄至橘红色，果皮厚，味甜，果肉多汁而微酸。果期 10～12 月。

产地与分布

◇ 产地：产于广东、浙江等地。

◇ 分布：各地均常行盆栽观赏，菲律宾、美国、日本亦有栽培。

生态习性

◇ 光照：喜光，较耐阴。

◇ 温湿：喜温暖湿润气候，耐寒性差。

✧ 水土：喜富含有机质的砂壤土。

观赏特性

✧ 感官之美：枝叶茂密，四季常青，秋冬果熟。在冬季少花季节里，绿叶丛中挂满金黄色的小果，摆放在厅堂，别有一番情趣。

园林应用

✧ 应用方式：重要的园林观赏花木和盆栽材料，盆栽者常控制在春节前后果实成熟，供室内摆设观赏。

八角金盘属　*Fatsia* Decne. et Planch.

本属隶属于五加科 Araliaceae。灌木或小乔木，无刺。单叶，掌状5～9裂，叶柄基部膨大；无托叶。花两性或杂性，具梗；伞形花序再集成大圆锥花序，顶生，花部5数；子房5或10室。浆果，近球形，黑色，肉质。种子扁平，胚乳坚实。
2种，1种产于日本，1种产于中国台湾。

八角金盘　*Fatsia japonica* (Thunb.) Decne.et Planch.（图6-129）

识别要点

✧ 树形：灌木，高4～5m，常呈丛生状。

✧ 叶：幼枝叶具易脱落的褐色毛。叶掌状7～9裂，径20～40cm，基部心形或截形；裂片卵状长椭圆形，缘有锯齿，表面有光泽；叶柄长10～30cm。

✧ 花：花小，白色。花期秋季，

✧ 果：浆果紫黑色，径约8mm。果期翌年5月。

种下变异

'白边'八角金盘 'Albo-marginata'：叶缘白色。

'白斑'八角金盘 'Albo-variegata'：叶片有白色斑点。

'黄网纹'八角金盘 'Aureo-reticulata'：叶片有黄色斑纹。

'黄斑'八角金盘 'Aureo-variegata'：叶片有黄色斑纹。

'裂叶'八角金盘 'Lobulata'：叶片掌状深裂。

'波缘'八角金盘 'Undulata'：叶缘波状，皱缩。

产地与分布

✧ 产地：原产日本。

✧ 分布：我国长江流域及其以南各地常见栽培。

生态习性

✧ 光照：性喜阴。

✧ 温湿：喜温暖湿润气候，耐寒性不强，在上海须选小气候良好处方能露地越冬。

✧ 水土：适生于湿润肥沃土壤，不耐干旱。

图6-129　八角金盘
Fatsia japonica

◇ 空气：抗污染，能吸收二氧化硫。

观赏特性

◇ 感官之美：植株扶疏，婀娜多姿，叶片大而光亮，是优良的观叶植物。

园林应用

◇ 应用方式：最适于林下、山石间、水边、小岛、桥头、建筑附近丛植，也可于阴处植为绿篱或地被，在日本有"庭树下木之王"的美誉。

黄蝉属 *Allamanda* L.

本属隶属于夹竹桃科 Apocynaceae。直立或藤状灌木。叶轮生兼或对生，叶脉常有腺体。花大，生枝顶，总状花序式的聚伞花序；花萼 5 深裂；花冠漏斗状，下部圆筒形，上部扩大而为钟状，裂片 5，左旋；副花冠退化成流苏状，被缘毛状的鳞片或只有毛，着生在花冠筒的喉部；雄蕊着生于花冠筒喉内；花盘厚，肉质环状；子房 1 室。蒴果卵圆形，有刺，2 瓣裂；种子有翅。

约 4 种，原产于南美洲，现广植于世界热带及亚热带地区；中国引入 2 种，栽培于南方各地。

分种检索表

A₁ 直立灌木；花冠筒不超过 2cm，基部膨大 ·················· 黄蝉 *A. schottii*

A₂ 藤状灌木；花冠筒长 3～4cm，基部圆筒状 ·············· 软枝黄蝉 *A. cathartica*

黄蝉 *Allamanda schottii* Pohl.（图 6-130）

识别要点

图 6-130 黄蝉
Allamanda schottii

◇ 树形：灌木，直立性，高达 2m，有乳汁。

◇ 枝干：枝条灰白色。

◇ 叶：叶近无柄，3～5 枚轮生，椭圆形或倒卵状长圆形，长 6～12cm，先端渐尖或急尖，基部楔形，全缘，背面中脉上有短柔毛。

◇ 花：聚伞花序顶生，花梗被秕糠状小柔毛；花冠橙黄色，长 5～7cm，漏斗状内面具红褐色条纹，花冠筒不超过 2cm，基部膨大，裂片左旋。花期 5～8 月。

◇ 果：蒴果球形，径约 3cm，密生长刺。

产地与分布

◇ 产地：原产于巴西及圭亚那。

◇ 分布：我国南方各地有栽培，长江流域及其以北地区盆栽。

生态习性

◇ 光照：喜阳光充足。

◇ 温湿：喜湿润气候，不耐寒。

◇ 水土：要求排水良好的砂质壤土。

观赏特性

◇ 感官之美：花大而美丽，叶深绿而光亮。

园林应用

◇ 应用方式：适于水边、草地丛植或路旁列植；南方暖地常植于庭园观赏，也可作为屋顶花园材料，北方盆栽观赏。

◇ 注意事项：植株乳汁有毒，应用时应注意。

夹竹桃属 *Nerium* L.

本属隶属于夹竹桃科 Apocynaceae。灌木或小乔木。枝条灰绿色，含水液。叶轮生，稀对生，具柄，革质，全缘，羽状脉，侧脉密生而平行。顶生聚伞花序；花萼5裂，基部内面有腺体；花冠漏斗状，5裂，裂片右旋；花冠筒喉部有5枚阔鳞片状副花冠，每片顶端撕裂；雄蕊5，着生于花冠筒中部以上，花丝短，花药附着在柱头周围，基部具耳，顶端渐尖，延长成丝状，被长柔毛；无花盘；子房由2枚离生心皮组成。蓇葖果2枚，离生；种子具白色绢毛。

约4种，分布于地中海沿岸及亚洲热带、亚热带地区；中国引入栽培2种，多分布于长江流域以南各地。

夹竹桃 *Nerium indicum* Mill.（图 6-131）

别名　柳叶桃、红花夹竹桃

识别要点

◇ 树形：直立大灌木，高达5m，含水液；常丛生，树冠近球形。

◇ 枝干：嫩枝具棱，被微毛，老时脱落。

◇ 叶：叶3～4枚轮生，枝条下部为对生，狭披针形，长11～15cm，顶端急尖，基部楔形，叶缘反卷，上面光亮无毛，中脉明显，侧脉平行。

◇ 花：花冠漏斗状，深红色或粉红色，单瓣5枚，喉部具5片撕裂状副花冠，顶部流苏状，有时重瓣，15～18枚，组成3轮，每裂片基部具长圆形而顶端撕裂的鳞片。几乎全年有花，以6～10月为盛。

图 6-131 夹竹桃 *Nerium indicum*

◇ 果：蓇葖果细长。

种下变异

'重瓣'夹竹桃 'Plenum'：花重瓣，红色，有香气。

'白花'夹竹桃 'Paihua'：花白色，单瓣。

'斑叶'夹竹桃 'Variegatum'：叶面有斑纹，花单瓣，红色。

'淡黄'夹竹桃 'Lutescens'：花淡黄色，单瓣。

'紫花'夹竹桃 'Atropurpureum'：花紫色。

产地与分布

◇ 产地：原产伊朗、印度、尼泊尔。

◇ 分布：广植于世界热带地区，我国长江以南各地广为栽植，北方各省栽培需在温室越冬。

生态习性

❖ 光照：喜光。

❖ 温湿：喜温暖湿润气候，不耐寒。

❖ 水土：对土壤要求不严，可生于碱地，耐旱性强。

❖ 空气：抗烟尘和有毒气体，可吸收汞、二氧化硫、氯气，滞尘能力也很强。

生物学特性

❖ 根系特性：萌蘖性强。

观赏特性

❖ 感官之美：植株姿态萧疏，花色妍美，兼有青竹的潇洒姿态、桃花的热烈风情，花期自夏至秋，或白或红，且适应性强，是优良的园林造景材料。

园林应用

❖ 应用方式：适于水边、庭院、山麓、草地等各处种植，可丛植、群植。在江南，常植为绿篱，用于公路、铁路、河流沿岸的绿化，也常植为防护林的下木，也是工矿区等生长条件较差地区绿化的好树种。

❖ 注意事项：枝叶有毒，应用时应注意。

黄花夹竹桃属 *Thevetia* L.

本属隶属于夹竹桃科 Apocynaceae。灌木或小乔木，具乳汁。叶互生。聚伞花序顶生或腋生，花萼 5 深裂，内面基部具腺体；花冠漏斗状，裂片 5，花冠筒短，喉部具被毛的鳞片 5 枚；雄蕊 5，着生于花冠筒的喉部；无花盘；子房 2 室。核果。

约 8 种，产于热带非洲和热带美洲，现全世界热带及亚热带地区均有栽培。中国栽培 2 种，1 栽培变种。

黄花夹竹桃 *Thevetia peruviana* (Pers.) K. Schum.（图 6-132）

别名 酒杯花

图 6-132 黄花夹竹桃 *Thevetia peruviana*

识别要点

❖ 树形：灌木或小乔木，高 5m，全株无毛，体内具乳汁。

❖ 枝干：树皮棕褐色，皮孔明显。枝柔软，小枝下垂。

❖ 叶：叶互生，线形或线状披针形，长 10～15cm，两端长尖，全缘，光亮，革质，中脉下陷，侧脉不明显。

❖ 花：聚伞花序顶生；花大，径 3～4cm，黄色，具香味。花期 5～12 月。

❖ 果：核果扁三角状球形。

种下变异

'红花'酒杯花 'Aurantiaca'：花冠红色。

'白花'酒杯花 'Alba'：花冠白色。

产地与分布

- ◇ 产地：原产美洲热带地区。
- ◇ 分布：我国华南各地区均有栽培，长江流域及以北地区常温室盆栽。

生态习性

- ◇ 光照：喜光，耐半阴，但在庇荫处栽植，花少色淡。
- ◇ 温湿：喜干热气候，不耐寒。
- ◇ 水土：耐旱力强，不耐水湿，要求选择高燥和排水良好的地方栽植。

观赏特性

- ◇ 感官之美：枝软下垂，叶绿光亮，花大鲜黄，花期长，几乎全年有花，是一种美丽的观赏花木。

园林应用

- ◇ 应用方式：常植于庭园观赏。
- ◇ 注意事项：全株有毒。

马缨丹属 *Lantana* L.

本属隶属于马鞭草科 Verbenaceae。直立或半藤状灌木，有强烈气味。茎四棱形，有钩刺。单叶对生，缘有圆钝齿，表面多皱。头状花序具总梗，顶生或腋生；苞片长于花萼；萼小，膜质；花冠筒细长，4～5 裂；雄蕊 4，生于花冠筒中部，内藏；子房 2 室，每室 1 胚珠，花柱短，柱头歪斜近头状。核果球形，肉质。

约 150 种，主产于热带美洲；中国引种栽培 2 种。

马缨丹 *Lantana camara* L.（图 6-133）

别名 五色梅

识别要点

- ◇ 树形：半藤状灌木，高 1～2m，有时藤状，长达 4m。
- ◇ 枝干：茎枝四棱形，有短柔毛，通常有短而倒钩状刺。
- ◇ 叶：单叶对生，卵形至卵状长圆形，长 3～9cm，端渐尖，基部圆形，两面有糙毛，揉碎后有强烈的气味。
- ◇ 花：花小无梗，密集成头状花序腋生；花冠刚开时黄色或粉红色，渐变成橙黄色或橘红色，最后变成深红色。全年开花，北方盆栽花期 7～8 月。
- ◇ 果：核果圆球形，熟时紫黑色。

产地与分布

- ◇ 产地：原产美洲热带地区。
- ◇ 分布：我国海南、台湾、广东、广西、福建等地已归化为野生状态。

图 6-133 马缨丹
Lantana camara

生态习性

- ◇ 光照：喜光。

◇ 温湿：喜温暖、湿润、向阳之地，不耐寒，在南方各地均可露地栽植，华东、华北仅作盆栽，冬季移入室内越冬。

◇ 水土：耐旱。

观赏特性

◇ 感官之美：花朵美丽，花色丰富，衬以绿叶，艳丽多彩，是常见的花灌木。

园林应用

◇ 应用方式：适于花坛、路边、屋基等处种植，也可集中栽植作开花地被；北方盆栽观赏。

◇ 注意事项：有毒植物，茎叶与果实中含有破坏代谢的毒性。

假连翘属 *Duranta* L.

本属隶属于马鞭草科 Verbenaceae。灌木或小乔木。枝有刺或无刺，常下垂。花序总状、穗状或圆锥状，顶生或腋生；苞片小；萼有短齿，宿存，结果时增大；花冠高脚碟状，稍弯曲，顶端 5 裂，裂片不相等，向外开展；雄蕊 4，2 长 2 短；子房 8 室，每室 1 胚珠。核果肉质，有种子 8 颗，包藏于扩大的萼内。

约 36 种，分布于热带美洲地区；中国引种栽培 1 种。

假连翘 *Duranta etecta* L.（图 6-134）

别名　金露花

识别要点

◇ 树形：灌木，高 1.5～3m。

◇ 枝干：枝条细长，常下垂，拱形或平卧，常有刺，幼枝具柔毛。

◇ 叶：叶对生，少有轮生，纸质，卵形或卵状椭圆形，长 2～6.5cm，宽 1.5～3.5cm，基部楔形，全缘或中部以上有锯齿；叶柄长约 1cm。

◇ 花：总状花序顶生或腋生；花萼两面有毛；花冠蓝色或淡蓝紫色，夏季开花。

◇ 果：核果球形，肉质无毛，有光泽，成熟时橘黄色，径约 5mm。

种下变异

图 6-134　假连翘 *Duranta etecta*

‘金叶’假连翘 ‘Golden Leaves’：叶片黄色，尤其以新叶为甚。

‘花叶’假连翘 ‘Variegata’：叶面具黄色条纹。

‘白花’假连翘 ‘Alba’：花朵白色。

‘大花’假连翘 ‘Grandiflora’：花径达 2cm。

‘矮生’假连翘 ‘Dwarf-type’：植株矮小。

产地与分布

◇ 产地：原产于热带美洲。

◇ 分布：中国南方各地均有栽培，且有归化为野生状态。

生态习性

◇ 光照：喜光，略耐半阴。

◇ 温湿：喜温暖湿润，不耐寒，长期5~6℃低温或短期霜冻对植株造成寒害，越冬温度要求在5℃以上。

◇ 水土：要求排水良好的土壤，耐水湿，不耐干旱。

观赏特性

◇ 感官之美：花色素雅且花期极长，果实黄色，着生于下垂的长枝上，十分惹人喜爱，是花、果兼赏的优良花灌木。

园林应用

◇ 应用方式：在华南和西南，可植为绿篱或作基础种植材料，也可丛植于庭院、草坪观赏；枝蔓细长而柔软，可攀扎造型，也可供小型花架、花廊的绿化造景用；华东常见盆栽观赏；'金叶'假连翘叶色鲜黄，可用作模纹图案材料。

木犀属 *Osmanthus* Lour.

本属隶属于木犀科 Oleaceae。常绿灌木或小乔木。芽叠生，冬芽具2芽鳞。单叶对生，全缘或有锯齿，具短柄。花两性或单性或杂性，白色至橙红色，簇生、聚伞花序或总状花序，腋生；萼4裂；花冠筒短，4裂，覆瓦状排列；雄蕊2，稀4；子房2室；核果。

约30种，分布于亚洲东南部及北美洲；中国约23种，产于长江流域以南各地，西南、台湾均有。

分种检索表

A₁ 叶顶端急尖或渐尖，全缘或上半部疏生细锯齿 ·············· 木犀 *O. fragrans*

A₂ 叶顶端呈刺状，缘有显著的枝刺状牙齿 ·············· 柊树 *O. heterophyllus*

木犀 *Osmanthus fragrans* (Thunb.) Lour.（图6-135）

别名　桂花、岩桂

识别要点

◇ 树形：灌木或小乔木，一般高4~8m，最高可达18m；树冠圆头形或椭圆形。

◇ 枝干：树皮灰色，不裂。芽叠生。

◇ 叶：叶革质，椭圆形至椭圆状披针形，长4~12cm，先端急尖或渐尖，基部楔形，全缘或有细锯齿。

◇ 花：花簇生叶腋或聚伞状；花小，淡黄色，浓香；花梗长0.8~1.5mm。花期9~11月。

◇ 果：核果椭圆形，长1~1.5cm，熟时紫黑色。果期翌年4~5月。

种下变异

桂花品种可分为以下4组。

丹桂组：花橘红色或橙黄色，香味淡，发芽较

图6-135　木犀
Osmanthus fragrans

迟。有早花、晚花、圆叶、狭叶、硬叶等品种类型。

金桂组：花黄色至深黄色，香味最浓，经济价值高。有早花、晚花、圆瓣、大花、卷叶、亮叶、齿叶等品种类型。

银桂组：花近白色或黄色，香味较金桂淡；叶较宽大。有早花、晚花、柳叶等品种类型。

四季桂组：花白色或黄色，花期5～9月，可连续开花数次，但以秋季开花较盛。

产地与分布
- ✧ 产地：原产于中国西南部。
- ✧ 分布：现广泛栽培于长江流域各地，华北多行盆栽。

生态习性
- ✧ 光照：喜光，稍耐阴。
- ✧ 温湿：喜温暖和通风良好的环境，耐寒性较差，最适合秦岭、淮河流域以南至南岭以北各地栽培。
- ✧ 水土：喜湿润排水良好的砂质壤土，忌涝地、碱地和黏重土壤。
- ✧ 空气：对二氧化硫、氯气等有中等抵抗力。

观赏特性
- ✧ 感官之美：树冠卵圆形，枝叶茂密，四季常青，亭亭玉立，姿态优美，其花香清可绝尘、浓能溢远，而且花期正值中秋佳节，花时香闻数里，"独占三秋压群芳"，每当夜静轮圆，几疑天香自云外飘来。
- ✧ 文化意蕴：桂花没有华丽的外貌，却甜香四溢，沁人心脾，是极具中华民族特色的传统花木，深受我国人民的喜爱。自古以来，桂花就成为崇高、美好、吉祥的象征，与中华文化融为一体。

园林应用
- ✧ 应用方式："两桂当庭"是传统的配植手法；常于窗前、亭际、山旁、水滨、溪畔、石际丛植或孤植，并配以青松、红枫，可形成幽雅的景观；大面积栽植时，可形成"桂花山"、"桂花岭"，秋末浓香四溢，香飘数里，也是极好的景观。淮河以北地区桶栽、盆栽，布置会场、大门。

茉莉属 *Jasminum* L.

本属隶属于木犀科 Oleaceae。落叶或常绿，直立或攀缘状灌木。枝条绿色，多四棱形。单叶、三出复叶或奇数羽状复叶，对生，稀互生，全缘。花两性，顶生或腋生的聚伞花序、伞房花序，稀单生；萼钟状，4～9裂；花冠高脚碟状，4～9裂；雄蕊2，内藏。浆果，常双生或其中1个不发育而为单生。

约200种，分布于东半球的热带和亚热带地区；中国约40种，广布于西南至东部、南部，北部及西北部有少量种类。

分种检索表

A₁ 单叶 ······ 茉莉 *J. sambac*
A₂ 奇数羽状复叶或3小叶复叶。
  B₁ 叶对生。

C₁　3 小叶复叶，花黄色。

 D₁　落叶；花径 2～2.5cm，花单生于去年生枝的叶腋，花冠裂片较筒部为短 …………… ……………………………………………………………………… 迎春花 *J. nudiflorum*

 D₂　常绿；花径 3～4cm，花单生于具总苞状单叶的小枝端，花冠裂片较筒部为长 …………… ………………………………………………………………………… 云南黄馨 *J. mesnyi*

C₂　小叶 5～7 枚，花白色 ………………………………………………… 素方花 *J. officinale*

B₂　叶互生………………………………………………………………………… 探春 *J. floridum*

茉莉 *Jasminum sambac* (L.) Aiton（图 6-136）

别名　茉莉花

识别要点

 ❖ 树形：灌木，高 0.5～3m。

 ❖ 枝干：枝条细长呈藤状，幼枝有短柔毛。

 ❖ 叶：单叶对生，薄纸质，椭圆形或宽卵形，长 3～9cm，先端急尖或钝圆，基圆形，全缘，仅 背面脉腋有簇毛。

 ❖ 花：聚伞花序顶生或腋生，通常有 3～9 朵花；花萼 8～9 裂，线形；花冠白色，浓香，常见栽 培有重瓣类型。花后常不结实。花期 5～11 月，以 7～8 月开花最盛。

产地与分布

 ❖ 产地：原产于印度、伊朗、阿拉伯。

图 6-136　茉莉 *Jasminum sambac*

 ❖ 分布：我国华南习见栽培，长江流域及以北地区盆栽观赏。

生态习性

 ❖ 光照：喜光，稍耐阴，夏季高温潮湿，光照强，则开花最多、最香，若光照不 足，则叶大，节细，花小。

 ❖ 温湿：喜温暖气候，不耐寒，在 0℃或轻微霜冻时叶受害，月平均温 9.9℃时，叶大部分脱落，-3℃时枝条冻害，25～35℃是最适生长温度；生长期要有充足的 水分和潮湿的气候，空气相对湿度以 80%～90% 为好。

 ❖ 水土：不耐干旱，但也怕渍涝，在缺水或空气湿度不高的情况下，新枝不萌发，而积水则落叶；喜肥沃、疏松的砂壤及壤土为宜，pH 5.5～7。

观赏特性

 ❖ 感官之美：株形玲珑，枝叶繁茂，叶色如翡翠，花朵似玉玲，花多期长，香气清 雅而持久，浓郁而不浊，可谓花树中之精品。

 ❖ 文化意蕴：茉莉花素洁、浓郁、清芬、久远，表示忠贞、尊敬、清纯、贞洁、质 朴、玲珑、迷人。许多国家将其作为爱情之花，青年男女之间，互送茉莉花以表 达坚贞爱情。它也作为友谊之花，在人们中间传递。把茉莉花环套在客人颈上使 之垂到胸前，表示尊敬与友好，成为一种热情好客的礼节。

园林应用

 ❖ 应用方式：华南、西双版纳露地栽培，可作树丛、树群之下木，也可作花篱植于路旁，效果极好。长江流域及以北地区多盆栽观赏。

❖ 注意事项：盆土持续潮湿而烂根，用水偏碱，或营养不良等易产生叶子发黄的问题，轻者叶萎黄而生长不良，开花不好，重者则逐渐衰老死去。

栀子属 *Gardenia* Ellis

本属隶属于茜草科 Rubiaceae。常绿灌木或小乔木。叶对生或 3 叶轮生；托叶膜质，生于叶柄内侧，基部合生呈鞘状。花单生，稀伞房花序；萼筒卵形或倒圆锥形，有棱，宿存；花冠高脚碟状或管状，5～11 裂，裂片广展，芽时旋转状排列；雄蕊 5～11，着生于花冠筒喉部，内藏；花盘环状或圆锥状；子房 1 室，侧膜胎座，胚珠多数。浆果革质或肉质，常有棱。

约 250 种，分布于东半球热带和亚热带地区；中国产 5 种，分布于西南至东部。

栀子 *Gardenia jasminoides* Ellis（图 6-137）

别名　黄栀子、山栀

识别要点

❖ 树形：灌木，高 1～3m。

❖ 枝干：干灰色，小枝绿色，有垢状毛。

❖ 叶：椭圆形或倒卵状椭圆形，长 6～12cm，先端渐尖，基部宽楔形，全缘，无毛，革质而有光泽。

❖ 花：花单生枝端或叶腋；花萼 5～7 裂，裂片线形；花冠高脚碟状，常 6 裂，白色，浓香；花丝短，花药线形。花期 6～8 月。

❖ 果：果卵形，黄色，具 6 纵棱。果期 9 月。

图 6-137　栀子 *Gardenia jasminoides*

种下变异

有以下变种、变型和品种。

水栀子 var. *radicana* Makino：又名雀舌栀子，植株较小，枝常平展匍地，叶小而狭长，花叶较小。

'玉荷花'（'重瓣'栀子）'Fortuneana'：花较大而重瓣，径 7～8cm，庭园栽培较普遍。

'黄斑'栀子 'Aureo-variegata'：叶片边缘有黄色斑块，甚至全叶呈黄色。

'大花'栀子 'Grandiflora'：叶较大，花大，单瓣，径 7～10cm，园林中应用更为普遍。

产地与分布

❖ 产地：原产中国。

❖ 分布：长江流域及其以南各地常有栽培。北方地区多盆栽观赏。

生态习性

❖ 光照：喜光也能耐阴，在庇荫条件下叶色浓绿，但开花较差。

❖ 温湿：喜温暖湿润气候，耐热也能耐寒（-3℃）。

❖ 水土：喜肥沃、排水良好、酸性的轻黏壤土，也耐干旱瘠薄，但植株易衰老。

❖ 空气：抗二氧化硫能力较强。

生物学特性

❖ 根系特性：萌蘖力强。

观赏特性

❖ 感官之美：叶色亮绿，四季常青，花大洁白，芳香馥郁，是良好的绿化、美化、香化材料。

❖ 文化意蕴：栀子原产我国，17世纪被引入欧洲，19世纪初又传入美国。然古人恐非考证，言栀子乃是印度传入我国。例如，陈淳《栀子》诗云："竹篱新结度浓香，香处盈盈雪色装。知是异方天竺种，能来诗社搅新肠。"天竺指古印度，为佛教发源地，所以古人称栀子为禅友。

园林应用

❖ 应用方式：适于庭院造景，植于前庭、中庭、阶前、窗前、池畔、路旁、墙隅均可，群植、丛植、孤植、列植无不适宜，山石间、树丛中点缀一两株，也颇得宜，而成片种植则花期望如积雪，香闻数里，蔚为壮观；此外，栀子也是优良的花篱材料。

六月雪属 *Serissa* Comm.

本属隶属于茜草科 Rubiaceae。常绿小灌木，枝叶及花揉碎有臭味。叶小，对生，全缘，近无柄；托叶刚毛状，宿存。花腋生或顶生，单生或簇生；萼筒倒圆锥形，4～6裂，宿存；花冠白色，漏斗状，4～6裂，喉部有毛；雄蕊4～6，着生于花冠筒上；花盘大；子房2室，每室1胚珠。核果球形。

共3种，分布于中国、日本及印度。

六月雪 *Serissa foetida* Comm.（图6-138）

别名　白马骨、满天星

识别要点

❖ 树形：矮小灌木，高不及1m，丛生。

❖ 枝干：分枝细密，嫩枝有微毛。

❖ 叶：单叶对生，或簇生于短枝，卵形至卵状椭圆形、倒披针形，长7～22mm，宽3～6mm，端有小突尖，基部渐狭，全缘，叶脉、叶缘及叶柄上有白色短毛。

❖ 花：花单生或数朵簇生，近无梗，白色或略带红晕；花萼裂片三角形。花期6～8月。

❖ 果：核果小，球形。果期10月。

种下变异

有以下变种和品种。

荫木 var. *crassiramea* Makino：较原种矮小，叶质厚，层层密集；花单瓣，白色带紫晕。

'粉花'六月雪'Rubescens'：花粉红色，单瓣。

'花叶'六月雪'Variegata'：叶面有白色斑纹。

'金边'六月雪'Aureo-marginata'：叶缘金黄色。

图6-138　六月雪 *Serissa foetida*

'重瓣'六月雪 'Pleniflora'：花重瓣，白色。

产地与分布

◇ 产地：产于长江流域及其以南地区，多生于林下、灌丛和沟谷。

◇ 分布：除其产地外，我国北方常盆栽。日本、越南有分布。

生态习性

◇ 光照：性喜阴湿，在向阳而干燥处栽培，生长不良。

◇ 温湿：喜温暖湿润环境，不耐寒。

◇ 水土：对土壤要求不严，喜肥沃的砂质壤土，中性、微酸性土均能适应，喜肥。

◇ 空气：对多种有毒气体抗性强。

生物学特性

◇ 根系特性：萌蘖力强。

观赏特性

◇ 感官之美：树形纤巧，枝叶扶疏，夏日盛花，宛如白雪满树，玲珑清雅。

园林应用

◇ 应用方式：可配植于雕塑或花坛周围作镶边材料，也可作基础种植、矮篱和林下地被，还可点缀于假山石隙；也是制作盆景的上好材料。

棕竹属 *Rhapis* L.

本属隶属于棕榈科 Palmaceae。丛生灌木。茎细如竹，直立，多数聚生，茎上部常为纤维状叶鞘包围。叶聚生茎顶，叶片扇形，折叠状，掌状深裂几达基部，裂片 2 至多数；叶脉显著；叶柄纤细，上面无凹槽，顶端裂片连接处有小戟突。花单性，雌雄异株，无梗，肉穗花序自叶丛中抽出；有管状佛焰苞 2～3 枚；雄花花萼杯状，3 齿裂，花冠倒卵形或棒状，3 浅裂，裂片三角形，镊合状排列，雄蕊 6，着生于花冠管上，2 轮；雌花花萼与雄花相似，花冠则较雄花为短；心皮 3，分离，胚珠 1。浆果，稍肉质。种子单生，球形或近球形。

约 15 种，分布于亚洲东部及东南部；中国有 7 种或更多。产于广东、广西、云南、贵州、四川等南部和西南部。

分种检索表

A₁ 叶片 5～10（14）深裂，裂片较宽短，表面呈龟甲状隆起，并有光泽。宿存的花冠管不变成实心的柱状体 ·· 棕竹 *R. excelsa*

A₂ 叶片常 10～24 深裂，裂片较窄长，表面不隆起，无光泽。宿存的花冠管变成实心的柱状体 ······
·· 矮棕竹 *R. humilis*

棕竹 *Rhapis excels* (Thunb.) Henry et Rehd（图 6-139）

别名　筋头竹、观音棕竹

识别要点

◇ 树形：丛生灌木，高 2～3m。

◇ 枝干：茎圆柱形，直径 2～3cm。

◇ 叶：叶片掌状，5～10 深裂；裂片条状披针形，长达 30cm，宽 2～5cm，顶端阔，有不规则齿缺，边缘和主脉上有褐色小锐齿，横脉多而明显；叶柄长 8～30cm，初被秕糠状毛，稍扁平。

- ✧ 花：肉穗花序多分枝，长达 10～30cm，雄花序纤细；雄花小，淡黄色，无梗，花蕾近球形；花萼长 1.5mm；花冠裂片卵形，质厚；雌花序较粗壮。花期 4～5 月。
- ✧ 果：浆果近球形，长 7～8mm，宽 7mm，黄褐色，果皮薄。果期 11～12 月。
- ✧ 种子：种子球形。

种下变异

有以下变种和品种。

山棕竹 var. *angustifolius*：叶较窄。厦门有栽培。

大叶棕竹 var. *vastifolius*：叶较大。厦门有栽培。

'成都'棕竹 'Chengdu'：叶裂片 7～16（21），宽窄不等，叶几无光泽。四川成都平原多栽培。

'斑叶'棕竹 'Variegata'：叶裂片有黄色条纹。

图 6-139 棕竹 *Rhapis excels*

产地与分布

- ✧ 产地：产于中国东南部及西南部，广东较多。日本也有。
- ✧ 分布：华南地区常植于庭园观赏。各地常盆栽观赏。

生态习性

- ✧ 光照：耐阴。
- ✧ 温湿：喜温暖湿润的环境，不耐寒，野生于林下、林缘、溪边等阴湿处。
- ✧ 水土：适宜湿润而排水良好的微酸性土。

观赏特性

- ✧ 感官之美：秀丽青翠，叶形优美，株丛饱满，亦可令其拔高，剥去叶鞘纤维，杆如细竹，为优良的、富含热带风光的观赏植物。

园林应用

- ✧ 应用方式：园林中宜于小型庭院的前庭、中庭、窗前、花台等处孤植、丛植；也适于植为树丛的下木，或沿道路两旁列植。亦可盆栽或制作盆景，供室内装饰。

散尾葵属 *Chrysalidocarpus* H. Wendl

本属隶属于棕榈科 Palmaceae。丛生灌木。干无刺。叶长而柔弱，有多数狭羽裂片；叶柄和叶轴上部有槽。穗状花序生于叶束下，花单性同株；萼片和花瓣 6 枚；花药短而阔；子房 1，有短的花柱和阔的柱头。果稍作陀螺形。

约 20 种，产于马达斯加斯。中国引入栽培种。

散尾葵 *Chrysalidocarpus lutescens* H. Wendl（图 6-140）

别名 黄椰子

识别要点

- ✧ 树形：丛生灌木，高 7～8m。
- ✧ 枝干：干光滑黄绿色，嫩时被蜡粉，环状鞘痕明显。

图 6-140 散尾葵 *Chrysalidocarpus lutescens*

◇ 叶：叶长 1.5m 左右，稍曲拱，羽状全裂；裂片条状披针形，中部裂片长约 50cm，顶部裂片仅 10cm，端长渐尖，常为 2 短裂，背面主脉隆起；叶柄、叶轴、叶鞘均淡黄绿色；叶鞘圆筒形，包茎。

◇ 花：肉穗花序圆锥状，生于叶鞘下，多分枝，长约 40cm，宽 50cm。雄花花蕾卵形，黄绿色，端钝；花萼覆瓦状排列；花瓣镊合状排列。雌花花蕾卵形或三角状卵形，花萼、花瓣均覆瓦状排列。

◇ 果：果近圆形，长 1.2cm，宽 1.1cm，橙黄色。

◇ 种子：种子 1～3，卵形至阔椭圆形，腹面平坦，背面有纵向深槽。

产地与分布

◇ 产地：产于马达斯加斯。

◇ 分布：我国广州、深圳、台湾等地多用于庭园栽植。各地常盆栽观赏。

生态习性

◇ 光照：极耐阴。

◇ 温湿：性喜高温，耐寒力弱，在广州有时受冻。气温 20℃以下叶子发黄，越冬最低温度需在 10℃以上，5℃左右就会冻死。

◇ 水土：室内盆栽应选择偏酸性土壤，北方应注意选用腐殖质含量高的砂质壤土。

◇ 空气：能有效去除空气中的苯、三氯乙烯、甲醛等有挥发性的有害物质。

观赏特性

◇ 感官之美：枝叶茂密，四季常青。

园林应用

◇ 应用方式：可栽于建筑阴面，北方各地温室盆栽观赏，宜布置厅、堂、会场。在热带地区的庭院中，多作观赏树栽种于草地、树荫、宅旁。

◇ 注意事项：越冬期注意经常擦洗叶面或向叶面少量喷水，保持叶面清洁。

丝兰属 *Yucca* L.

本属隶属于百合科 Liliaceae。常绿木本，茎不分枝或稍分枝。叶片狭长，剑形，常厚实、坚挺而具刺状顶端，基生茎端或枝顶，叶缘常有细齿或丝状裂。花杯状或碟状，下垂，在花茎顶端排成一圆锥或总状花序；花大，两性，白色、乳白色或蓝紫色；花被片 6，离生或基部连合；雄蕊 6，短于花被片；子房上位，花柱短，柱头 3 裂。蒴果，种子扁平，黑色。

约 30 种，产美洲，现各国都有栽培；中国引入 4 种。

分种检索表

A_1 叶质硬，多直伸而不下垂，叶缘老时有少许丝绒 ·································· 凤尾兰 *Y. gloriosa*

A_2 叶质较软，端常反曲，缘显具白丝线 ·································· 丝兰 *Y. smalliana*

凤尾兰 *Yucca gloriosa* L.（图 6-141）

别名　菠萝花

识别要点

- ❖ 树形：灌木或小乔木。干短，有时有分枝，高可达 5m。
- ❖ 叶：叶密集，近莲座状簇生，剑形，略有白粉，长 40～70cm，挺直不下垂，顶端硬尖，边缘光滑，老时疏有纤维丝。
- ❖ 花：花葶高大而粗壮，圆锥花序高 1m 以上，花杯状，大而下垂，乳白色，常带红晕。花期 5～10 月，2 次开花。
- ❖ 果：蒴果干质，下垂，椭圆状卵形，不开裂。

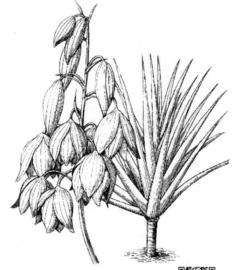

图 6-141　凤尾兰
Yucca gloriosa

产地与分布

- ❖ 产地：原产于北美东部及东南部。
- ❖ 分布：我国长江流域普遍栽培，河南、山东、北京、河北秦皇岛等地可露地越冬。

生态习性

- ❖ 光照：喜光，亦耐阴。
- ❖ 温湿：较耐寒，-15℃仍能正常生长、无冻害，耐湿。
- ❖ 水土：耐干旱瘠薄，除盐碱地外，各种土壤都能生长。
- ❖ 空气：耐烟尘，对多种有害气体抗性强。

观赏特性

- ❖ 感官之美：树形挺直，四季青翠，叶形似剑，花茎高耸，花大树美叶绿，是良好的庭园观赏树种。

园林应用

- ❖ 应用方式：常于花坛中央、建筑前、草坪中、路旁等栽植用，是岩石园、街头绿地、厂矿污染区常用的绿化树种。也可在车行道的绿带中列植，亦可作绿篱种植，起阻挡、遮掩作用。茎可切块水养，供室内观赏，或盆栽。
- ❖ 注意事项：凤尾兰叶尖而硬，配植时应考虑安全性。

2　落叶灌木

木兰属 *Magnolia* L.

本属隶属于木兰科 Magnoliaceae。属特征及检索表见本项目任务一 1.2 常绿阔叶乔木。

木兰 *Magnolia liliflora* Desr.（图 6-142）

别名　紫玉兰、辛夷、木笔

识别要点

- ❖ 树形：落叶大灌木，高 3～5m。
- ❖ 枝干：大枝近直伸，小枝紫褐色，无毛。

图 6-142 木兰 *Magnolia liliflora*

◇ 叶：叶椭圆形或倒卵状长椭圆形，长 10～18cm，先端渐尖，基部楔形，背面脉上有毛。

◇ 花：花大，花瓣 6，外面紫色，内面近白色；萼片 3，黄绿色，披针形，长约为花瓣的 1/3，早落，果柄无毛，花 3～4 月，叶前开放。

◇ 果：果 9～10 月成熟。

产地与分布

◇ 产地：原产于中国中部。

◇ 分布：现除严寒地区外都有栽培。

生态习性

◇ 光照：喜光。

◇ 温湿：不耐严寒，北京地区需在小气候条件较好处才能露地栽培。

◇ 水土：喜肥沃、湿润而排水良好的土壤，在过于干燥及碱土、黏土上生长不良。

生物学特性

◇ 根系特性：根肉质，萌蘖力强。

观赏特性

◇ 感官之美：早春著名花木。花蕾形大如笔头，其花瓣"外斓斓似凝紫，内英英而积雪"。为中国人民所喜爱的传统花木。

园林应用

◇ 应用方式：为庭园珍贵花木之一，株形低矮，宜于庭院室前、草地边缘、池畔丛植、孤植。可与青松、翠竹配植，以取色彩调和之效。

◇ 注意事项：根肉质，怕积水。

蜡梅属 *Chimonanthus* L.

本属隶属于蜡梅科 Calycanthaceae。常绿或落叶灌木；鳞芽。叶纸质或近革质。叶前开花。花单生叶腋，芳香；花被片 10～27，黄色或淡黄色；能育雄蕊 5～6，稀 4～7，退化雄蕊 5～6，钻形；离心皮雌蕊 5～15。果托坛状。

本属共 6 种及 2 变种，中国特产。

蜡梅 *Chimonanthus praecox* (L.) Link. （图 6-143）

别名　腊梅、黄梅花、香梅

识别要点

◇ 树形：落叶丛生灌木，在暖地叶半常绿，高达 3m。

◇ 枝干：丁基常膨大，小枝近方形。

◇ 叶：叶半革质，椭圆状卵形至卵状披针形，长 7～15cm，叶端渐尖，叶基圆形或广楔形，叶表有硬毛，叶背光滑。

◇ 花：花单生，径约 2.5cm；花被外轮蜡黄色，中轮有紫色条纹，有浓香。花期 12～3 月，远在叶前开放。

◇ 果：果托坛状；小瘦果种子状，栗褐色，有光泽。果 8 月成熟。

种下变异

有以下变种及品种。

狗牙蜡梅（狗蝇蜡梅）var. *intermedius* Mak.：叶比原种狭长而尖。花较小，花瓣长尖，中心花瓣呈紫色，香气弱。

'馨口'蜡梅'Grandiflorus'：叶较宽大，长达20cm。花亦较大，径3～3.5cm，外轮花被片淡黄色，内轮花被片有浓红紫色边缘和条纹。

'素心'蜡梅'Concolor'：内外轮花被片均为纯黄色，花径2.6～3cm，香味稍淡。

'小花'蜡梅'Parviflorus'：花小，径约0.9cm，外轮花被片黄白色，内轮有浓红紫色条纹，栽培较少。

'大花素心'蜡梅'Luteo-grandiflorus'：花大，宽钟形，径达3.5～4.2cm，花被片全为鲜黄色。

图 6-143　蜡梅
Chimonanthus praecox

'虎蹄'蜡梅'Cotyiformus'：是河南鄢陵的传统品种，因花的内轮中心有形如虎蹄的紫红色斑而得名，径3～3.5（4.5）cm。

产地与分布

◇ 产地：原产我国中部。

◇ 分布：我国黄河流域至长江流域普遍栽培。

生态习性

◇ 光照：喜光，亦略耐阴。

◇ 温湿：较耐寒，在秦皇岛小气候良好处可露地过冬。

◇ 水土：耐干旱，忌水湿，花农有"旱不死的蜡梅"的经验，但仍以湿润土壤为好。最宜选深厚肥沃排水良好的砂质壤土，如植于黏性土及碱土上均生长不良。

◇ 空气：对二氧化硫有一定抗性，能吸收汞蒸气。

生物学特性

◇ 长速与寿命：50～60年生树高达3m，胸径15cm。寿命可达百年。

观赏特性

◇ 感官之美：蜡梅花开于寒月早春，花黄如蜡，清香四溢，为冬季观赏佳品。

园林应用

◇ 应用方式：适于孤植或丛植于窗前、墙角、阶下、山坡等处，可与苍松翠柏相配植，也可布置于入口的花台、花池中。在江南，可与南天竹 *Nandina domestica* 等常绿观果树种配植，则红果、绿叶、黄花相映成趣，色、香、形三者相得益彰。蜡梅也可盆栽观赏，并适于造型，民间传统的蜡梅桩景有"疙瘩梅"、"悬枝梅"及屏扇形、龙游形等。

◇ 注意事项：蜡梅花期长且开花早，故应植于背风向阳地点。

小檗属 *Berberis* L.

本属隶属于小檗科 Berberidaceae。落叶或常绿灌木，稀小乔木。枝常具针状刺。单叶，在短枝上簇生，在幼枝上互生。花黄色，单生、簇生，或成总状、伞形及圆锥花序；萼片 6～9，花瓣 6，雄蕊 6，胚珠 1 至多数。浆果红色或黑色。

　　本属约 500 种，广布于亚、欧、美、非洲。中国约有 200 种，多分布于西部及西南部。

分种检索表

A₁　叶全缘。

　B₁　花 1～5 朵成簇生状伞形花序；叶小，倒卵形或匙形，长 0.5～2cm …… 日本小檗 *B. thunbergii*

　B₂　花 5～10 朵略成总状花序或近伞形花序，叶长圆状菱形，长 3.5～10cm… 庐山小檗 *B. virgetorum*

　B₃　花 4～15 朵，总状花序，有时近伞形；叶狭倒披针形，长 1.5～4.5cm…… 细叶小檗 *B. poiretii*

A₂　叶缘有齿。

　B₁　叶缘有刺毛状细锯齿；花瓣先端微凹……………………………… 阿穆尔小檗 *B. amurensis*

　B₂　叶缘有刺状锯齿；花瓣先端不凹 …………………………………………… 刺檗 *B. vulgaris*

日本小檗 *Berberis thunbergii* DC.（图 6-144）

图 6-144　日本小檗 *Berberis thunbergii*

别名　小檗

识别要点

◇ 树形：落叶灌木，高 2～3m。

◇ 枝干：小枝通常红褐色，有沟槽；刺通常不分叉。

◇ 叶：叶倒卵形或匙形，长 0.5～2cm，先端钝，基部急狭，全缘，表面暗绿色，背面灰绿色。

◇ 花：花浅黄色，1～5 朵成簇生状伞形花序。花期 5 月。

◇ 果：浆果椭圆形，长约 1cm，熟时亮红色。果 9 月成熟。

种下变异

有以下品种。

‘紫叶’小檗 ‘Atropurpurea’：在阳光充足的情况下，叶常年紫红色，为观叶佳品。

‘矮紫叶’小檗 ‘Atropurpurea Nana’：植株低矮，高约 60cm，叶常年紫色。

‘金边紫叶’小檗 ‘Golden Ring’：叶紫红并有金黄色的边缘，在阳光下色彩更好。

‘花叶’小檗 ‘Harleguin’：叶紫色，密布白色斑纹。

‘粉斑’小檗 ‘Red Chief’：叶绿色，有粉红色斑点。

‘银斑’小檗 ‘Kellerilis’：叶绿色，有银白色斑纹。

‘桃红’小檗 ‘Rose Glow’：叶桃红色，有时还有黄、红褐等色的斑纹镶嵌。

‘金叶’小檗 ‘Aurea’：在阳光充足的情况下，叶常年保持黄色。

‘红柱’小檗 ‘Red Pillar’：树冠圆柱形，叶酒红色。

‘直立’小檗 ‘Erecta’：枝干直立，小枝开展角小于 40°。

‘铺地’小檗 ‘Green Carpet’：矮生，枝近铺地，叶绿色；宜作地被植物。

产地与分布

◇ 产地：原产于日本。

◇ 分布：我国各地有栽培。

生态习性

◇ 光照：喜光，稍耐阴。

◇ 温湿：喜温暖湿润气候，亦耐寒。

◇ 水土：耐旱，对土壤要求不严，而以在肥沃而排水良好的砂质壤土上生长最好。

观赏特性

◇ 感官之美：本种枝细密而有刺、春季开小黄花，入秋则叶色变红，果熟后亦红艳美丽，是良好的观果、观叶和刺篱材料。各栽培品种观赏价值更高。

园林应用

◇ 应用方式：适宜作花灌木丛植、孤植，或作刺篱。'紫叶'小檗是优良的彩叶篱和地被材料，可与金叶女贞 Ligustrum × vicaryi、'金叶'假连翘 Duranta erecta 'Golden Leaves' 等配色作模纹图案。亦可盆栽观赏或剪取果枝瓶插供室内装饰用。

◇ 注意事项：小檗植株为小麦锈病的中间寄主，栽培时要注意。

金缕梅属 *Hamamelis* L.

本属隶属于金缕梅科 Hamamelidaceae。落叶灌木或小乔木；有星状毛。裸芽，有柄。叶互生，有波状齿；托叶大而早落。花两性，数朵簇生于叶腋；花瓣 4，长条形，花萼 4裂；雄蕊 4，有短花丝，与鳞片状退化雄蕊互生，花药 2 室，药隔不突出；花柱短，分离。蒴果 2 瓣裂，每瓣又 2 浅裂，花萼宿存。

共 5 种，产于北美和东亚；中国产 2 种。本属树种多于早春开花，颇为美丽，且秋叶常变黄色或红色，故常植为庭园观赏树。

金缕梅 *Hamamelis mollis* Oliv.（图 6-145）

识别要点

◇ 树形：落叶灌木或小乔木，高可达 9m。

◇ 枝干：幼枝密生星状绒毛；裸芽有柄。

◇ 叶：叶倒卵圆形，长 8～15cm，先端急尖，基部歪心形，缘有波状齿，表面略粗糙，背面密生绒毛。

◇ 花：头状或短穗状花序腋生，花瓣 4 片，狭长如带，长 1.5～2cm，淡黄色，基部带红色，芳香；萼背有锈色绒毛。2～3 月叶前开花。

◇ 果：蒴果卵球形，长约 1.2cm。果 10 月成熟。

图 6-145 金缕梅 *Hamamelis mollis*

产地与分布

◇ 产地：产于安徽、浙江、江西、湖北、湖南、广西等地。

◇ 分布：分布于华东至华南地区。国内外庭园常有栽培。

生态习性

◇ 光照：喜光，耐半阴。

◇ 温湿：喜温暖湿润气候，但畏炎热，有一定耐寒力。

◇ 水土：对土壤要求不严，在酸性、中性土及山坡、平原均能适应，而以排水良好的湿润而富含腐殖质的土壤最好。

生物学特性

◇ 长速与寿命：生长慢。

观赏特性

◇ 感官之美：花形奇特，具有芳香，早春先叶开放，黄色细长花瓣宛如金缕，缀满枝头，十分惹人喜爱。

园林应用

◇ 应用方式：在庭院角隅、池边、溪畔、山石间及树丛外缘配植都很合适，以常绿树作背景效果更佳。此外，花枝可作切花瓶插材料。

蜡瓣花属 *Corylopsis* Sieb. et Zucc.

本属隶属于金缕梅科 Hamamelidaceae。落叶灌木；单叶互生，有锯齿；具托叶。花两性，先叶开放，黄色，成下垂的总状花序，基部有数枚大型鞘状苞片；花瓣 5，宽而有爪；雄蕊 5，子房半上位。蒴果木质，2 或 4 瓣裂，内有 2 黑色种子。

共 29 种，主产于东亚；中国有 20 种，6 变种，产于西南部至东南部。

蜡瓣花 *Corylopsis sinensis* Hemsl.（图 6-146）

别名 中华蜡瓣花

识别要点

◇ 树形：落叶灌木或小乔木，高 2～5m。果 9～10 月成熟。

◇ 枝干：小枝密被短柔毛。

◇ 叶：叶倒卵形至倒卵状椭圆形，长 5～9cm，先端短尖或稍钝，基部歪心形，缘具锐尖齿，背面有星状毛，侧脉 7～9 对。

◇ 花：花黄色，芳香，10～18 朵呈下垂的总状花序，长 3～5cm。花期 3 月，叶前开放。

◇ 果：蒴果卵球形，有毛，熟时 2 或 4 裂，弹出光亮黑色种子。

产地与分布

◇ 产地：产于长江流域及其以南各地山地。

◇ 分布：长江流域及其以南园林中有栽培。

生态习性

◇ 光照：喜光，耐半阴。

◇ 温湿：喜温暖湿润气候，性颇强健，有一定耐寒能力。

◇ 水土：喜肥沃、湿润而排水良好的酸性土壤，但忌干燥土壤。引种平原栽培，能正常生长发育。

观赏特性

◇ 感官之美：本种花期早而芳香，早春枝上黄化成串下垂，滑泽如涂蜡，甚为秀丽。叶形也秀丽雅致。

图 6-146 蜡瓣花 *Corylopsis sinensis*

园林应用

❖ 应用方式：丛植于草地、林缘、路边，或作基础种植，或点缀于假山、岩石间，均颇具雅趣。

牡丹属 *Paeonia* L.

本属隶属于牡丹科（芍药科）Paeoniaceae。多年生草本或灌木。叶互生，常为 2 回三出复叶，或为羽状复叶，有叶柄；小叶全缘或分裂，裂片常全缘。花单生枝顶，或数朵生枝顶及茎上部叶腋，常大型，美丽；苞片 1～6，叶状，形状及大小多变并渐变为萼片，常宿存；萼片 2～9，常宽卵形；花瓣 4～13（栽培者多为重瓣），常为倒卵形；雄蕊多数，离心发育；花盘杯状或盘状，革质或肉质，完全或部分包被心皮；心皮离生，1～5（8）枚，光滑或被毛；胚珠多数。聚合蓇葖果，沿腹缝线开裂；种子黑色或深褐色，光亮。

1 属约 30 种，分布于北温带，其中木本的牡丹类特产中国。我国约 15 种，多数花大而美丽。为著名观赏树木，兼作药用。

分种检索表

A₁ 花单生于当年生枝顶端。花盘发达，革质，全包被心皮之外。

  B₁ 心皮密生淡黄色柔毛；顶端小叶片长 2.5～8cm，不裂或分裂。

    C₁ 叶为 2 回三出复叶；小叶常 9 片，小叶片长 4.5～8cm，顶生小叶 3 裂；花瓣内面基部无紫斑……………………………………………………………牡丹 *P. suffruticosa*

    C₂ 叶为 3 回（稀二回）复叶；小叶（17）19～33 片，小叶片长 2.5～4cm，顶生小叶不裂；花瓣内面基部有紫斑………………………………………紫斑牡丹 *P. papaveracea*

  B₂ 心皮光滑无毛；叶为 3 回或 4 回羽状复叶；小叶（29）33～63 片，小叶全部分裂。顶端小叶片长 2.5～4cm，3 裂达中部或更深………………………………四川牡丹 *P. szechuanica*

A₂ 花数朵生于当年生枝顶，腋生；花盘肉质，仅包于心皮基部；心皮平滑无毛；小叶裂片狭披针形。

  B₁ 花红紫色……………………………………………………………………野牡丹 *P. delavayi*

  B₂ 花黄色，有时基部或边缘紫红色…………………………………………黄牡丹 *P. lutea*

牡丹 *Paeonia suffruticosa* Andr.（图 6-147）

别名 富贵花、木芍药、洛阳花

识别要点

❖ 树形：落叶灌木，高达 2m。

❖ 枝干：枝多而粗壮。

❖ 叶：叶呈 2 回羽状复叶，小叶长 4.5～8cm，阔卵形至卵状长椭圆形，先端 3～5 裂，基部全缘，叶背有白粉，平滑无毛。

❖ 花：花单生枝顶，大型，径 10～30cm；花型有多种；花色丰富，有紫、深红、粉红、黄、白、豆绿等色；雄蕊多数；心皮 5 枚，有毛，其周围为花盘所包。花期 4 月下旬至 5 月。

❖ 果：蓇葖果长圆形，密生黄褐色硬毛。9 月成熟。

种下变异

牡丹有以下变种。

矮牡丹 var. *spontanea* Rehd.：高 0.5～1m；叶片纸质，叶背及叶轴有短柔毛，顶端小

图 6-147　牡丹 *Paeonia suffruticosa*

叶宽椭圆形，长 4～5.5cm，3 深裂，裂片再浅裂。花白色或浅粉色，单瓣型，直径约 11cm。特产于陕西延安一带山坡疏林中。

寒牡丹 var. *hiberniflora* Makino：叶小。花白色或紫色，小型，直径 8～10cm。本变种的习性是极易促成开花；在日本有栽培。

目前全国牡丹品种有 1000 余种，有多种分类方法。

（1）按花色分类：可分为白花、黄花、粉花、红花、紫花、绿花品种等。

（2）按花期分类：春季开花的可分为早花、中花、晚花品种，此外还有秋花和冬花品种。

（3）按花型分类：有许多分法、繁简不一，但基本上均是按照花瓣层数、雌雄蕊的瓣化程度及花朵外形来分类的。例如，根据周家琪等的研究，牡丹品种依花型可分为：①单瓣类，包括单瓣型 1 型；②千层类，包括荷花型、菊花型、蔷薇型 3 型；③楼子类，包括托桂型、金环型、皇冠型、绣球型 4 型；④台阁类，包括菊花台阁型、蔷薇台阁型、皇冠台阁型、绣球台阁型 4 型。

产地与分布

◇ 产地：原产于中国西部及北部，在秦岭伏牛山、中条山、嵩山均有野生。

◇ 分布：从东北至华南各地园林都有栽培。

生态习性

◇ 光照：喜光，但忌夏季暴晒，以在弱阴下生长最好，尤其在花期若能适当遮阴可延长花期，并且可保持纯正的色泽。

◇ 温湿：喜温暖而不酷热气候，较耐寒。

◇ 水土：喜深厚肥沃、排水良好、略带湿润的砂质壤土，最忌黏土及积水之地；较耐碱，在 pH 为 8 的土壤中能正常生长。

生物学特性

◇ 长速与寿命：生长慢。长寿花木，寿命可达百年以上。

◇ 根系特性：深根性，根系发达，肉质肥大。

观赏特性

◇ 感官之美：牡丹花大且美，姿、色、香兼备，故有"国色天香"的美称。

◇ 文化意蕴：牡丹是我国的传统名花，素有"花王"之称。长期以来，我国人民把牡丹作为富贵吉祥、和平幸福、繁荣昌盛的象征，代表着雍容华贵、富丽高雅的文化品位。

园林应用

◇ 应用方式：牡丹品种繁多，花色丰富，群体观赏效果好，最适于成片栽植，建立牡丹专类园。在江南，由于地下水位较高，建立牡丹园应选择适宜位置，并抬高地势。牡丹在园林中也常供重点美化用。可植于花台、花池观赏。亦可行自然式孤植或丛植于岩旁、草坪边缘或配植于庭院。此外，亦可盆栽作室内观赏或作切花瓶插用。

◇ 注意事项：牡丹怕积水。牡丹的移植宜在秋季 9～10 月上旬进行。

木槿属 *Hibiscus* L.

本属隶属于锦葵科 Malvaceae。草本或灌木，稀为乔木。叶掌状分裂或否，基出 3～11 脉。花大，常单生叶腋；花萼 5 裂，宿存，副萼较小；花瓣 5，基部与雄蕊筒合生；子房 5 室，花柱顶端 5 裂。蒴果室背 5 裂；种子无毛或有毛。

共约 200 种；中国 20 余种，大多栽培观赏用。

分种检索表

A_1 总苞状副萼离生。

  B_1 花瓣不分裂，副萼长达 5mm 以上。

    C_1 叶卵形或菱状卵形，不裂或端部 3 浅裂。

      D_1 叶菱状卵形，端部常 3 浅裂；蒴果密生星状绒毛 ················ 木槿 *H. syriacus*

      D_2 叶卵形，不裂；蒴果无毛 ·························· 扶桑 *H. rosa-sinensis*

    C_2 叶卵状心形，掌状 3～5（7）裂，密被星状毛和短柔毛 ····· 木芙蓉 *H. mutabilis*

  B_2 花瓣细裂如流苏状，副萼长不过 2mm ················ 吊灯花 *H. schizopetalus*

A_2 总苞状副萼基部合生，上部 9～10 齿裂；叶广卵形；花黄色 ········· 黄槿 *H. tiliaceus*

木槿 *Hibiscus syriacus* L.（图 6-148）

识别要点

  ❖ 树形：落叶灌木或小乔木，高 3～4（6）m。

  ❖ 枝干：小枝幼时密被绒毛，后渐脱落。

  ❖ 叶：叶菱状卵形，长 3～6cm，基部楔形，端部常 3 裂，边缘有钝齿，仅背面脉上稍有毛；叶柄长 0.5～2.5cm。

  ❖ 花：花单生叶腋，径 5～8cm，单瓣或重瓣，有淡紫、红、白等色。花期 6～9 月。

  ❖ 果：蒴果卵圆形，径约 1.5cm，密生星状绒毛。果 9～11 月成熟。

种下变异

木槿品种繁多，有以下几种。

'斑叶' 木槿 'Argenteo-variegata'：叶有不规则的白色斑块，沿叶缘排列或达中部。

'白花' 木槿 'Totus-albus'：花白色，单瓣。

'大花' 木槿 'Grandiflorus'：花单瓣，特大，桃红色。

'粉紫重瓣' 木槿 'Amplissimus'：花粉紫色，内面基部洋红色，重瓣。

'雅致' 木槿 'Elegantissimus'：花粉红色，重瓣。

'牡丹' 木槿 'Paeoniflorus'：花粉红或淡紫色，重瓣。

'紫红' 木槿 'Roseatriatus'：花紫红色，重瓣。

'琉璃' 木槿 'Coeruleus'：枝条直，花重瓣，天青色。

产地与分布

  ❖ 产地：原产于东亚。

  ❖ 分布：中国自东北南部至华南各地均有栽培，尤以长江流域为多。

图 6-148 木槿
Hibiscus syriacus

生态习性

- ✧ 光照：喜光，耐半阴。
- ✧ 温湿：喜温暖湿润气候，也颇耐寒。
- ✧ 水土：适应性强，耐干旱及瘠薄土壤，但不耐积水。
- ✧ 空气：对二氧化硫、氯气等抗性较强。

生物学特性

- ✧ 长速与寿命：生长迅速。
- ✧ 根系特性：萌蘖性强。

观赏特性

- ✧ 感官之美：木槿夏秋开花，花期长而花朵大，且有许多不同花色、花型的品种，是优良的园林观花树种。
- ✧ 文化意蕴：木槿在我国的传统文化里，有多元的文化意蕴。包括"生命短促，世事多变"的意蕴，如"朝荣殊可惜，暮落实堪嗟"（唐·白居易），"风露凄凄秋景繁，可怜荣落任朝昏"（唐·李商隐）；"新陈代谢，生命常在"的意蕴，如"朝开暮落复朝开，……何曾一日不芳来，花中却是渠长命，换旧添新底用催"（宋·杨万里）；"超然不群，志趣高洁"的意蕴，如"花自深红叶曲尘，不将桃李共争春"（唐·戎昱），"淡然超群芳，不与春争妍"（元·舒頔）；"笑看人生，物理自然"的意蕴，如"松树千年终是朽，槿花一日自为荣"（唐·白居易），"朝开暮还落，物理乃自然"（元·舒頔）。

园林应用

- ✧ 应用方式：常作围篱及基础种植材料，也宜丛植于草坪、路边或林缘。因具有较强抗性，是工厂绿化的好树种，也常植于城市街道的分车带中。

木芙蓉 *Hibiscus mutabilis* L.（图 6-149）

别名　芙蓉花、拒霜花

识别要点

- ✧ 树形：落叶灌木或小乔木，高 2～5m。
- ✧ 枝干：茎具星状毛及短柔毛。
- ✧ 叶：叶广卵形，宽 7～15cm，掌状 3～5（7）裂，基部心形，缘有浅钝齿，两面均有星状毛。
- ✧ 花：花大，径约 8cm，单生枝端叶腋；花冠通常为淡红色，后变深红色；花梗长 5～8cm，近顶端有关节。花期 9～10 月。
- ✧ 果：蒴果扁球形，径约 2.5cm，有黄色刚毛及绵毛，果瓣 5；种子肾形，有长毛。果 10～11月成熟。

种下变异

'红花'木芙蓉 'Rubra'：花红色，单瓣。

'白花'木芙蓉 'Alba'：花白色，单瓣。

'重瓣'木芙蓉 'Plenus'：花重瓣，由粉红变紫红色。

图 6-149　木芙蓉
Hibiscus mutabilis

'醉芙蓉''Versicolor'：花在一日之中，初开为纯白色，渐变淡黄、粉红，最后成红色。

产地与分布

◇ 产地：原产于中国。

◇ 分布：黄河流域至华南均有栽培。

生态习性

◇ 光照：喜光，稍耐阴。

◇ 温湿：喜温暖气候，不耐寒，在长江流域及其以北地区露地栽培时，冬季地上部分常冻死，但次年春季能从根部萌发新条，秋季能正常开花。

◇ 水土：喜肥沃、湿润而排水良好的中性或微酸性砂质壤土。

◇ 空气：对二氧化硫抗性特强，对氯气、氯化氢也有一定抗性。

生物学特性

◇ 长速与寿命：生长较快。

◇ 根系特性：萌蘖性强。

观赏特性

◇ 感官之美：花大色艳，秋季开花，花期晚，有"拒霜花"之名。其花色、花型随品种不同有丰富变化，是一种很好的观花树种。

园林应用

◇ 应用方式：由于性喜近水，种在池旁水畔最为适宜。花开时水影花光，互相掩映。《长物志》云："芙蓉宜植池岸，临水为佳。"《花镜》云："芙蓉丽而开，宜寒江秋沼。"此外，植于庭院、坡地、路边、林缘及建筑前，或栽作花篱，都很合适。在寒冷的北方可盆栽观赏。

柽柳属　*Tamarix* L.

本属隶属于柽柳科 Tamaricaceae。小乔木或灌木。叶鳞形，先端尖，无芽小枝秋季常与叶具落。总状花序，或再集生为圆锥状复花序；萼片、花瓣各 4～5；雄蕊 4～5，罕 8～12，花丝分离，较花瓣长；花盘有缺裂，花柱 2～5。蒴果 3～5 裂；种子小，多数，端具无柄的簇生毛，无胚乳。

本属共 90 种；中国约 18 种，全国均有分布，而以北方为多。

分种检索表

A$_1$　春季开花后于夏季或秋季又可再行开花；春季为单个的总状花序侧生于去年生的木质化枝条上；夏、秋季为大圆锥花序顶生于当年生枝上；花盘 10 裂（5 深裂，5 浅裂）………柽柳 *T. chinensis*

A$_2$　仅春季开花，总状花序侧生于去年生枝上，花盘 5 裂（裂端或微凹）……… 桧柽柳 *T. juniperina*

A$_3$　仅夏季或秋季开花，总状花序集生成稀疏圆锥花序，生于当年枝顶；花盘 5 裂 …………………………………………………………………… 红柳 *T. ramosissima*

柽柳　*Tamarix chinensis* Lour.（图 6-150）

别名　三春柳、西湖柳、观音柳、红荆条

识别要点

◇ 树形：灌木或小乔木，高 5～7m。

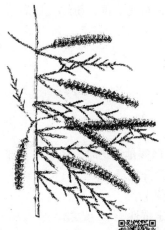

图 6-150　柽柳
Tamarix chinensis

❖ 枝干：树皮红褐色；枝细长而常下垂，带紫色。

❖ 叶：叶卵状披针形，长 1~3mm，叶端尖，叶背有隆起的脊。

❖ 花：总状花序侧生于去年生枝上者，春季开花，和总状花序集成顶生大圆锥花序者夏、秋开花；花粉红色，苞片条状钻形，萼片、花瓣及雄蕊各为 5；花盘 10 裂（5 深 5 浅），罕为 5 裂；柱头 3，棍棒状。主要在夏秋开花。

❖ 果：蒴果 3 裂，长 3.5mm。果 10 月成熟。

产地与分布

❖ 产地：原产于中国。

❖ 分布：分布极广，自华北至长江中下游各地，南达华南及西南地区。

生态习性

❖ 光照：性喜光，耐烈日暴晒。

❖ 温湿：耐寒、耐热。

❖ 水土：耐干又耐水湿，耐盐碱土，能在含盐量达 1% 的重盐碱地上生长。

❖ 空气：抗风。

生物学特性

❖ 长速与寿命：生长迅速。

❖ 根系特性：深根性，根系发达，萌蘖性强。

观赏特性

❖ 感官之美：古干柔枝，姿态婆娑、枝叶纤秀，紫穗红英，花期很长。

园林应用

❖ 应用方式：适于池畔、堤岸、山坡丛植，也可作绿篱。又是优秀的防风固沙植物；也是良好的改良盐碱土树种，在盐碱地上种柽柳后可有效地降低土壤的含盐量。老桩可作盆景。

杜鹃属 *Rhododendron* L.

本属隶属于杜鹃科 Ericaceae。常绿或落叶灌木，罕小乔木。叶互生，全缘，罕为毛状小锯齿。花常多朵组成顶生伞形花序式的总状花序，偶有单生或簇生；萼片小而 5 深裂，罕 6~10 裂，花后不断增大；花冠钟形、漏斗状或管状，裂片与萼片同数；雄蕊 5~10 枚，罕更多，花药背生，顶孔开裂；花盘厚。子房上位，5~10 室或更多，每室具多数胚珠。蒴果。

约 960 种，中国产约 600 种，分布于全国，尤以四川、云南的种类最多，是杜鹃属的世界分布中心。

本属树木花大色美，是世界著名的观赏树木。

分种检索表

A₁　落叶灌木或半常绿灌木。

B₁ 落叶灌木。

  C₁ 雄蕊 10 枚。

    D₁ 叶散生；花 2～6 朵簇生枝顶；子房及蒴果有糙伏毛或鳞片。

      E₁ 枝有褐色扁平糙伏毛；叶、子房、蒴果均被糙伏毛；花 2～6 朵簇生枝顶，蔷薇色、鲜红色、深红色 ………………………………………………… 杜鹃 *R. simsii*

      E₂ 枝疏生鳞片；叶、子房、蒴果均有鳞片；花 2～5 朵簇生枝顶，淡红紫色 ………………………………………………………………… 蓝荆子 *R. mucronulatum*

    D₂ 叶常 3 枚轮生枝顶；花通常双生枝顶，罕 3 朵；子房及蒴果均密生长柔毛 ……………………………………………………………………… 满山红 *R. mariesii*

  C₂ 雄蕊 5 枚；花金黄色，常多朵成顶生伞形总状花序；叶矩圆形，长 6～12cm，叶缘有睫毛… ……………………………………………………………………… 羊踯躅 *R. molle*

B₂ 半常绿灌木；花 1～3 朵顶生，纯白色；花梗密生柔毛、刚毛及腺毛；幼枝密生灰色柔毛、腺毛；叶两面有毛 …………………………………………… 白花杜鹃 *R. mucronatum*

A₂ 常绿灌木或小乔木。

  B₁ 雄蕊 5 枚。

    C₁ 花单生于枝顶叶腋，花冠盘状，白色或淡紫色，有粉红色斑点；叶卵形，全缘，端有明显凸尖头 ………………………………………………………………… 马银花 *R. ovatum*

    C₂ 花 2～3 朵与新梢发自顶芽，花冠漏斗状，橙红至亮红色，有浓红色斑；叶椭圆形，缘有睫毛，端钝 ……………………………………………………………… 石岩 *R. obiusum*

  B₂ 雄蕊 10 枚或更多。

    C₁ 雄蕊 10 枚。

      D₁ 花顶生枝端。

        E₁ 花顶生呈密总状花序，径 1cm，乳白色；叶厚革质，倒披针形；幼枝有疏鳞片………… ……………………………………………………………… 照山白 *R. micranthum*

        E₂ 花顶生伞形花序，花 10～20 朵，径 4～5cm，深红色；叶厚革质 …… 马缨杜鹃 *R. delavayi*

        E₃ 花 1～3 朵顶生枝端，径 6cm，蔷薇紫色，有深紫色斑点；叶纸质；幼枝密生淡棕色扁平伏毛……………………………………………………… 锦绣杜鹃 *R. pulchrum*

      D₂ 花腋生，单生枝顶叶腋，花梗下有苞片多枚；花堇粉色，有黄绿色斑点；叶革质，小枝无毛 ……………………………………………………………… 鹿角杜鹃 *R. latoucheae*

    C₂ 雄蕊 14～16 枚；花排成疏松的顶生伞形总状花序；叶厚革质。

      D₁ 雄蕊 14 枚；花 6～12 朵，粉红色；幼枝绿色，粗壮 ……………… 云锦杜鹃 *R. fortunei*

      D₂ 雄蕊 16 枚；花 20～25 朵，蔷薇色带紫色；幼枝有灰白色毛 …… 大树杜鹃 *R. giganteum*

杜鹃 *Rhododendron simsii* Planch.（图 6-151）

别名 映山红、照山红、野山红

识别要点

❖ 树形：落叶灌木，高可达 3m。

❖ 枝干：分枝多，枝细而直，有亮棕色或褐色扁平糙伏毛。

❖ 叶：叶纸质，卵状椭圆形或椭圆状披针形，长 3～5cm，叶表的糙伏毛较稀，叶

图 6-151　杜鹃 *Rhododendron simsii*

背者较密。

◇ 花：花 2～6 朵簇生枝端，蔷薇色、鲜红色或深红色，有紫斑；雄蕊 10 枚，花药紫色；萼片小，有毛；子房密被伏毛。花期 4～6 月。

◇ 果：蒴果密被糙伏毛、卵形。果 10 月成熟。

种下变异

现在世界各国园林界所栽培的杜鹃品种已达数千种，在中国通常栽培的也达数百种。这些品种主要来自温暖地带低山丘陵及中山地区的种类，本种是最重要的亲本之一。

杜鹃品种按花的形状可分为筒形、漏斗形、喇叭形、碗形、瓮形、钟形、碟形、辐射形、叠花形等。按照花冠裂片及花蕊瓣化程度可分为单瓣型、半重瓣型、重瓣型及套瓣型。按照花冠裂片可分为平瓣、波瓣、皱瓣。按照花径可分为小花、中花、大花、巨花等型；其小者直径仅几毫米，其巨者达 10cm 以上。

目前我国在栽培上习惯地将盆栽的杜鹃按花期及来源分为春鹃、夏鹃、春夏鹃及西洋鹃等类。春鹃均为展叶前开花，花期大多在 4 月左右；夏鹃在发叶以后始开花，花期在 5 月下旬至 6 月上旬开花；春夏鹃则从春至夏开花不绝，花期最长，几乎全是春鹃和夏鹃的杂交种；西洋鹃泛指从欧洲引入的品种。

产地与分布

◇ 产地：原产于中国。

◇ 分布：本种广布于长江流域及珠江流域各地，东至台湾，西至四川、云南。

生态习性

杜鹃属种类繁多，生态习性各异。总体上，大多数种类有如下生态习性。

◇ 光照：产于高山的种类，多喜全光照条件；产于低山丘陵的种类，多需半阴条件，忌烈日暴晒，适宜在光照强度不大的散射光下生长。

◇ 温湿：喜凉爽湿润的山地气候，原产南方的种类较耐热，原产北方的种类耐热性较差。

◇ 水土：大多数种类喜疏松肥沃、排水良好的酸性壤土，pH 以 4～5.5 为宜，忌碱性土和黏质土，不耐积水。

观赏特性

◇ 感官之美：杜鹃花叶兼美，花色丰富，花形多样。每逢花期，群芳竞秀，灿烂夺目。

◇ 文化意蕴：杜鹃是我国的传统名花，自古以来即受到人们的喜爱，被誉为"花中西施"，如白居易在《山石榴寄元九》诗中说："闲折两枝持在手，细看不似人间有。花中此物是西施，芙蓉芍药皆嫫母。"另外，相传古代周末蜀王杜宇，号望帝，死后其魂化为鸟，名杜鹃，徘徊翻飞，叫声凄厉，如呼"子归"，蜀人谓望帝归魂在泣血悲鸣。杜鹃鸟嘴角有一红斑，像鸣叫不止滴出的鲜血，啼时正值杜鹃盛开，世人就说杜鹃花是杜鹃鸟啼血染红，因此有"疑是口中血，滴成枝上花"（唐·成彦雄《杜鹃花》）的诗句。由于红斑与红花色彩相同，因此花鸟同名。由于有上面的传说，古人对杜鹃花的描绘常带忧伤的情调。如李白的《宣城见杜鹃花》诗中写道："蜀国曾闻子规鸟，宣城又见杜鹃花。一叫一回肠一断，三春三月忆三巴。"

园林应用

◇ 应用方式：杜鹃花为富于野趣的花木，大多数种类为高 1～5m 的丛生灌木，树冠多为扁平的圆形。在大型公园中，最适于松树疏林下自然式群植，并于林内适当点缀山石，以形成高低错落、疏密自然的群落；也可于溪流、池畔、山崖、石隙、草地、林间、路旁丛植；或作为花坛镶边及花篱。在庭院中，杜鹃可植于阶前、墙角、水边等各处，以资装饰点缀，或一株、数株，或小片种植，均甚美观。此外，还是著名的盆花和盆景材料。

◇ 注意事项：杜鹃花是典型的酸性土植物，无论露地种植或盆栽均应特别注意土质，最忌碱性及黏质土。

山梅花属 *Philadelphus* L.

本属隶属于绣球花科 Hydrangeaceae。落叶灌木。枝具白髓；茎皮通常剥落。单叶对生，基部 3～5 主脉，全缘或有齿；无托叶。花白色，常成总状花序，或聚伞状，稀为圆锥状；萼片、花瓣各 4，雄蕊 20～40；子房下位或半下位，4 室。蒴果，4 瓣裂。种子细小而多。

约 70 余种，产于北温带；中国原产 27 种，17 变种。多为美丽芳香的观赏花木。

分种检索表

A₁ 萼外面无毛；叶背无毛或仅近基部处有毛。

　B₁ 叶通常两面均无毛，或幼叶背面脉腋有毛；叶柄常带紫色，花淡黄白色… 太平花 *P. pekinensis*

　B₂ 叶背脉腋有毛，有时脉上有毛；花雪白……………………… 西洋山梅花 *P. coronarius*

A₂ 萼外面有毛；叶背密生灰色柔毛，脉上特多；花柱基部无毛 ……………… 山梅花 *P. incanus*

太平花 *Philadelphus pekinensis* Rupr.（图 6-152）

别名　京山梅花

识别要点

◇ 树形：落叶丛生灌木，高达 2m。

◇ 枝干：树皮栗褐色，薄片状剥落，小枝光滑无毛，常带紫褐色。

◇ 叶：叶卵状椭圆形，长 3～6cm，基部广楔形或近圆形，三主脉，先端渐尖，缘疏生小齿，通常两面无毛，或有时背面脉腋有簇毛；叶柄带紫色。

◇ 花：花 5～9 朵成总状花序，花淡黄白色，径 2～3cm，微有香气，萼外面无毛，里面沿边有短毛。花期 6 月。

◇ 果：蒴果陀螺形。9～10 月果熟。

种下变异

有以下变种。

图 6-152 太平花 *Philadelphus pekinensis*

毛太平花 var. *brachybotrys* Koehne：又称宝仙，小枝及叶两面均有硬毛，叶柄通常绿色，花序通常具 5 朵花，短而密集。产于陕西华山。

毛萼太平花 var. *dascalyx* Rehd.：花托及萼片外有斜展毛。产于山西及河南西部。

产地与分布
- ◇ 产地：产于中国北部及西部。北京山地有野生，朝鲜亦有。
- ◇ 分布：各地庭园常有栽培。

生态习性
- ◇ 光照：喜光。
- ◇ 温湿：耐寒。
- ◇ 水土：多生于肥沃、湿润的山谷或溪沟两侧排水良好处，亦能生长在向阳的干瘠土地上，不耐积水。

观赏特性
- ◇ 感官之美：本种枝叶茂密，花乳白而有清香，多朵聚集，花期较久，颇为美丽。
- ◇ 文化意蕴：太平花在中国栽培历史很久，宋仁宗时始植于宫庭，据传宋仁宗赐名"太平瑞圣花"，流传至今。

园林应用
- ◇ 应用方式：宜丛植于草地、林缘、园路拐角和建筑物前，亦可作自然式花篱或大型花坛的中心栽植材料。在古典园林中于假山石旁点缀，尤为得体。

八仙花属 *Hydrangea* L.

本属隶属于绣球花科 Hydrangeaceae。落叶灌木，稀攀缘状。树皮片状剥落；小枝通常具白色或黄棕色髓心。单叶对生，常有齿，稀有裂；无托叶。花两性，呈顶生聚伞或圆锥花序，花序边缘具大形不育花；不育花具 3～5 花瓣状萼片；可育花萼片、花瓣各为 4～5，雄蕊 8～20，通常为 10；子房下位或半下位，花柱 2～5，较短。蒴果；种子多而细小。

约 60 种，产于东亚及南北美洲；中国约产 37 种，主要分布在西部和西南部。

分种检索表

A₁ 直立灌木。
　B₁ 伞房花序，扁平或半球形。
　　C₁ 叶近光滑无毛；可育花蓝色或水红色……………………………… 八仙花 *H. macrophylla*
　　C₂ 叶背密生柔毛；可育花白色………………………… 东陵八仙花 *H. bretschneideri*
　B₂ 圆锥花序…………………………………………………… 圆锥八仙花 *H. paniculata*
A₂ 藤本或蔓性灌木，常具气根 ………………………………………… 蔓性八仙花 *H. anomala*

八仙花 *Hydrangea macrophylla* (Thunb.) Sefinge（图 6-153）

别名　绣球花、阴绣球

识别要点

⋄ 树形：灌木，高达3～4m。

⋄ 枝干：小枝粗壮，无毛，皮孔明显。

⋄ 叶：叶对生，大而有光泽，倒卵形至椭圆形，长
　7～15（20）cm，缘有粗锯齿，两面无毛或仅背
　脉有毛。

⋄ 花：顶生伞房花序近球形，径可达20cm；几乎全
　部为不育花，扩大的萼片4，卵圆形，全缘，粉
　红色、蓝色或白色，极美丽。花期6～7月。

种下变异

有以下变种和品种。

银边八仙花 var. *maculata* Wils：叶具白边，亦属常
见，多作盆栽观赏。

图 6-153　八仙花
Hydrangea macrophylla

'紫阳花' 'Otaksa'：植株较矮，高约1.5m，叶质较
厚，花序中全为不育性花，状如绣球，极为美丽，是盆栽佳品，是栽培最多的品种。

'Nigra'：茎黑色。

'All Summer Beauty'：当年生枝条上开花，可以种植在较冷的地区。

产地与分布

⋄ 产地：产于中国及日本。

⋄ 分布：中国湖北、四川、浙江、江西、广东、云南等地都有分布。各地庭园习见
　栽培。

生态习性

⋄ 光照：喜阴。

⋄ 温湿：喜温暖气候，耐寒性不强，华北地区只能盆栽，于温室越冬。

⋄ 水土：喜湿润、富含腐殖质而排水良好的酸性土壤。

生物学特性

⋄ 根系特性：肉质根。

观赏特性

⋄ 感官之美：本种花球大而美丽，且有许多园艺品种，是极好的观赏花木。

园林应用

⋄ 应用方式：在暖地可配植于林下、路缘、棚架边及建筑物的北面。盆栽八仙花则
　常作室内布置用，是窗台绿化和家庭养花的好材料。

绣线菊属 *Spiraea* L.

本属隶属于蔷薇科 Rosaceae。落叶灌木。单叶互生，缘有齿或裂；无托叶。花小，
成伞形、伞形总状、复伞房或圆锥花序；心皮5，离生。蓇葖果；种子细小，无翅。

本属约100种，广布于北温带；中国有50余种。多数种类具美丽的花朵及细致的叶
片，可栽于庭园观赏。

分种检索表

A₁ 伞形或总状花序，花白色。

  B₁ 伞形花序，无总梗，有极小的叶状苞位于花序基部。

    C₁ 叶椭圆形至卵形，背面常有毛···笑靥花 *S. prunifolia*

    C₂ 叶线状披针形，光滑无毛···珍珠花 *S. thunbergii*

  B₂ 伞形总状花序，着生于多叶的小枝上。

    C₁ 叶端尖，菱状长圆形至披针形，羽状脉························麻叶绣线菊 *S. cantoniensis*

    C₂ 叶端钝，三出脉或羽状脉

      D₁ 叶近圆形，通常 3 裂，基脉 3～5 出·····················三桠绣线菊 *S. trilobata*

      D₂ 叶菱状卵形至倒卵形，羽状脉···补氏绣线菊 *S.blumei*

A₂ 复伞房花序或圆锥花序，花粉红至红色。

  B₁ 复伞房花序···粉花绣线菊 *S. japonica*

  B₂ 圆锥花序···绣线菊 *S. salicifolia*

李叶绣线菊 *Spiraea prunifolia* Sieb. et Zucc.（图 6-154）

图 6-154 李叶绣线菊 *Spiraea prunifolia*

别名　花镜、笑靥花

识别要点

✧ 树形：落叶灌木，高达 3m。

✧ 枝干：枝细长而有角棱，微生短柔毛或近于光滑。

✧ 叶：叶小，椭圆形至椭圆状长圆形，长 2.5～5.0cm，先端尖，缘有小齿，叶背光滑或有细短柔毛。

✧ 花：花序伞形，无总梗，具 3～6 花，基部具少数叶状苞；花白色，重瓣，径约 1cm；花梗细长。花期 3～5 月。

种下变异

单瓣笑靥花 var. *simpliciflora* Nakai：花单瓣，径约 6mm。极少栽培。

产地与分布

✧ 产地：产于长江流域。

✧ 分布：各地庭园常见栽培观赏。

生态习性

✧ 光照：喜阳光。

✧ 温湿：尚耐寒。

✧ 水土：喜温暖湿润土壤。

观赏特性

✧ 感官之美：晚春翠叶、白花，繁密似雪；秋叶橙黄色，亦燦然可观。

园林应用

✧ 应用方式：可丛植于池畔、山坡、路旁、崖边。普通多作基础种植用，或在草坪角隅应用。

珍珠花 *Spiraea thunbergii* Sieb.（图 6-155）

别名 雪柳、喷雪花、珍珠绣线菊

识别要点

- ◇ 树形：高达 1.5 m。
- ◇ 枝干：小枝幼时有柔毛。
- ◇ 叶：叶细小，狭长披针形，长 2～4cm。两面光滑无毛；
- ◇ 花：花序伞形，无总梗，具 3～5 朵花，白色，径约 8mm；花梗细长。花期 4 月下旬。

产地与分布

- ◇ 产地：原产于中国及日本。
- ◇ 分布：我国主要分布于浙江、江西、云南等地。

生态习性

- ◇ 光照：喜阳光。
- ◇ 温湿：好温暖。
- ◇ 水土：宜润湿而排水良好的土壤。

图 6-155 珍珠花
Spiraea thunbergii

观赏特性

- ◇ 感官之美：本种叶形似柳，花白如雪，故又称"雪柳"。

园林应用

- ◇ 应用方式：通常多丛植草坪角隅或作基础种植，亦可作切花用。

珍珠梅属 *Sorbaria* A. Br.

本属隶属于蔷薇科 Rosaceae。落叶灌木；小枝圆筒形；芽卵圆形，叶互生，奇数羽状复叶，具托叶；小叶边缘有锯齿；花小、白色，呈顶生的大圆锥花序。萼片 5 枚，反卷；花瓣 5 枚，卵圆形至圆形，雄蕊 20～50 枚，与花瓣等长或长过之；心皮 5 枚，与萼片对生，基部相连；蓇葖果沿腹缝线开裂。种子数枚。

本属约 9 种，原产于东亚；中国有 5 种。多数为林下灌木，少数种类已广泛栽培作观赏用。

分种检索表

A₁ 雄蕊 20，短于或等于花瓣长度 ················· 珍珠梅 *S. kirilowii*
A₂ 雄蕊 40～50，长于花瓣 ················· 东北珍珠梅 *S. sorbifolia*

华北珍珠梅 *Sorbaria kirilowii* (Reqel) Maxim.（图 6-156）

别名 吉氏珍珠梅、珍珠梅

识别要点

- ◇ 树形：灌木，高 2～3m。
- ◇ 枝干：小枝圆柱形，无毛或微被短柔毛。冬芽卵形，紫褐色，被毛。
- ◇ 叶：奇数羽状复叶，小叶 13～21 枚，卵状披针形，长 4～7cm，重锯齿，无毛。
- ◇ 花：花小，白色；雄蕊 20 枚，与花瓣等长或稍短。花期 6～8 月。
- ◇ 果：蓇葖果短圆形。9 月成熟。

图 6-156 华北珍珠梅 *Sorbaria kirilowii*

产地与分布

◇ 产地：产于华北、内蒙古及西北地区。

◇ 分布：华北各地习见栽培。

生态习性

◇ 光照：喜光又耐阴。

◇ 温湿：耐寒，性强健。

◇ 水土：不择土壤。

生物学特性

◇ 长速与寿命：生长迅速。

◇ 根系特性：萌蘖性强。

观赏特性

◇ 感官之美：花、叶清丽。花期极长且正值夏季少花季节。

园林应用

◇ 应用方式：通常成丛栽植在草坪边缘或水边、房前、路旁，亦可栽成自然式绿篱，又是适合庭园背阴处种植的重要观赏花木。

白鹃梅属 *Exochorda* Lindl.

本属隶属于蔷薇科 Rosaceae。落叶灌木。单叶互生，全缘或有齿；托叶无或小而早落。花白色，成顶生总状花序；花萼、花瓣各 5；雄蕊 15～30；心皮 5，合生。蒴果具 5 棱，熟时 5 瓣裂，每瓣具 1～2 粒有翅种子。

本属有 5 种，产于亚洲中部至东部；中国产 3 种。

分种检索表

A_1 叶全缘，有时中部以上具疏钝齿。

　B_1 花梗长 3～8mm；花瓣基部紧缩为短爪；雄蕊 15～20；叶柄长 0.5～1.5cm ············· ································· 白鹃梅 *E. racemosa*

　B_2 花梗短或近无梗，花瓣基部渐狭成长爪；雄蕊 25～30；叶柄长 1.5～2.5cm ············· ································· 红柄白鹃梅 *E. giraldii*

A_2 叶中部以上有锯齿；花梗长 2～3mm；雄蕊 25；叶柄长 1～2cm ········· 齿叶白鹃梅 *E. serratifolia*

白鹃梅 *Exochorda racemosa* (Lindl.) Rehd. （图 6-157）

别名　茧子花、金瓜果

识别要点

◇ 树形：灌木，高达 3～5m，全株无毛。

◇ 枝干：枝条细，开展；小枝微带棱，无毛。

◇ 叶：叶椭圆形或倒卵状椭圆形，长 3.5～6.5cm，全缘或上部有疏齿，先端钝或具短尖，背面粉蓝色。

◇ 花：花白色，径约 4cm，6～10 朵成总状花序；花萼浅钟状，裂片宽三角形，花瓣倒卵形，基部有短爪；雄蕊 15～20，3～4 枚一束，着生于花盘边缘，并与花瓣对生。花期 4～5 月。

✧ 果：蒴果倒卵形。8～9月成熟。

产地与分布

✧ 产地：江苏、浙江、江西、湖南、湖北等地。

✧ 分布：秦皇岛以南可露地越冬。

生态习性

✧ 光照：性强健，喜光，耐半阴。

✧ 温湿：耐寒性强。

✧ 水土：喜肥沃、深厚土壤。

观赏特性

✧ 感官之美：春日开花，满树雪白，是美丽的观赏
树种。

园林应用

✧ 应用方式：宜作基础栽植，或于草地边缘、林缘
路边丛植。

图 6-157　白鹃梅
Exochorda racemosa

枸子属 *Cotoneaster* (B. Ehrh) Medik

本属隶属于蔷薇科 Rosaceae。灌木，无刺。单叶互生，全缘；托叶多针形，早落。花两性，成伞房花序，稀单生；雄蕊通常20；花柱2～5，离生，子房下位或半下位。小梨果红色或黑色，内含2～5小核，具宿存萼片。

本属约90余种，分布于亚、欧及北非的温带；中国约60种，西南为分布中心。多数可作庭园观赏灌木。

分种检索表

A_1 花瓣直立而小，倒卵形，粉红色。

　B_1 茎匍匐；花1～2朵；果红色。

　　C_1 茎平铺地面，不规则分枝；叶缘常呈波状⋯⋯⋯⋯⋯⋯⋯⋯⋯ 匍匐枸子 *C. adpressus*

　　C_2 枝水平开张，成规则2列状分枝；叶缘不呈波状⋯⋯⋯⋯⋯ 平枝枸子 *C. horizontalis*

　B_2 茎直立；花2～5朵；果黑色 ⋯⋯⋯⋯⋯⋯⋯⋯⋯⋯⋯⋯⋯⋯⋯ 灰枸子 *C. acutifolius*

A_2 花瓣开展，近圆形，白色；果红色。

　B_1 落叶直立灌木；伞房花序具多花⋯⋯⋯⋯⋯⋯⋯⋯⋯⋯⋯⋯⋯ 水枸子 *C. multiflorus*

　B_2 常绿匍匐灌木；花1～3朵 ⋯⋯⋯⋯⋯⋯⋯⋯⋯⋯⋯⋯⋯⋯ 小叶枸子 *C. microphyllus*

平枝枸子 *Cotoneaster horizontalis* Decne.（图 6-158）

别名　铺地蜈蚣

识别要点

✧ 树形：落叶或半常绿匍匐灌木。

✧ 枝干：枝水平开张成整齐2列，宛如蜈蚣。

✧ 叶：叶近圆形至倒卵形，长5～14mm，表面暗绿色，无毛，背面疏生平贴
细毛。

✧ 花：花1～2朵，粉红色，径5～7mm，近无梗；花瓣直立，倒卵形。5～6月
开花。

图 6-158 平枝枸子
Cotoneaster horizontalis

◇ **果**：果近球形，径 4～6mm，鲜红色，常有 3 小核。果 9～10 月成熟。

产地与分布

◇ **产地**：陕西、甘肃、湖北、湖南、四川、贵州、云南等地。

◇ **分布**：各地园林常见栽培。

生态习性

◇ **光照**：对阳光的要求属中性而略耐阴。

◇ **温湿**：喜温凉湿润气候。

◇ **水土**：喜湿润土壤，不喜干燥土地。

观赏特性

◇ **感官之美**：本种结实繁多，入秋红果累累，经冬至春不落，甚为夺目。

园林应用

◇ **应用方式**：最宜作基础种植材料，也可植于斜坡及岩石园中。

水枸子 *Cotoneaster multiflorus* Bunge（图 6-159）

别名 多花枸子

识别要点

◇ **树形**：落叶灌木，高 2～4m。

◇ **枝干**：小枝细长拱形，幼时有毛，后变光滑，紫色。

◇ **叶**：叶卵形，长 2～5cm，先端常圆钝，基部广楔形或近圆形，幼时背面有柔毛，后变光滑，无毛。

◇ **花**：花白色，径 1～1.2cm，花瓣开展，近圆形，花萼无毛；6～21 朵成聚伞花序，无毛。花期 5 月。

◇ **果**：果近球形或倒卵形，径约 8mm，红色，具 1～2 核。果熟期 9 月。

产地与分布

◇ **产地**：产于东北、华北、西北和西南；亚洲西部和中部其他地区也有。

◇ **分布**：各地园林常见栽培。

生态习性

◇ **光照**：喜光而稍耐阴。

◇ **温湿**：性强健，耐寒。

◇ **水土**：对土壤要求不严，极耐干旱和瘠薄。

观赏特性

◇ **感官之美**：春夏之际白花满树，秋季红果累累，鲜艳可爱。果实成熟时能引来鸟类，为园林增加生气。

图 6-159 水枸子 *Cotoneaster multiflorus*

园林应用

❖ 应用方式：宜丛植于草坪边缘及园路转角处观赏。

木瓜属 *Chaenomeles* Lindl.

本属隶属于蔷薇科 Rosaceae。落叶或半常绿灌木或小乔木，有的具枝刺。单叶互生，缘有锯齿；托叶大。花单生或簇生；萼片 5，花瓣 5，雄蕊 20 或更多；花柱 5，基部合生；子房下位，5 室，各含多数胚珠。果为具多数褐色种子的大型梨果。

本属共 5 种，中国产 4 种，日本产 1 种。

分种检索表

A_1　枝有刺；花簇生；萼片全缘，直立；托叶大。

  B_1　小枝平滑，二年生枝无疣状突起。

    C_1　叶卵形至椭圆形，幼时背面无毛或稍有毛，锯齿尖锐·················· 贴梗海棠 *C. speciosa*

    C_2　叶长椭圆形至披针形，幼时背面密被褐色绒毛，锯齿刺芒状·········· 木瓜海棠 *C. cathayensis*

  B_2　小枝粗糙，二年生枝有疣状突起；叶倒卵形至匙形，背无毛，锯齿圆钝···················

  ·· 日本贴梗海棠 *C. japonica*

A_2　枝无刺；花单生；萼片有细齿；反折；托叶小 ·················· 木瓜 *C. sinensis*

贴梗海棠 *Chaenomeles speciosa* (Sweet) Nakai（图 6-160）

别名　铁角海棠、贴梗木瓜、皱皮木瓜

识别要点

❖ 树形：落叶灌木，高达 2m。

❖ 枝干：枝开展，无毛，有刺。

❖ 叶：叶卵形至椭圆形，长 3～8cm，先端尖，基部楔形，缘有尖锐锯齿，齿尖开展，表面无毛，有光泽，背面无毛或脉上稍有毛；托叶大，肾形或半圆形，缘有尖锐重锯齿。

❖ 花：花 3～5 朵簇生于二年生老枝上，朱红、粉红或白色，径 3～5cm；萼筒钟状，无毛，萼片直立；花柱基部无毛或稍有毛；花梗粗短或近于无梗。花期 3～4 月，先叶开放。

❖ 果：果卵形至球形，径 4～6cm，黄色或黄绿色，芳香，萼片脱落，果熟期 9～10 月。

图 6-160　贴梗海棠
Chaenomeles speciosa

产地与分布

❖ 产地：产于中国陕西、甘肃、四川、贵州、云南、广东等地，缅甸也有。

❖ 分布：国内外普遍栽培观赏。

生态习性

❖ 光照：喜光。

❖ 温湿：有一定耐寒能力，秦皇岛以南可露地越冬。

❖ 水土：对土壤要求不严，但喜排水良好的肥厚壤土。

观赏特性

✦ 感官之美：本种早春叶前开花，簇生枝间，鲜艳美丽，且有重瓣及半重瓣品种，秋天又有黄色、芳香的硕果，是一种很好的观花、观果灌木。

园林应用

✦ 应用方式：宜于草坪、庭院或花坛内丛植或孤植，又可作为绿篱及基础种植材料，同时还是盆栽和切花的好材料。

✦ 注意事项：不宜在低洼积水处栽植。

蔷薇属 *Rosa* L.

本属隶属于蔷薇科 Rosaceae。落叶或常绿灌木，茎直立或攀缘，通常有皮刺。叶互生，奇数羽状复叶，具托叶，罕为单叶而无托叶。花单生或呈伞房花序，生于新梢顶端；萼片及花瓣各 5，罕为 4；雄蕊多数，生于蕊筒的口部；雌蕊通常多数，包藏于壶状花托内。花托老熟即变为肉质的浆果状假果，特称蔷薇果，内含少数或多数骨质瘦果。

本属 200 余种，主产于北半球温带及亚热带；中国 90 余种，加引进种达 115 种。

分种检索表

A_1 花托壶状，平滑或被刺，瘦果生于花托内壁及底部。

  B_1 柱头伸出花托口外很多，托叶与叶柄至少一半连合。

    C_1 枝偃伏或攀缘状；小叶 5～9（11），两面或下面有柔毛；花密集成圆锥状伞房花序，花柱靠合成柱状。与雄蕊近等长 ······ 野蔷薇 *R. multiflora*

    C_2 茎直立；小叶 3～5；花单生或数朵聚生；花柱分离，长约为雄蕊之半 ···月季花 *R. chinensis*

  B_2 柱头不伸出花托口外，托叶与叶柄连合或分离。

    C_1 托叶与叶柄合生；茎直立或拱曲。

      D_1 花白色或紫红色；叶上面叶脉凹下，有皱纹 ······ 玫瑰 *R. rugosa*

      D_2 花黄色。

        E_1 枝拱曲，小枝具扁刺及刺毛 ······ 黄蔷薇 *R. hugonis*

        E_2 枝直立，小枝具硬直皮刺，无刺毛 ······ 黄刺玫 *R. xanthina*

    C_2 托叶与叶柄分离；小叶 3～5；茎攀缘或匍匐 ······ 木香花 *R. banksiae*

A_2 花托杯状，密被刺毛，瘦果生于花托底部；蔷薇果扁球形，密被刺毛 ······ 缫丝花 *R. roxburghii*

木香花 *Rosa banksiae* Ait.（图 6-161）

别名 木香

识别要点

✦ 树形：落叶或半常绿攀缘灌木，高达 6m。

✦ 枝干：枝细长，绿色，光滑而少刺。

✦ 叶：小叶 3～5，罕 7，卵状长椭圆形至披针形，长 2.5～5cm，先端尖或钝，缘有细锯齿，表面暗绿而有光泽，背面中肋常有微柔毛；托叶线形，与叶柄离生，早落。

✦ 花：花 3～15 朵排成伞形花序；花白色，径约 2.5cm，浓香；萼片长卵形，全缘；花梗细长，光滑；花柱玫瑰紫色。花期 4～5 月。

◇ 果：蔷薇果近球形，红色，径 3～5mm。果期
　　9～10 月。

种下变异

有以下变种和变型。

重瓣白木香花 var. *alboplena* Rehd.：花白色，重瓣，
香味浓烈；常为 3 小叶，久经栽培，应用最广。

重瓣黄木香花 var. *lutea* Lindl.：花淡黄色，重瓣，
香味甚淡；常为 5 小叶；较少栽培。

单瓣黄木香花 f. *lutescens* Voss：花黄色，单瓣，
罕见。

产地与分布

◇ 产地：原产于中国西南部。

◇ 分布：分布于长江流域以南，现华北南部至华
　　南、西南均有栽培。

图 6-161　木香花 *Rosa banksiae*

生态习性

◇ 光照：性喜阳光。

◇ 温湿：喜温暖，耐寒性不强，幼树畏寒，北京须选背风向阳处栽植。

◇ 水土：喜排水良好的砂质壤土，不耐积水和盐碱。

生物学特性

◇ 长速与寿命：生长迅速。

观赏特性

◇ 感官之美：藤蔓细长，或白花如雪，或灿若金星，香气扑鼻。

园林应用

◇ 应用方式：我国自古在庭院中广为应用，适于花架、花格、绿门、花亭、拱门、
　　墙垣的垂直绿化，也可丛植于池畔、假山石旁。在我国长江流域各地普遍栽作棚
　　架、花篱材料；在北方也常盆栽。

月季花 *Rosa chinensis* Jacq.（图 6-162）

识别要点

◇ 树形：半常绿或常绿直立灌木。

◇ 枝干：通常具钩状皮刺。

◇ 叶：小叶 3～5，广卵至卵状椭圆形，长 2.5～6cm，先端尖，缘有锐锯齿，两面
　　无毛，表面有光泽；叶柄和叶轴散生皮刺和短腺毛，托叶大部附生在叶柄上，边
　　缘有具腺纤毛。

◇ 花：花常数朵簇生，罕单生，径约 5cm，深红、粉红至近白色，微香；萼片常羽
　　裂，有腺毛；花梗多细长，有腺毛。花期 4 月下旬至 10 月。

◇ 果：蔷薇果卵形至球形，长 1.5～2cm，红色。果熟期 9～11 月。

产地与分布

◇ 产地：原产中国。

◇ 分布：现国内外普遍栽培。

图 6-162　月季花 *Rosa chinensis*

种下变异

有以下品种。

'月月红''Semperflorens'：茎较纤细，常带紫红晕，有刺或近无刺。小叶较薄，常带紫晕。花多单生，紫色至深粉红色，花梗细长而常下垂。

'小月季''Minima'：植株矮小，多分枝，高一般不过 25cm；叶小而狭；花也较小，径约 3cm，玫瑰红色，单瓣或重瓣。宜作盆景材料。

'绿月季''Viridiflora'：花淡绿色，花瓣呈带锯齿之狭绿叶状。

'变色'月季'Mutabilis'：花单瓣，初开时硫黄色，继变橙色、红色，最后呈暗红色，径 4.5～6cm。

另需说明的是：目前常见栽培的现代月季（*Rosa hybrida*）实际上是原产中国的月季花和其他很多蔷薇属种类的杂交品种，重要亲本有月季花、野蔷薇、香水月季、法国蔷薇、大马士革蔷薇、百叶蔷薇等。现代月季品种繁多，常分为以下几类。

（1）杂种香水月季（Hybrid Tea Rose，HT）：或称杂种茶香月季。是现代月季中最重要的一类，1867 年首次出现，后经多次杂交选育，品种极多，应用最广。灌木，耐寒性较强，花多单生，大而重瓣，花蕾秀美、花色丰富，有香味，花期长。

（2）丰花月季（Floribunda Rose，Fl）：或称聚花月季。植株较矮小，分枝细密；花朵较小（一般直径在 5cm 以下），但多花成簇、成团，单瓣或重瓣；四季开花，耐寒性与抗热性均较强。

（3）大花月季（Grandiflora Rose，Gr）：又称壮花月季。花朵大而一茎多花，四季开放，有的品种花径达 13cm；生长势旺盛，植株高度多在 1m 以上。

（4）微型月季（Miniature Rose，Min）：植株矮小，一般高仅 10～45cm，花朵小，径 1～3cm，常为重瓣，枝繁花密，玲珑可爱。适于盆栽。

（5）藤本月季（Climber & Rambler，Cl）：茎蔓细长、攀缘。

生态习性

✧ 光照：喜光，但过于强烈的阳光照射又对花蕾发育不利，花瓣易焦枯。

✧ 温湿：喜温暖，一般气温在 22～25℃最为适宜，夏季的高温对开花不利。因此月季虽能在生长季中开花不绝，但以春、秋两季开花最多最好。

✧ 水土：对土壤要求不严，但以富含有机质、排水良好而微酸性（pH 6～6.5）土壤最好。

观赏特性

✧ 感官之美：月季花色艳丽，花期长，色香俱佳。

园林应用

✧ 应用方式：宜作花坛、花境及基础栽植用，在草坪、园路角隅、庭院、假山等处配植也很合适，又可作盆栽及切花用。

野蔷薇 *Rosa multiflora* Thunb.（图6-163）

图6-163 野蔷薇 *Rosa multiflora*

别名 多花蔷薇

识别要点

❖ 树形：落叶灌木，偃伏或攀缘。

❖ 枝干：茎长，托叶下有刺。

❖ 叶：奇数羽状复叶，小叶5~9（11），倒卵形至椭圆形，长1.5~3cm，缘有齿，两面无毛；托叶明显，边缘篦齿状。

❖ 花：花多朵呈密集圆锥状伞房花序，白色或略带粉晕，芳香，径约2cm；萼片有毛，花后反折。花期5~6月。

❖ 果：蔷薇果近球形，径约6mm，褐红色。果熟期10~11月。

种下变异

有以下变种和品种。

粉团蔷薇（粉花蔷薇）var. *cathyensis* Rehd. et Wils.：小叶较大，通常5~7枚；花较大，径3~4cm，单瓣，粉红至玫瑰红色，数朵或多朵呈平顶之伞房花序。

'荷花'蔷薇（'粉红七姊妹'）'Carnea'：花重瓣，粉红色，多朵成簇，甚美丽。

'七姊妹'（'十姊妹'）'Platyphylla'：叶较大；花重瓣，粉红色，常6~7朵呈扁伞房花序。

'白玉棠''Albo-plena'：枝上刺较少；小叶倒广卵形；花白色，重瓣，多朵簇生，有淡香。

产地与分布

❖ 产地：产于华北、华东、华中、华南及西南。朝鲜、日本也有。

❖ 分布：各地园林中常见栽培。

生态习性

❖ 光照：喜光，耐半阴，在阳光充分的环境中才能生长良好，而在荫蔽环境中，生长不正常，甚至死亡。

❖ 温湿：耐寒性强。

❖ 水土：对土壤要求不严，在黏重土中也可正常生长。耐瘠薄，忌低洼积水，以肥沃疏松的微酸性土壤最好。

观赏特性

❖ 感官之美：初夏开花，花繁叶茂，芳香清幽，花形千姿百态，花色五彩缤纷。

园林应用

❖ 应用方式：广泛栽植于园林，多作花柱、花门、花篱、花架及基础种植、斜坡悬垂材料，也可盆栽或切花观赏；最宜植为花篱，坡地丛栽也颇有野趣，且有助于水土保持。

❖ 注意事项：一些品种易罹白粉病，可用石灰硫黄合剂防治。

玫瑰 *Rosa rugosa* Thunb.（图 6-164）

识别要点

❖ 树形：落叶直立丛生灌木，高达 2m。

图 6-164　玫瑰 *Rosa rugosa*

❖ 枝干：茎枝灰褐色，密生刚毛与倒刺。

❖ 叶：羽状复叶，小叶 5～9，椭圆形至椭圆状倒卵形，长 2～5cm，缘有钝齿，质厚；表面亮绿色，多皱，无毛，背面有柔毛及刺毛；托叶大部附着于叶柄上。

❖ 花：花单生或数朵聚生，常为紫色，芳香，径 6～8cm。花期 5～6 月，7～8 月零星开放。

❖ 果：蔷薇果扁球形，径 2～2.5cm，砖红色，具宿存萼片。9～10 月成熟。

产地与分布

❖ 产地：原产于中国北部。

❖ 分布：现各地有栽培，以山东、江苏、浙江、广东为多。

种下变异

有以下品种。

'紫玫瑰' 'Rubra'：花玫瑰紫色。

'红玫瑰' 'Rosea'：花玫瑰红色。

'白玫瑰' 'Alba'：花白色。

'重瓣紫' 玫瑰 'Rubra-plena'：花玫瑰紫色，重瓣，香气馥郁，品质优良，多不结实或种子瘦小。各地栽培最广。

'重瓣白' 玫瑰 'Albo-plena'：花白色，重瓣。

生态习性

❖ 光照：喜阳光充足，在阴处生长不良，开花稀少。

❖ 温湿：耐寒性强。

❖ 水土：耐旱，对土壤要求不严，在微碱性土上也能生长。在肥沃的中性或微酸性轻壤土中生长和开花最好。

生物学特性

❖ 长速与寿命：生长迅速。

❖ 根系特性：根系一般分布在 15～50cm 深处，但垂直根有的可达 4m 深。萌蘖力很强。

观赏特性

❖ 感官之美：玫瑰色艳花香，花期长。

园林应用

❖ 应用方式：最宜作花篱、花境、花坛及坡地栽植。

❖ 注意事项：不耐积水，遇涝则下部叶片黄落，甚至全株死亡。

黄刺玫 *Rosa xanthina* Lindl.（图 6-165）

识别要点

- ◇ 树形：落叶丛生灌木，高 1～3m。
- ◇ 枝干：小枝褐色，有硬直皮刺，无刺毛。
- ◇ 叶：小叶 7～13，广卵形至近圆形，长 0.8～1.5cm，先端钝或微凹，缘有钝锯齿，背面幼时微有柔毛，但无腺。
- ◇ 花：花单生，黄色，重瓣或单瓣，径 4.5～5cm。花期 4 月下旬至 5 月中旬。
- ◇ 果：蔷薇果近球形，红褐色，径 1cm。

图 6-165 黄刺玫
Rosa xanthina

产地与分布

- ◇ 产地：产于东北、华北至西北；朝鲜也有。
- ◇ 分布：各地园林常见栽培。

生态习性

- ◇ 光照：喜光。
- ◇ 温湿：耐寒性强。
- ◇ 水土：耐旱，耐瘠薄。

观赏特性

- ◇ 感官之美：春天开金黄色花朵，而且花期较长，实为北方园林春景添色不少。

园林应用

- ◇ 应用方式：宜于草坪、林缘、路边丛植，也可作绿篱及基础种植。

棣棠花属 *Kerria* DC.

本属隶属于蔷薇科 Rosaceae。灌木；单叶互生，重锯齿，有托叶；花单生，黄色，两性；萼片 5，短小而全缘；花瓣 5，雄蕊多数；心皮 5～8。瘦果干而小。

本属仅 1 种，产于中国及日本。

棣棠花 *Kerria japonica* (L.) DC.（图 6-166）

识别要点

- ◇ 树形：落叶丛生无刺灌木，高 1.5～2m。
- ◇ 枝干：小枝绿色，光滑，有棱。
- ◇ 叶：叶卵形至卵状椭圆形，长 4～8cm，先端长尖，基部楔形或近圆形，缘有尖锐重锯齿，背面略有短柔毛。
- ◇ 花：花金黄色，径 3～4.5cm，单生于侧枝顶端；花期 4 月下旬至 5 月底。
- ◇ 果：瘦果黑褐色，生于盘状花托上，萼片宿存。

种下变异

'重瓣' 棣棠花 'Pleniflora'：花重瓣。各地栽培普遍。

'金边' 棣棠花 'Aureo-marginata'（'Picta'）：叶缘黄色。

'菊花' 棣棠花 'Stellata'：花瓣 6～8，细长，形似菊花。

'白花' 棣棠花 'Albescens'：花变为白色。

图 6-166　棣棠花
Kerria japonica

'银边'棣棠花'Argenteo-marginata'：叶缘白色。

产地与分布

❖ 产地：产于河南、湖北、湖南、江西、浙江、江苏、四川、云南、广东等地。日本也有。

❖ 分布：秦皇岛以南各地园林多有栽培。

生态习性

❖ 光照：喜半阴。在野生状态多在山涧、岩石旁、灌丛中或乔木林下生长。

❖ 温湿：性喜温暖，华北城市须选背风向阳或建筑物前栽种。

❖ 水土：喜略湿之地。

观赏特性

❖ 感官之美：棣棠花、叶、枝俱美。

园林应用

❖ 应用方式：丛植于篱边、墙际、水畔、坡地、林缘及草坪边缘，或栽作花径、花篱或与假山配植，都很合适。

鸡麻属　*Rhodotypos* Sieb. et Zucc.

本属隶属于蔷薇科 Rosaceae。灌木；单叶对生，缘具重锯齿，有托叶；花单生，白色。萼片 4，卵形，有锯齿，基具 4 互生副萼。花瓣 4，近圆形，雄蕊多数，心皮通常 4；核果熟时干燥，黑色，外绕大宿存萼。

本属仅 1 种，产于中国及日本。

鸡麻　*Rhodotypos scandens* (Thunb.) Mak.（图 6-167）

识别要点

❖ 树形：落叶灌木，高 2～3m。

❖ 枝干：枝开展，紫褐色，无毛。

❖ 叶：叶卵形至卵状椭圆形，长 4～8cm，端锐尖，基圆形，缘具尖锐重锯齿，表面皱，背面至少幼时有柔毛；叶柄长 3～5mm。

❖ 花：花纯白色，径 3～5cm，单生新枝顶端。花期 4～5 月。

❖ 果：核果 4，倒卵形，长约 8mm，亮黑色。

产地与分布

❖ 产地：产于中国、日本和朝鲜。

❖ 分布：辽宁、山东、河南、陕西、甘肃、安徽、江苏、浙江、湖北等地均有分布。秦皇岛以南园林中有栽培。

生态习性

❖ 光照：喜光。

图 6-167　鸡麻
Rhodotypos scandens

◇ 温湿：耐寒。

◇ 水土：耐旱。

观赏特性

◇ 感官之美：花白色美丽。

园林应用

◇ 应用方式：一般栽培于庭园观赏。

委陵菜属 *Potentilla* L.

本属隶属于蔷薇科 Rosaceae。落叶小灌木或亚灌木，多年生或一二年生草本。羽状或掌状复叶。托叶常连于叶柄并成鞘状。花单生或顶生聚伞或聚伞圆锥花序；萼片 5，基具 5 互生苞片；花瓣 5，圆形；雄蕊 10～30；雌蕊多，生于一较低的圆锥形花托上，后各变为干瘦果；花柱脱落。

200 余种，中国 80 余种。广布于北温带及亚寒带。

分种检索表

A$_1$　灌木 0.5～2（3）m；小叶 3～7，通常 5 枚。

　B$_1$　花黄色···金露梅 *P. fruticosa*

　B$_2$　花白色···银露梅 *P. glabra*

A$_2$　灌木低矮，0.2～1.5m，小叶 5～9 枚·························小叶金露梅 *P. parvifolia*

金露梅 *Potentilla fruticosa* L.（图 6-168）

别名　金老梅、金蜡梅

识别要点

◇ 树形：落叶灌木，高可达 2m。

◇ 枝干：树皮纵向剥落，分枝多，幼枝有丝状毛。

◇ 叶：羽状复叶，小叶 3～7，通常 5 枚，长椭圆形至线状长圆形，长 1～2.0cm，宽 3～6mm，全缘，两面微有毛，上面 1 对小叶基部下延于叶轴；叶柄短；托叶膜质。

◇ 花：花单生或数朵呈聚伞花序，花黄色，径 2～3cm；副萼片披针形，萼片卵形；花瓣圆形；花期 7～8 月。

◇ 果：瘦果密生长柔毛。果期 9～10 月。

种下变异

白毛金露梅 var. *albicans* Rehd et Wils：叶背密生银白色毛。

产地与分布

◇ 产地：原种产于北半球温带。

◇ 分布：我国东北、华北、西北和西南地区有分布。各地园林中有栽培。

生态习性

◇ 光照：喜光。

◇ 温湿：耐寒性强。

◇ 水土：耐旱，不择土壤。

图 6-168　金露梅
Potentilla fruticosa

观赏特性

◇ 感官之美：夏季开金黄色花朵，颇美丽。花期长。

园林应用

◇ 应用方式：宜作岩石园种植材料，也可丛植于草地、林缘、房基，或栽作矮花篱。

桃属 *Amygdalus* L.

本属隶属于蔷薇科 Rosaceae。属特征及属检索表见本项目任务— 2.2 落叶阔叶乔木。

榆叶梅 *Amygdalus triloba* (Lindl.) Ricker（图 6-169）

别名　榆梅、小桃红

图 6-169　榆叶梅
Amygdalus triloba

识别要点

◇ 树形：落叶灌木，高 2～5m。

◇ 枝干：小枝细，无毛或幼时稍有柔毛。

◇ 叶：叶椭圆形至倒卵形，长 3～5cm，叶端尖或有的 3 浅裂，基部阔楔形，缘具粗重锯齿，两面多少有毛。

◇ 花：花 1～2 朵，粉红色，先花后叶，径 2～3cm；萼筒钟状，萼片卵形，有齿。花期 4 月。

◇ 果：核果球形，径 1～1.5cm，红色。果 7 月成熟。

种下变异

有以下变种和品种。

截叶榆叶梅 var. *truncatum* Kom.：叶端近截形，3 裂；花粉红色，花梗短于花萼筒。我国东北地区常有栽培。

'鸾枝''Atropurpurea'：小枝紫红色；花 1～2 朵，罕 3 朵，单瓣或重瓣，紫红色，萼片 5～10；雄蕊 25～35，北京多栽培，尤以重瓣者为多。

'复瓣'榆叶梅 'Multiplex'：花复瓣，粉红色；萼片多为 10，有时 5；花瓣 10 或更多。

'重瓣'榆叶梅 'Plena'：花大，径达 3cm 或更大，深粉红色，雌蕊 1～3，萼片通常 10，花瓣很多，花梗与花萼皆带红晕。花朵密集艳丽，观赏价值很高，北京常见栽培。

产地与分布

◇ 产地：原产于中国北部。

◇ 分布：黑龙江、河北、山西、山东、江苏、浙江等地均有分布，华北、东北庭园多有栽培。

生态习性

◇ 光照：性喜光。

◇ 温湿：耐寒。

◇ 水土：耐旱，对轻碱土也能适应。

生物学特性

✧ 根系特性：萌蘖能力强。

观赏特性

✧ 感官之美：早春开花，花朵繁密，色彩艳丽。

园林应用

✧ 应用方式：北方园林中最宜大量应用，以反映春光明媚、花团锦簇的欣欣向荣景象。在园林或庭院中最好以苍松翠柏作背景丛植，或与连翘 Forsythia suspensa 配植。此外，还可作盆栽、切花或催花材料。

✧ 注意事项：不耐水涝。

紫荆属 *Cercis* L.

本属隶属于云实科（苏木科）Caesalpiniaceae。落叶乔木或灌木。芽叠生。单叶互生，全缘；叶脉掌状。花萼 5 齿裂，紫红色；花冠假蝶形，上部 1 瓣较小，下部 2 瓣较大；雄蕊 10，花丝分离。荚果扁带形；种子扁形。

10 余种，产北美、东亚及南欧；中国有 7 种，皆为美丽的观赏树木。

分种检索表

A_1 花 4～10 朵簇生于老枝上 ·· 紫荆 *C. chinensis*

A_2 花排成下垂的总状花序 ·· 垂丝紫荆 *C. racemosa*

紫荆 *Cercis chinensis* Bunge（图 6-170）

别名　满条红

识别要点

✧ 树形：乔木，高达 15m，胸径 50cm，但在栽培情况下多呈灌木状。

✧ 叶：叶近圆形，长 6～14cm，叶端急尖，叶基心形，全缘，两面无毛。

✧ 花：花紫红色，4～10 朵簇生于老枝上。花期 4 月，叶前开放。

✧ 果：荚果长 5～14cm，沿腹缝线有窄翅。果 10 月成熟。

种下变异

有以下变型。

白花紫荆 f. *alba* P. S. Hsu：花纯白色。

短毛紫荆 f. *pubescens* Wei：枝、叶柄及叶背脉均被短柔毛。

产地与分布

产地：产黄河流域及其以南各地。

分布：秦皇岛以南各地栽培。

生态习性

✧ 光照：性喜光。

✧ 温湿：有一定耐寒性。

✧ 水土：喜肥沃、排水良好土壤。

生物学特性

✧ 根系特性：萌蘖性强。

图 6-170　紫荆
Cercis chinensis

观赏特性

◇ 感官之美：早春叶前开花，无论枝、干布满紫花，艳丽可爱。叶片心形，圆整而有光泽，光影相互掩映，颇为动人。

园林应用

◇ 应用方式：宜丛植庭院、建筑物前及草坪边缘。因开花时，叶尚未发出，故宜与常绿的松柏配植为前景或植于浅色的物体前面，如白粉墙的前或岩石旁。

◇ 注意事项：不耐淹。

锦鸡儿属 *Caragana* Lam.

本属隶属于蝶形花科 Fabaceae。落叶灌木，偶数羽状复叶，在长枝上互生，短枝上簇生，叶轴端呈刺状。花黄色，稀白色或粉红色，单生或簇生；萼呈筒状或钟状；花冠蝶形，雄蕊 2 体（9+1）。荚果细圆筒形或稍扁，有种子数粒。

约 60 种，产于亚洲东部及中部；中国约产 50 种，主要分布于黄河流域。

分种检索表

A_1 小叶常为 2～4 枚。

　B_1 小叶 2 对，2 对叶的间距大 ·························· 锦鸡儿 *C. sinica*

　B_2 小叶 4 枚紧密簇生呈掌状排列 ·················· 金雀儿 *C. rosea*

A_2 小叶 8～18 枚。

　B_1 小叶 8～12 枚，长 1～2.5cm ················ 树锦鸡儿 *C. arborescens*

　B_2 小叶 12～18 枚，长 3～8cm ··············· 小叶锦鸡儿 *C. microphylla*

锦鸡儿 *Caragana sinica* Rehd.（图 6-171）

识别要点

◇ 树形：灌木，高达 1.5m。

◇ 枝干：枝细长，开展，有角棱。

◇ 叶：托叶针刺状。小叶 4 枚，成远离的 2 对，倒卵形，长 1～3.5cm，叶端圆而微凹。

◇ 花：花单性，红黄色，长 2.5～3cm，花梗长约 1cm，中部有关节。花期 4～5 月。

◇ 果：荚果长 3～3.5cm。

产地与分布

◇ 产地：主要产于中国北部及中部，西南也有。

◇ 分布：华北及以南地区有栽培。

生态习性

◇ 光照：性喜光。

◇ 温湿：耐寒。

◇ 水土：不择土壤，又能耐干旱瘠薄，能生于岩石缝隙中。

观赏特性

◇ 感官之美：本种叶色鲜绿，花亦美丽。

图 6-171　锦鸡儿 *Caragana sinica*

园林应用

❖ 应用方式：在园林中可植于岩石旁、小路边，或作绿篱用，亦可作盆景材料。又是良好的水土保持植物。

胡枝子属 *Lespedeza* Michx.

本属隶属于蝶形花科 Fabaceae。落叶灌木、半灌木或多年生草本。羽状复叶具 3 小叶，全缘；托叶宿存，无小托叶。总状花序或头状花序，腋生；花形小，常 2 朵并生于一宿存苞片内；花冠有或无，花梗无关节，二体雄蕊（9+1）。荚果短小，扁平，含 1 粒种子，不开裂。

约 60 种，产于北美、亚洲和大洋洲；中国产 26 种，分布极广。

胡枝子 *Lespedeza bicolor* Turcz.（图 6-172）

别名　二色胡枝子、随军茶

识别要点

❖ 树形：灌木，高达 1～3m。

❖ 枝干：分枝细长而多，常拱垂，有棱脊，微有平伏毛。

❖ 叶：小叶卵形至卵状椭圆形或倒卵形，长 3～6cm，叶端钝圆或微凹，有小尖头，叶基圆形；叶表疏生平伏毛，叶背灰绿色，毛略密。

❖ 花：总状花序腋生；花紫色，花萼密被灰白色平伏毛，萼齿不长于萼筒。花期 8 月。

❖ 果：荚果斜卵形，长 6～8mm，有柔毛。9～10 月成熟。

产地与分布

❖ 产地：产于中国东北、内蒙古、华北至长江以南广大地区。

图 6-172　胡枝子 *Lespedeza bicolor*

❖ 分布：各地园林中有少量栽培。

生态习性

❖ 光照：性喜光，亦稍耐阴。

❖ 温湿：喜湿润气候，耐寒。

❖ 水土：耐旱，耐瘠薄土壤，但喜肥沃土壤。

生物学特性

❖ 长速与寿命：生长迅速。

❖ 根系特性：根系发达，萌蘖力强。

观赏特性

❖ 感官之美：本种叶色鲜绿，花呈玫瑰粉色而繁多。

园林应用

❖ 应用方式：可植于自然式园林中供观赏，又可作水土保持和改良土壤的地被植物。

紫穗槐属 *Amorpha* L.

本属隶属于蝶形花科 Fabaceae。落叶灌木。奇数羽状复叶，互生，小叶对生或近对生。总状花序顶生，直立；萼钟状，5 齿裂，具油腺点；旗瓣包被雄蕊，翼瓣及龙骨瓣均退化；雄蕊 10，花丝基部合生。荚果小，微弯曲，具油腺点，不开裂，内含 1 粒种子。

约 35 种，产于北美；中国引入栽培 1 种。

紫穗槐 *Amorpha fruticosa* L.（图 6-173）

别名　棉槐

识别要点

❖　树形：<u>丛生灌木，高 1～4m。</u>

图 6-173　紫穗槐 *Amorpha fruticosa*

❖ 枝干：枝条直伸，青灰色，幼时有毛；芽常 2 个叠生。

❖ 叶：小叶 11～25，长椭圆形，长 2～4cm，具透明油腺点，幼叶密被毛，老叶毛稀疏；托叶小。

❖ 花：花小，蓝紫色，花药黄色，呈顶生密总状花序。花期 5～6 月。

❖ 果：荚果短镰形，长 7～9mm，密被隆起油腺点。果 9～10 月成熟。

产地与分布

❖ 产地：原产于北美。

❖ 分布：中国东北中部以南，华北、西北，南至长江流域均有栽培，以华北平原生长最好。

生态习性

❖ 光照：对光线要求充足。

❖　温湿：喜干冷气候，在年均温 10～16℃，年降水量 500～700mm 的华北地区生长最好。耐寒性强，在最低温达 -40℃以下，1 月平均温达 -25.6℃的地区也能生长。

❖　水土：耐干旱能力也很强，能在降水量 200mm 左右处生长。能耐一定程度的水淹，虽浸水 1 个月也不会死亡。对土壤要求不严，但以砂质壤土较好，能耐盐碱，在土壤含盐量达 0.3%～0.5% 下也能生长。

生物学特性

❖　长速与寿命：生长迅速，植株自地面平茬后，新稍当年可高达 2m 左右。

❖　根系特性：根系发达，须根多分布在十下 25～50cm 处，直根可深达 3m。萌蘖力强。具根瘤，能改良土壤。

观赏特性

❖　感官之美．枝叶繁密。

园林应用

❖　应用方式：常植作绿篱用。也可用作水土保持，被覆地面和工业区绿化，常作防护林带的下木用。又常作荒山、荒地、盐碱地、低湿地、砂地、河岸、坡地的绿化用。

胡颓子属 *Elaeagnus* L.

本属隶属于胡颓子科 Elaeagnaceae。落叶或常绿，灌木或乔木，常具枝刺，被黄褐色或银白色盾状鳞。叶互生，具短柄。花两性或杂性，单生或簇生叶腋，花被筒长，端 4 裂，雄蕊 4，花丝极短；具蜜腺，虫媒传粉。果常为长椭圆形，内具有条纹的核。

约 80 种；中国产 55 种。

分种检索表

A_1 落叶性；春季开花。

  B_1 小枝及叶仅具银白色鳞片；果黄色 ……………………………………… 沙枣 *E. angustifolia*

  B_2 小枝及叶兼有银白色和褐色鳞片；果红色或橙红色。

    C_1 枝有刺；果卵圆形，长 5～7mm ……………………………………… 秋胡颓子 *E. umbellata*

    C_2 枝无刺；果长倒卵形至椭圆形，长 15～45mm；果梗下垂 …………… 木半夏 *E. multiflora*

A_2 叶常绿；秋季开花；小枝褐色，有刺；叶背面银白色，被褐色鳞片 ………… 胡颓子 *E. pungens*

沙枣 *Elaeagnus angustifolia* L.（图 6-174）

别名 桂香柳、银柳

识别要点

◇ 树形：落叶灌木或小乔木，高 5～10m。

◇ 枝干：幼枝银白色，老枝栗褐色，有时具刺。

◇ 叶：叶椭圆状披针形至狭披针形，长 4～8cm，先端尖或钝，基部广楔形，两面均有银白色鳞片，背面更密；叶柄长 5～8mm。

◇ 花：花 1～3 朵生于小枝下部叶腋，花被筒钟状，外面银白色，里面黄色，芳香，花柄甚短。花期 6 月前后。

◇ 果：果椭圆形，长约 1.2cm，径约 1cm，熟时黄色，果肉粉质。9～10 月成熟。

图 6-174 沙枣 *Elaeagnus angustifolia*

产地与分布

◇ 产地：产于我国东北、华北及西北。地中海沿岸地区、俄罗斯、印度也有。

◇ 分布：各地园林中有少量应用，西北地区常用作行道树。

种下变异

有以下变种。

东方沙枣 var. *orientalis*（L.）Kuntze：花枝下部叶宽椭圆形，上部叶披针形或椭圆形。

刺沙枣 var. *spinosa* Ktze：枝显著具刺。

生态习性

◇ 光照：性喜光。

✧ 温湿：耐寒性强。

✧ 水土：耐干旱，也耐水湿，又耐盐碱（在耐盐性方面主要能耐硫酸盐，而对氯化物盐土则抗性较差些）；耐瘠薄，能生长在荒漠、半沙漠和草原上。

生物学特性

✧ 长速与寿命：生长迅速，5年生高达可高达6m，10年生近10m。寿命可达100年。

✧ 根系特性：根系发达，以水平根为主。根上具固氮的根瘤。

观赏特性

✧ 感官之美：叶形似柳而色灰绿，叶背有银白色光泽，是个颇有特色的树种。

园林应用

✧ 应用方式：由于具有多种抗性，最宜作盐碱和沙荒地区的绿化用，宜植为防护林。亦可用作行道树。

✧ 注意事项：根上具固氮的根瘤。

沙棘属 *Hippophae* L.

本属隶属于胡颓子科 Elaeagnaceae。落叶灌木或乔木，具枝刺，幼嫩部分有银白色或锈色盾状鳞或星状毛。叶互生，狭窄，具短柄。花单性异株，排成短总状或柔荑花序，腋生；雄花无柄，雌花有短柄；花被筒短，2裂，雄蕊4；风媒传粉。果实球形。

共5种，5亚种；中国产5种，4亚种。

沙棘 *Hippophae rhamnoides* L. ssp. *sinensis* Rousi（图 6-175）

别名　醋柳、酸刺、中国沙棘

识别要点

✧ 树形：灌木或小乔木，高可达10m。

✧ 枝干：枝有刺。

✧ 叶：叶互生或近对生，线形或线状披针形，长2~6cm，叶端尖或钝，叶基狭楔形，叶背密被银白色鳞片；叶柄极短。

✧ 花：花小，淡黄色，先叶开放。花期3~4月。

✧ 果：果球形或卵形，长6~8mm，熟时橘黄色或橘红色；种子1，骨质。果9~10月成熟。

产地与分布

✧ 产地：产于欧洲及亚洲西部和中部。中国产于华北、西北及西南。

✧ 分布：园林中有少量应用。

生态习性

✧ 光照：喜光。

✧ 温湿：能耐严寒。

✧ 水土：耐干旱和贫瘠土壤，耐酷热，耐盐碱。能在 pH 9.5 和含盐量达 1.1% 的地方生长。喜透气性良好的土壤，在黏重土壤上生长不良，能在沙丘流沙上生长。

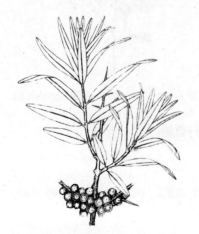

图 6-175　沙棘 *Hippophae rhamnoides* ssp. *sinensis*

生物学特性

◇ 长速与寿命：生长迅速。

◇ 根系特性：主根浅，侧根发达，根系主要分布在土下40cm处，但延伸很远。具能固氮的根瘤。根蘖性强。

观赏特性

◇ 感官之美：沙棘枝叶繁茂，果实繁多，果色鲜艳，经冬不落。

园林应用

◇ 应用方式：宜作刺篱、果篱用。又是极好的防风固沙，保持水土和改良土壤树种，可作防护林带材料。又是干旱风沙地区进行绿化的先锋树种。

◇ 注意事项：根上具固氮的根瘤。

紫薇属 *Lagerstroemia* L.

本属隶属于千屈菜科 Lythraceae。常绿或落叶，灌木或乔木。冬芽端尖，具2芽鳞。叶对生或在小枝上部互生，叶柄短；托叶小而早落。花两性，整齐，成圆锥花序；花梗具脱落性苞片；萼陀螺状或半球形，具6（5～8）裂片；花瓣5～8，通常6，有长爪，瓣边皱波状；雄蕊多数，花丝长；子房3～6室，柱头头状。蒴果室背开裂；种子顶端有翅。

本属共55种；中国16种，多数产于长江以南。

分种检索表

A₁ 叶较小，长3～7cm；花径3～4cm，萼筒无纵棱 ……………………………………… 紫薇 *L. indica*

A₂ 叶较大，长10～25cm；花径5～7.5cm，萼筒有12条纵棱 ……………… 大花紫薇 *L. speciosa*

紫薇 *Lagerstroemia indica* L.（图6-176）

别名 痒痒树、百日红

识别要点

◇ 树形：落叶灌木或小乔木，高可达7m，树冠不整齐。

◇ 枝干：枝干多扭曲；树皮淡褐色，薄片状剥落后干特别光滑。小枝四棱，无毛。

◇ 叶：叶对生或近对生，椭圆形至倒卵状椭圆形，长3～7cm，先端尖或钝，基部广楔形或圆形，全缘，无毛或背脉有毛，具短柄。

◇ 花：花亮粉红至紫红色，径3～4cm，花瓣6；萼外光滑，无纵棱；成顶生圆锥花序。花期6～9月。

◇ 果：蒴果近球形，径约1.2cm，6瓣裂，基部有宿存花萼。果10～11月成熟。

产地与分布

◇ 产地：产于我国华东、中南及西南各地；朝鲜、日本、越南、菲律宾及澳大利亚也有。

◇ 分布：我国秦皇岛以南各地普遍栽培。

种下变异

有以下变种。

图6-176 紫薇
Lagerstroemia indica

银薇 var. *alba* Nichols.：花白色或微带淡堇色；叶色淡绿。

翠薇 var. *rubra* Lav.：花紫堇色；叶色暗绿。

生态习性

◇ 光照：喜光，稍耐阴。

◇ 温湿：喜温暖气候，有一定耐寒性，秦皇岛需良好小气候条件方能露地越冬。

◇ 水土：喜肥沃、湿润而排水良好的石灰性土壤，耐旱，怕涝。

生物学特性

◇ 长速与寿命：生长慢，寿命长，可达数百年。

◇ 根系特性：萌蘖性强。

◇ 花果特性：实生苗生长健壮的当年即可开花。

观赏特性

◇ 感官之美：紫薇树姿优美、树干光滑洁净，花色艳丽；开花时正当夏秋少花季节，花期极长，由6月可开至9月，故有"百日红"之称，又有"盛夏绿遮眼，此花红满堂"的赞语。

◇ 文化意蕴：过去有"好花不常开"的悲观论调，此花却一反常规，色丽而花穗繁茂，如火如荼，令人精神振奋、青春常在，故有"谁道花无红百日，此树常放半年华"的诗句，这是乐观主义者的赞歌了。

园林应用

◇ 应用方式：最适宜种在庭院及建筑前，也宜栽在池畔、路边及草坪上。也可作小型行道树用。又可盆栽观赏及作盆景用。

石榴属 *Punica* L.

本属隶属于石榴科 Punicaceae。灌木或小乔木。小枝先端常成刺尖；芽小，具2芽鳞。单叶对生，全缘，无托叶。花两性，整齐，1～5朵集生枝顶；萼筒肉质而有色彩，端5～8裂，宿存；花瓣5～7；雄蕊多数，花药2室，背着；子房下位。浆果，外果皮革质；种子多数，外种皮肉质多汁，内种皮木质。

本科共1属2种，产于地中海地区至亚洲中部；中国自古引入1种。

石榴 *Punica granatum* L.（图6-177）

别名 安石榴、海榴

识别要点

◇ 树形：落叶灌木或小乔木，高5～7m。树冠常不整齐。

◇ 枝干：小枝有角棱，无毛，端常成刺状。

◇ 叶：叶倒卵状长椭圆形，长2～8cm，无毛而有光泽，在长枝上对生，在短枝上簇生。

◇ 花：花朱红色，径约3cm；花萼钟形，紫红色，质厚。花期5～6（7）月。

◇ 果：浆果近球形，径6～8cm，古铜黄色或古铜红色，具宿存花萼，种子多数，有肉质外种皮。果9～10月成熟。

种下变异

有以下品种。

‘白花’石榴 ‘Albescens’：花白色，单瓣。

‘黄花’石榴 ‘Flavescens’：花黄色。

‘玛瑙’石榴 ‘Legrellei’：花重瓣，红色，有黄白色条纹。

‘重瓣白’石榴 ‘Multiplex’：花白色，重瓣。

‘月季’石榴 ‘Nana’：植株矮小，枝条细密而上升，叶、花皆小，重瓣或单瓣，花期长，5～7月陆续开花不绝。

‘墨石榴’‘Nigra’：枝细柔，叶狭小；花也小，多单瓣；果熟时呈紫黑色，果皮薄；外种皮味酸不堪食。

‘重瓣红’石榴 ‘Pleniflora’：花红色，重瓣。

产地与分布

◇ 产地：原产于伊朗和阿富汗。

◇ 分布：我国黄河流域及其以南地区均有栽培。

图 6-177　石榴
Punica granatum

生态习性

◇ 光照：喜光。

◇ 温湿：喜温暖气候，有一定耐寒能力，在北京地区可于背风向阳处露地栽植。

◇ 水土：喜肥沃湿润而排水良好的石灰质土壤，但可适应 pH 4.5～8.2，有一定的耐旱能力，在平地和山坡均可生长。

生物学特性

◇ 长速与寿命：生长速度中等，寿命长达 200 年以上。

◇ 花果特性：实生苗 5～10 年才能开花结实；扦插苗 4 年开花结实，压条及分株法繁殖的石榴 3 年即可开花结实。

观赏特性

◇ 感官之美：石榴树姿优美，叶碧绿而有光泽，花色艳丽如火而花期极长，又正值花少的夏季，所以更加引人注目，古人曾有"春花落尽海榴开，阶前栏外遍植栽。红艳满枝染夜月，晚风轻送暗香来"的诗句。

◇ 文化意蕴：唐代韩愈《题榴花》："五月榴花耀眼明，枝间时见子初成，可怜此地无车马，颠倒苍苔落绛英。"是广为流传的佳句。石榴被列为农历 5 月的"月花"，称 5 月为"榴月"。石榴花给人以热情、奔放和美的感受，果被誉为繁荣、昌盛、和睦、团结的吉庆佳兆，多子、多孙、多福、多寿的象征。

园林应用

◇ 应用方式：最宜成丛配植于茶室、露天舞池、剧场及游廊外或民族形式建筑所形成的庭院中。又可大量配植于自然风景区，如南京燕子矶附近即依山屏水，随着山路的曲折而形成石榴丛林，每当花开时游人络绎不绝；在秋季则果实变红黄色，点点朱金悬于碧枝之间，衬着青山绿水，真是一片大好景色。石榴又宜盆栽观赏，老北京的传统有于四合院中摆荷花缸和石榴树的配植手法。亦宜作成各种桩景和供瓶养插花观赏。

梾木属 *Cornus* L.

本属隶属于山茱萸科 Cornaceae。属特征及属检索表见本项目任务一 2.2 落叶阔叶乔木。

红瑞木 *Cornus alba* L.（图 6-178）

识别要点

❖ 树形：落叶灌木，高可达 3m。

图 6-178　红瑞木
Cornus alba

❖ 枝干：冬枝血红色，无毛，初时常被白粉；髓大而白色。

❖ 叶：叶对生，卵形或椭圆形，长 4~9cm，叶端尖，叶基圆形或广楔形，全缘，侧脉 5~6 对，叶表暗绿色，叶背粉绿色，两面均疏生贴生柔毛。

❖ 花：花小，黄白色，排成顶生的伞房状聚伞花序。花期 5~6 月。

❖ 果：核果斜卵圆形，成熟时白色或稍带蓝色。果 8~9 月成熟。

产地与分布

❖ 产地：产我国东北、华北及西北地区。朝鲜、俄罗斯及欧洲也有。

❖ 分布：各地园林有栽培。

生态习性

❖ 光照：性喜光。

❖ 温湿：强健耐寒。

❖ 水土：喜略湿润土壤。

观赏特性

❖ 感官之美：红瑞木的枝条鲜红色，冬季尤为醒目，秋叶也为鲜红色，均美丽可观。

园林应用

❖ 应用方式：最宜丛植于庭园草坪、建筑物前或常绿树间，又可栽作自然式绿篱，赏其红枝与白果。例如，与棣棠花 *Kerria japonica*、梧桐 *Firmiana simplex* 等绿枝树种配植，在冬季衬以白雪，可相映成趣，色彩更为显著。此外，红瑞木根系发达，又耐潮湿，植于河边、湖畔、堤岸上，可有护岸固土的效果。

四照花属 *Dendrobenthamia* Hutch.

本属隶属于山茱萸科 Cornaceae。常绿或落叶灌木至小乔木。叶对生，花两性，排成头状花序，序下有大总苞片。核果椭圆形或卵形，多数集合成球形肉质聚花果。

中国产 15 种，主产于长江以南。

四照花 *Dendrobenthamia japonica* (DC.) Fang var. *chinensis* (Osborn) Fang（图 6-179）

识别要点

❖ 树形：落叶灌木至小乔木，高可达 9m。

❖ 枝干：小枝细，绿色，后变褐色，光滑。

❖ 叶：叶对生，卵状椭圆形或卵形，长 6~12cm，叶端渐尖，叶基圆形或广楔形，侧脉 3~4（~5）对，弧形弯曲；叶表疏生白柔毛；叶背粉绿色，有白柔毛并在脉腋簇生黄色或白色毛。

◇ 花：头状花序近球形；序基有 4 枚白色花
瓣状总苞片，椭圆状卵形，长 5～6cm；
花萼 4 裂，花瓣 4，雄蕊 4，子房 2 室。
花期 5～6 月。

◇ 果：核果聚为球形的聚合果，成熟后变
紫红色。果 9～10 月成熟。

产地与分布

◇ 产地：产于长江流域及内蒙古东南部、
河南、陕西、甘肃。

◇ 分布：北京以南园林中有栽培。

生态习性

◇ 光照：性喜光，稍耐阴。

◇ 温湿：喜温暖湿润气候，有一定耐寒力。

◇ 水土：喜湿润而排水良好的砂质土壤。

图 6-179 四照花 *Dendrobenthamia japonica*
var. *chinensis*

观赏特性

◇ 感官之美：本种树形整齐，初夏开花，白色总苞覆盖满树，是一种美丽的庭园观
花树种。

园林应用

◇ 应用方式：配植时可用常绿树为背景而丛植于草坪、路边、林缘、池畔，能使人
产生明丽清新之感。

山茱萸属 *Macrocarpium* Nakai

本属隶属于山茱萸科 Cornaceae。落叶灌木至小乔木。单叶，对生，全缘。花两性，
黄色，花排成伞形花序；花序下有 4 总苞片，芽鳞状，脱落；萼管近全缘或有 4 齿；花
瓣和雄蕊各 4 枚；花盘垫状；子房 2 室。核果长椭圆形。

约 5 种，中国产 2 种。

山茱萸 *Macrocarpium officinale* (S. et Z.) Nakai（图 6-180）

识别要点

◇ 树形：落叶灌木或小乔木。

◇ 枝干：老枝黑褐色，嫩枝绿色。

◇ 叶：叶对生，卵状椭圆形，长 5～12cm，宽约 7.5cm，叶端渐尖，叶基浑圆或楔
形，叶两面有毛，侧脉 6～8 对；脉腋有黄褐色簇毛；叶柄长约 1cm。

◇ 花：伞形花序腋生；序下有 4 小总苞片，卵圆形，褐色；花萼 4 裂，裂片宽三角
形；花瓣 4，卵形，黄色；花盘环状。3～4 月叶前开花。

◇ 果：核果椭圆形，熟时红色。果 8～10 月成熟。

产地与分布

◇ 产地：产于山东、山西、河南、陕西、甘肃、浙江、安徽、湖南等地。

◇ 分布：秦皇岛以南可露地栽培。

图 6-180　山茱萸
Macrocarpium officinale

生态习性

✧ 光照：喜光。

✧ 温湿：性喜温暖气候。

✧ 水土：喜适湿而排水良好处。

观赏特性

✧ 感官之美：早春先叶开花，花朵细小但花色鲜黄，极为醒目；秋季红果累累，绯红欲滴，艳丽悦目，为秋冬季观果佳品。

园林应用

✧ 应用方式：园林中宜于小型庭院、亭边、园路转角处孤植，或于山坡、林缘丛植。也适于在自然风景区中成丛种植。

鼠李属 *Rhamnus* L.

本属隶属于鼠李科 Rhamnaceae。灌木或小乔木；枝端常具刺。单叶互生或近对生，羽状脉，通常有锯齿；托叶小，早落。花小，绿色或黄白色，两性或单性异株，簇生或为伞形、聚伞、总状花序；萼裂、花瓣、雄蕊各为 4～5，有时无花瓣；子房上位，2～4 室。核果浆果状，具 2～4 核，每核 1 种子，种子有沟。

共约 200 种，主产于北温带；中国约产 57 种。

分种检索表

A_1 侧脉 2～4 对，叶菱状倒卵形或菱状椭圆形 ·················· 小叶鼠李 *R. parvifolia*

A_2 侧脉 4～7 对。

　B_1 叶柄长不及 1cm，叶倒卵状圆形或近圆形···················· 圆叶鼠李 *R. globosa*

　B_2 叶柄长 1.5cm 以上，种子背面基部有长为种子 1/3 以下的短沟。

　　C_1 叶下面干后淡绿色，无毛，或仅中部以上有白色疏毛，叶柄长 1.5～3cm ··· 鼠李 *R. davurica*

　　C_2 叶下面干后常黄色或金黄色，沿脉或脉腋被金黄色柔毛，叶柄长 0.5～1.5cm ··· 冻绿 *R. utilis*

冻绿 *Rhamnus utilis* Decne.（图 6-181）

别名　红冻、黑狗丹

识别要点

✧ 树形：落叶灌木或小乔木，高达 4m。

✧ 枝干：小枝无毛，枝端刺状，腋芽小。

✧ 叶：叶长圆形、椭圆形或倒卵状椭圆形，长 4～15cm，宽 2～6.5cm，上面无毛或中脉被疏柔毛，下面干后黄色或金黄色，沿脉或脉腋被金黄色柔毛，侧脉 5～6 对。

✧ 花：雄花数朵至 30 余朵簇生，雌花 2～6 朵簇生。花期 4～6 月。

✧ 果：果近球形，黑色。种子背侧基部有短纵沟。果期 5～10 月。

产地与分布

✧ 产地：产于中国华北、华东、华中及西南地区。朝鲜、日本也有。

✧ 分布：各地园林中有少量栽培。

生态习性

✧ 光照：喜光，稍耐阴。

✧ 温湿：耐寒。

✧ 水土：不择土壤，耐干旱、瘠薄。

观赏特性

✧ 感官之美：本种树姿优美，枝叶繁茂，秋叶黄色，并有累累黑果。

园林应用

应用方式：可以庭园观赏，用作自然式树丛的外围，以丰富绿化层次，也可丛植于草地、山坡、石间。

文冠果属 *Xanthoceras* Bunge

本属隶属于无患子科 Sapindaceae。属的形态特征同种。本属仅 1 种，中国特产。

图 6-181　冻绿 *Rhamnus utilis*

文冠果 *Xanthoceras sorbifolia Bunge*（图 6-182）

图 6-182　文冠果
Xanthoceras sorbifolia

别名　文官果

识别要点

✧ 树形：落叶小乔木或灌木，高达 8m；常见多为 3～5m，并丛生状。

✧ 枝干：树皮灰褐色，粗糙条裂；小枝幼时紫褐色，有毛，后脱落。

✧ 叶：奇数羽状复叶，互生；小叶 9～19，对生或近对生，长椭圆形至披针形，长 3～5cm，先端尖，基部楔形，缘有锯齿，表面光滑，背面疏生星状柔毛。

✧ 花：花杂性，整齐，径约 2cm，萼片 5；花瓣 5，白色，基部有由黄变红的斑晕；花盘 5 裂，裂片背面各有一橙黄色角状附属物；雄蕊 8；子房 3 室，每室 7～8 胚珠。花期 4～5 月。

✧ 果：蒴果椭球形，径 4～6cm，具木质厚壁，室背 3 瓣裂。种子球形，径约 1cm，暗褐色。果 8～9 月成熟。

种下变异

'紫花'文冠果'Purpurea'：花紫红色。

产地与分布

✧ 产地：原产于中国北部。

✧ 分布：河北、山东、山西、陕西、河南、甘肃、辽宁及内蒙古等地均有分布。各地园林中有栽培。

生态习性

✧ 光照：喜光，也耐半阴。

❖ 温湿：耐严寒。

❖ 水土：耐干旱，对土壤要求不严，在沙荒、石砾地、黏土及轻盐碱土上均能生长，但以深厚、肥沃、湿润而通气良好的土壤生长最好。

生物学特性

❖ 长速与寿命：生长较快。

❖ 根系特性：深根性，主根发达，萌蘖力强。

❖ 花果特性：2～3年生即可开花结实。

观赏特性

❖ 感官之美：本种花序大而花朵密，春天白花满树，且有秀丽光洁的绿叶相衬，更显美观，花期可持续约20d。

园林应用

❖ 应用方式：在园林中配植于草坪、路边、山坡、假山旁或建筑物前都很合适。也适于山地、水库周围风景区大面积绿化造林，能起到绿化、护坡固土作用。

❖ 注意事项：不耐涝。

黄栌属 *Cotinus Mill.*

本属隶属于漆树科 Anarcardiaceae。落叶灌木或小乔木，木质部黄色。单叶互生，无托叶，全缘或有锯齿，叶柄细，聚伞圆锥花序顶生，花杂性，花梗细长，苞片披针形，早落；花萼5裂。裂片覆瓦状排列，宿存；花瓣5，雄蕊5，花药内向纵裂；花盘环状，子房偏斜，侧扁，1室，花柱3，侧生，柱头小。核果小，具脉纹。种子肾形，无胚乳。

约5种，分布于北温带；中国有2种3变种。

黄栌 *Cotinus coggygria* Scop. var. *cinerea* Engl.（图6-183）

别名 红叶

识别要点

❖ 树形：落叶灌木或小乔木，高达8m。

❖ 叶：叶纸质，卵形或倒卵形，全缘，长3～8cm，先端圆或微凹，侧脉二叉状，两面被灰色柔毛。

❖ 花：顶生圆锥花序被柔毛；花萼无毛；花瓣卵形或卵状披针形。

❖ 果：果序上有许多伸长成紫色羽毛状的不育性花梗。核果肾形，无毛。

种下变异

有以下品种。

'垂枝'黄栌 'Pendula'：枝条下垂，树冠伞形。

'紫叶'黄栌 'Purpureus'：叶紫色

'四季花'黄栌 'Semperflorens'：连续开花直到入秋，可常年观赏粉紫色的羽状物。

产地与分布

图6-183 黄栌 *Cotinus coggygria* var. *cinerea*

❖ 产地：产于河北、山东、湖北、四川。

◇ 分布：秦皇岛以南园林中有栽培。

生态习性

◇ 光照：喜光，也耐半阴。

◇ 温湿：耐寒。秋季当昼夜温差大于10℃时，叶色变红。

◇ 水土：耐干旱瘠薄和碱性土壤，不耐水湿，宜植于土层深厚、肥沃而排水良好的砂质壤土中。

生物学特性

◇ 根系特性：根系发达，萌蘖性强。

观赏特性

◇ 感官之美：树冠浑圆，秋叶红艳，鲜艳夺目，是我国北方最著名的秋色叶树种，夏初不育花的花梗伸长成羽毛状，簇生于枝梢，犹如万缕罗纱缭绕于林间。

园林应用

◇ 应用方式：适于大型公园、天然公园、山地风景区内群植成林，或植为纯林，或与其他红叶、黄叶树种混交。在庭园中，可孤植、丛植于草坪一隅，山石之侧；也可混植于其他树丛间，或就常绿树群边缘植之。

枳属 *Poncirus* Raf.

本属隶属于芸香科 Rutaceae。落叶灌木或小乔木，具枝刺。叶为3小叶，具油点，叶柄有箭叶。花白色，单生叶腋，叶前开放；萼片、花瓣各5；雄蕊8至多数，离生；子房6～8室。柑果密被短柔毛。

本属原仅1种，后又发现1常绿性的种，2种均产于中国。

分种检索表

A$_1$ 落叶性；花瓣（4）5（7），无毛 ·· 枳 *P. trifoliata*

A$_2$ 常绿性，花瓣5～9，有绒毛 ·· 富民枳 *P. polyandra*

枳 *Poncirus trifoliata* (L.) Raf.（图6-184）

别名 枸橘

识别要点

◇ 树形：灌木或小乔木，高达7m。

◇ 枝干：小枝绿色，稍扁而有棱角，枝刺粗长而基部略扁。

◇ 叶：小叶3，总叶柄有翅，叶缘有波状浅齿，近革质；顶生小叶大，倒卵形，长2.5～6cm，叶端钝或微凹，叶基楔形；侧生小叶较小，基稍歪斜。

◇ 花：花白色，径3.5～5cm；雌蕊绿色，有毛。花期4月，叶前开放。

◇ 果：果球形，径3～5cm，黄绿色，有芳香。果10月成熟。

产地与分布

◇ 产地：原产于中国中部。

图6-184 枳
Poncirus trifoliata

◇ 分布：在黄河流域以南地区多有栽培，秦皇岛以南可露地越冬。

生态习性

◇ 光照：性喜光。

◇ 温湿：喜温暖湿润气候，较耐寒，能耐 –28～–20℃的低温。

◇ 水土：喜微酸性土壤，不耐碱。

生物学特性

◇ 长速与寿命：生长速度中等。

◇ 根系特性：根系发达，主根浅，须根多。

观赏特性

◇ 感官之美：枳枝条绿色而多刺，春季叶前开花，秋季黄果累累十分美丽。

园林应用

◇ 应用方式：在园林中多栽作绿篱或屏障树用，由于耐修剪，故可整形为各式篱垣及洞门形状，既有范围园地的功能又有观花赏果的观赏效果，是良好的观赏树木之一。

枸杞属 *Lycium* L.

本属隶属于茄科 Solanaceae。落叶或常绿灌木，通常有棘刺。单叶互生或簇生，全缘，具柄或近于无柄。花有梗，单生于叶腋或簇生于短枝上；花萼钟状，3～5 裂，花后不甚增大，宿存；花冠漏斗状，5 裂，稀 4 裂；雄蕊 5，稀 4；子房 2 室。浆果，长圆形。

约 80 种，分布于温带；中国产 7 种 3 变种，主要分布于西北和北部。

分种检索表

A₁ 叶卵形、卵状菱形至卵状披针形；花萼常 3 中裂或 4～5 齿裂；花冠筒短于或近等于花冠裂片，裂片边缘有缘毛；种子较大，约 3mm ·················· 枸杞 *L. chinense*

A₂ 叶披针形、长椭圆状披针形；花萼常 2 中裂；花冠筒明显长于花冠裂片，裂片边缘无缘毛；种子较小，约 2mm ·················· 宁夏枸杞 *L. barbarum*

枸杞 *Lycium chinense* Mill.（图 6-185）

别名　枸杞菜、枸杞头

识别要点

◇ 树形：多分枝灌木，高 1m，栽培可达 2m 多。

◇ 枝干：枝细长，常弯曲下垂，有纵条棱，具针状棘刺。

◇ 叶：单叶互生或 2～4 枚簇生，卵形、卵状菱形至卵状披针形，长 2～5cm，端急尖，基部楔形。

◇ 花：花单生或 2～4 朵簇生叶腋；花萼常 3 中裂或 4～5 齿裂；花冠漏斗状，淡紫色，花冠筒稍短于或近等于花冠裂片。5～10 月陆续开花。

◇ 果：浆果红色或橘红色，卵状。

种下变异

北方枸杞 var. *potaninii*．叶披针形至狭披针形；花冠裂片疏被缘毛，分布于中国北方。

产地与分布

◇ 产地：产于东亚及欧洲。

◇ 分布：广布于中国各地。

生态习性

◇ 光照：稍耐阴。

◇ 温湿：喜温暖，较耐寒。

◇ 水土：对土壤要求不严，耐干旱、耐碱性都很强，忌黏质土及低湿条件。

观赏特性

◇ 感官之美：枸杞老蔓盘曲如虬龙，小枝细柔下垂。花朵紫色，花期长，入秋红果累累，缀满枝头，状若珊瑚，颇为美丽。

园林应用

◇ 应用方式：是庭园秋季观果灌木，可供池畔、河岸、山坡、径旁、悬崖石隙及林下、井边栽植；根干虬曲多姿的老株常作树桩盆景，雅致美观。

图 6-185 枸杞 *Lycium chinense*

赪桐属 *Clerodendrum* L.

本属隶属于马鞭草科 Verbenaceae。落叶或半常绿，灌木或小乔木，少为攀缘状藤木或草本。单叶对生或轮生，全缘或具锯齿。聚伞花序或由聚伞花序组成的伞房状或圆锥状花序，顶生或腋生；苞片宿存或早落；花萼钟状、杯状，有色泽，宿存，花后多少增大；花冠筒通常细长，顶端有 5 等形或不等形的裂片；雄蕊 4，伸出花冠外；子房 4 室。浆果状核果，包于宿存增大的花萼内。

约 400 种，分布于热带和亚热带，少数分布温带；中国有 34 种 14 变种，大多分布在西南、华南地区。

分种检索表

A_1 柔弱藤木；聚伞花序通常腋生；花萼裂片白色 ················· 龙吐珠 *C. thomsonae*

A_2 直立灌木；聚伞花序常组成伞房状、圆锥状，通常顶生；花萼裂片非白色。

　B_1 聚伞花序组成大型的顶生圆锥花序；花萼、花冠均为鲜红色·············· 赪桐 *C. japonicum*

　B_2 聚伞花序组成伞房花序；花萼、花冠不为鲜红色。

　　C_1 花序顶生，成密集的伞房状；花萼小，钟状，萼齿三角形··············· 臭牡丹 *C. bungei*

　　C_2 花序顶生或腋生，组成疏松的伞房状；花萼大，5 裂几达基部 ····· 海州常山 *C. trichotomum*

海州常山 *Clerodendrum trichotomum* Thunb. （图 6-186）

别名 臭梧桐

识别要点

◇ 树形：落叶灌木或小乔木，高达 3～8m。

◇ 枝干：幼枝、叶柄、花序轴等多少有黄褐色柔毛。

◇ 叶：叶阔卵形至三角状卵形，长 5～16cm，端渐尖，基多截形，全缘或有波状齿，全面疏生短柔毛或近无毛。

◇ 花：伞房状聚伞花序顶生或腋生，长 8～18cm；花萼紫红色，5 裂几达基部；花冠

白色或带粉红色，筒细长，顶端5裂；花丝与花柱同伸出花冠外。7～8月开花。

⬥ 果：核果近球形，包藏于增大的宿萼内，成熟时呈蓝紫色。9～10月果熟。

产地与分布

⬥ 产地：产华北、华东、中南、西南各地。朝鲜、日本、菲律宾也有。

⬥ 分布：北京以南可露地越冬，秦皇岛需要在小气候良好处越冬。

生态习性

⬥ 光照：喜光，稍耐阴。

⬥ 温湿：有一定耐寒性。

⬥ 水土：对土壤要求不高，耐旱，也耐湿。

图 6-186　海州常山
Clerodendrum trichotomum

⬥ 空气：对有毒气体的抗性强。

观赏特性

⬥ 感官之美：海州常山花果美丽，是良好的观赏花木，花时白色花冠后衬紫红花萼，果时增大的紫红宿存萼托以蓝紫色亮果，观赏性极强，且其花、花萼、果实均有观赏价值，观赏期长。

园林应用

应用方式：是布置园林景色的极好材料，水边栽植也很适宜。

牡荆属 *Vitex* L.

本属隶属于马鞭草科 Verbenaceae。灌木或小乔木。小枝通常四棱形。叶对生，掌状复叶，小叶3～8，稀单叶。聚伞花序，或以聚伞花序组成圆锥状或伞房状；花萼钟状或管状，顶端平截或有5小齿，有时略为二唇形，宿存；花冠二唇形，上唇2裂，下唇3裂；雄蕊4；子房4室。核果，外面包有宿存的花萼。

约250种，主要分布于热带和温带地区；中国有14种，7变种，3变型，主产于长江以南，少数种类分布于西南和华北等地。

黄荆 *Vitex negundo* L.（图 6-187）

别名　五指枫、黄荆条

识别要点

⬥ 树形：落叶灌木或小乔木，高可达5m。

⬥ 枝干：小枝四棱形，密生灰白色绒毛。

⬥ 叶：掌状复叶对生，小叶5，间有3枚，卵状长椭圆形至披针形，全缘或疏生浅齿，背面密生灰白色细绒毛。

⬥ 花：圆锥状聚伞花序顶生，长10～27cm；花萼钟状，顶端5裂齿；花冠淡紫色，外面有绒毛，端3裂，二唇形。花期4～6月。

⬥ 果：核果球形，黑色。

种下变异

有以下变种。

牡荆 var. *cannabifolia* Hand. -Mazz.：小叶边缘有多数锯齿，表面绿色，背面淡绿色，无毛或稍有毛。分布于华东各地及华北、中南以至西南各地。

荆条 var. *heterophylla* Rehd.：小叶边缘有缺刻状锯齿、浅裂以至深裂，花期 7～9 月。中国东北、华北、西北、华东及西南各地均有分布。在华北是极常见的野生灌木。选其老桩制成盆景也颇有野趣。

图 6-187　黄荆 *Vitex negundo*

产地与分布

◇ 产地：主产于长江以南各地。日本、亚洲南部、非洲东部及南美洲也有。

◇ 分布：分布遍全国。

生态习性

◇ 光照：喜光。

◇ 温湿：适应性强，常生于山坡路旁、石隙林边。

◇ 水土：耐干旱瘠薄土壤。

观赏特性

◇ 感官之美：黄荆，尤其是荆条，叶秀丽、花清雅，是装点风景区的极好材料。

园林应用

应用方式：可植于山坡、路旁；也是树桩盆景的优良材料。

紫珠属 *Callicarpa* L.

本属隶属于马鞭草科 Verbenaceae。灌木，稀乔木或藤木。嫩枝有星状毛或粗糠状短柔毛。叶对生，偶有 3 叶轮生，边缘有锯齿，稀为全缘。聚伞花序腋生；花小，整齐；花萼杯状或钟状，顶端 4 齿裂至截头状，宿存，果时不增大；花冠 4 裂；雄蕊 4，花丝伸出花冠筒外或与花冠筒近等长；子房 4 室。核果浆果状，球形。

140 余种，主要分布于热带和亚热带，亚洲和大洋洲。中国约 48 种，主产于长江以南，少数种可延伸到华北至东北、西北的边缘。

分种检索表

A₁　叶长 3～7cm，缘中部以上具钝锯齿，叶柄长 3～5mm；总花梗为叶柄长度 3～4 倍；药室纵裂 … ………………………………………………………………… 白棠子树 *C. dichotoma*

A₂　叶长 7～15cm，缘自基部起具细锯齿，叶柄长 5～10mm；总花梗与叶柄等长或短于叶柄；花药顶端孔裂 ……………………………………………………… 紫珠 *C. japonica*

白棠子树 *Callicarpa dichotoma* (Lour.) K. Koch（图 6-188）

别名　小紫珠

识别要点

◇ 树形：落叶灌木，高 1～2m。

◇ 枝干：小枝纤细，带紫红色，略具星状毛。

图 6-188 白棠子树
Callicarpa dichotoma

◇ 叶：叶倒卵形或披针形，长 3～7cm，顶端急尖，基楔形，边缘仅上半部疏生锯齿，表面稍粗糙，背面无毛，密生细小黄色腺点，叶柄长 2～5mm。

◇ 花：聚伞花序在叶腋的上方着生，花序柄为叶柄长的 3～4 倍；花萼杯状；花冠紫红色。花期 5～6 月。

◇ 果：核果球形，蓝紫色，径约 4mm，具 4 核。果期 7～11 月。

产地与分布

◇ 产地：产于中国东部及中南部。

◇ 分布：秦皇岛以南可露地栽培。

生态习性

◇ 光照：性喜光，较耐阴。

◇ 温湿：喜温暖湿润环境，耐寒性较强。

◇ 水土：喜肥沃湿润土壤，但适应性较强。

观赏特性

◇ 感官之美：白棠子树植株矮小，入秋紫果累累，色美而有光泽，状如玛瑙。

园林应用

应用方式：为庭园中美丽的观果灌木，植于草坪边缘、假山旁、常绿树前效果均佳；用于基础栽植也极适宜；果枝常作切花。

醉鱼草属 *Buddleja* L.

本属隶属于醉鱼草科 Buddlejaceae。灌木或乔木，稀草本。植物体被腺状、星状或鳞片状绒毛。叶对生，稀互生，托叶在叶柄间连生，或常退化成一线痕。花常组成圆锥状、穗状聚伞花序或簇生；萼钟状，4 裂；花冠管状或漏斗状，4 裂；雄蕊 4；子房 2 室。蒴果，2 瓣裂；种子多数。

约 100 种，分布于热带和亚热带；中国约 25 种，产于西北、西南和东部。

分种检索表

A$_1$ 叶对生；花序侧生或顶生于当年生枝上。

  B$_1$ 小枝圆柱形；叶狭披针形；花白色，花冠筒长 2～4mm ……………………… 驳骨丹 *B. asiatica*

  B$_2$ 小枝四棱形；叶卵状至卵状披针形；花淡紫、紫色至白色，花冠筒长 7～20mm。

    C$_1$ 小枝略具四棱；花序圆锥状；雄蕊着生于花冠筒中部。

      D$_1$ 叶大，长 5～20cm，表面无毛，背面密被白色星状绒毛；花淡紫色，由多数小聚伞花序集成穗状的圆锥花枝 …………………………………… 大叶醉鱼草 *B. davidii*

      D$_2$ 叶小，长 5～10cm，表面被细星状毛，背面密被灰白色至黄色星状绒毛；花淡紫至白色，组成顶生聚伞圆锥花序 ……………………………… 密蒙花 *B. officinalis*

    C$_2$ 小枝四棱；花序穗状，扭向一侧；雄蕊着生于花冠筒下部…………… 醉鱼草 *B. lindleyana*

A$_2$ 叶互生；花簇生于去年生枝上 ………………………………… 互叶醉鱼草 *B. alternifolia*

大叶醉鱼草 *Buddleja davidii* Franch. （图 6-189）

识别要点

◇ 树形：落叶灌木，高达 5m。

◇ 枝干：小枝略呈四棱形，开展，幼时密被白色星状毛。

◇ 叶：单叶对生，卵状披针形至披针形，长 5～25cm，端渐尖，基圆楔形，边缘疏生细锯齿，表面无毛，背面密被白色星状绒毛。

◇ 花：多数小聚伞花序集成穗状圆锥花枝；花萼 4 裂，密被星状绒毛；花冠淡紫色，芳香，长约 1cm，花冠筒细而直，长 0.7～1cm，口部橙黄色，端 4 裂，外面生星状绒毛及腺毛；雄蕊 4，着生于花冠筒中部。花期 5～10 月。

◇ 果：蒴果长圆形，长 6～8mm。

种下变异

有以下品种。

图 6-189　大叶醉鱼草 *Buddleja davidii*

'紫花'醉鱼草 'Veitchiana'：植株强健，密生大形穗状花序，花红紫色而具鲜橙色的花心，花期较早。

'绛花'醉鱼草 'Magnifica'：花较大，深绛紫色，花冠筒口部深橙色，裂片边缘反卷，密生穗状花序。

'大花'醉鱼草 'Superba'：与绛花醉鱼草相似，唯花冠裂片不反卷，圆锥花丛较大。

'垂花'醉鱼草 'Wilsonii'：植株较高，枝条呈拱形。叶长而狭。穗状花序稀疏而下垂，有时长达 70cm；花冠较小，红紫色，裂片边缘稍反卷。

产地与分布

◇ 产地：主产于长江流域一带，西南、西北等地也有。

◇ 分布：秦皇岛以南可露地越冬，但在秦皇岛冬季抽条。

生态习性

◇ 光照：喜光，耐阴。

◇ 温湿：抗寒性较强。

◇ 水土：对土壤的适应性强，耐旱，稍耐湿。

观赏特性

◇ 感官之美：花序较大，花色丰富，又有香气。花开于少花的夏秋季。

园林应用

◇ 应用方式：可在路旁、墙隅、草坪边缘、坡地丛植；亦可植为自然式花篱。

◇ 注意事项：植株有毒，应用时应注意。

雪柳属 *Fontanesia* Labill.

本属隶属于木犀科 Oleaceae。落叶灌木或小乔木，小枝四棱形。单叶对生，全缘或具细锯齿。花两性，圆锥花序间具叶；花萼小，4 裂；花瓣 4，分离，仅基部合生；雄蕊花丝较花瓣长。翅果。

1～2种，分布于亚洲。我国1种，分布于中部至东部。

雪柳 *Fontanesia fortunei* Carr.（图6-190）

识别要点

◇ 树形：落叶灌木，高可达5m。

◇ 枝干：树皮灰黄色。小枝细长，四棱形。

◇ 叶：单叶对生，叶披针形或卵状披针形，长3～12cm，端渐尖，基楔形，全缘；叶柄短。

图6-190 雪柳 *Fontanesia fortunei*

◇ 花：圆锥花序顶生或腋生，花绿白色，微香。花期5～6月。

◇ 果：翅果扁平，倒卵形。果实成熟期8～9月。

产地与分布

◇ 产地：产于黄河流域至长江流域。

◇ 分布：除其产地，辽宁、广东也有栽培。

生态习性

◇ 光照：性喜光，而稍耐阴。

◇ 温湿：喜温暖，也较耐寒。

◇ 水土：喜肥沃、排水良好的土壤。

观赏特性

◇ 感官之美：雪柳枝条稠密柔软，叶细如柳，晚春白花满树，宛如积雪，颇为美观。

园林应用

◇ 应用方式：可丛植于庭园观赏；群植于森林公园，效果甚佳；散植于溪谷沟边，更显潇洒自然。目前多栽培作自然式绿篱或防风林的下木，以及作隔尘林带等用。

连翘属 *Forsythia* Vahl

本属隶属于木犀科 Oleaceae。落叶灌木。枝髓部中空或呈薄片状。叶对生，单叶或少有羽状三出复叶，有锯齿或全缘。花1～3（5）朵生于叶腋，先叶开放；萼4深裂；花冠黄色，深4裂，裂片长于钟状筒部；雄蕊2；子房2室，柱头2裂。蒴果卵圆形；种子有狭翅。

约11种，分布于欧洲至日本；中国有6种。

分种检索表

A₁ 枝节间中空；叶卵形，常有3裂或呈羽状三出复叶 ················ 连翘 *F. suspensa*

A₂ 枝节间具片状髓；叶椭圆状披针形或卵形。

　B₁ 叶常为单叶，椭圆状披针形；枝直立 ················ 金钟花 *F. viridissima*

　B₂ 叶有时呈三出；枝直立或拱形 ················ 金钟连翘 *F. intermedia*

连翘 *Forsythia suspensa* (Thunb.) Vahl（图6-191）

别名 黄寿丹、黄花杆、黄绶带

识别要点

◇ 树形：落叶灌木，高可达 3m。

◇ 枝干：干丛生，直立；枝开展，拱形下垂；小枝黄褐色，稍四棱，皮孔多而明显，髓中空。

◇ 叶：单叶，少数叶片 3 裂或裂成 3 小叶状，对生，卵形、宽卵形或椭圆状卵形，长 3～10cm，无毛，端锐尖，基圆形至宽楔形，缘有粗锯齿。

◇ 花：花先叶开放，通常单生，稀 3 朵腋生；花萼裂片 4，矩圆形；花冠黄色，裂片 4，倒卵状椭圆形；雄蕊 2；雌蕊长于或短于雄蕊。3～4 月叶前开花。

◇ 果：蒴果卵圆形，表面散生疣点。

图 6-191 连翘
Forsythia suspensa

种下变异

有以下变种及品种。

垂枝连翘 var. *sieboldii* Zabel：枝较细而下垂，通常可匍匐地面，而在枝梢生根；花冠裂片较宽，扁平，微开展。

‘金叶’连翘 ‘Aurea’：叶为金黄色，可作为常年异色叶树种应用。

产地与分布

◇ 产地：产中国北部、中部及东北各地。

◇ 分布：各地园林有栽培。

生态习性

◇ 光照：喜光，有一定程度的耐阴性。

◇ 温湿：耐寒。

◇ 水土：耐干旱瘠薄；不择土壤。

生物学特性

◇ 根系特性：根系发达。萌蘖性强。

观赏特性

◇ 感官之美：连翘枝条拱形开展，早春花先叶开放，满枝金黄，艳丽可爱，是北方常见优良的早春观花灌木。

园林应用

◇ 应用方式：宜丛植于草坪、角隅、岩石假山下，路缘、转角处，阶前、篱下及作基础种植，或作花篱等用；以常绿树作背景，与榆叶梅 *Amygdalus triloba*、绣线菊 *Spiraea* 等配植，更能显出金黄夺目之色彩；大面积群植于向阳坡地、森林公园，效果也佳；其根系发达，有护堤岸之作用。

◇ 注意事项：怕涝。

丁香属 *Syringa* L.

本属隶属于木犀科 Oleaceae。落叶灌木或小乔木，枝为假二叉分枝，顶芽常缺。叶对生，单叶，全缘，稀为羽状复叶或羽状深裂。花两性，组成顶生或侧生圆锥花序，多紫色或白色；萼钟状，4裂，宿存；花冠漏斗状，具深浅不等4裂片；雄蕊2。蒴果长圆形，种子有翅。

约19种，分布于亚洲和欧洲；中国产16余种，自西南至东北都有分布。

分种检索表

A_1　花冠筒甚长于萼；药柄短，全部或一部分为花冠所包。

　B_1　花序发自顶芽，基部有叶。

　　C_1　花冠筒漏斗状，筒中部以上渐宽，裂片稍直立。

　　　D_1　圆锥花序直立，花淡蓝紫色 ·························· 辽东丁香 S. wolfii

　　　D_2　圆锥花序下垂，花外粉红，内白 ··············· 垂丝丁香 S. reflexa

　　C_2　花冠筒圆筒形或近之，裂片张开 ····················· 红丁香 S. villosa

　B_2　花序发自侧芽，顶芽不发育。

　　C_1　叶背被毛，至少基部具毛；花冠径6～7mm；果具疣点。

　　　D_1　花冠长在1cm以内；叶小，阔卵形，表面有毛，背面毛更多或仅基部有毛，长1～4cm；果端尖 ·································小叶丁香 S. microphylla

　　　D_2　花冠长1～1.5cm；叶表面光滑，背面仅基部或沿脉有毛，长3～7cm；果端多钝。

　　　　E_1　叶脉3～5对，叶基突狭，叶片长3～7cm；花冠淡紫色或紫色 ····· 毛叶丁香 S. pubescens

　　　　E_2　叶脉2～3对，叶基楔形，叶片长2～4cm；花冠深蓝紫色············· 蓝丁香 S. meyeri

　　C_2　叶背光滑或微有毛；花冠径约12mm；果多无疣点。

　　　D_1　叶广卵形或卵形，基截形或亚心脏形。

　　　　E_1　叶广卵形，常宽过于长，基亚心脏形 ················· 紫丁香 S. oblata

　　　　E_2　叶卵形或广卵形，基亚心脏形至广楔形 ··········· 欧洲丁香 S. vulgaris

　　　D_2　叶长圆状卵形至长圆状披针形，基楔形，全缘或有时有裂。

　　　　E_1　叶较小，2～4cm，植株上叶深裂或多少有裂 ·················· 波斯丁香 S. × persica

　　　　E_2　叶较大，5～7cm，全缘 ·································什锦丁香 S. chinensis

A_2　花冠筒部不长或稍长于萼；花药生于细长花丝之上 ····· 暴马丁香 S. reticulata var. mandshurica

紫丁香 Syringa oblata Lindl.（图6-192）

别名　华北紫丁香、丁香

图6-192　紫丁香 Syringa oblata

识别要点

◇ 树形：灌木或小乔木，高可达4～5m。

◇ 枝干：枝条粗壮无毛。

◇ 叶：叶广卵形，通常宽度大于长度，宽5～10cm，端锐尖，基部心形或截形，全缘，两面无毛。

◇ 花：圆锥花序长6～15cm；花萼钟状，有4齿；花冠堇紫色，端4裂开展；花药生于花冠筒中部或中上部。花期4月。

◇ 果：蒴果长圆形，顶端尖，平滑。果实成熟期9月。

种下变异

有以下变种和品种。

紫萼丁香 var. giraldii：花序轴和花萼紫蓝色，叶先端狭尖，背面微有柔毛。

朝鲜丁香 var. *dilatata*：叶卵形，长达 12cm，先端长渐尖，基部通常截形，无毛；花序松散，花冠筒长 1.2～1.5cm。产于朝鲜。

湖北丁香 var. *hupehensis*：叶卵形，基部楔形；花紫色。产于湖北。

'白丁香' 'alba'：花白色；叶较小，背面微有柔毛。

产地与分布

◇ 产地：产于我国东北南部、华北、内蒙古、西北及四川；朝鲜也有。

◇ 分布：各地园林有栽培，尤其是北方地区，是哈尔滨、呼和浩特和西宁市的市花。

生态习性

◇ 光照：喜光，稍耐阴，阴地能生长，但花量少或无花。

◇ 温湿：耐寒性较强。

◇ 水土：耐干旱，喜湿润、肥沃、排水良好的土壤。

观赏特性

◇ 感官之美：紫丁香枝叶茂密，花序大而美，香气四溢，芬芳袭人。

◇ 文化意蕴：古代诗人多以丁香写愁。因为丁香花多成簇开放，好似结，称之为"丁结，百结花"。

园林应用

◇ 应用方式：广泛栽植于庭园、机关、厂矿、居民区等地。常丛植于建筑前、茶室凉亭周围；散植于园路两旁、草坪之中；与其他种类丁香配植成专类园，形成美丽、清雅、芳香，青枝绿叶，花开不绝的景区，效果极佳；也可盆栽、促成栽培、切花等用。

◇ 注意事项：忌低湿。

茉莉属 *Jasminum* L.

本属隶属于木犀科 Oleaceae。属特征及属检索表见本项目任务二的 1 常绿灌木。

迎春花 *Jasminum nudiflorum* Lindl.（图 6-193）

识别要点

◇ 树形：落叶灌木，高 0.4～5m。

◇ 枝干：枝细长拱形，绿色，有四棱。

◇ 叶：三出复叶对生，卵形至长圆状卵形，长 1～3cm，端急尖，缘有短睫毛，表面有基部突起的短刺毛。

◇ 花：花单生，先叶开放，苞片小；花萼裂片 5～6；花冠黄色；直径 2～2.5cm，裂片 6，约为花冠筒长度的 1/2。花期 2～4 月。

◇ 果：通常不结果。

产地与分布

◇ 产地：产于中国北部、西北、西南各地。

图 6-193 迎春花
Jasminum nudiflorum

◇ 分布：现广为栽培。秦皇岛以南可露地越冬。

生态习性

◇ 光照：性喜光，稍耐阴。

◇ 温湿：较耐寒。

◇ 水土：喜湿润，也耐干旱；对土壤要求不严，耐碱，除洼地外均可栽植。

生物学特性

◇ 根系特性：根部萌蘖力很强，枝条着地部分极易生根。

观赏特性

◇ 感官之美：迎春花植株铺散，枝条鲜绿，不论强光处还是背阴处都能生长，冬季绿枝婆娑，早春黄花可爱，对中国冬季漫长的北方地区，装点冬春之景意义很大。

◇ 文化意蕴：迎春花与梅花 *Armeniaca mume*、山茶 *Camellia japonica*、水仙 *Narcissus tazetta* var. *chinensis* 并称"雪中四友"；我国古代民间传统宅院配植中讲究"玉堂春富贵"，以寓吉祥如意和富有，其中"春"即迎春花。

园林应用

◇ 应用方式：其开花极早，南方可与梅花、蜡梅 *Chimonanthus praecox*、山茶、水仙同植一处，构成新春佳景；与银芽柳 *Salix* × *leucopithecia*、山桃 *Amygdalus davidiana* 同植，早报春光；种植于碧水萦回的柳树 *Salix* 池畔，增添波光倒影，为山水生色；或栽植于路旁、山坡及窗下墙边；或作花篱密植；或作开花地被、或植于岩石园内，观赏效果极好。

◇ 注意事项：怕涝。

锦带花属 *Weigela* Thunb.

本属隶属于忍冬科 Caprifoliaceae。落叶灌木，髓心坚实，冬芽有数片尖锐的芽鳞。单叶对生，有锯齿；无托叶。花较大，排成腋生或顶生聚伞花序或簇生，很少单生；萼片 5 裂；花冠白色、粉红色、深红色、紫红色，管状钟形或漏斗状，两侧对称，顶端 5 裂，裂片短于花冠筒；雄蕊 5，短于花冠；子房 2 室，伸长，每室有胚珠多数。蒴果长椭圆形，有喙，开裂为 2 果瓣；种子多数，常有翅。

约 10 种，产于亚洲东部；中国 2 种，庭园栽培 1~2 种。

分种检索表

A₁ 花萼裂片披针形，中部以下连合；柱头 2 裂，种子几无翅。

  B₁ 花冠漏斗形，花期较晚，4~5（6）月 ·· 锦带花 *W. florida*

  B₂ 花冠狭钟形，花期较早，4 月中下旬 ······································ 早锦带花 *W. praecox*

A₂ 花萼裂片线形，裂至基部；柱头头状；种子有翅 ························ 海仙花 *W. coraeensis*

锦带花 *Weigela florida* (*Bunge*) A. DC.（图 6-194）

别名 五色海棠

识别要点

◇ 树形：灌木，高达 3m。

◇ 枝干：枝条开展，小枝细弱，幼时具 2 列柔毛。

◇ 叶：叶椭圆形或卵状椭圆形，长 5～10cm，端锐尖，基部圆形至楔形，缘有锯齿，表面脉上有毛，背面尤密。

◇ 花：花 1～4 朵成聚伞花序；萼片 5 裂，披针形，下半部连合；花冠漏斗状钟形，玫瑰红色，裂片 5。花期 4～6 月。

◇ 果：蒴果柱形；种子无翅。果实成熟期 8～9 月。

种下变异

有下列变型及品种。

白花锦带花 f. *alba* Rehd.：花近白色。

‘红花’锦带花（‘红王子’锦带花）‘Red Prince’：花鲜红色，繁密而下垂。

‘深粉’锦带花（‘粉公主’锦带花）‘Pink Princess’：花深粉红色，花期较一般锦带花早约半个月。花繁密而色彩亮丽，整体效果好。

图 6-194 锦带花
Weigela florida

‘亮粉’锦带花 ‘Abel Carriere’：花亮粉色，盛开时整株被花朵覆盖。

‘变色’锦带花 ‘Versicolor’：花由奶油白渐变为红色。

‘紫叶’锦带花 ‘Purpurea’：植株紧密，高达 1.5m；叶带褐紫色，花紫粉色。

‘花叶’锦带花 ‘Variegata’：叶边淡黄白色；花粉红色。

‘斑叶’锦带花 ‘Goldrush’：叶金黄色，有绿斑；花粉紫色。

产地与分布

◇ 产地：原产于华北、东北及华东北部。朝鲜、日本、俄罗斯也有。

◇ 分布：各地园林中栽培。

生态习性

◇ 光照：喜光，耐半阴。

◇ 温湿：耐寒。

◇ 水土：对土壤要求不严，能耐干旱瘠薄土壤，但以深厚、湿润而腐殖质丰富的壤土生长最好。

生物学特性

◇ 长速与寿命：生长迅速。

◇ 根系特性：萌蘖力强。

观赏特性

◇ 感官之美：锦带花枝叶繁茂，花色艳丽，花期长达两月之久，是园林中春季主要花灌木之一。

园林应用

◇ 应用方式：适于庭园角隅、湖畔群植；也可在树丛、林缘作花篱、花丛配植；点缀于假山、坡地，也甚适宜。

◇ 注意事项：怕积水。

猬实属 *Kolkwitzia* Graebn.

本属隶属于忍冬科 Caprifoliaceae。仅 1 种，为中国特产。

猬实 *Kolkwitzia amabilis* Graebn.（图 6-195）

识别要点

❖ 树形：落叶灌木，高达 3m。

❖ 枝干：干皮薄片状剥落；小枝幼时疏生柔毛。

❖ 叶：叶卵形至卵状椭圆形，长 3～7cm，端渐尖，基部圆形，缘疏生浅齿或近全缘，两面疏生柔毛。

❖ 花：伞房状聚伞花序生侧枝顶端，花序中小花梗具 2 花，2 花的萼筒下部合生，萼筒外部生耸起长柔毛，在子房以上缢缩似颈，裂片 5；花冠钟状，粉红色至紫色，裂片 5，其中 2 片稍宽而短；雄蕊 4，2 长 2 短，内藏。花期 5～6 月。

❖ 果：果 2 个合生，有时其中 1 个不发育，外面有刺刚毛，冠以宿存的萼裂片。果期 8～9 月。

图 6-195 猬实
Kolkwitzia amabilis

产地与分布

❖ 产地：产于中国中部及西北部。

❖ 分布：秦皇岛以南可露地越冬，世界各国广为栽培。

生态习性

❖ 光照：喜充分日照，稍耐半阴。

❖ 温湿：有一定耐寒力。

❖ 水土：喜排水良好、肥沃土壤，也有一定耐干旱瘠薄能力。

观赏特性

❖ 感官之美：猬实着花茂密，花色娇艳，果形奇特，是国内外著名观花灌木。

园林应用

❖ 应用方式：宜丛植于草坪、角隅、径边、屋侧及假山旁。

❖ 注意事项：在相对湿度大、雨量多的地区常生长不良，易发生病虫害。

六道木属 *Abelia* R. Br.

本属隶属于忍冬科 Caprifoliaceae。落叶灌木，稀常绿；冬芽小，卵圆形，有数对芽鳞。单叶对生，具短柄，全缘或有齿。花 1 或数朵组成腋生或顶生的聚伞花序，有时可成圆锥状或簇生；萼片 2～5，花后增大宿存；花冠管状、钟状或漏斗状，5 裂；雄蕊 4，2 长 2 短，着生于花冠筒基部；子房 3 室，仅 1 室发育，有 1 胚珠。瘦果革质，顶端冠以宿萼。

约 26 种，产于东亚及中亚，2 种产于墨西哥；中国产 9 种。

分种检索表

A₁ 花多数密集成圆锥状聚伞花序；花冠漏斗状，花萼裂片 5 ·····················糯米条 *A. chinensis*

A₂ 花 2 朵并生于小枝顶端；花冠钟状高脚碟形，花萼裂片 4。

 B₁ 2 朵花下无总梗 ··六道木 *A. biflora*

B₂ 2朵花下具总花梗 ·· 南方六道木 *A. dielsii*

糯米条 *Abelia chinensis* R. Br.（图6-196）

别名　茶条树

识别要点

◇ 树形：灌木，高达2m。

◇ 枝干：枝开展，幼枝红褐色，被微毛，小枝皮撕裂。

◇ 叶：叶卵形至椭圆状卵形，长2～3.5cm，端尖至短渐尖，基部宽钝至圆形，边缘具浅锯齿，背面叶脉基部密生白色柔毛。

◇ 花：圆锥状聚伞花序顶生或腋生；花萼被短柔毛，裂片5，粉红色，倒卵状长圆形，边缘有睫毛；花冠白色至粉红色，芳香，漏斗状，裂片5，外有微毛，内有腺毛；雄蕊4，伸出花冠。花期7～9月。

◇ 果：瘦果状核果。果成熟期8～9月。

产地与分布

◇ 产地：秦岭以南各地的低山湿润林缘及溪谷岸边多有生长。

◇ 分布：秦皇岛以南园林中可露地越冬。

图6-196　糯米条
Abelia chinensis

生态习性

◇ 光照：喜光，耐阴性强。

◇ 温湿：喜温暖湿润气候，有一定耐寒性。

◇ 水土：对土壤要求不严，酸性、中性土均能生长，有一定的耐旱、耐瘠薄能力。

生物学特性

◇ 根系特性：根系发达，萌蘖力强。

观赏特性

◇ 感官之美：糯米条枝叶婉垂，树姿婆娑，花开枝梢，洁莹可爱，花谢后，粉色萼片相当长期宿存枝头，也颇可观，其花期正值少花季节，且花期特长，花香浓郁，是不可多得的秋花灌木。

园林应用

◇ 应用方式：可丛植于草坪、角隅、路边、假山旁；于林缘、树下作下木配植也极适宜，又可作基础栽植、花篱、花径用。

忍冬属 *Lonicera* L.

本属隶属于忍冬科 Caprifoliaceae。落叶，很少半常绿或常绿灌木，直立或右旋攀缘，很少为乔木状。皮部老时呈纵裂剥落。单叶对生，全缘，稀有裂，有短柄或无柄；通常无托叶。花成对腋生，稀3朵，顶生，具总梗或缺，有苞片2及小苞片4；花萼顶端5裂，裂齿常不相等；花冠管状，基部常弯曲，唇形或近5等裂；雄蕊5，伸出或内藏；子房2～3室，每室有多数胚珠；花柱细长，柱头头状。浆果肉质，内有种子 3～8 粒。

约 200 种，分布于北半球温带和亚热带地区；中国约 98 种，南北各地均有分布，以西南部最多。

分种检索表

A₁ 花双生于总花梗顶端，花序下无合生的叶片。

　B₁ 藤木；苞片叶状卵形 ·· 金银花 L. japonica

　B₂ 直立灌木；苞片线形或披针形。

　　C₁ 枝中空；苞片线形；相邻两花的萼筒分离。

　　　D₁ 叶多少具毛，基部常呈楔形 ······················· 金银木 L. maackii

　　　D₂ 叶两面均无毛，基部圆形或近心脏形 ············· 鞑靼忍冬 L. tatarica

　　C₂ 枝充实；苞片线状披针形；相邻两花萼筒合生达中部以上········ 郁香忍冬 L. fragrantissima

A₂ 花多朵集合成头状、穗状花序，花序下 1～2 对叶基部合生。

　B₁ 常绿；顶生穗状花序，花橘红至深红色。

　　C₁ 常绿缠绕藤木，花冠细长筒形，长约 4cm，端 5 裂片短而近整齐······ 贯月忍冬 L. sempervirens

　　C₂ 落叶或半常绿缠绕藤木，花冠较短，多少二唇形，花冠筒基部稍呈浅囊状··········
　　　·· 布朗忍冬 L.× brownii

　B₂ 落叶；顶生头状花序，花淡黄色···························· 盘叶忍冬 L. tragophylla

金银忍冬 Loniccra maackii (Rupr.) Maxim.（图 6-197）

图 6-197 金银忍冬
Loniccra maackii

别名　金银木

识别要点

◇ 树形：落叶灌木，高达 5m。

◇ 枝干：小枝髓黑褐色，后变中空，幼时具微毛。

◇ 叶：叶卵状椭圆形至卵状披针形，长 5～8cm，端渐尖，基宽楔形或圆形，全缘，两面疏生柔毛。

◇ 花：花成对腋生，总花梗短于叶柄，苞片线形；相邻两花的萼筒分离；花冠唇形，花先白后黄，芳香，花冠筒 2～3 倍短于唇瓣；雄蕊 5，与花柱均短于花冠。花期 5 月。

◇ 果：浆果红色，合生。果 9 月成熟。

种下变异

红花金银忍冬 f. erubescens Rehd.：花较大，淡红色，嫩叶也带红色。

产地与分布

◇ 产地：产于中国东北。

◇ 分布：分布很广，华北、华东、华中及西北东部、西南北部均有分布，园林中多有栽培。

生态习性

◇ 光照：喜光，也耐阴。

◇ 温湿：耐寒。

◇ 水土：耐旱，喜湿润肥沃及深厚的壤土。

观赏特性

◇ 感官之美：金银木树势旺盛，枝叶丰满，初夏开花有芳香，秋季红果缀枝头，是一良好之观赏灌木。

园林应用

◇ 应用方式：孤植或丛植于林缘、草坪、水边、建筑物周围、疏林下均很合适。

◇ 注意事项：果实是城市鸟类的重要食源；树冠浓密，隐蔽性好，适合鸟类栖息。

接骨木属 *Sambucus* L.

本属隶属于忍冬科 Caprifoliaceae。落叶灌木或小乔木，稀为多年生草本。枝内髓部较大。奇数羽状复叶对生，小叶有锯齿或分裂。花小、辐射对称，聚伞花序排成伞房花序式或圆锥花序式；花萼顶端3～5裂，萼筒短；花冠辐状，3～5裂；雄蕊5枚，花丝短而直立；子房3～5室，每室胚珠1。果为浆果状核果，内有3～5粒骨质小核，小核内有种子1。

约20种，产于温带和亚热带地区。

分种检索表

A₁ 髓淡黄褐色，小叶5～11，圆锥花序，果红色或蓝紫色 ……………………… 接骨木 *S. williamsii*

A₂ 髓白色，小叶（3）5～7，五叉分枝的聚伞花序，果亮黑色 ………………… 西洋接骨木 *S. nigra*

接骨木 *Sambucus williamsii* Hance（图6-198）

别名　公道老、扦扦活

识别要点

◇ 树形：灌木至小乔木，高达6m。

◇ 枝干：老枝有皮孔，光滑无毛，髓心淡黄棕色。

◇ 叶：奇数羽状复叶，小叶5～11枚，椭圆状披针形，长5～15cm，端尖至渐尖，基部阔楔形，常不对称，缘具锯齿，两面光滑无毛，揉碎后有臭味。

◇ 花：圆锥状聚伞花序顶生，长达7～12cm；萼筒杯状；花冠辐状，白色至淡黄色，裂片5；雄蕊5，约与花冠等长。花期4～5月。

◇ 果：浆果状核果球形，黑紫色或红色；核2～3粒。果6～7月成熟。

产地与分布

◇ 产地：原产我国。

◇ 分布：分布极广，从东北至西南、华南均有。

生态习性

◇ 光照：喜光，亦耐阴。

◇ 温湿：耐寒。

◇ 水土：耐旱。

◇ 空气：耐大气污染。

生物学特性

◇ 根系特性：根系发达，萌蘖性强。

图6-198　接骨木 *Sambucus williamsii*

观赏特性

✧ 感官之美：接骨木枝叶繁茂，春季白花满树，夏秋红果累累，是良好的观赏灌木。

园林应用

✧ 应用方式：宜植于草坪、林缘或水边，也可用于城市、工厂的防护林。

✧ 注意事项：怕水涝。

荚蒾属 *Viburnum* L.

本属隶属于忍冬科 Caprifoliaceae。落叶或常绿，灌木，少有小乔木；冬芽裸露或被鳞片。单叶对生，全缘或有锯齿或分裂；托叶有或无。花少，全发育或花序边缘为不孕花，组成伞房状、圆锥状或伞形聚伞花序；萼 5 小裂，萼筒短；花冠钟状、辐状或管状，5 裂；雄蕊 5；子房通常 1 室，有胚珠 1 至多颗，花柱极短，柱头 3 裂。浆果状核果，具种子 1。

约 200 种，分布于北半球温带和亚热带地区；中国南北均产，约 74 种，以西南地区最多。

分种检索表

A₁ 常绿性。

　B₁ 叶面较光滑，花冠筒裂片短于筒部····································珊瑚树 *V. awabuki*

　B₂ 叶面皱，叶背密生星状绒毛，花冠筒裂片与筒部近等长·············山枇杷 *V. rhytidophyllum*

A₂ 落叶性。

　B₁ 叶不裂，具锯齿，通常羽状脉。

　　C₁ 组成花序的花全为可育花。

　　　D₁ 聚伞花序圆锥状，花冠高脚碟状，长 11～14mm ··············香荚蒾 *V. farreri*

　　　D₂ 聚伞花序复伞形状，花冠辐状，长约 2.5mm ···············荚蒾 *V. dilatatum*

　　C₂ 组成花序的花为不孕花，或边缘为不孕花。

　　　D₁ 裸芽；幼枝、叶背密被星状毛；叶表面羽状脉不下陷 ········ 木本绣球 *V. macrocephalum*

　　　D₂ 鳞芽；枝叶疏生星状毛；叶表面羽状脉甚凹下 ···········蝴蝶绣球 *V. plicatum*

　B₂ 叶 3 裂，裂片有不规则齿，掌状 3 出脉。

　　C₁ 枝皮暗灰色，浅纵裂，略带木栓质；花药紫色··············鸡树条 *V. opulus*

　　C₂ 枝皮浅灰色，光滑；花药黄色···························欧洲琼花 *V. opulus*

木本绣球 *Viburnum macrocephalum* Fort.（图 6-199）

别名　大绣球、斗球、荚蒾绣球

识别要点

✧ 树形：灌木，高达 4m；枝条广展，树冠呈球形。

✧ 枝干：冬芽裸露，幼枝及叶背密被星状毛，老枝灰黑色。

✧ 叶：叶卵形或椭圆形，长 5～8cm，端钝，基圆形，边缘有细齿。

✧ 花：大型聚伞花序呈球形，几全由白色不孕花组成，直径约 20cm；花萼筒无毛；花冠辐状，纯白。花期 4～6 月。

种下变异

琼花 f. *keteleeri* Rehd.：又名八仙花，实为原种，聚伞花序，集生成伞房状，直径 10～12cm，中央为两性可育花，仅边缘为大型白色不孕花；核果椭圆形，先红后黑。果期9～10月。产长江中下游地区，多生于丘陵山区林下或灌丛中。产区各城市常用于园林中观赏，以扬州栽培的琼花最为有名。琼花已被定为扬州的市花。

图6-199　木本绣球 *Viburnum macrocephalum*

产地与分布

◇ 产地：主产于长江流域。

◇ 分布：南北各地都有栽培。

生态习性

◇ 光照：喜光，略耐阴。

◇ 温湿：性强健，有一定的耐寒性，华北南部可露地栽培。

◇ 水土：常生于山地林间的微酸性土壤，也能适应平原向阳而排水较好的中性土。

生物学特性

◇ 根系特性：萌蘖性强。

观赏特性

◇ 感官之美：木本绣球树姿开展圆整，春日繁花聚簇，团团如球，犹似雪花压树，枝垂近地，尤饶幽趣，其变型琼花，花序扁圆，边缘着生洁白不孕花，宛如群蝶起舞，逗人喜爱。

园林应用

◇ 应用方式：最宜孤植于草坪及空旷地，使其四面开展，体现其个体美；如群体一片，花开之时即有白云翻滚之效，十分壮观；栽于园路两侧，使其拱形枝条形成花廊，人们漫步于其花下，顿觉心旷神怡；配植于庭中堂前，墙下窗前，也极相宜。

【任务实训】

园林灌木的识别

目的要求：要求学生从形态特征、生态习性、观赏特性及园林用途等方面认识常用的园林灌木。

实训条件：校园、温室或附近绿地上的园林树木。

方法步骤：①组织学生到实训现场；②回顾所学相关理论知识；③指定识别对象；④由学生识别，教师指导；⑤指定一定数量的园林灌木，编制检索表。

技术成果：提交识别报告。

任务三　认知园林藤木

【知识要求】使学生从形态特征、生态习性、观赏特性及园林用途等方面认知园林藤木，要求学生能根据园林藤木的以上属性对其进行分类。

【技能要求】能够识别常用的园林藤木，并能根据园林用途选用合适的藤木。

【任务理论】藤木在园林中主要用于垂直绿化，即在建筑或其他构件的竖向面作配植，以增强空间立体感，破除竖向面的僵硬感，使之活跃、灵巧。

1 常绿藤木

卫矛属 *Euonymus* L.

本属隶属于卫矛科 Celastraceae，属特征及属检索表见本项目任务二的 1 常绿灌木。

扶芳藤 *Euonymus fortunei* (Turcz.) Hand. -Mazz.（图 6-200）

别名 爬藤卫矛、小藤仲

识别要点

◇ 树形：藤木，靠气生根攀缘或匍匐，长可达 10m，有时半直立。

◇ 枝干：小枝圆形，有时有棱纹，褐色或绿褐色，密生小瘤状突起，并能随处生多数细根。

◇ 叶：叶革质，长卵形至椭圆状倒卵形，长 2～7cm，缘有锯齿，叶基广楔形，表面通常浓绿色，背面脉显著；叶柄长约 5mm。

◇ 花：聚伞花序分枝端有多数短梗花组成的球状小聚伞，花绿白色，4 数，径约 5mm，萼片半圆形，花瓣近圆形。花期 4～7 月。

◇ 果：蒴果近球形，径约 1cm，黄红色，稍有 4 凹线。果 10 月成熟。

◇ 种子：种子有橘红色假种皮。

图 6-200 扶芳藤
Euonymus fortunei

种下变异

有以下变种和品种。

爬行卫矛 var. *radicans* Rehd.：叶较小而厚，背面叶脉不如原种明显。

'红边'扶芳藤 'Roseo-marginata'：叶缘粉红色。

'白边'扶芳藤 'Argentes-marginata'：叶缘绿白色。

'小叶'扶芳藤 'Minimus'：叶小枝细。

'花叶'爬行卫矛 'Gracilis'：叶有白色、黄色或粉红色边缘。

'Emeraldn'n Gold'：叶缘金色。

'Colorata'：冬季叶色变成深紫色。

'Sunspot'：叶中脉金色。

产地与分布

◇ 产地：产于陕西、山西、河南、山东、安徽、江苏、浙江、江西、湖北、湖南、广西、云南等地。

◇ 分布：世界各地广泛栽培。

生态习性

◇ 光照：耐阴，也可在全光下生长。

◇ 温湿：喜温暖湿润，较耐寒，在北京、河北等地可露地越冬。

◇ 水土：对土壤要求不严，耐干旱瘠薄。

观赏特性

◇ 感官之美：生长迅速，枝叶繁茂，叶片油绿光亮，气生根发达，吸附能力强。

园林应用

◇ 应用方式：适于美化假山、石壁、墙面、栅栏、灯柱、树干、石桥、驳岸，也是优良的地被和护坡材料，尤其是'小叶'扶芳藤枝叶稠密，用作地被时可形成犹如绿色地毯一般的覆盖层。也可盆栽观赏，将其修剪成悬崖式、圆头形等，用作室内绿化颇为雅致。

常春藤属 *Hedera* L.

本属隶属于五加科 Araliaceae。常绿攀缘藤木，借气生根攀缘。单叶互生，全缘或分裂，有柄。花两性，伞形花序单生或复合成圆锥或总状花序；花萼全缘或 5 裂；花瓣 5，雄蕊与花瓣同数；子房下位，5 室，花柱连合成一短柱体。浆果状核果，含 3～5 种子。

约 5 种；中国野生 1 变种，引入 1 种。

分种检索表

A₁ 幼枝的柔毛为鳞片状；叶常较小，全缘或 3 裂 ⋯⋯⋯⋯⋯⋯⋯⋯ 常春藤 *H. nepalensis* var. *sinensis*

A₂ 幼枝的柔毛星状；叶常较大，3～5 裂 ⋯⋯⋯⋯⋯⋯⋯⋯⋯⋯⋯⋯⋯ 洋常春藤 *H. helix*

洋常春藤 *Hedera helix* L.（图 6-201）

识别要点

◇ 树形：藤木，借气生根攀缘。

◇ 枝干：幼枝上有星状毛。

◇ 叶：营养枝上的叶 3～5 浅裂；果果枝上的叶不裂而为卵状菱形。

◇ 花：伞形花序，具细长总梗；花白色，各部有灰白色星状毛。

◇ 果：核果球形，径约 6mm，熟时黑色。

种下变异

有以下品种。

'金边'常春藤 'Aureovariegata'：叶缘金黄色。

'彩叶'常春藤 'Discolor'：叶片较小，具乳白色斑块并带红晕。

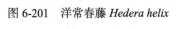
图 6-201 洋常春藤 *Hedera helix*

'金心'常春藤 'Goldheart'：叶片 3 裂，中心部分黄色。

'三色'常春藤 'Tricolor'：叶片灰绿色，边缘白色，秋后变深玫瑰红色，春季复为白色。

'银边'常春藤 'Silver Queen'：叶片灰绿色，具乳白色边缘，入冬变为粉红色。

产地与分布

◇ 产地：原产于欧洲至高加索。

◇ 分布：我国黄河流域以南普遍栽培。

生态习性

◇ 光照：性极耐阴，可植于林下。

◇ 温湿：喜温暖湿润，也有一定的耐寒性。

◇ 水土：对土壤和水分要求不严，但以中性或酸性土壤为好。

◇ 空气：抗二氧化硫和氟污染。

观赏特性

◇ 感官之美：蔓枝密叶，四季常绿，叶片色彩丰富，生长迅速，攀缘能力强。

园林应用

◇ 应用方式：在园林中可用于岩石、假山或墙壁的垂直绿化，因其耐阴性强，可用于庇荫的环境，也可作林下地被。

◇ 注意事项：果实、种子和叶均有毒，误食会引起腹痛、腹泻等症状，严重时会引起肠胃发炎、昏迷，甚至导致呼吸困难等。

络石属 *Trachelospermum* Lem.

本属隶属于夹竹桃科 Apocynaceae。常绿藤木。全枝具白色乳汁。单叶对生，羽状脉，具短柄。聚伞花序顶生或腋生；花萼 5 裂，内面基部具 5～10 枚腺体；花冠白色，高脚碟状，裂片 5，右旋；雄蕊 5 枚，着生于花冠筒内面中部以上，花丝短，花药围绕柱头四周；花盘环状，5 裂；子房由 2 离生心皮组成。蓇葖果双生，长圆柱形；种子顶端有种毛。

约 30 种，分布于亚洲热带和亚热带地区，稀温带地区。中国产 10 种，6 变种，分布几遍全国。

络石 *Trachelospermum jasminoides* (Lindl.) Lem.（图 6-202）

别名　万字茉莉、白花藤、石龙藤

图 6-202　络石
Trachelospermum jasminoides

识别要点

◇ 树形：藤木，借气生根攀缘，长达 10m。

◇ 枝干：茎赤褐色，幼枝有黄色柔毛。

◇ 叶：叶薄革质，椭圆形或卵状披针形，长 2～10cm，全缘，脉间常呈白色，表面无毛，背面有柔毛。

◇ 花：聚伞花序腋生；花萼 5 深裂，花后反卷；花冠白色，高脚碟状，芳香，花冠筒中部以上扩大，喉部有毛，5 裂片开展并右旋，形如风车。花期 4～5 月。

◇ 果：蓇葖果，细长，长 15cm，双生。果期 7～12 月。

◇ 种子：种子条形，有白毛。

种下变异

有以下品种。

'斑叶'络石 'Variegatum'：叶片具有白色或浅黄色斑纹。

'石血' 'Heterophyllum'：也名'小叶'络石、'狭叶'络石，叶通常狭披针形。

产地与分布
◇ 产地：主产长江流域。朝鲜、日本也有。
◇ 分布：黄河流域以南各地有栽培。

生态习性
◇ 光照：喜光，耐阴。
◇ 温湿：喜温暖湿润气候，尚耐寒。
◇ 水土：对土壤要求不严，能耐干旱。

生物学特性
◇ 根系特性：萌蘖性较强。

观赏特性
◇ 感官之美：叶片光亮，四季常青，花朵白色芳香，花冠形如风车，具有很高的观赏价值。

园林应用
◇ 应用方式：多植于枯树、假山、墙垣之旁，令其攀缘而上，颇优美自然；其耐阴性较强，故宜作林下或常绿孤植树下的常青地被；华北地区常温室盆栽观赏。
◇ 注意事项：乳汁有毒，对心脏有毒害作用，不可入口误吸食。

炮仗藤属 *Pyrostegia* Presl.

本属隶属于紫葳科 Bignoniaceae。常绿藤木，通常以卷须攀缘。复叶对生，有小叶3枚，其中1枚常变为线形、3叉的卷须。聚伞花序顶生，有时呈总状或圆锥花序状；萼钟状或管状，端截平或有齿；花冠管状，弯曲，裂片镊合状排列；发育雄蕊4枚，伸出；花盘环状或杯状；子房线形，2室。蒴果长线形；种子有翅。

约5种，产于南美；中国引入栽培1种。

炮仗花 *Pyrostegia ignea* Presl.（图6-203）

别名　炮仗藤

识别要点

◇ 树形：藤木，长达10m以上。
◇ 枝干：茎粗壮，有棱，小枝有6～8纵槽纹。
◇ 叶：复叶对生，小叶3枚，卵形或卵状椭圆形，长5～10cm，宽3～5cm，下面有穴状腺体，全缘，顶生小叶变为线形、三叉的卷须。
◇ 花：圆锥状聚伞花序顶生，下垂，花繁密；花萼钟状，端5齿裂；花冠橙红色，长达7cm，筒状，内面中部有1毛环，基部收缩，裂片5，稍呈二唇

图6-203　炮仗花 *Pyrostegia ignea*

形，裂片端钝，外反卷，有明显白色、被绒毛的边；发育雄蕊4，2枚自筒部伸出，2枚达花冠裂片基部；子房圆柱形，胚珠多数，柱头舌状扁平，花柱伸出花冠筒外。花期初春。
◇ 果：蒴果线形，果瓣革质，舟状。
◇ 种子：种子多列，具膜质翅。

产地与分布

❖ 产地：原产巴西和巴拉圭。

❖ 分布：现全世界温暖地区常见栽培，我国海南、华南、云南南部、厦门等地有栽培。

生态习性

❖ 光照：喜光，稍耐阴。

❖ 温湿：喜温暖湿润气候，不耐寒，耐短期2～3℃低温。

❖ 水土：喜湿润肥沃的酸性土壤，不耐干旱。

观赏特性

❖ 感官之美：花期甚长，花朵橙红茂密，累累成串，状如炮仗，是美丽的观赏藤木。

园林应用

❖ 应用方式：可依附棚架、凉廊和墙垣生长，形成花廊、花墙，遮阴、观赏都极适宜。

2 落叶藤木

铁线莲属 *Clematis* L.

本属隶属于毛茛科 Ranunculaceae。木质藤本，稀为直立灌木或草本。叶对生，单叶或羽状复叶。聚伞花序或圆锥花序，偶簇生或单生；萼片呈花瓣状，通常 4 或 6～8，花蕾时呈镊合状排列；无花瓣；雄蕊和心皮多数，离生，每心皮有 1 枚下垂胚珠。聚合瘦果，先端有伸长的呈羽毛状的花柱。

约 300 种。广布于北温带，少数产南半球。中国约 110 种，广布于南北各地，而以西南部最多。欧美庭园栽培的铁线莲中的主要种类多出自中国。

分种检索表

A₁ 花单生或簇生。

　B₁ 小叶或叶全缘，偶有裂；花单生。

　　C₁ 夏季开花，花梗上有 2 枚叶状苞片；结果时花柱无羽状毛……………………铁线莲 *C. florida*

　　C₂ 春季开花，花梗上无苞片；结果时花柱有羽状毛………………………转子莲 *C. patens*

　B₂ 小叶有齿。

　　C₁ 花单生，蓝色。

　　　D₁ 小叶基部圆形；退化雄蕊长度为萼片之半或更短　………………宽萼铁线莲 *C. platysepala*

　　　D₂ 小叶基部楔形至圆形；退化雄蕊长度同于萼片或略短　………大瓣铁线莲 *C. macropetala*

　　C₂ 花簇生，白色或淡红色…………………………………………………山铁线莲 *C. montana*

A₂ 花成腋生或顶生圆锥花序，小叶 3～7 枚，无毛，叶干后绿色………圆锥铁线莲 *C. panciculata*

铁线莲 *Clematis florida* Thunb.（图 6-204）

识别要点

❖ 树形：落叶或半常绿藤木，长达 4m。

❖ 枝干：茎下部木质化。

❖ 叶：叶常为 2 回三出复叶，小叶卵形或卵状披针形，长 2～5cm，全缘或有少数浅缺刻，叶表暗绿色，叶背疏生短毛或近无毛，网脉明显。

❖ 花：花单生叶腋，无花瓣；花梗细长，于近中部处有 2 枚对生的叶状苞片；萼片花瓣状，常6枚，乳白色，背有绿色条纹，径5～8cm；雄蕊暗紫色，无毛；子房有柔毛，花柱上部无毛，结果时不延伸。花期夏季。

◇ 果：瘦果倒卵形，扁平，宿存花柱伸长成喙状，下部有开展的短柔毛。

种下变异

有以下品种。

'重瓣'铁线莲 'Plena'：花重瓣；雄蕊为绿白色，外轮萼片较长。

'蕊瓣'铁线莲 'Sieboldii'：雄蕊有部分变为紫色花瓣状。

图 6-204　铁线莲 Clematis florida

产地与分布

◇ 产地：产于广西、广东、湖南、湖北、浙江、江苏、山东等地，生于低山丘陵。

◇ 分布：除了其产区，华北常盆栽。日本及欧美多有栽培。

生态习性

◇ 光照：喜光，但侧方庇荫生长更好。

◇ 温湿：耐寒性较差，在华北常盆栽，温室越冬。

◇ 水土：喜疏松而排水良好的石灰质土壤。

观赏特性

◇ 感官之美：花大而美丽，叶色油绿，花期长，是优美的垂直绿化材料。

园林应用

◇ 应用方式：点缀园墙、棚架、围篱及凉亭等垂直绿化的好材料，亦可与假山、岩石相配植或作盆栽观赏。

◇ 注意事项：不喜移植，以一次定植为好。

猕猴桃属 *Actinidia* L.

本属隶属于猕猴桃科 Actinidiaceae。落叶藤木。冬芽小，包被于膨大之叶柄内。叶互生，具长柄，缘有齿或偶全缘。托叶小而早落，或无托叶。花杂性或单性异株，单生或成腋生聚伞花序；雄蕊多数，离生；子房上位，多室，胚珠多数；花柱多数为放射状；浆果，种子多而细小，有胚乳，胚较大。

约 64 种，中国产约 57 种，主产于黄河流域以南地区。

分种检索表

A₁ 小枝及叶背有毛 ……………………………………………………………猕猴桃 *A. chinensis*

A₂ 小枝及叶背无毛或仅背脉有毛。

　B₁ 小枝髓部片状，褐色；叶无斑；花药暗紫色……………………………猕猴梨 *A. arguta*

　B₂ 小枝髓部充实，白色；部分叶有白色或黄色斑；花药黄色…………… 木天蓼 *A. polygama*

猕猴桃 *Actinidia chinensis* Planch.（图 6-205）

别名　中华猕猴桃

图 6-205　猕猴桃
Actinidia chinensis

识别要点

✧ 树形：缠绕藤本。

✧ 枝干：小枝幼时密生灰棕色柔毛，老时渐脱落；髓大，白色，片状。

✧ 叶：叶纸质，圆形、卵圆形或倒卵形，长 6～17cm，宽 7～15cm，先端突尖、微凹或平截，缘有刺毛状细齿，表面暗绿色，沿脉疏生毛，背面密生灰棕色星状绒毛。

✧ 花：雌雄异株，花 3～6 朵成聚伞花序；花乳白色，后变黄色，径 3.5～5cm。花期 4～6 月。

✧ 果：浆果椭球形或卵形，长 3～5cm，有棕色绒毛，黄褐绿色。果熟期 8～10 月。

产地与分布

✧ 产地：产长江流域及其以南各地区，北至陕西、河南等地亦有。

✧ 分布：北京小气候良好处可露地栽培。

生态习性

✧ 光照：喜光，半耐阴。

✧ 温湿：喜温暖湿润气候，较耐寒。

✧ 水土：喜深厚湿润肥沃土壤，不耐涝，也不耐旱。

观赏特性

✧ 感官之美：花朵乳白，渐变为黄色，美丽而芳香，果实大而多，是优良的庭院观赏树木和果树。

园林应用

✧ 应用方式：在造景中，既是作棚架、绿廊、篱垣的攀缘材料，又可模仿自然状态下猕猴桃的生长状态，植于疏林中，让其自然攀附树木，最适合在自然式公园配植应用。

✧ 注意事项：定植时应设棚架以资攀缘，有利通风透光，增加产量。

紫藤属 *Wisteria* Nutt.

　　本属隶属于蝶形花科 Fabaceae。落叶藤本。奇数羽状复叶，互生；小叶对生，具小托叶。总状花序下垂，花蓝紫色或白色；萼钟形，5 齿裂；花冠蝶形，旗瓣大而反卷，翼瓣镰状，基具耳垂，龙骨瓣端钝；雄蕊 2 体（9+1）。荚果扁而长，具数粒种子，种子间常略紧缩。

　　共约 10 种，产于东亚及北美东部；中国约有 5 种。

分种检索表

A₁　小叶 7～13，茎左旋性；总状花序长 15～20cm ·················· 紫藤 *W. sinensis*

A₂　小叶 13～19，茎右旋性；总状花序长 30～50cm ·················· 多花紫藤 *W. floribunda*

紫藤 *Wisteria sinensis* Sweet（图 6-206）

　　别名　藤萝

识别要点

❖ 树形：藤木，茎枝为左旋生长，长达 20m。

❖ 叶：小叶 7～13，通常 11，卵状长圆形至卵状披针形，长 4.5～11cm，宽 2～5cm，叶基阔楔形，幼叶密生平贴白色细毛，后变无毛。

❖ 花：总状花序长 15～25cm，花蓝紫色，长 2.5～4cm，旗瓣圆形，基部有 2 胼胝体状附属物。花期 4～5 月。

❖ 果：荚果，长 10～25cm，表面密生黄色绒毛。果期 9～10 月。

❖ 种子：种子扁圆形，棕黑色。

种下变异

有以下品种。

‘白花’紫藤（‘银藤’）‘Alba’：花白色，耐寒性较差。

‘粉花’紫藤 ‘Rosea’：花粉红至玫瑰粉红色。

‘重瓣’紫藤 ‘Plena’：花堇紫色，重瓣。

‘重瓣白花’紫藤 ‘Alba Plena’：花白色，重瓣。

‘乌龙’藤 ‘Black Dragon’：花暗紫色，重瓣。

‘丰花’紫藤 ‘Prolific’：开花丰盛，淡紫色，花序长而尖；生长健壮。在荷兰育成，现在欧洲广泛栽培。

图 6-206 紫藤
Wisteria sinensis

产地与分布

❖ 产地：原产中国。

❖ 分布：自东北南部、黄河流域至长江流域和华南均有栽培或分布。

生态习性

❖ 光照：喜光，略耐阴。

❖ 温湿：较耐寒，但在北方仍以置于避风向阳之处为好。

❖ 水土：喜深厚肥沃而排水良好的土壤，有一定的耐干旱、瘠薄和水湿能力。

生物学特性

❖ 长速与寿命：生长快，寿命可达数百年。

❖ 根系特性：主根深，侧根少。

观赏特性

❖ 感官之美：花穗大而紫色，鲜花葳垂，清香四溢，可形成绿蔓浓密、紫袖垂长、碧水映霞、清风送香的引人入胜的景观。

园林应用

❖ 应用方式：庇荫效果好，是优良的棚架、门廊、枯树及山面绿化材料。制成盆景或盆栽可供室内装饰。

❖ 注意事项：紫藤枝粗叶茂，重量大，所用棚架材料必须坚实耐久；盆栽时，应注意加强修剪和摘心，控制植株勿使生长过大。

南蛇藤属 *Celastrus* L.

本属隶属于卫矛科 Celastraceae。落叶或半常绿藤本。单叶互生，有锯齿。花小，杂性异株，总状、圆锥或聚伞花序，腋生或顶生；花 5 数，内生花盘杯状；子房 3 室。蒴果近球形，通常黄色，3 瓣裂，每瓣有种子 1～2，具肉质红色或橘红色假种皮。

共约 30 种，分布于热带和亚热带；中国约 24 种和 2 变种，全国都有分布，以西南最多。

南蛇藤 *Celastrus orbiculatus* Thunb.（图 6-207）

别名　落霜红

图 6-207　南蛇藤 *Celastrus orbiculatus*

识别要点

- ◇ 树形：藤木，茎缠绕，长达 15m。
- ◇ 枝干：小枝圆，皮孔粗大而隆起，枝髓白色充实。
- ◇ 叶：叶近圆形或椭圆状倒卵形，长 4～10cm，先端突尖或钝尖，基部广楔形或近圆形，缘有钝齿。
- ◇ 花：短总状花序腋生，或在枝端成圆锥状花序与叶对生，具 3～7 朵花，花序梗长 1～3cm；花小，黄绿色。花期 4～5 月。
- ◇ 果：蒴果近球形，橙黄色，径 7～9mm。果9～10 月成熟。
- ◇ 种子：种子白色，外包红色肉质假种皮。

产地与分布

- ◇ 产地：产东北、华北、西北至长江流域各地。朝鲜、日本也有。常生于山地沟谷及林缘灌木丛中。
- ◇ 分布：各地园林中偶有栽培。

生态习性

- ◇ 光照：喜光，也耐半阴。
- ◇ 温湿：耐寒冷，在气候湿润环境生长良好。
- ◇ 水土：对土壤要求不严，在肥沃而排水良好的土壤上生长良好。

观赏特性

- ◇ 感官之美：植株姿态优美，叶片经霜变红，美丽壮观；果实黄色，成熟的累累硕果，竞相开裂，露出鲜红色的假种皮，宛如颗颗宝石。

园林应用

- ◇ 应用方式：园林中应用颇有野趣，宜植于湖畔、溪边、坡地、林缘及假山、石隙等处，也可作为棚架绿化及地被植物材料。此外，果枝可作瓶插材料。

葡萄属 *Vitis* L.

本属隶属于葡萄科 Vitaceae。藤本，以卷须攀缘他物，卷须与叶对生。茎皮片状剥落，髓心棕褐色。单叶、羽叶或掌状复叶，有托叶，通常早落。花单性或杂性，圆锥花序与叶对生；花部 5 数，通常杂性异株，稀两性；萼小而明显，成碟形；花瓣顶部黏合成帽状，开花时整体脱落；花盘具 5 蜜腺；子房 2 室，每室胚珠 2。浆果肉质，内含种子 2～4 粒。

约 60 种；中国约 38 种，南北均有分布。

葡萄 *Vitis vinifera* L.（图 6-208）

识别要点

- ❖ 树形：藤本，茎长达 30m。
- ❖ 枝干：茎皮红褐色，老时条状剥落，小枝光滑或幼时有柔毛。
- ❖ 叶：叶互生，近圆形，长 7～20cm，3～5 掌状浅裂，基部心形，缘有粗齿，两面无毛或背面稍有短柔毛；叶柄长 4～8cm，近无毛。卷须分叉，间歇性与叶对生。
- ❖ 花：圆锥花序大而长，疏散，基部分枝发达；花小，黄绿色；花萼浅碟形，边缘波状浅裂；花瓣呈帽状黏合脱落。花期 5～6 月。
- ❖ 果：浆果圆形或椭圆形，成串下垂，熟时绿色、紫红色或黄绿色，被白粉。果期 8～9 月。

图 6-208 葡萄
Vitis vinifera

产地与分布

- ❖ 产地：原产亚洲西部至欧洲东南部。
- ❖ 分布：世界温带地区广为栽培。我国辽宁中部以南各地均有栽培，但以长江以北栽培较多。

生态习性

- ❖ 光照：喜光。
- ❖ 温湿：喜干燥及夏季高温的大陆性气候，冬季需要一定的低温，但严寒时又必须埋土防寒。在降雨量大、空气潮湿的地区，容易发生徒长、授粉不良、落果、裂果、多病虫害等不良现象。
- ❖ 水土：在土层深厚而排水良好的微酸性至微碱性砂质壤土上生长最好，在黏重土壤中生长不良；耐干旱，怕水涝。

生物学特性

- ❖ 长速与寿命：生长快，寿命较长。
- ❖ 根系特性：深根性，主根可深入土层 2～3m。
- ❖ 花果特性：结果早，一般栽后 2～3 年开始结果，4～5 年进入盛果期。

观赏特性

- ❖ 感官之美：夏日绿叶翁郁，秋日硕果累累，可观其色其丰。

园林应用

- ❖ 应用方式：宜攀缘棚架及凉廊，适于庭前、曲径、山头、入口、屋角、天井、窗前等各处，是人们休息纳凉的绝佳去处；现代园林中，葡萄棚架可独自成景，广泛应用于各类公园、庭院、居民区；大型公园或风景区可结合生产，布置成葡萄园。
- ❖ 注意事项：在庭院、公园、疗养院及居民区栽植时，最好选用栽培管理较粗放的品种。

蛇葡萄属 *Ampelopsis* Michaux

本属隶属于葡萄科 Vitaceae。落叶木质藤本，卷须 2～3 分枝，稀不分枝或顶端分叉。借卷须攀缘，枝具皮孔及白髓。叶互生，单叶或羽状复叶或掌状复叶，具长柄。花小，两性，聚散花序具长梗，与叶对生或顶生；花部常为 5 数，展开，各自分离脱落，两性或杂性同株；花萼全缘；花瓣离生并开展；雄蕊短；子房 2 室，花柱细长。浆果球形，具 1～4 粒种子，种子倒卵圆形。

共约 30 种，产北美洲及亚洲；中国产 17 种。

分种检索表

A$_1$ 单叶，3～5 中裂或近深裂，背面苍白色；果熟时淡黄色或淡蓝色 …… 葎叶蛇葡萄 *A. humilifolia*
A$_2$ 掌状复叶或单叶掌状全裂。
    B$_1$ 小叶羽状分裂；果熟时橙红色……………………………………乌头叶蛇葡萄 *A. aconitifolia*
    B$_2$ 小叶裂成羽状复叶状，叶轴有宽翅；果熟时蓝色或白色…………………白蔹 *A. japonica*

葎叶蛇葡萄 *Ampelopsis humulifolia* Bunge（图 6-209）

图 6-209 葎叶蛇葡萄 *Ampelopsis humilifolia*

识别要点
- ❖ 树形：木质大藤本，长达 10m。
- ❖ 枝干：枝条红褐色，近无毛。
- ❖ 叶：叶卵圆形或肾状五角星，长 7～12cm，3～5 中裂或近深裂，上面鲜绿色，有光泽，下面苍白色。
- ❖ 花：聚伞花序与叶对生，疏散，有细长总梗；花淡黄绿色。花期 5～6 月。
- ❖ 果：浆果球形，径 6～8mm，淡黄色或淡蓝色。果期 8～10 月。

产地与分布
- ❖ 产地：产东北南部、华北至陕西、甘肃、安徽等省，多生于海拔 1000m 以下的山地灌丛和疏林下。
- ❖ 分布：目前园林中尚不多见。

生态习性
- ❖ 光照：喜光，也颇耐阴。
- ❖ 水土：喜排水良好的砂质壤土。

生物学特性
- ❖ 长速与寿命：生长快。

观赏特性
- ❖ 感官之美：夏日绿叶翁郁，秋日可赏其果。极富野趣。

园林应用
- ❖ 应用方式：生长迅速，可供攀附棚架、凉廊等。

地锦属 *Parthenocissus* Planch.

本属隶属于葡萄科 Vitaceae。藤本。茎有皮孔，髓白色。卷须 4～7 总状分枝，相隔 2 节间断与叶对生，顶端常扩大成吸盘。叶互生，掌状复叶或单叶而常有裂，具长柄。花两性，稀杂性，聚伞花序与叶对生或顶生；花部 5 数，花瓣离生；花盘不明显或无；子房 2 室，每室 2 胚珠，花柱明显。浆果球形，内含 1～4 种子。果柄顶端增粗，多少有瘤状突起。种子倒卵圆形。

共约 13 种，产于北美洲及亚洲；中国约 9 种。

分种检索表

A$_1$ 单叶，通常 3 裂，或深裂成 3 小叶 ·· 地锦 *P. tricuspidata*

A$_2$ 掌状复叶，小叶 5 ·· 美国地锦 *P. quinquefolia*

地锦 *Parthenocissus tricuspidata* (Sieb. et Zucc.) Planch.（图 6-210）

别名　爬山虎、爬墙虎

识别要点

◇ 树形：木质大藤本。

◇ 枝干：小枝无毛或嫩时被极稀柔毛。

◇ 叶：叶广卵形，长 8～19cm，通常 3 裂，基部心形，缘有粗锯齿，表面无毛，背面脉上有柔毛；下部枝的叶片有时分裂成 3 小叶；幼苗期的叶片较小，多不分裂。卷须短而多分枝，顶端嫩时成圆形，遇附着物时膨大成吸盘。

◇ 花：聚伞花序通常生于短枝顶端两叶之间，花淡黄绿色；花瓣长椭圆形；花萼碟形，边缘全缘或呈波状，无毛。花期 6～7 月。

◇ 果：浆果球形，径 6～8mm，熟时蓝黑色，有白粉。果 10 月成熟。

图 6-210　地锦
Parthenocissus tricuspidata

种下变异

有以下品种。

'Veitchii'：叶裂比原种浅，秋季叶色深紫红色，比原种观赏性好。

'Fenway Park'：新叶黄色，成熟时转绿，秋季叶色鲜红。

产地与分布

◇ 产地：产中国和日本。

◇ 分布：我国分布极广，北自吉林，南到广东均有。园林中常见栽培。

生态习性

◇ 光照：喜阴，也可在全光下生长。

◇ 温湿：耐寒。

◇ 水土：对土壤适应能力强。

◇ 空气：抗污染，对氯气抗性强。

生物学特性

◇ 长速与寿命：生长快。

观赏特性

◇ 感官之美：枝繁叶茂，层层密布，入秋叶色变红，格外美观，卷须先端特化成吸盘，攀缘能力强。

园林应用

◇ 应用方式：适于附壁式的造景方式，在园林中可广泛应用于建筑、墙面、石壁、混凝土壁面、栅栏、桥畔、假山、枯树的垂直绿化，还是优良的地面覆盖材料。

凌霄属 *Campsis* Lour.

本属隶属于紫葳科 Bignoniaceae。落叶木质藤本，借气生根攀缘。奇数羽状复叶对生，小叶有齿。花大，聚伞或圆锥花序顶生；花萼钟状，革质，5裂，不等大；花冠漏斗形，红色，裂片5，大而开展；雄蕊4，2长2短，弯曲，内藏；子房2室，基部有大花盘。蒴果长，室背开裂。种子扁平，有半透明膜质翅。

共2种，1种产于北美，1种产于中国和日本。

分种检索表

A₁ 小叶7~9，两面无毛，叶缘疏生7~8齿；花萼裂至中部；花较大，径5~7cm ……………………………………………………………………………… 凌霄 *C. grandiflora*

A₂ 小叶9~13，叶背脉上有柔毛，叶缘疏生4~5齿；花萼裂较浅，约1/3；花较小，径约4cm ……………………………………………………………………… 美国凌霄 *C. radicans*

凌霄 *Campsis grandiflora* (Thunb.) Loisel.（图6-211）

别名　紫葳、女葳花

图6-211　凌霄 *Campsis grandiflora*

识别要点

◇ 树形：藤木，长达10m，借气生根攀缘。

◇ 枝干：树皮灰褐色，呈细条状纵裂；小枝紫褐色。

◇ 叶：小叶7~9，卵形至卵状披针形，长3~7cm，先端长尖，缘疏生7~8锯齿，基部宽楔形；侧脉6~7对。

◇ 花：疏松顶生聚伞状圆锥花序；花萼绿色，5裂至中部，有5条纵棱；花冠唇状漏斗形，鲜红色或橘红色。花期6~8月。

◇ 果：蒴果扁平条形，状如荚果，顶端钝。果期10月。

产地与分布

◇ 产地：原产东亚。

◇ 分布：我国分布于东部和中部，习见栽培。

生态习性

◇ 光照：性强健，喜光，稍耐阴，幼苗宜稍庇荫。

◇ 温湿：喜温暖湿润，耐寒性较差，北京幼苗越冬需加保护。

◇ 水土：对土壤要求不严，耐旱，忌积水，最喜肥沃湿润、排水良好的微酸性、中性土壤，也能耐碱。

生物学特性

◇ 根系特性：萌蘖性强。

观赏特性

◇ 感官之美：干枝虬曲多姿，翠叶团团如盖，花大色艳，夏日红花绿叶相映成趣，平添无限生机。

◇ 文化意蕴：凌霄，即凌云九霄之意，象征着一种节节攀登，志在云霄的气概。

园林应用

◇ 应用方式：用以攀缘墙垣、枯树、石壁，均极适宜；点缀于假山间隙，繁花艳彩，更觉动人，是理想的城市垂直绿化材料。经修剪、整枝等栽培措施，可成灌木状栽培观赏。

◇ 注意事项：凌霄花粉有毒，能伤眼睛，须加注意。

忍冬属 *Lonicera* L.

本属隶属于忍冬科 Caprifoliaceae。属特征及属检索表见本项目任务二的 2 落叶灌木。

忍冬 *Lonicera japonica* Thunb.（图 6-212）

别名　金银花、金银藤

识别要点

◇ 树形：半常绿缠绕藤本，长可达 9m。

◇ 枝干：茎皮条状剥落，小枝细长中空，幼枝暗红色，密生柔毛和腺毛。

◇ 叶：叶卵形或椭圆状卵形，长 3～8cm，端短渐尖至钝，基部圆形或近心形，全缘；幼叶两面具柔毛，老后光滑。

◇ 花：花成对腋生，苞片叶状；花总梗和叶状苞片密生柔毛和腺毛；花冠 2 唇形，长 3～4cm，上唇具 4 裂片，下唇狭长而反卷，约等于花冠筒长；初开白色略带紫晕，后变黄色，芳香，外被柔毛和腺毛，萼筒无毛；雄蕊和花柱伸出花冠外。花期 4～6 月。

◇ 果：浆果球形，离生，蓝黑色，长 6～7mm。果期 8～11 月。

图 6-212　忍冬
Lonicera japonica

种下变异

有以下变种和品种。

红金银花 var. *chinensis* Baker：小枝、叶柄、嫩叶带紫红色，叶近光滑，背脉稍有毛；花冠外淡紫红色，上唇的分裂大于 1/2。

黄脉金银花 var. *aureo-reticulata* Nichols.：叶较小，有黄色网脉。

紫脉金银花 var. *repens* Rehd.：叶近光滑，叶脉常带紫色，叶基部有时分裂，花冠白色带淡紫色。

‘紫叶’金银花‘Purpurea’：叶紫色。

‘斑叶’金银花‘Variegata’：叶有黄斑。

‘四季’金银花‘Semperflorens’：春至秋末陆续开花不断。

产地与分布

✧ 产地：产于我国南北各省，朝鲜和日本亦产。

✧ 分布：分布于东北南部、黄河流域至长江流域、西南各地，园林中常见栽培。

生态习性

✧ 光照：喜光，稍耐阴。

✧ 温湿：耐寒。

✧ 水土：耐旱，耐水湿，对土壤要求不严，酸性土或碱性土均可生长，以湿润、肥沃、深厚的砂壤土生长最好。

生物学特性

✧ 根系特性：根系发达，萌蘖力强，茎着地即能生根。

观赏特性

✧ 感官之美：植株轻盈，藤蔓缭绕，冬叶微红，花先白后黄，状如飞鸟，布满株丛，春夏时节开花不绝，富含清香，秋末冬初叶片转红，老叶未落，新叶出生，凌冬不凋，是色香俱全的优良藤木。

园林应用

✧ 应用方式：可用于竹篱、栅栏、绿亭、绿廊、花架等各项设施的绿化；由于耐阴，也可攀附山石、用作林下地被。老桩姿态古雅，别具一格，是优良的盆景材料。

【任务实训】

园林藤木的识别

目的要求：①学会根据藤木的形态特征进行藤木树种的鉴别；②熟悉藤木特有的形态术语。

实训条件：①校园或附近藤木较丰富的绿地和温室；②枝剪、放大镜、工具书（如《园林树木1600种》）。

方法步骤：①组织学生到现场；②选择典型藤木，现场讲解藤木的观察和识别方法；③根据教师的讲解，学生自行观察巩固，教师做现场指导；④教师指定5种已观察过的藤木，要求学生做书面形态描述。

技术成果：实训报告。

任务四　认知园林竹类

【知识要求】使学生从形态特征、生态习性、观赏特性及园林用途等方面认知园林竹类，要求学生能根据园林竹类的以上属性对其进行分类。

【技能要求】能够识别常用的园林竹类。

【任务理论】竹类植物属于禾本科竹亚科，共约88属1400种，分布于亚洲、南美洲、太平洋岛屿、澳大利亚北部、马达加斯加和中北美地区。我国34属530余种，主要分布于秦岭、淮河以南广大地区，黄河流域也有少量分布。

竹是多年生木质化植物，具地下茎（竹鞭）和地上茎（竹秆）。

根据地下茎的类型，可以将竹类分为以下几种类型（图6-213）。

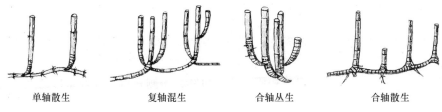

| 单轴散生 | 复轴混生 | 合轴丛生 | 合轴散生 |

图6-213 竹类地下茎类型

（1）单轴散生型：地下茎圆筒形或近圆筒形，细长横走，称为竹鞭；竹鞭有隆起的节，节上生根，每节着生1芽，交互排列；芽发育成竹笋，出土成竹，或抽发成新的竹鞭，在土壤中蔓延。地上的竹秆常稀疏散生，如刚竹属 *Phyllostachys*、酸竹属 *Acidosasa* 等。

（2）复轴混生型：有真正的地下茎，既有细长横走的竹鞭，又有密集的秆基，前者竹秆在地面散生，后者竹秆在地面丛生，如箬竹属 *Indocalamus*、倭竹属 *Shibataea* 等。

（3）合轴丛生型：地下茎不为细长横走的竹鞭，而是粗大短缩、节密根多、状似烟斗的秆基；秆基上具有2～4对大型芽，每节着生1个，交互排列；顶芽出土成竹，新竹一般靠近老秆，新竹秆基的芽次年又发育成竹，如此则形成密集丛生的竹丛，如筋竹属 *Bambusa*、牡竹属 *Dendrocalamus*、泰竹属 *Thyrsostachys* 等。

（4）合轴散生型：与合轴丛生型的区别在于，秆基的大型芽萌发时，秆柄在地下延伸一段距离后出土成竹，竹秆在地面上散生。延伸的秆柄形成"假竹鞭"，虽然有节，但节上无芽，也不生根，如箭竹属 *Fargesia*、筱竹属 *Thamnocalamus*。

竹秆是竹子的主体，分秆柄、秆基和秆茎三部分。秆柄是竹秆最下部分，与竹鞭或母竹的秆基相连，细小、短缩、不生根，是竹子地上和地下系统连接疏导的枢纽。秆基是竹秆入土生根的部分，由数节至十数节组成，节间缩短而粗大。秆茎是竹秆的地上部分，每节分二环：下环为笋环，又称箨环，是竹笋脱落后留下的环痕；上环为秆环，是居间分生组织停止生长留下的环痕，其隆起的程度随竹种的不同而不同。秆环和箨环之间的距离称节内，其上生芽，芽萌发成枝；秆环、箨环、节内合成节，两节之间称节间，节间通常中空，节与节之间有节隔相隔，秆具明显的节与节间。

竹类分枝可分为以下4种类型（图6-214）。

| 单分枝 | 二分枝 | 三分枝 | 多分枝
（无主枝型） | 多分枝
（有主枝型） |

图6-214 竹类分枝类型

（1）单分枝：竹秆每节单生枝，如箬竹属。

（2）2分枝：每节具2分枝，通常1枝较粗，1枝较细，如刚竹属。

（3）3分枝：竹秆中部节每节具3分枝，而秆上部节的每节分枝数可达5~7，如唐竹属 *Sinobambusa*。

（4）多枝型：每节具多数分枝，分枝近于等粗（无主枝型），或其中1~2枝较粗长（有主枝型）。

竹子有两种形态的叶，一为茎生叶，俗称箨叶或竹箨，由箨鞘（相当于叶鞘）、箨舌（相当于叶舌）、箨耳（相当于叶耳）、箨叶（相当于叶片）和繸毛构成；另一为营养叶，由叶鞘、叶舌、叶耳、叶片和肩毛构成，叶鞘包茎，一侧开口，叶片条形或披针形，中脉发达，侧脉平行。

竹花由鳞被、雄蕊和雌蕊组成。果实多为颖果。竹类的一生中，大部分时间为营养生长阶段，一旦开花结实后全部株丛即枯死而完成一个生命周期。

竹子在我国具有悠久的栽培历史，其不仅是重要的农、林业资源，而且是最重要的观赏植物类群之一，已有很多不同形态的种或品种被广泛地用于观赏与园林绿化。另外，竹子在我国还具有独特的文化内涵，常被赋予常青、刚毅、挺拔、坚贞、清幽的性格，用于园林栽培以陶冶情操，鼓舞精神。与松、梅共植，誉为"岁寒三友"。

刚竹属 *Phyllostachys* Sieb. et Zucc.

本属隶属于禾本科 Poaceae。乔木或灌木状；地下茎为单轴型。秆散生，圆筒形，节间在分枝侧有沟槽；每节2分枝。秆箨早落；箨叶披针形。每小枝有1至数叶，叶片具小横脉。假花序由多数小穗组成，基部有叶片状佛焰苞；小穗轴逐节折断；颖1~3或缺；鳞片3；雄蕊3，花丝细长；柱头3，羽毛状。颖果。

约50种，大都分布于东亚；中国为分布中心，约产40种，主要分布在黄河流域以南至南岭以北，不少种类已引至北京、河北、辽宁等地。

分种检索表

A_1 主秆的秆环不隆起或微隆起，箨环隆起。

  B_1 新秆密被细柔毛和白粉；秆箨紫褐色，密被棕色毛；具箨耳及繸毛···············毛竹 *P. edulis*

  B_2 新秆无毛，微被白粉；秆箨淡黄褐色，无毛；无箨耳及繸毛····························刚竹 *P. vidis*

A_2 主秆的秆环和箨环均隆起。

  B_1 秆正常，不为畸形肿胀。

    C_1 新秆绿色，凹沟槽绿色。

      D_1 有箨耳及繸毛。

        E_1 新秆绿色，后变为紫黑色，密被短柔毛和白粉；箨叶绿色至淡紫色·········紫竹 *P. nigra*

        E_2 新秆绿色，无毛及白粉；箨叶橘红色····························桂竹 *P. bambusoides*

      D_2 无箨耳及繸毛。

        E_1 箨舌暗紫色，先端截形或微作拱形，箨叶线形至线状披针形···············淡竹 *P. glauca*

        E_2 箨舌淡褐色，先端上拱呈拱形，箨叶披针形或线状披针形············早园竹 *P. propinqua*

    C_2 新秆绿色无毛，凹沟槽黄色····························黄槽竹 *P. aureosulcata*

  B_2 秆节间不规则短缩，或畸形肿胀，或关节斜生，或显著膨大····················罗汉竹 *P. aurea*

毛竹 *Phyllostachys edulis*（Carr.）H. de Lehaie（图 6-215）

别名　楠竹、孟宗竹、茅竹

识别要点

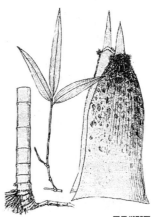

- ❖ 树形：高大乔木状竹类。秆高 10～25m，径达 12～20cm。
- ❖ 竹秆：下部节间较短，中部节间可长达 40cm；分枝以下秆环不明显，仅箨环隆起。新秆绿色，密被细柔毛，有白粉；老秆灰绿色，无毛，白粉脱落而在节下逐渐变黑色。
- ❖ 竹箨：箨鞘厚革质，有褐色斑纹，背面密生棕紫色小刺毛；箨舌呈尖拱状；箨叶三角形或披针形，绿色，初直立，后反曲；箨耳小，繸毛（肩毛）发达。
- ❖ 枝叶：枝叶 2 列状排列，每小枝 2～3 叶。较小，披针形，长 4～11cm，宽 5～12mm。叶舌隆起；叶耳不明显，有肩毛，后渐脱落。

图 6-215　毛竹
Phyllostachys edulis

- ❖ 笋期：3～4 月。

种下变异

龟甲竹 var. *heterocycla*（Carr.）H. de Lehaie：秆较原种稍矮小，下部诸节间极度缩短、肿胀，交错成斜面。宜栽于庭院观赏。

产地与分布

- ❖ 产地：原产于中国秦岭、汉水流域至长江流域以南海拔 1000m 以下酸性土山地。
- ❖ 分布：分布很广，东起台湾，西至云南东北部，南自广东和广西中部，北至安徽北部、河南南部；其中浙江、江西、湖南为分布中心。

生态习性

- ❖ 光照：喜光。
- ❖ 温湿：喜温暖湿润的气候，耐寒性稍差，要求年平均温度 15～20℃，耐极端最低温 −16.7℃，年降水量 800～1000mm 为宜；喜空气相对湿度大。
- ❖ 水土：喜肥沃、深厚、排水良好的酸性砂壤土，干燥的砂荒石砾地、盐地、碱地、排水不良的低洼地均不利生长。

生物学特性

- ❖ 长速与寿命：竹鞭鞭梢的生长一年可达 4～5m。竹鞭寿命约 14 年。从竹笋出土到新竹长成约 2 个月时间。
- ❖ 花果特性：毛竹的生长发育周期长，一般 50～60 年。花期长，从 4～5 月到 9～10 月都有发生，而以 5～6 月为盛花期。毛竹开花初期总是零星发生在少数植株上，有的全株开花，竹叶脱落，花后死亡；有的部分开花，部分生叶，持续 2～3 年，直至全株枝条开完后竹秆死亡；一片毛竹林全部开花结实，一般要经历 5～6 年以上。

观赏特性

- ❖ 感官之美：秆高、叶翠，四季常青，秀丽挺拔，值霜雪而不凋，历四时而常茂，颇无天艳，雅俗共赏。

园林应用

❖ 应用方式：常植于庭园曲径、池畔、溪涧、山坡、石际、天井、景门，以至室内盆栽观赏。在风景区大面积种植，谷深林茂，云雾缭绕，形成"一径万竿绿参天"的景感；高大的毛竹也是建筑、水池、花木等的绿色背景；合理栽植，又可分隔园林空间；毛竹根浅质轻，是植于屋顶花园的极好材料。

❖ 注意事项：竹秆高大挺拔，不适于小面积庭院造景。

桂竹 *Phyllostachys bambusoides* Sieb. et Zucc.（图 6-216）

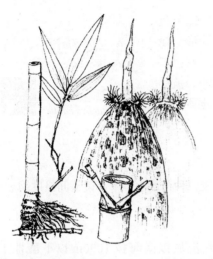

图 6-216 桂竹 *Phyllostachys bambusoides*

别名　刚竹、五月季竹

识别要点

❖ 树形：秆高 11～20m，径 8～14cm。

❖ 竹秆：中部节间长达 40cm；幼秆绿色，无毛及白粉；秆环、箨环均隆起，新秆绿色，无白粉。

❖ 竹箨：箨鞘黄褐色，底密被黑紫色斑点或斑块，常疏生直立短硬毛；箨耳小，1 枚或 2 枚，镰形或长倒卵形，紫褐色，偶无箨耳，有长而弯曲的肩毛；箨舌微隆起；箨叶三角形至带形，橘红色，有绿边，皱折下垂。

❖ 枝叶：小枝初生 4～6 叶，后常为 2～3 叶；叶带状披针形，长 7～15cm，有叶耳和长肩毛。

❖ 笋期：5～6 月。

种下变异

'斑竹'（'湘妃'竹）'Tankae'：竹秆和分枝上有紫褐色斑块或斑点，内深外浅，通常栽植于庭园观赏，秆加工成工艺品。

'黄金间碧玉'竹（'金明'竹）'Castilloni'：秆黄色，间有宽绿条带；有些叶片上也有乳白色的纵条纹。原产中国，早年引入日本，并长期栽培。

'碧玉间黄金'竹（'银明'竹）'Castilloni-inversa'：与上种正相反，竹秆绿色，间有黄色条带。在日本有栽培。

产地与分布

❖ 产地：原产于中国。

❖ 分布：分布很广，东自江苏、浙江，西至四川，南自两广北部，北至河南、河北都有栽植。

生态习性

❖ 温湿：喜温暖湿润气候，抗性较强，适生范围大，能耐 18℃的低温。

❖ 水土：多生长在山坡下部和平地土层深厚肥沃的地方，在黏重土壤上生长较差。耐旱，耐土壤瘠薄。

观赏特性

❖ 感官之美：同毛竹。

园林应用

✧ 应用方式：同毛竹。

✧ 注意事项：是"南竹北移"的优良竹种。

紫竹 *Phyllostachys nigra*（Lodd.）Munro（图 6-217）

别名　黑竹、乌竹

识别要点

✧ 树形：秆高 3～10m，径 2～4cm。

✧ 竹秆：中部节间长 25～30cm，壁厚约 3mm。新秆有细毛茸和白粉，绿色，老秆则变为棕紫色以至紫黑色。秆环与箨环均甚隆起，箨环有毛。

✧ 竹箨：箨鞘淡玫瑰紫色，背部密生毛，无斑点；箨耳镰形、紫色；箨舌长而隆起；箨叶三角状披针形，绿色至淡紫色。

✧ 枝叶：叶片 2～3 枚生于小枝顶端，叶鞘初被粗毛，叶片披针形，长 4～10cm，质地较薄。

✧ 笋期：4～5 月。

产地与分布

✧ 产地：原产于中国。

✧ 分布：广布于华北经长江流域以至西南等地区。

图 6-217　紫竹 *Phyllostachys nigra*

生态习性

✧ 温湿：耐寒性较强，可耐 -20℃低温，北京紫竹院公园小气候条件下能露地栽植。

✧ 水土：适于土层深厚肥沃的湿润土壤。

观赏特性

✧ 感官之美：秆紫黑，叶翠绿，颇具特色。

园林应用

✧ 应用方式：常植于庭园观赏，与黄槽竹 *Phyllostachys aureosulcata*、'金镶玉'竹 *P. aureosulcata* 'Spectabilis'、'斑竹' *P. Bambusoides* 'Tankae' 等秆具色彩的竹种同栽于园中，增添色彩变化。

早园竹 *Phyllostachys propinqua* McClure（图 6-218）

别名　沙竹

图 6-218　早园竹 *Phyllostachys propinqua*

识别要点

✧ 树形：秆高 8～10m，胸径 5cm 以下。

✧ 竹秆：新秆绿色具白粉，光滑无毛；老秆淡绿色，节下有白粉圈，箨环与秆环均略隆起。

✧ 竹箨：箨鞘淡紫褐色或深黄褐色，被白粉，有紫褐色斑点及不明显条纹，上部边缘枯焦状；无箨耳；箨舌淡褐色，弧形；箨叶带状披针形，紫褐色，平直反曲。

◇ 枝叶：小枝具叶 2～3 片，带状披针形，长 7～16cm，宽 1～2cm，背面基部有毛；叶舌弧形隆起。

◇ 笋期：4～6 月。

产地与分布

◇ 产地：主产于华东。

◇ 分布：北京、山东、山西、河南、河北常见栽培。

生态习性

◇ 温湿：抗寒性强，能耐短期的 -20℃低温。

◇ 水土：适应性强，轻碱地、砂土及低洼地均能生长。

观赏特性

◇ 感官之美：秆高叶茂。

园林应用

◇ 应用方式：华北园林中栽培观赏的主要竹种。

寒竹属 *Chimonobambusa* Makino

本属隶属于禾本科 Poaceae。灌木或小乔木状；地下茎复轴型。秆在地面上散生，秆圆筒形或微呈四方形，在分枝一侧常扁平或具沟槽，基部数节常各有一圈瘤状气根；每节具 3 分枝。箨鞘纸质，背部无毛，有斑点；常无箨耳；箨舌膜质，全缘；箨叶细小，直立，三角形或锥形。叶片较坚韧，小横脉显著。花枝紧密簇生，重复分枝或有时不分枝；小穗几无柄，颖 1～3 片，不等长；外稃膜质带厚纸质；内稃微短于外稃；鳞被 3，披针形；雄蕊 3；花柱 2，分离，柱头羽毛状。坚果状颖果，有坚厚的果皮。

约 20 种，我国有全部种类。

方竹 *Chimonobambusa quadrangularis* (Fenzi.) Makino（图 6-219）

识别要点

◇ 树形：秆散生，高 3～8m，径 1～4cm。

◇ 竹秆：幼时密被黄褐色倒向小刺毛，以后脱落，在毛基部留有小疣状突起，使秆表面较粗糙，下部节间四方形；节间长 8～22cm；秆环甚隆起，箨环幼时有小刺毛，基部数节常有刺状气根一圈；上部各节初有 3 分枝，以后增多。

◇ 竹箨：箨鞘厚纸质，无毛，背面具多数紫色小斑点；箨耳及箨舌均极不发达；箨叶极小或退化。

◇ 枝叶：叶 2～5 枚着生小枝上；叶鞘无毛；叶舌截平、极短；叶片薄纸质，窄披针形，长 8～29cm，宽 1～2.5cm，叶脉粗糙。

◇ 笋期：肥沃之地，四季可出笋。但通常在 8 月至次年 1 月出笋。

产地与分布

◇ 产地：产我国江苏、安徽、浙江、江西、福建、台湾、湖南和广西等省区。日本也产。

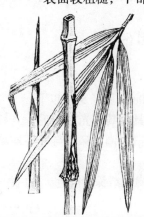

图 6-219 方竹 *Chimonobambusa quadrangularis*

◇ 分布：国内外多有栽培。

生态习性

◇ 温湿：喜温暖湿润气候。

◇ 水土：在肥沃而湿润的土壤中生长最好。

观赏特性

◇ 感官之美：竹秆呈四方形，下部节上具刺瘤，很奇特。

园林应用

◇ 应用方式：适于庭院窗前、花台、水池边小片丛植。

大明竹属 *Pleioblastus* Nakai

本属隶属于禾本科 Poaceae。灌木状或小乔木状中小型竹类。地下茎为单轴型或复轴型。秆散生或丛生，圆筒形；秆环很隆起，高于箨环；每节有 3～7 分枝。箨鞘厚革质，基部常宿存，使箨环上具一圈木栓质环状物；箨叶锥状披针形。每小枝具叶 2～13 片；叶鞘口部常有波状弯曲的刚毛；叶片有小横脉。总状花序着生于枝下部各节；小穗绿色，具花数朵；颖 2～5，有锐尖头，边缘有纤毛；外稃披针形，近革质，边缘粗糙；内稃背部 2 脊间有沟纹；鳞被 3 片；雄蕊 3 枚，花柱 1，柱头 3，羽毛状。颖果长圆形。

约 50 种，分布于东亚，以日本为多；中国产约 20 种。

分种检索表

A$_1$　秆较高，3～7m；每节具 3～6 分枝；叶片绿色 ……………………………… 苦竹 *P. amarus*

A$_2$　秆低矮，高不足 2m；每节 2 至数分枝或下部为 1 分枝；叶有黄色、浅黄色或白色条纹 …………
…………………………………………………………………………… 菲白竹 *P. angustifolius*

苦竹 *Pleioblastus amarus* (Keng) Keng f.（图 6-220）

别名　伞柄竹

识别要点

◇ 树形：秆高 3～7m，径 1.5～2cm。

◇ 竹秆：新秆灰绿色，密被白粉，老秆绿黄色。节间圆筒形，在分枝一侧稍扁平；箨环隆起呈木栓质，低于秆环。

◇ 竹箨：箨鞘厚纸质或革质，绿色，被较厚白粉，有棕色或白色刺毛，边缘密生金黄色纤毛；箨耳细小，深褐色，有直立棕色缘毛；箨舌截平；箨叶细长披针形。

◇ 枝叶：秆每节 5～7 分枝，枝梢开展；末级小枝具 3～4 叶。叶鞘无毛，有横脉；叶舌坚韧，截平；叶片披针形，长 8～20cm，质坚韧，表面深绿色，背面淡绿色，有微毛。

◇ 笋期：5～6 月。

种下变异

垂枝苦竹 var. *pendulifolius* S. Y. Chen：叶枝下垂，箨鞘背面无白粉，箨舌为稍凹的截形。产浙江，杭州有栽培。

图 6-220　苦竹 *Pleioblastus amarus*

产地与分布

❖ 产地：原产于中国。

❖ 分布：分布于长江流域及西南部。华东各地常见栽培。

生态习性

❖ 温湿：喜温暖湿润气候，也较耐寒，在山东青岛、威海，冬季仅有部分叶片枯黄，次春恢复良好；北京在小气候条件下能露地栽植。

❖ 水土：在低山、丘陵、山麓、平地的一般土壤上，均能生长良好。

观赏特性

❖ 感官之美：秆直而节间长。

园林应用

❖ 应用方式：常于庭园栽植观赏。

倭竹属 *Shibataea* Makino ex Nakai

本属隶属于禾本科 Poaceae。小型灌木状竹类，地下茎为复轴型。秆高通常在 1m 以下，节间在下部不具分枝者呈细瘦圆筒形，有分枝的各节间略呈 3 棱形，在接近枝条的一侧具纵沟槽；秆每节具 2 芽；秆环甚隆起，每节 3～5 分枝或上部稍多，分枝短而细，通常无次级分枝；分枝仅具 1 叶，稀 2 叶，当具 2 叶时，下方的叶因叶鞘较长反而超出上方叶片。叶片厚纸质，边缘有小锯齿。鳞被 3；雄蕊 3，花丝分离。

约 7 种，分布于我国和日本。我国 7 种全产，分布于东南沿海各省和安徽、江西。

鹅毛竹 *Shibataea chinensis* Nakai（图 6-221）

识别要点

❖ 树形：小型竹，秆高 0.3～1m，直径 2～3mm。

❖ 竹秆：秆中部之节间长 7～15cm，几乎实心。新秆绿色，微带紫色，无毛；秆环隆起远较箨环高。

❖ 竹箨：箨鞘早落，膜质，长 3～5cm，无毛，顶端有缩小叶，鞘口有毛。

❖ 枝叶：主秆每节分枝 3～5，分枝长 0.5～5cm，具 3～5 节；各枝与秆腋间的先出叶膜质，迟落，长 3～5cm。叶常 1～2 枚生于小枝顶端，卵状披针形，长 6～10cm。宽 1～2.5cm，有小锯齿，两面无毛。

图 6-221　鹅毛竹 *Shibataea chinensis*

种下变异

'黄条纹'鹅毛竹 'Aureo-striata'：叶片具有黄色纵条纹。

产地与分布

❖ 产地：华东特产。

❖ 分布：分布于江苏、安徽、浙江、江西等地。常见栽培。

生态习性

❖ 光照：较耐阴。

❖ 温湿：耐寒性较强，在山东中部可露地越冬，冬季仅有部分叶片枯萎。

观赏特性

❖ 感官之美：竹丛矮小，竹秆纤细而叶形秀丽。

园林应用

❖ 应用方式：园林中可丛植于假山石间、路旁或配植于疏林下作地被点缀，或植为自然式绿篱。也适于盆栽观赏。

箬竹属 *Indocalamus* Nakai

本属隶属于禾本科 Poaceae。灌木型或小灌木型竹类。地下茎复轴型。秆散生或丛生，每节有 1～4 分枝，分枝通常与主秆同粗。秆箨宿存性。叶片宽大，有多条次脉及小横脉。花序总状或圆锥状；小穗有小花数至多朵；颖卵形或披针形，顶端渐尖至尾状；外稃近革质；内稃稍短于外稃，背部有 2 脊；鳞被 3；雄蕊 3；花柱 2，分离或基部稍离合，柱头羽毛状。

约 20 种，产于东亚，绝大多数种系分布于中国长江流域以南亚热带地区。

阔叶箬竹 *Indocalamus latifolius* (Keng) McClure（图 6-222）

识别要点

❖ 树形：灌木状小型竹类。秆高约 1m，下部直径 0.5～1.5cm。

❖ 竹秆：秆圆筒形，分枝一侧微扁。节间长 5～20cm，微有毛。

❖ 竹箨：秆箨宿存，质坚硬，背部常有粗糙的棕紫色小刺毛，边缘内卷；箨舌截平，鞘口顶端有长 1～3mm 流苏状缘毛；箨叶小。

❖ 枝叶：每小枝具叶 1～3 片，叶片长椭圆形，长 10～40cm，表面无毛，背面灰白色，略生微毛，小横脉明显，边缘粗糙或一边近平滑。

❖ 笋期：5 月。

产地与分布

❖ 产地：原产于华东、华中等地。

❖ 分布：北京以南可栽培。

生态习性

❖ 光照：耐阴性较强。

图 6-222　阔叶箬竹 *Indocalamus latifolius*

❖ 温湿：喜温暖湿润气候，但耐寒性较强，在北京等地可露地越冬，仅叶片稍有枯黄。

观赏特性

❖ 感官之美：植株低矮，叶片宽大。

园林应用

❖ 应用方式：在园林中适于疏林下、河边、路旁、石间、台坡、庭院等各处片植点缀，或用作地被植物，均颇具野趣。

簕竹属 *Bambusa* Schreb.

本属隶属于禾本科 Poaceae。乔木或灌木状竹类，偶攀缘状；地下茎为合轴型。秆丛生，节间圆筒形，秆壁厚或近于实心，秆环平；每节分枝多数，簇生，主枝 1～3，粗长。基部常膨大，秆下部分枝上所生的小枝或可硬化成刺。秆箨早落或迟落，稀近宿存。箨鞘常具箨耳，稀退化。叶片小横脉不显著。雄蕊 6 枚。

约 100 余种，分布于亚洲热带和亚热带地区。我国 80 种，主产华南和西南，为著名观赏竹种和经济竹种，多数种类广泛栽培。

分种检索表

A₁ 秆节间正常，稀具畸形秆，但箨鞘背面密生暗棕色毛。
  B₁ 新秆节间被毛，箨鞘有毛或无毛。
    C₁ 箨鞘无毛；分枝低，每小枝有叶 5～10 枚，排成两列，宛如羽状··········孝顺竹 *B. multiplex*
    C₂ 箨鞘被褐色脱落性糙毛；出枝较高··青皮竹 *B. textiles*
  B₂ 新秆节间无毛，箨鞘有刺毛。
    C₁ 新秆绿色，无白粉；节间长 20～40cm··龙头竹 *B. vulgaris*
    C₂ 新秆密生白色蜡粉；节间长 50～100cm··粉箪竹 *B. chungii*
A₂ 秆 2 型。畸形秆节间甚短，显著膨大成瓶状；箨鞘无毛，箨耳和繸毛发达 ··· 佛肚竹 *B. ventricosa*

孝顺竹 *Bambusa multiplex* (Lour.) Raeuschel（图 6-223）

别名 凤凰竹

识别要点

❖ 树形：秆高 2～7m，径 1.5～2.5cm。

❖ 竹秆：节间长 30～50cm，青绿色，幼时被薄白蜡粉，并于节间上部被棕色小刺毛，老时光滑无毛。

❖ 竹箨：箨鞘厚纸质，绿色，无毛；箨耳缺或细小；箨舌弧形，高 1～1.5mm；箨叶直立，长三角形，淡黄绿色并略带红晕，背面散生暗棕色脱落性小刺毛。

❖ 枝叶：分枝低，末级小枝有叶片 5～12 枚。排成两列，宛如羽状；叶片线形，长 5～16cm，宽 7～16mm，表面深绿色、无毛，背面粉绿色而密被短柔毛；叶鞘黄绿色，无毛；叶耳肾形，边缘具有淡黄色繸毛。

❖ 笋期：6～9 月。

种下变异

观音竹（实心凤尾竹）var. *riviereorum* Maire：秆紧密丛生，实心，高 1～3m，直径 3～5mm。小枝具 13～26 叶，且常下弯呈弓状，叶片较小，长 1.6～3.2cm，宽 2.6～6.5mm，产广东，常栽培。

'凤尾'竹 'Fernleaf'：比原种矮小，高 1～2m，径不超过 1cm。枝叶稠密、纤细而下弯，每小枝有叶 10 余枚，羽状排列，叶片长 2～5cm。长江流域以南各地常植

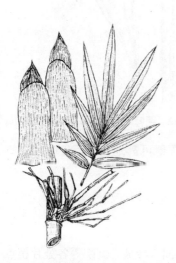

图 6-223 孝顺竹 *Bambusa multiplex*

于庭园观赏或盆栽。

'花秆'孝顺竹（'小琴丝'竹）'Alphonse Karr'：秆金黄色，夹有显著绿色的纵条纹。常盆栽或栽植于庭园观赏。

'菲白'孝顺竹 'Albo-variegata'：叶片在绿底上有白色纵条纹，有较高价值。宜植于庭院观赏。

'条纹'凤尾竹 'Stripestem Fernleaf'：植株颇似'凤尾'竹，但秆的节间浅黄色，并有不规则深绿色纵条纹，叶绿色。

产地与分布
◇ 产地：原产中国、东南亚及日本。
◇ 分布：中国华南、西南直至长江流域各地都有分布。

生态习性
◇ 温湿：性喜温暖湿润气候，在南京、上海等地可生长良好。
◇ 水土：喜排水良好、湿润的土壤。

观赏特性
◇ 感官之美：中小型竹种，植丛秀美，竹秆青绿，叶密集下垂，姿态婆娑秀丽、潇洒。'凤尾'竹植株低矮，叶片排成羽毛状，枝顶端弯曲，是著名的观赏竹种。

园林应用
◇ 应用方式：最适于小型庭园造景，可孤植、群植、对植，特别适于点缀景门、亭廊、山石、建筑小品，也可植为绿篱，长江以南各地广泛应用。'凤尾'竹常见于寺庙庭园间，也特别适于植为绿篱或盆栽。
◇ 注意事项：是丛生竹类中分布最广、适应性最强的竹种之一，可以引种北移。

龙头竹 *Bambusa vulgaris* Schrad. ex Wendl.（图6-224）

别名　泰山竹
识别要点

◇ 树形：秆高8～15m，直径5～9cm，尾梢下弯，下部挺直或略呈"之"字形曲折。
◇ 竹秆：节间圆柱形，长20～30cm，幼时稍被白蜡粉，并贴生淡棕色刺毛，老则脱落；节部隆起，秆基部数节具短气根，并于秆环之上下方各环生1圈灰白色绢毛。
◇ 竹箨：箨鞘背部密被暗棕色短硬毛，易脱落；箨耳甚发达，彼此近等大而同形，长圆形或肾形，宽8～10mm，边缘有淡棕色曲折的縫毛；箨舌先端条裂，高3～4mm；箨叶宽三角形，两面有暗棕色短硬毛。
◇ 枝叶：叶鞘初时疏生棕色糙硬毛，后变无

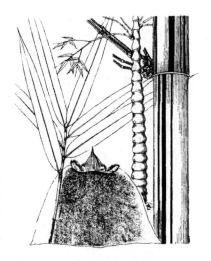

图6-224　龙头竹 *Bambusa vulgaris*

毛；叶耳常不发达；叶舌高1mm或更低，截形，全缘；叶片窄披针形，一般长10～30cm，两表面均无毛。

种下变异

'黄金间碧玉'竹'Vittata'：又名挂绿竹。竹秆黄色，具绿色条纹；箨鞘黄色，间有绿色条纹。

'大佛肚'竹'Wamin'：秆高仅 2～5m，节间短缩肿胀呈盘珠状，与佛肚竹的区别在于本品种的箨鞘背面密生暗棕色毛。

产地与分布

◇ 产地：产云南南部。

◇ 分布：华南及滇南园林中有栽培。

生态习性

◇ 温湿：喜温暖湿润气候，不耐寒。

◇ 水土：喜湿润肥沃土壤。

观赏特性

◇ 感官之美：竹丛优美。

园林应用

◇ 应用方式：宜植于庭园池边、亭际、窗前、山石间，或成片种植。

佛肚竹 *Bambusa ventricosa* McClure（图 6-225）

别名　佛竹、密节竹

识别要点

◇ 树形：中小型乔木型或灌木型，高与粗因栽培条件而有变化。

◇ 竹秆：秆无毛，幼秆深绿色，稍被白粉，老时橄榄黄色；秆有两种：正常秆高，节间长，圆筒形；畸形秆矮而粗，节间短，下部节间膨大呈瓶状。

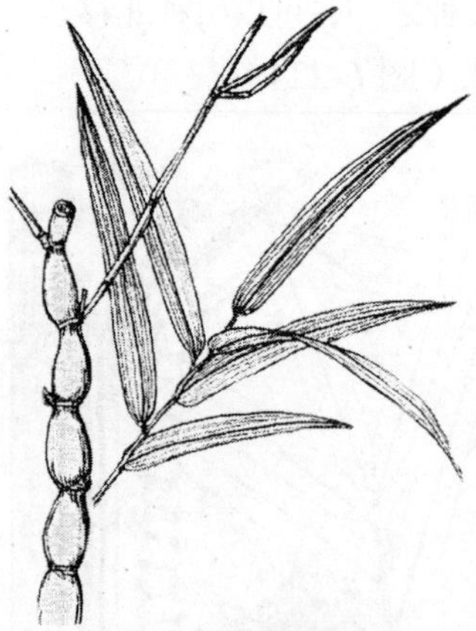

◇ 竹箨：箨鞘无毛，初时深绿色，老后变成橘红色；箨耳发达，圆形或倒卵形至镰刀形；箨舌极短；箨叶卵状披针形，于秆基部的直立，上部的稍外反，脱落性。

◇ 枝叶：每小枝具叶 7～13 枚，叶片卵状披针形至长圆状披针形，长 12～21cm，背面被柔毛。

产地与分布

◇ 产地：产广东。

◇ 分布：我国南方各地及亚洲的马来西亚和美洲均有引种栽培。

图 6-225　佛肚竹 *Bambusa ventricosa*

生态习性

◇ 温湿：喜温暖湿润气候，能耐轻霜和 0℃低温，但长期 5℃以下低温植株受寒害。

◇ 水土：喜深厚肥沃而湿润的酸性土，耐水湿，不耐干旱。

观赏特性

◇ 感官之美：竹秆幼时绿色，老后变为橄榄黄色，具有奇特的畸形秆，状若佛肚，别具风情，是珍贵的观赏竹种。其秆形甚为醒目，容易吸引人们的注意力。

园林应用

❖ 应用方式：常用于装饰小型庭园，最宜丛植于入口、山石等视觉焦点处，供点景用。也可盆栽观赏。

❖ 注意事项：为了获得观赏性强的畸形秆，采用盆栽或桶栽是必要的。如果地栽，立地条件太好时，竿发育正常，呈高大丛生状；要使节间畸形，应控制肥水，可在地下围以砖石限制其生长。

【任务实训】

园林竹类的识别

目的要求：①学会根据竹类的形态特征进行竹种的鉴定；②熟悉竹类植物特有的形态术语。

实训条件：①校园或附近竹种较丰富的绿地和温室；②枝剪、放大镜、工具书（如《园林树木 1600 种》）。

方法步骤：

（1）组织学生到现场。

（2）选择典型竹种，现场讲解竹类的观察和识别方法，观察内容包括：①竹类的生长类型；②竹秆的形态特点；③竹箨的形态特点；④枝叶的形态特点。

（3）根据教师的讲解，学生自行观察巩固，教师做现场指导。

（4）教师指定 5 种已观察过的竹类，要求学生做书面形态描述。

技术成果：实训报告。

【学习建议】园林树木种类众多，园林建设中也强调园林树木种类的丰富多样性，因此，学习任务繁重，这也是园林专业的特点之一。由于容量所限，教材中仅介绍了一些应用频率较高的树种，这在实际应用中是远远不够的，但教材中保留了属的特征和属下分种检索表，学习时可借助这些内容和工具书扩大识别视野。由于树木的自然分类系统是依据树木的形态特征来分类的，按照自然分类（如科属）进行识别，是增加识别种类的捷径。从应用角度来说，可以借助树木的实用分类进行系统掌握，比较实用的几个分类方法是：依据树木生长类型分类、依据树木的观赏特性分类、依据树木的生态习性分类和依据园林树木的用途分类。学习时每学一个树种都按上述方法归类，应用起来就会很便捷。

【综合实训】

园林树木的综合调查

目的要求：

（1）使学生能够在教师的指导下利用检索表、工具书等手段进行园林树木的识别，并通过对树木的生态适应性、观赏特性等的调查，评价园林树木应用的合理性，并提出改进建议，从而掌握园林树木树种调查的基本知识。

（2）通过本次实训，对学生进行从树种识别到应用的全面检测，锻炼学生分析问题、解决问题的能力；锻炼学生与教师、同学、绿地管理人员的沟通能力；通过分组合作，培养学生的团队合作意识；培养学生尊重园林建设者和管理者劳动的意识，爱护绿地，不攀折花木。

实训条件：①校园或附近树种较丰富的绿地；②枝剪、放大镜、教材及工具书（如《园林树木 1600 种》）。

方法步骤：

（1）制订实训计划。

（2）分组与分工。

（3）教师现场指导。

（4）分组实施调查：对指定范围绿地上的园林树木种类、类别、产地、应用方式、适应性和观赏效果等方面进行综合的调查。

（5）归纳与总结：填写调查表（表 6-1）并作出树木应用的合理性分析及改进建议。

表 6-1　园林树木调查表

序号	树种	学名	类别	产地及分布	应用方式	适应性	观赏效果

（6）汇报：各组制作汇报课件并选代表进行汇报交流。

技术成果：实训报告及汇报课件。报告内容包括实训名称、目的、时间、指导教师、小组人员、实训地点及范围、实训内容、实训体会。

主要参考文献

陈有民. 2011. 园林树木学. 2 版. 北京：中国林业出版社

邓莉兰. 2010. 风景园林树木学. 北京：中国林业出版社

郭善基，尹祚栋. 1992. 木本植物拉丁学名基础. 上海：上海科学技术出版社

胡正山，陈立君. 1992. 花卉鉴赏辞典. 长沙：湖南科学技术出版社

华北树木志编写组. 1984. 华北树木志. 北京：中国林业出版社

金春星. 1989. 中国树木学名诠释. 北京：中国林业出版社

李作文，张连全. 2014. 园林树木 1966 种. 沈阳：辽宁科学技术出版社

沈显生. 2005. 植物学拉丁文. 合肥：中国科学技术大学出版社

汪劲武. 2010. 植物的识别. 北京：人民教育出版社

臧德奎. 2012. 园林树木识别与实习教程. 北京：中国林业出版社

臧德奎. 2012. 园林树木学. 2 版. 北京：中国建筑工业出版社

张天麟. 2010. 园林树木 1600 种. 北京：中国建筑工业出版社

张志翔. 2008. 树木学. 2 版. 北京：中国林业出版社

郑万钧. 1983～2004. 中国树木志（1～4 卷）. 北京：中国林业出版社

中国科学院植物研究所. 1972～1983. 中国高等植物图鉴. 北京：科学出版社

中国科学院中国植物志编辑委员会. 1961～2002. 中国植物志（7～80 卷）. 北京：科学出版社